Lehrstückunterricht im
Horizont der Kulturgenese

Marc Eyer

Lehrstückunterricht im Horizont der Kulturgenese

Ein Modell für
lehrkunstdidaktischen Unterricht
in den Naturwissenschaften

Mit einem Geleitwort von
Prof. Dr. Hans Christoph Berg

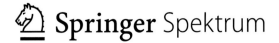 Springer Spektrum

Marc Eyer
Pädagogische Hochschule Bern
Schweiz

Dissertation Philipps-Universität Marburg, 2014

ISBN 978-3-658-10997-4   ISBN 978-3-658-10998-1 (eBook)
DOI 10.1007/978-3-658-10998-1

Die Deutsche Nationalbibliothek verzeichnet diese Publikation in der Deutschen Nationalbi-
bliografie; detaillierte bibliografische Daten sind im Internet über http://dnb.d-nb.de abrufbar.

Springer Spektrum

Gedruckt auf säurefreiem und chlorfrei gebleichtem Papier

Springer Fachmedien Wiesbaden ist Teil der Fachverlagsgruppe Springer Science+Business Media
(www.springer.com)

Geleitwort
Ein Modell für lehrkunstdidaktischen Unterricht

Ansatz, Grundform und Orientierung

Für alle bislang 15 Lehrkunst-Dissertationen sind Klafkis Leitsätze zum Wegweiser geworden: „Wissenschaftstheoretisch und forschungspraktisch gesehen hat die Lehrkunstdidaktik ihren Ort im Zusammenhang jener Ansätze, die Didaktik als Wissenschaft *von* der Praxis des Lehrens und Lernens *in* der Schule und zugleich *für* sie verstehen. Praxis in diesem Verständnis ist nicht nur der *Gegenstand* der didaktischen Forschung, sondern eine der *Quellen* wissenschaftlicher Erkenntnis und das letztlich entscheidende Kriterium der Bedeutsamkeit solcher Erkenntnis. (...) Insofern enthält der Entwicklungsprozess von ‚Lehrstücken' immer schon Ansätze oder Elemente des wissenschaftlich-didaktischen Erkenntnisprozesses; die ‚Produktion' des Untersuchungs‚gegenstandes' ist hier ein konstitutives Moment dieses Prozesses." Daher bringen Lehrkunst-Dissertationen als Kernstück drei Lehrstückberichte im erziehungswissenschaftlichen Rahmen, zusammengehalten von einer durchgängigen Leitfrage, die im Durchgang durch die Unterrichtserprobungen geklärt wird; bildlich: Drei Lehrstückperlen in angemessener Lehrkunstfassung auf einer Leitfragenschnur.

Eyers Dissertation optimiert und realisiert modellhaft diesen langjährig bewährten Grundriss, der nun mit einem hohen Grad an Verlässlichkeit und Transparenz künftig Schule machen wird: Alle Lehrstücke gehen durch einen Vierschritt, der im Einleitungsteil knapp und bündig auf der Höhe des aktuellen Lehrkunstdiskurses exponiert, im Hauptteil durchgeführt, und im Schlussteil perspektivenreich zusammengefasst wird.

1. Die Leitfrage entwickelt Eyer aus dem Zentrum der Lehrkunst- und Bildungsdidaktik.
2. Die Lehrstück-Komposition gliedert sich in Lehridee und Lehrstückgestalt mit Übersichtstabelle zur Akt- und Szenengliederung sowie Lektionenzählung.

3. Bei der Lehrstück-Inszenierung wird immer zu Beginn ein reizvolles und rätselhaftes Phänomen exponiert. Dann können die Leser im Unterricht die Schülerdiskussionen und -experimente miterleben. Und jeder Inszenierungsbericht mündet in die leitfragengemäße Schlussrunde der Schülerinnen und Schüler samt gemeinsamer Metareflektion.

4. Im Diskurs prüft Eyer den Unterricht zunächst an den drei anfänglich exponierten und abschließend resümierten Lehrkunstfragen nach Methodentrias, kategorialer Bildung und Lehrstückkomponenten, danach an den Prüffragen der Schule nach Lehrplanpassung und Bildungsstandards.

Diese modellhafte Gliederung kommt in einer kollegial ermutigenden Gestalt: Alle drei Lehrstückkapitel halten sich mit ihrem Gesamtumfang von rund 60 Seiten im Rahmen üblicher Examensarbeiten, den sie sinnvoll und leistbar ausfüllen mit 10seitiger Kompositionsdarstellung und 25seitigem Inszenierungsbericht, eingerahmt von einem je 10seitigen Leitfrage- sowie Diskursteil – und alles anschaulich und zugänglich durch eine Fülle aufschlussreicher Abbildungen, Tabellen und Diagramme, sowie durch eine zugleich differenzierte und allgemeinverständliche Sprache. Mit diesen drei Lehrstückkapiteln zeigt Eyer auch der Lehrer-(weiter)bildung einladend praktikable Studienmodelle.

Die Leitfrage nach Kulturgenese und Lehrstückkomposition

Ziel der Studie ist der Aufweis, dass der genetische Gang durch die Kulturgeschichte des Unterrichtsgegenstandes hilft, die tiefen Gräben zwischen Alltag (Aristotelik), Schule (Klassik) und Wissenschaft (Moderne) zu schließen. Prägnant konzentriert ist diese These in der Frage: „Was meinen Aristoteles, Galilei und Einstein zu den Fallexperimenten"; die zugehörige Abbildung 112 zeigt exemplarisch die Schülerinnen und Schüler inmitten der drei Epochenrepräsentanten. Dieser kulturgenetische Unterrichtsgang versteht sich selbstverständlich als komplementär (statt konträr) zum individualgenetischen Ansatz an den Präkonzepten der Schülerinnen und Schüler. Dass dieser kulturgenetische Unterrichtsgang Lernfreude, Tiefenverständnis und Bildungserfahrungen fördert, erhellt aus den Unterrichtsberichten; allerdings ist dieser unterrichtspraktische Aufweis noch kein empirischer Nachweis, hier besteht Nachholbedarf.

Unterrichtspraktisch und konzeptionell ist Eyer hier eine entscheidende Zusammenführung der Lehrkunst Wagenscheins und der Bildungstheorie Klafkis gelungen. Denn einerseits hatte der frühe Wagenschein zwar die moderne Physik pädagogisch und physikalisch so überzeugend dargestellt, dass sie die Zustimmung von Bollnow und Max Planck gefunden hatte; aber dann resignierte Wagenschein. Eyer nimmt den Stafettenstab wieder auf und fügt der Kulturgenese zu dem bei Wagenschein vorhandenen Rückblick aus der Klassik in die Antike den verlorengegangenen Vorblick aus der Klassik in die Zukunft der Moderne hinzu. Andererseits hatte Klafki umgekehrt in seiner professionsleitend gewordenen didaktischen Analyse zwar die Gegenwarts- und Zukunftsbedeutung eingebaut, verlorengegangen war die im gleichzeitigen Aufsatz „Bildung und Erziehung im Spannungsfeld von Vergangenheit, Gegenwart und Zukunft" vorhandene Vergangenheitsdimension.

Es ist für die Lehrkunstdidaktik mit ihrer Konkretion zum „Lehrstückunterricht nach Wagenschein/Klafki" von großer Bedeutung, dass Eyer kulturgenetischen Lehrstückunterricht in der Entfaltung von Antike, Neuzeit und Moderne erfolgreich konzipiert und praktiziert hat. Denn durch die wechselseitige Ergänzung von Wagenscheins Vergangenheits- und Klafkis Zukunftsorientierung ist Eyer ein großer Fortschritt in der Einwurzelung der Lehrkunstdidaktik und Erweiterung ihres Horizontes gelungen.

Hans Christoph Berg/Philipps-Universität Marburg

Dank

Diese Arbeit ist das Produkt einer langjährigen Zusammenarbeit mit Hans Christoph Berg. Während über zehn Jahren hatte ich das Glück, als Schüler bei ihm zu lernen und mit ihm gemeinsam während drei Jahren die Lehrkunstwerkstatt Bern zu leiten. Viele der in dieser Arbeit enthaltenen Ideen sind während dieser Zeit in Diskussionen mit Berg entstanden oder haben sich darin konkretisiert.

Wesentlich getragen wurde meine Arbeit durch den Austausch in der gesamten Lehrkunstgruppe, die sich seit 2013 in einem Verein organisiert. Beeinflusst haben diese Arbeit (in alphabetischer Reihenfolge) Ueli Aeschlimann, Günter Baars, Hans Brüngger, Mario Gerwig, Willi Eugster, Michael Jänichen, Stephan Schmidlin und Susanne Wildhirt. All diesen Personen möchte ich von Herzen danken!

In mühsamer Arbeit haben Stephan Schmidlin und mein Vater Camille Eyer die Arbeit lektoriert und korrigiert. Ihnen bin ich zu besonders grossem Dank verpflichtet!

Schließlich hat mein Umfeld, vorab meine Familie aber auch meine Arbeitgeber, das Gymnasium Neufeld sowie das Institut Sekundarstufe II der Pädagogischen Hochschule Bern, meine Arbeit stets unterstützt und wo möglich begünstigt. Ihnen allen einen großen Dank!

Inhaltsverzeichnis

Abbildungsverzeichnis

Tabellenverzeichnis

Zusammenfassung

Die Methodik der Lehrkunst steht auf den drei Pfeilern *exemplarisch – genetisch – dramaturgisch*. In dieser Arbeit wird das genetische Lehren, das sich gemeinhin auf die Genese des individuellen Wissens der Schülerinnen und Schüler oder des gemeinsamen Wissens einer Gruppe oder Klasse bezieht, um die Dimension der *Kulturgenese* erweitert. Der Arbeit liegt die These zugrunde, dass das genetische Lehren in den Naturwissenschaften (im Besonderen im Physikunterricht) besser gelingt, wenn die Komposition der Unterrichtseinheit (des Lehrstücks) auf die Kulturgenese des Unterrichtsgegenstandes abgestimmt ist, bzw. wenn sie diese zur Grundlinie der Unterrichtsgestaltung macht. Dabei wird die Kulturgenese grob in drei paradigmatische Epochen (mit entsprechenden Weltbildern) unterteilt: in die Aristotelik (Epoche der Anthropozentrik), die Klassik (Epoche des klassisch-naturwissenschaftlichen Denkens) und die Moderne (Epoche der universellen Verallgemeinerung). In der Arbeit wird argumentiert, dass die alltägliche Weltanschauung der Schülerinnen und Schüler (der Menschen im Allgemeinen) trotz allen wissenschaftlichen Fortschritts der heutigen Gesellschaft in der Aristotelik wurzelt, dass die Mittelschule im Allgemeinen aber den Anspruch hat, die klassisch-naturwissenschaftliche Methodik zu vermitteln, dass die moderne Wissenschaft allerdings abermals an ganz einem anderen Ort steht und ihr auch ganz ein anderes Weltbild zugrunde liegt. Um dieser Diskrepanz zu begegnen und die oft unüberwindbaren Gräben zwischen Alltag (Aristotelik), Schule (Klassik) und Wissenschaft (Moderne) zu schließen, ist es wichtig, in Unterrichtseinheiten den Gang durch die Kulturgeschichte des Unterrichtsgegenstandes zu machen.

Im ersten Teil dieser Arbeit wird die Lehrkunst als Methodik und als Didaktik in der aktuellen Bildungslandschaft diskutiert. Dabei leite ich die der Arbeit zugrunde liegende These aus der Lehrkunstdidaktik und der Wagenschein-Didaktik ab.

Im zweiten Teil wird anhand dreier konkreter Unterrichtseinheiten zu exemplarischen Themen aufgezeigt, wie der Einbezug der Kulturgeschichte in die Unterrichtsgestaltung gelingt. Dies geschieht an den Themen *Luftdruck* (Raum und Materie), *Fallgesetz* (Bewegung) und der *Optik* (Licht). Diese Unterrichtseinheiten wurden eigens hinsichtlich der These dieser Arbeit (weiter-)entwickelt. Die These wurde allerdings nicht im Rahmen einer empirischen Studie getestet. Die Unterrichtseinheiten wurden an jeweils bis zu maximal vier Klassen erprobt und der Unterrichtsverlauf in Unterrichtsberichten beschrieben.

Im dritten Teil wird die These in den allgemeineren Rahmen des Unterrichtens eingebettet, wobei ich zeige, warum kulturgenetisches Unterrichten ein grundlegendes fach- und allgemeindidaktisches Kriterium guten Unterrichts ist.

Zum Lesen dieses Buches

Dieses Buch wurde als Dissertation geschrieben. Besonders in den ersten Kapiteln wird immer wieder auf die Unterrichtseinheiten (Lehrstücke) Bezug genommen, die im Teil B des Buches beschrieben sind. Gewisse Experimente daraus spielen im ersten Teil eine wichtige Rolle und werden immer wieder zitiert. So zum Beispiel das *Experiment mit dem Wasserglas* oder das *Vakuum-Fallrohr*. Beide Experimente werden vorne im Buch nicht eingeführt. Um daher die Aussagen im ersten Teil des Buches vollkommen zu verstehen, macht es Sinn, zuerst einen Eindruck von den Lehrstücken und den dazugehörigen Experimenten zu gewinnen und das Buch nicht von vorne nach hinten zu lesen. Die Kapitel, in welchen die Lehrstücke mit ihren Experimenten beschrieben und diskutiert werden, sind immer gleich aufgebaut. Zuerst ermöglicht eine zusammenfassende Beschreibung der Unterrichtseinheiten einen Überblick. In einem zweiten Teil werden die Lehrstücke ausführlich mit Unterrichtsberichten dargestellt. Diese Teile eignen sich zum Detailstudium. Im dritten Teil wird jedes Lehrstück nach didaktischen Gesichtspunkten diskutiert. Für das Verständnis des Teils A dieses Buches reicht es, wenn man sich einen zusammenfassenden Überblick über die Lehrstücke verschafft.

Die zu den Lehrstücken gehören Unterrichtsmaterialien (Texte, Bilder und Analysematerial), welche in diesem Buch aus Platzgründen nicht abgedruckt wurden. Der Autor stellt diese aber gerne interessierten Lehrpersonen zur Verfügung.

Teil A: Lehrkunst

1 Lehrkunst als Bildungsdidaktik

1.1 Das Konzept der Lehrkunst

Das Konzept der Lehrkunst ist in verschiedenen Publikationen über die letzten zwanzig Jahren immer wieder beschrieben worden[1]. Dabei sind immer neue konzeptuelle Elemente dazugekommen. Diese Dynamik in der Konzeption der Lehrkunstdidaktik ist einmalig. Das mag wohl daran liegen, dass die Lehrkunstdidaktik nicht eine theoriegesteuerte, am Schreibtisch entworfene Didaktik ist, sondern eine Didaktik, die über die zwanzig Jahre organisch an der Praxis gewachsen ist und sich dauernd weiterentwickelt hat. Rückblickend lassen sich aber doch einige Entwicklungsstränge deutlich machen, die das Konzept der Lehrkunst charakterisieren. Einige davon sind allerdings erst vor kurzem in dieser Schärfe erkannt worden. So zum Beispiel die vierstufige Entwicklungslinie vom Lehrbuch-Eintrag über die Unterrichtseinheit und das Unterrichtsexempel zum Lehrstück (vgl. Kapitel 1.1.3), die jüngst in dieser Deutlichkeit von Hans Christoph Berg[2] beschrieben wurde, oder die Ausdifferenzierung der Kompositionselemente (oder Komponenten) eines Lehrstücks in 8 Schritte (vgl. Kapitel 1.1.6), die in der Dissertation von Susanne Wildhirt[3] beschrieben wird. Diese Beispiele zeigen, wie lebendig die Lehrkunstdidaktik und wie aktiv die Szene ist. Das Konzept der Lehrkunst lässt sich denn auch kaum durch ein Literaturstudium in seiner vollen Breite erfassen. Um das Konzept zu *be-greifen,* ist eine praktische Auseinandersetzung damit unumgänglich, da die Verschränkung von Praxis und Theorie bzw. das Destillieren der Theorie aus der Praxis das zentrale Anliegen der Lehrkunst ist.

---

1   Z. B. in Berg, Hans Christoph (2010): *Die Werkdimension im Bildungsprozess.* Bern: h.e.p.-Verlag.
2   Berg, Hans Christoph (2012): Von *Unterrichtseinheiten zu Lehrstücken in drei Zügen.* Unveröffentlichtes Dokument.
3   Wildhirt, Susanne (2008): *Lehrstückunterricht gestalten.* Bern: h.e.p.-Verlag.

1.1.1   Konzeption

Die Lehrkunstdidaktik ist ein lebendiges, ineinander wirkendes Gefüge aus *Unterricht (1)*, *Theorie (2)*, *einem Fundus von Bildungsexempeln* (einer Sammlung didaktischer Werke) *(3)* und *einem Weiterbildungskonzept (4)*; alles eingebettet in die Kultur der jeweiligen Schule bzw. in ein Netz schulübergreifender Lehrerzusammenarbeit. Zusammen bilden diese Komponenten den Dreipass der Lehrkunst (Abbildung 1).

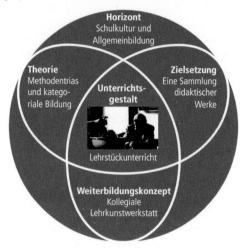

Abbildung 1:   Dreipass der Lehrkunst Konzeption, aus Berg (2010), S. 12

Diese vier Aspekte erinnern stark an die vier aristotelischen Ursachen: *Stoff* – die didaktischen Werke *(3)*, *Form* – die Theorie *(2)*, *Zweckursache* – der Lehrstückunterricht *(1)* und *Wirkursache* – die kollegiale Werkstatt *(4)*.

Im Zentrum steht der Unterricht selber – die Zweckursache; ein Unterricht, der auf Bildung ausgerichtet ist, erkenntnisorientiert, gründlich, gegenstandszentriert, mehrdimensional und kulturell einwurzelnd.

Dieser ist theoretisch eingebettet in der *Methodentrias* (vgl. Kapitel 1.1.4), der Theorie der *kategorialen Bildung* und ist genährt durch die Sammlung der didaktischen Werke, den Lehrstücken. Ein Weiterbildungskonzept (vgl. Kapitel 1.2.2.4) sorgt für den gegenseitigen Austausch, aber vor allem auch für die Qualitätssicherung der Lehrkunst. Hier werden Lehrstücke inhaltlich diskutiert und auf ihre praktische Umsetzbarkeit getestet. Aber es wird auch auf die konzeptionelle Qualität der Lehrstücke geachtet. Dies alles findet im Kulturkreis einer Schule oder eines schulübergreifenden Netzes, bzw. überhaupt der allgemeinen Bildung statt und befruchtet damit die Unterrichts- und die Schulentwicklung gleichermaßen.

1.1.2   Die Werkdimension im Bildungsprozess

Neben der Praxisnähe ist ein anderes Merkmal der Lehrkunst die Konkretisierung der Theorie in Produkten, den *Lehrstücken.* Lehrstücke sind in doppeltem Sinne die Verdichtung von Menschheitsthemen zu Bildungsexempeln. *Verdichtung* ist hier im Sinne von dramaturgischer Konzentration sowie von Ver*dichtung*, d. h. poetisch-künstlerischer Verwebung von Unterrichtsstoff zu Lehr- und Lerneinheiten zu verstehen. Diese werk-schaffende Tätigkeit (die *Poiesis*) der Lehrpersonen ist ein wichtiger, wenn nicht der wichtigste Teil der Lehrkunst. Die Lehrenden betätigen sich als Komponisten sowie als Interpreten von Lehrstücken. Die Lehrstücke sind zu verstehen als didaktische Werke. Das Schaffen von Werken und deren Interpretation ist in anderen Domänen eine Selbstverständlichkeit (Musik, Kunst, Theater). In der Didaktik ist die Lehrkunst die einzige Bildungsdidaktik, die in dieser Ausführlichkeit darauf Gewicht legt. Die Bestrebungen in der Lehrkunst laufen dahin, dass eine ganze Opus-Liste an didaktischen Werken – Lehrstücken – entstehen soll, die nachinszeniert und interpretiert werden können. Innerhalb einer Schule selber soll sich eine schuleigene Sammlung an Lehrstücken aufbauen, die durch kollegiale Zusammenarbeit gepflegt und weiterentwickelt wird, wie dies am Vorbild der Kantonsschule Trogen (AI, Schweiz) geschehen ist[4].

Im Teil B dieser Arbeit werden drei solche Werke vorgestellt und diskutiert: *Pascals Barometer, Das Fallgesetz nach Galilei* und *Die Spiegeloptik.*

1.1.3   Vom Lehrbucheintrag zum Lehrstück in vier Schritten

Das Lehrstück selber ist eine evolutive Weiterentwicklung einer Unterrichtseinheit. Diese vollzieht sich in vier Stufen über die *Bildungstreppe*:

Der erste Schritt entspricht dem Grundhandwerk einer Lehrperson, dem Auswählen, Auf- und Ausarbeiten von enzyklopädischem Wissen zu Unterricht. Das Auswählen und Aufarbeiten wird dabei meist bereits durch Lehrpläne und Lehr-

---

4   Berg, Hans-Christoph und Willi Eugster (2010): *Kollegiale Lehrkunstwerkstatt – Sternstunden der Menschheit im Unterricht der Kantonsschule Trogen.* Bern: h.e.p.-Verlag.

bücher vorweggenommen. Also bleibt das Ausarbeiten des Lehrinhaltes zu *Unterrichtseinheiten*. Das Gestalten von Unterricht wird damit zum Grundhandwerk der Lehrpersonen.

Der zweite Schritt ist eine differenziertere Auswahl von Unterrichtsgegenständen, die mit einem methodischen Fundament zu einem *Unterrichtsexempel* ausgearbeitet werden. Dieser Schritt geht auf Martin Wagenschein zurück. Er wählte dazu Themen, die „paradigmatisch" oder „exemplarisch" für eine historische Epoche, für eine Fachperspektive, für eine philosophische Grundhaltung oder für eine politische, gesellschaftliche oder technische Entwicklung sind. Daraus gestaltete er genetische Lehrgänge, die sich in sokratischen Gesprächen mit den Lernenden entfalten.

Wolfgang Klafki unterlegte die von Wagenschein skizzierten Unterrichtsexempel mit einem bildungsdidaktischen Fundament. Er ergänzte die Wagenschein'sche Methodentrias (genetisch-exemplarisch-sokratisch) durch sein Konzept der *kategorialen Bildung*, einer Verschmelzung der klassischen Bildungsaspekte, der *formalen* und der *materiellen Bildung*. Damit erhalten die Unterrichtsexempel eine Bildungsdimension und werden zu *Bildungsexempeln*.

Erst durch die *Einschulung* solcher Bildungsexempel, mit deren Praxiserprobung und vor allem der praxisorientierten Weiterentwicklung in Unterrichtsräumen und in Lehrkunst-Werkstätten, angestoßen und begleitet von Hans Christoph Berg und Theo Schulze in den 1990er Jahren, gelang dann der Schritt von den Bildungsexempeln zu den *Lehrstücken*.

Dieser letzte Schritt unterscheidet die Lehrkunst von anderen Didaktiken. Die Lehrkunst ist damit gleichsam solide theoretisch unterlegt und praktisch ausmodelliert. Der Kern hat sich über die Jahre zu einem tragenden Fundament entwickelt (Konzept, Methodentrias, Bildungsmodell, Lehrstück-Komponenten). In ihrer äußeren Gestalt bleibt die Lehrkunst aber flexibel, anpassungsfähig und lebendig, was sich darin äußert, dass in sogenannten Kompositions-Werkstätten nicht nur operationell gearbeitet wird, sondern dauernd konzeptionelle Weiterentwicklungen diskutiert und vorangetrieben werden. Zum Beispiel werden Fragen der folgenden Art diskutiert: *Was ist die Lehridee? Was sind Denkbilder? Inwiefern soll sich die Lehrkunst in den aktuellen Forschungsdiskurs einbringen?* Usw. Schließlich zeugt eine beachtliche Anzahl von Dissertationen wie die hier vorliegende von intensiver konzeptioneller Arbeit.

Von Unterrichtseinheiten zu Lehrstücken und drei Zügen

Lehrkunstdidaktik schafft in drei zusammenhängenden und aufeinander aufbauenden Entwicklungszügen die Ausgestaltung von Unterrichtseinheiten zu Lehrstücken. Die drei Fotos zeigen diese lehrkunstdidaktischen Entwicklungszüge: (1) Wagenschein hat das Thema „Luftdruck" zum Unterrichtsexempel „Pascals Barometer" ausgestaltet. (2) Mit Klafki (links oben) und Berg erproben, klären und optimieren wir nun in der Lehrkunstwerkstatt die Lehrkunst- und Bildungsqualität des Barometerlehrstücks. (3) Eyer inszeniert im eigenen Unterricht das Barometerlehrstück nach Wagenschein/Klafki.

‚Sternstunden der Menschheit'
im heutigen Schulunterricht
wiederaufleuchten und einleuchten
und weiterleuchten lassen.
Christoph Berg

3. Vom Bildungsexempel zum Lehrstück: Berg/Schulze (1995) schafften den dritten Entwicklungszug zur Unterrichtsinszenierung von Bildungsexempeln nach Wagenschein/Klafki in heutigen Schulen. Sie begannen mit der Unterrichtserprobung dreier Unterrichtsexempel Wagenscheins und weiterer Didaktikklassiker wie Rousseau, Faraday, Lessing u.a.; und sie fügten Eigenkompositionen im Sinne von Wagenschein/Klafki hinzu. Und zur Klärung und Konkretisierung der Lehrstückkomposition entwickelte Wildhirt (2008) die „Acht Lehrstückkomponenten".

Im Bildungsprozess geht es um die
wechselseitige Erschließung von
Mensch und Welt in ihrem Wesen
Wolfgang Klafki

2. Vom Unterrichtsexempel zum Bildungsexempel: Klafki (1959) brachte kurz danach den zweiten Entwicklungszug mit dem Aufweis seiner „Theorie der kategorialen Bildung" in Wagenscheins Unterrichtsexempel zu Newtons Gravitationstheorie; allerdings fehlte noch die eigene Unterrichtserprobung. Die Klärung und Ausgestaltung der Bildungsdimension von Unterrichtsexempeln wurde im Marburger Doktorandenseminar „Lehrkunst und Bildung" (Berg/Klafki/Stübig, seit 2001) aufgenommen und weitergeführt.

‚Wissen ist Macht' – Das reicht nicht mehr: Heute,
glaube ich muss die Formel anders
lauten: Verstehen ist Menschenrecht.
Martin Wagenschein

1. Von der Unterrichtseinheit zum Unterrichtsexempel: Wagenschein (1952/1968) schaffte bereits vor Jahrzehnten den grundlegenden (Doppe)Zug: Erstens Auswahl paradigmatischer und „exemplarischer" Unterrichtsthemen. Zweitens: Entwicklung der zugehörigen Methodentrias genetisch-sokratisch-exemplarischen Lehrens: die Umwandlung systematisch darlegender Unterrichtseinheiten in genetisch entwickelnde Unterrichtsexempel.

Messen was messbar ist,
und messbar machen,
was noch nicht messbar ist.
Galileo Galilei

Abbildung 2:   Die Bildungstreppe, aus Berg (2013): Sternstunden der Menschheit im Unterricht. Unveröffentlicht, S. 138.

1.1.4   Auswahl paradigmatischer Unterrichtsthemen und die Methodentrias

Wie ist der Stofffülle unserer Curriculae zu begegnen, die zu einer Unterrichtsmethodik geführt hat, die Reinhard Kahl als „Fässer füllen" bezeichnet[5]? Schon
sehr früh in seinem Wirken als Pädagoge hat Martin Wagenschein betont, wie
wichtig die Auswahl „exemplarischer" Unterrichtsthemen ist, um ein Lernen zu
fördern, das nicht nur aus orientierenden Unterrichtseinheiten sondern hin und
wieder aus erkenntnisorientierten Unterrichtsexempeln besteht. Aber welche Themen sollen es sein, die als Brückenpfeiler zwischen dem orientierenden Unterricht eingeschlagen und in der Kulturgeschichte der Menschheit verankert werden
müssen? In einem seiner letzten Interviews[6] beschreibt Wagenschein noch einmal welcher Art diese Themen sein sollen:

> „Das Thema muss so sein, wie die Galilei'schen Themen sind. Es muss also ein Kernproblem da
> sein, das die Eigenschaft hat, dass man darüber stolpert beim Aufnehmen, man wundert sich, das
> ist rätselhaft, eine Sache, die im höchsten Maß erstaunlich ist, und zwar nicht so, dass man sich
> fürchtet, sondern dass sich gewundert wird. Dass sie also zu schön ist, um wahr zu sein.
> [...]
> Man hat die richtige Motivation, weil Galilei auch davon ausgegangen ist, dass er, wie er sagt, es
> nicht aushält, es unerträglich findet, dass man nichts weiß, wie gewisse Dinge... wo die Ursache
> steckt."
> (Vgl. dazu auch Kapitel 2.1)

Warum Wagenschein sich dazu an Galilei orientiert, erklärt er im Interview nicht
explizit. Aber er macht selber vor, wie er sich vorstellt, dass auch die Lehrpersonen
dies tun sollten: Nicht die Lehrpersonen sollen die Themen bestimmen, die für
den Unterricht wichtig sind sondern die Kultur- und die Menschheitsgeschichte
müssen das vorgeben. In der Entwicklung unserer Kulturgeschichte lassen sich
die Inhalte finden, die eine thematisch exemplarische und paradigmatische Bedeutung haben. Und da soll man zupacken, sich vertiefen, verweilen und genetisch entwickelnde Unterrichtsexempel gestalten.

Martin Wagenschein beschreibt auch nach welchem Prinzip das geschehen
soll. Und dieses Prinzip ist bis heute der Kern des Lehrkunstkonzepts geblieben:
die Methodentrias *exemplarisch – genetisch – dramaturgisch*. Sie bildet das
Fundament, auf dem Lehrstücke gebaut werden.

---

5   Kahl, Reinhard (2010): *Nicht Fässer füllen, Flammen entzünden! – Plädoyer für eine kreativere
     Schule.* Vortrag im Rahmen der Ringvorlesung "School is open" am 1. Dezember 2010 in der
     Universität Köln
6   Im Wagenscheinarchiv ist eine Transkription davon zu finden: *[6]*.

	Exemplarisch *Eine Sternstunde der* *Menschheit kennenlernen*	Genetisch *Ein Gewordenes als* *Werdendes entdecken*	Dramaturgisch *Die Dramatik eines* *Bildungsprozesses* *erleben*
Hauptmerkmale	• Phänomen/Exemplar • kategorialer Aufschluss und Transferierbarkeit und • paradigmatische Bedeutung (sachlich-fachliche Breite und philosophische Tiefe)	• Gegenstandszentrierung • Gang zu den Quellen • Schülerzentrierung	• theaterähnliche Gliederung und Gestaltung • dramatische Entwicklung des Lernprozesses • Entfaltung der Lehridee bis zum Erkenntnisprodukt
Leitfigur	Die Lernenden erklettern einen lockenden und zugänglichen Erkenntnisgipfel und behutsamer Führung und erfahren dabei das Gebirge und das Klettern, also Inhalt und Methode	Die Lernenden nehmen den Gegenstand im eigenen Lerngang wahr als Werdegang des menschlichen und des individuellen Wissens: vom ersten Staunen bis zur eigenen Erkenntnis	Die Lernenden ringen um die Erschließung des Gegenstandes und der Gegenstand ringt mit den Lernenden um seine Erschließbarkeit.

Tabelle 1:   Übersicht über die Methodentrias nach Martin Wagenschein und Gottfried Hausmann.

Exemplarisch

Lehrstücke sind thematische *Exempel* kulturhistorisch und menschheitsgeschichtlich relevanter Errungenschaften. In diesen Lehrgängen werden Entwicklungen und Erkenntnisse exemplarisch nachvollzogen, die stellvertretend sind für andere ähnliche Entdeckungen und Erkenntnisse, die eine epochale Ausstrahlung haben und unsere Kultur heute wesentlich mitprägen. Solche Bildungsthemen finden sich in allen Fachbereichen, sind aber selber meist mehrdimensional, also nicht einem Fachgebiet alleine zuzuordnen. Hier einige Beispiele: *Beweisführung mit Pythagoras, aristotelische Verfassung, Entwicklung des Theaters mit Brechts Galilei, Pflanzenklassifikation mit Linné.* Diesen Themen wird durch den Lehrstückunterricht im Curriculum so viel Platz eingeräumt, dass diese als Brückenpfeiler dienen können, auf welchen sich andere Inhalte abstützen lassen und zwischen welchen andere Inhalt Verbindungen schaffen, die (aus Zeitgründen) eher orientierend und instruierend unterrichtet werden. Das so entstehende Bildungsgeflecht soll durch diese Bildungsexempel getragen werden und – anders als Ernst Mach das beschreibt[7] – an gewissen Stellen so fest verankert sein, dass die Schülerinnen und Schüler eine Vertrautheit den erworbenen Inhalte gegenüber und genügend Selbstvertrauen in die Fähigkeiten besitzen, ausgehend davon sich weitere Inhalte selber erschließen zu können.

Genetisch

Lehrstücke sind *genetisch entwickelnde Lehrgänge*. Entdeckungen sollen im Unterricht nach-entdeckt und Erkenntnisgipfel – soweit möglich – selber bestiegen werden, immer auf den Pfaden und unter kundiger Führung der Exponenten der Kulturgeschichte.

Den Lernenden wird so ermöglicht, sich mit dem Werden der Inhalte auseinanderzusetzen. Während zu Beginn ein Phänomen staunend beobachtet wird, kann dieses im Verlaufe des Unterrichts enträtselt werden. Dabei werden die Rätsel nicht vorgelöst, sondern die Lernenden können sie selber lösen. Dadurch wird der Bezug zum Gelernten ganz anders, als wenn die Lösungen einfach präsentiert, abgenickt und eingeordnet werden. Das individuelle Entdecken von Zusammenhängen schafft einen inneren Bezug zum Thema, das den Lernprozess begünstigt. Der Prozess vom Staunen über den Werdegang zur Erkenntnis in einem Lehrstück manifestiert sich schließlich im *Denkbild* zum Unterrichtsgegenstand. Das Denkbild verdichtet in sich Inhalt und Prozess und steht am Ende des Lehrstücks als Symbol für das Gewordene. Im Bild ist nicht mehr nur das erstaunliche Phänomen, sondern die daran gewonnene Erkenntnis zu sehen.

Die Individualgenese erfährt aber in den Lehrstücken zwei weitere Bereicherungen. Erstens werden Lernprozesse in der Gruppe erlebt, Erkenntnisse werden ausgetauscht und gemeinsam weiterentwickelt. Dabei gesellt sich zur Individualgenese eine Entwicklung der Erkenntnis in der Gruppe. Zweitens orientiert sich der Erkenntnisprozess in Lehrstücken an der Kulturgenese des Unterrichtsgegenstandes. Die Lernenden treten somit in den Diskurs mit der Kulturgeschichte, erleben diese nach und entdecken Parallelen zwischen der Entwicklung ihrer eigenen individuellen Erkenntnisfindung und jener der Wissenschaft, der Gesellschaft

---

7   *„Ich kenne nichts Schrecklicheres, als die armen Menschen, die zu viel gelernt haben. Statt des gesunden kräftigen Urteils, welches sich vielleicht eingestellt hätte, wenn sie nichts gelernt hätten, schleichen ihre Gedanken ängstlich und hypothetisch einigen Worten, Sätzen und Formeln nach, immer auf demselben Wegen. Was sie besitzen ist eine Spinnengewebe von Gedanken, zu schwach, um sich darauf zu stützen, aber kompliziert genug, um zu verwirren".* Mach, Ernst (1886): *Der relative Bildungswert der philologischen und der mathematisch-naturwissenschaftlichen Unterrichtsfächer der höheren Schulen.* Vortrag gehalten vor der Delegiertenversammlung des deutschen Realschulmännervereins in Dortmund am 16. April 1886, Prag: Tempsky/Leipzig: Freytag, S. 21.

oder der Menschheit als Ganzes. Individualgenese und Kulturgenese gehen damit Hand in Hand und die Lernenden haben Teil an der Kulturgeschichte und werden zu Kulturträgerinnen und -träger.

Dramaturgisch

Lehrstücken wohnt in ihrer Struktur *eine Dramaturgie*[8] inne. Damit ist gemeint, dass die Abfolge der Lehrsequenzen komponiert und konstruiert ist und zwar so, dass die dramatische Entwicklung des Lern- und Erkenntnisprozesses zur Geltung gebracht wird. In der Komposition des Lehrstücks wird versucht, die Dramatik des Bildungsprozesses abzubilden. Dazu orientiert sich die Lehrkunst an der Gliederung von Werken im Theater. So werden die einzelnen Sequenzen des Lehrstücks auch entsprechend benannt: *Eröffnung, Akte, Höhepunkte* und *Finale* strukturieren ein Lehrstück. In der Eröffnung wird der Lerninhalt meist verdichtet in einem Phänomen exponiert dargestellt, *inszeniert*. Dies soll so geschehen, dass sich aus dieser Inszenierung heraus eine *Sogfrage* entfaltet, ein Rätsel, eine ansprechende und fesselnde Fragestellung, deren Klärung sich über das ganze Lehrstück hinzieht und die ganze Dramaturgie aufspannt. Diese Sogfrage ist durch das ganze Lehrstück präsent und löst sich idealerweise erst im Finale auf. Dazwischen entfaltet sich über mehrere Akte ein Ringen um Wahrheit, um Erkenntnis und Einsicht, je nach Lehrstück eher zyklisch, linear oder auch konzentrisch auf einen Lösungsraum hinarbeitend. Im Finale löst sich das Rätsel um die Sogfrage und der Lehrgegenstand erscheint nun im aufgeklärten Blick der Schülerinnen und Schüler neu, reicher und durchdrungen.

Auch die Dramaturgie steckt oft schon in der Kulturgeschichte einer Erkenntnisfindung und wartet nur darauf, gefunden und didaktisch aufbereitet zu werden und selten liegt gar die didaktische Aufbereitung schon vor (wie etwa bei Galilei!). Hin und wieder ist es auch nötig, die Kulturgeschichte zu didaktischen Zwecken (transparent!) zurechtzurücken, damit sich ein nachvollziehbarer und didaktisch organischer Ablauf ergibt (so z. B. im Lehrstück *Pascals Barometer, vgl. Kapitel 4*).

Im Teil B werden bei jedem der drei in diesem Buch vorgestellten Lehrstücken die drei Aspekte der Methodentrias diskutiert und analysiert und werden dabei konkreter.

---

8 Michael Jänichen hat im Rahmen seiner Dissertation die Bedeutung der Dramaturgie für die Lehrkunst ausführlich untersucht und beschrieben: Jänichen, Michael (2010): *Dramaturgie im Lehrstückunterricht.* Philipps-Universität Marburg/Lahn, Fachbereich Erziehungswissenschaften: Dissertation.

Die Komponenten der Methodentrias machen eine *Unterrichtseinheit* zu einem *Unterrichtsexempel*. Erst durch eine bildungsdidaktische Unterfütterung wird die Lehr-/Lerneinheit aber zu einem *Bildungsexempel*. Die Lehrkunst orientiert sich hier an der Klafki'schen Kategorialbildung.

1.1.5   Bildung

Die Theorie der kategorialen Bildung entwickelte Klafki aus den vier historischen Bildungsansätzen *objektive Bildung, klassische Bildung, funktionale Bildung* und *methodische Bildung*. Klafki vereinte die vier Theorien miteinander, indem er die wechselseitige, dialektische Beziehung des Formalen und des Materiellen ins Zentrum stellte:

> „Bildung als [...] doppelseitige Erschließung geschieht als Sichtbarwerden von allgemeinen, kategorial erhellenden Inhalten auf der objektiven Seite und als Aufgehen allgemeiner Einsichten, Erlebnisse, Erfahrungen auf der anderen Seite des Subjekts."[9]

Klafki selber erläuterte sein Konzept an den Unterrichtsexempeln von Wagenschein (z. B. *Der Mond und seine Bewegung*)[10].

Fundamentale und elementare Kategorialbildung	Kategoriale Bildung wird überfachlich erweitert und betrifft Grundfragen und Grundlagen von Mensch und Welt			Beispiel von Martin Wagenschein: *Der Mond und seine Bewegung*
Theorie der kategorialen Bildung	*Bildung ist gegenseitige Erschließung von Mensch und Welt: Am Exempel bilden sich zunächst exemplarische Denkfiguren, Paradigmata und Vorstellungen aus und sodann fachliche Grund- und Leitbegriffe: **Kategorien***			
Die vier historischen Bildungstheorien als Grundlage	Objektive Bildung	Klassische Bildung	Funktionale Bildung	Methodische Bildung
	Materielle Bildung		Formale Bildung	

Tabelle 2:   System der Kategorialen Bildung nach Klafki.

---

9   Klafki, Wolfgang (1959): *Kategoriale Bildung. Zur bildungstheoretischen Deutung der modernen Didaktik.* Weinheim: Beltz, S. 43.

10   Ebenda, S. 39–41.

Wildhirt fasst die Bedeutung der Klafki'schen Bildungstheorie für die Lehrkunstdidaktik in vier Punkten zusammen:[11]

„• «Nach innen» fordert sie erstens auf zur Besinnung auf den eigentlichen Sinn des Lehrstückunterrichts, nämlich Bildungserfahrung zu ermöglichen;
• zweitens liegt Klafkis Konzeptdarstellung von 1959 ein klares, gut handhabbares Analyseinstrument vor – zur Vergewisserung, was unter den verschiedenen Gesichtspunkten betrachtet im Unterricht gelernt werden soll und kann;
• «nach außen» verfügt sie drittens angesichts erschlagender Stofffülle über eine Suchlinie für bildungsrelevante Stoffe, und damit verbunden
• viertens über ein Qualitätsmerkmal von Lehrstücken in der Diskussion um gute Schule, um Reform und Unterrichtsentwicklung."

Der zweite Punkt wird in der Komposition von Lehrstücken sehr ernst genommen, indem die Lehrstücke mittels des angesprochenen Analyseinstruments hinsichtlich ihres Bildungsgehaltes geprüft werden.

Wir werden das für jedes der hier besprochenen Lehrstücke auch tun (vgl. dazu die Kapitel 4.4.2, 5.4.3 und 6.4.4).

1.1.6 Acht Lehrstückkomponenten

Wildhirt schlägt in ihrer Dissertation[12] vor, die Lehrstücke in acht Komponenten genauer zu beschreiben. Diese Komponenten bauen auf dem Fundament der Methodentrias auf und konkretisieren diese weiter. Abbildung 3 zeigt die Komponenten an einem Beispiel in Bezug zur Methodentrias.

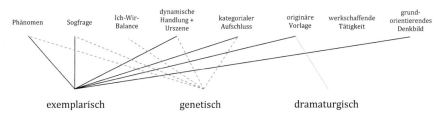

Abbildung 3:   Beziehungen zwischen den 8 Lehrstückkomponenten (oben) und der Methodentrias (unten) für ein bestimmtes Lehrstück, aus Wildhirt 2008, S.185.

---

11 Wildhirt, Susanne (2008): *Lehrstückunterricht gestalten*. Bern: h.e.p.-Verlag, S. 32.
12 Ausführlich beschreibt dies Susanne Wildhirt in ihrer Dissertation: Wildhirt, Susanne (2008): *Lehrstückunterricht gestalten*. Bern: h.e.p.-Verlag.

Je nach Lehrstück sind diese acht Komponenten stärker oder weniger ausgeprägt. Ich gehe hier nicht weiter auf diese Komponenten ein, sondern konkretisiere diese in der Anwendung auf die drei Lehrstücke im hinteren Teil dieser Arbeit (vgl. die Kapitel 4.4.3, 5.4.2 und 6.4.3).

1.2 Lehrkunst in der Bildungslandschaft des 21. Jahrhunderts

1.2.1 Die Lehrkunst im Spannungsfeld von Bildung und Wissenschaft

Ein Blick zurück in die Geschichte des abendländischen Lehrplans macht deutlich, dass der Wissenszuwachs im 12. und 13. Jahrhundert durch die Kreuzzüge, den immer stärker aufkommenden überregionalen Handel, die Erschließung „alter Literatur" einschließlich des ganzen aristotelischen Schrifttums sowie durch das Einströmen jüdischer und arabischer Gelehrsamkeit die alte (hellenistische und römische) Einteilung des Wissens in die *Septem Artes Liberales* sprengte.[13] Thomas von Aquin (1225–1274) zeigt sich angesichts der verführerischen Überfülle des Wissens besorgt und drängte hin zu einer Trennung von *Wissenschaft* und *Schulwissenschaft*. Er sprach den *Septem Artes Liberales* ihre Wissenschaftlichkeit insofern ab, als dass diese nicht Unterteilungen der Philosophie, *nicht Teile der „Summa"* seien, sondern eine Vorstufe dieser, also die *Schola*.

> „[...] Mit recht heißen sie Artes, weil sie nicht bloß Erkenntnisse vermitteln, sondern eine Tätigkeit ihnen den eigentümlichen Charakter gibt. Es werden grammatische Konstruktionen, logische Schlüsse und Reden angefertigt, es wird gezählt, gemessen, es werden Melodien zusammengestellt und die Umläufe der Gestirne berechnet."[14]

Thomas von Aquin betonte dabei, „dass die Schulwissenschaft im Unterschied zur Wissenschaft nicht alleine oder nicht so sehr ein Wissen, als vielmehr auch ein Können" darstellen solle und Schulwissen ein „handwerkliches Moment"[15] (technai) einschließen solle. In der Folge setzte sich diese Haltung immer mehr durch und leitete eine deutliche Trennung und Unterscheidung der Lehrpläne der Schule (artes) und jener der Wissenschaft (scientia) ein.

---

13   Dolch, Joseph (1959): *Lehrplan des Abendlandes – Zweieinhalb Jahrtausende seiner Geschichte.* Ratingen: Aloys Henn Verlag, S. 135.
14   Dolch, Joseph (1959): *Lehrplan des Abendlandes – Zweieinhalb Jahrtausende seiner Geschichte.* Ratingen: Aloys Henn Verlag, S. 143.
15   Ebenda.

Heute scheint die Tendenz – zumindest an den Mittelschulen – eher wieder in die andere Richtung zu gehen. Gerade im naturwissenschaftlichen Unterricht wird der Wissenschaftspropädeutik großen Wert beigemessen und die Schule wird oft auf einen Ort des kognitiven Aufbaus von Wissen und von Konzepten reduziert. Bo Dahlin beschreibt den Trend als *cognitivism* und meint dazu:

> „The basic feature of this trend is a one-sided and exclusive focus on conceptual cognition and concept formation, with a simultaneous neglect of sense experience."[16]

Dabei hat auch Thomas von Aquin festgehalten, dass durch die Trennung von Schulwissenschaft und Wissenschaft die Schulwissenschaft nicht *Artes mechanicae* sein soll, sondern sich klar auf die Wissenschaft beziehen und darauf hinzielen, also immer noch *Artes liberales* bleiben soll.

Die Lehrkunst nimmt die Forderung, Schulbildung als *Artes liberales* zu verstehen, dahingehend ernst, dass sie die Aufgabe der Schule klar von jener der Universität trennt. In der Schule muss der Fokus neben der Bildung (hier im einfachen Sinne der Wissensvermittlung gemeint) auf dem Bildungs*prozess* liegen. Der Betonung des *handwerklichen Moments* in der Schulwissenschaft misst die Lehrkunst daher großen Wert bei. In der Schule soll etwas geschaffen, konstruiert und entwickelt werden, und dies in doppelter Hinsicht, sowohl intellektuell wie auch praktisch.

Die Bildungstheorie Klafkis bildet dazu das geeignete Fundament. Das wechselseitige *Aufeinander-Beziehen* von Inhalt und Methode, von *sciencia* und *technai* und das *Auswählen* bestimmter exemplarischer Inhalte aus der Fülle aller möglichen Inhalte sind in der Klafki'schen *Kategorialbilung* in eine umfassende Theorie eingebettet.

Die Lehrkunst zeigt mit ihren Lehrstücken eine praktische Umsetzung dazu. Wildhirt nennt in ihrer Dissertation[17] unter den acht Komponenten, welche ein Lehrstück auszeichnen, die *„Werkschaffende Tätigkeit"*, *die Poiesis (das Handeln zum Zwecke der Bildung)*, in der sich das Bildungsziel des „kategorialen Aufschlusses" in Form des Werks und des Geschaffenen manifestiert.

Die Erfolge und technischen Errungenschaften der Naturwissenschaften seit Galilei, die unserer Gesellschaft Wohlstand und Gesundheit bescherten, haben der Wissenschaft heute zu einem gesellschaftlichen Stellenwert verholfen, der mit einer Religion vergleichbar ist. Will man heute etwas glaubhaft darstellen, so

---

16 Dahlin, Bo (1998): *The primacy of cognition – or of preception? A Phenomenological Critique of the Theoretical Bases of Science Education*. Education-Line [5].
17 Wildhirt, Susanne (2008): *Lehrstückunterricht gestalten*. Bern: h.e.p.-Verlag, S.61 und 71.

ist es wichtig, eine wissenschaftliche Studie herbeiziehen zu können, die das „beweist". *Früher glaubte man – heute wissen wir*; Glaube wird durch Wissen ersetzt. Wer heute *glaubt*, obwohl man *weiß*, wird geächtet. Etwas überspitzt könnte
man von der Umkehr der mittelalterlichen Inquisition sprechen.[18] Der unkritische
Umgang mit wissenschaftlichen Erkenntnissen, vor allem mit der wissenschaftlichen *Methodik* in der Pädagogik, führt zu einer Dominanz wissenschaftlicher
Denk- und Handlungsmuster in der Didaktik, die andere Aspekte des Lernens
und des Lehrens verdrängen. Sie führt zum Beispiel zur „*Ist-Nichts-Als*"-Lehre:[19]
„Licht *ist nichts als* elektromagnetische Strahlung", „Wärme *ist nichts als* Teilchenbewegung", „Musik *ist nichts als* Luftschwingung". Wissenschaft wird verstanden als Entlarvung von Phänomenen, als Reduktion einer integralen umfassenden Realität auf kognitive Konzepte, Konstruktionen und Modelle. Im bereits
oben erwähnten Artikel von Dahlin übt dieser grundlegende Kritik an der vor-
behaltlosen Adaption naturwissenschaftlicher Fragestellung, Argumentation und
Schlussfolgerung auf alle Lebensbereiche und vor allem auch auf die Pädagogik
und Didaktik. Er kritisiert die Mainstream-Pädagogik, welche Piagets Studien
entwachsen ist und die zu eindimensional auf naturwissenschaftlichen Konzepten
und Normen baut:

„[…] For Piaget, the kind of knowledge constituting modern science seems to have been the
taken-for-granted telos of the individual's intellectual development. It was from this particular
point of view that he described the development of intelligence and knowledge. However, when
Piaget's theory was taken up in education, it was considered as dealing with the development of
all kinds of knowledge, not just science. Sometimes it has even been received as a theory of the
general psychological development of children. In this way, I believe, Piaget's thinking has
come to contribute to an "intellectualistic fallacy" with educational science, and perhaps also in
educational practice. I call this fallacy *cognitivism*."[20]

Ein Beispiel für den *cognitivism* gibt Wagenschein in seinem Interview zu
seinem Lebenswerk mit Buck und Köhnlein[21]:

18 Eine solche Haltung ist ein Relikt der Arroganz eines positivistischen Denkens, wie es im 19.
    Jahrhundert als (Über-)Reaktion auf das lange dunkle Zeitalter der Verdrängung des freien
    Denkens erfolgte. Heute führt ein solches Denken zu der bekannten unfruchtbaren Rivalität
    zwischen den Geistes- und den Naturwissenschaften (und der damit verbundenen Polarisation
    naturwissenschaftlicher und technischer Inhalte; MINT-Problematik), der meiner Meinung nach
    in der Schule nur mit explizit interdisziplinärem Ansatz begegnet werden kann.
19 aufgeschnappt anlässlich eines Vortrages von Peter Stettler an der Wagenscheintagung 2011 in
    Liestal.
20 Dahlin, Bo (1998): *The primacy of cognition – or of preception? A Phenomenological Critique
    of the Theoretical Bases of Science Education.* Education-Line, [5].
21 Aus: Wagenschein, Martin (1981): *Ein Interview zu seinem Lebenswerk mit P. Buck und W.
    Köhnlein.* Zeitschrift Chimica Didactica, 7, S. 164.

Ein Vater beobachtet, wie seine Tochter empört war (das ist beobachtbar), als ein Brot, das sie nicht essen wollte, durchgeschnitten wurde: "Jetzt muss ich ja noch mehr essen!" rief sie. Sie war noch klein, sie ging noch nicht in die Schule. Sie befand sich noch ganz in der präoperativen Phase. „Das wäre mir nie aufgefallen", sagt der Vater, „wenn ich nicht Piaget gelesen hätte: Durch das Schneiden wird es 'mehr'". Darauf Wagenschein: "Das ist eine sehr schöne Geschichte. Wir denken: Natürlich fehlt hier ein 'Erhaltungssatz', die 'Invarianz' des Essbaren; die Teile nacheinander gegessen bringen nicht mehr und nicht weniger als das Ganze auf einmal. Was das Kind meint, ist vielleicht etwas ganz anderes. Es meint vielleicht nicht viel mehr Brot, sondern viel mehr (viel öfter) Abscheu. Ich erinnere mich aus der Kindheit, als ich das widerliche Rizinusöl schlucken musste: Lieber das Ganze auf einmal als die vielen ekligen Schlucke. – Aber auch diese Deutung kann ganz falsch sein. Man müsste vorsichtig darüber reden, mit dem Kind und miteinander."

Die Reaktion des Vaters sei typisch für den *cognitivism* in dem er aus dem Verhalten des Kindes sofort auf das Fehlen von Konzepten (*conceptual deficiency*) schliesst, meint Dahlin in seinem Artikel.

John Dewey beschreibt drei Dogmen des abendländischen Denkens:[22] *The Plotinian Temptation, the Galilean Purification* und *the Asomatic Attitude. Plotinian Temptation* beschreibt den Drang, sich vom Pluralismus weg hin zur Vereinheitlichungen zu wenden und diese als höchstes Ziel zu erklären. Mit *Galilean Purification* ist die Reduktion des Komplexen, Realen auf das Abstrakte, Vereinfachte gemeint und die *Asomatic Attitude* hat mit dem Körper-Seele Problem zu tun und der Annahme, dass das Denken und Erkennen alleine mit dem Kopf (dem rationalen Denken) zu tun habe. Insbesondere die beiden letzten prägen das wissenschaftliche Denken in hohem Masse und auch die Pädagogik.

Die Lehrkunst versucht dieser „*Verwissenschaftlichung der Bildung*" und der Reduktion reicher und komplexer Phänomene auf deren rationale, quantifizierbare Eigenschaften entgegenzuwirken. Sie versucht, ästhetische Aspekte in gleichem Masse mit einzubeziehen wie auch subjektives Erleben, Beobachten, Beschreiben. Vor allem aber ist das Ziel der Lehrkunst schließlich, nicht bloß Wissen zu konstruieren und genetisch zu erschließen und die konstruierten Konzepte als Absolutheit zu zementieren, sondern die erarbeiteten Konzepte eigenen Präkonzepten gegenüberzustellen, um mündig über den Einbezug neuer Konzepte in das persönliche, gesellschaftliche und politische Wirken zu entscheiden.

Ein Ziel fortführender Arbeiten könnte es sein, die moderne kognitionspsychologische Didaktik mit der Kritik des *cognitivism* zu konfrontieren und zu untersuchen, inwiefern die Bildungstheorie Klafkis durch seine erweiterte Bildungsdimension die kognitionspsychologische Didaktik bereichern könnte. In dieser Arbeit wird dieser Gedanke nicht weitergeführt. Stattdessen richten wir

---

22   Boisvert, Raymond D. (1998): *John Dewey, rethinking our time*. Albany: SUNY Press, S. 10.

hier den Fokus auf den Begriff der *Galilean Purification,* welcher in Bezug auf die dieser Arbeit zugrundeliegenden These eine spezielle Bedeutung hat. Im Lehrstück *Fallgesetz nach Galilei* stoßen wir vor zur Geburt dieses kultur-prägenden Dogmas. Galilei zelebriert seinen Durchbruch in den Naturwissenschaften durch seine neue Methode der Abstraktion und der Reduktion des Realen auf „das Wesentliche". Durch das Ignorieren des Luftwiderstandes und aller anderen „störenden Einflüsse" gelangt er beim Fallprozess zum Kern des Verhaltens der „natürlichen Bewegung fallender Körper". Er findet darin die Sprache der Mathematik und erhebt diese sofort zur „einzigen wahren Sprache der Natur".

> „Die Philosophie steht in diesem großen Buch geschrieben, das unserem Blick ständig offen liegt [, ich meine das Universum]. Aber das Buch ist nicht zu verstehen, wenn man nicht zuvor die Sprache erlernt und sich mit den Buchstaben vertraut gemacht hat, in denen es geschrieben ist. Es ist in der Sprache der Mathematik geschrieben, und deren Buchstaben sind Kreise, Dreiecke und andere geometrische Figuren, ohne die es dem Menschen unmöglich ist, ein einziges Bild davon zu verstehen; ohne diese irrt man in einem dunklen Labyrinth herum."[23]

Die Frage stellt sich, ob nun die Gesetzmäßigkeit, die in der Abstraktion gefunden wird, realer ist als das konkrete Phänomen? Genau das aber wird im Lehrstück nicht behauptet. Es wird beleuchtet, dass dieses Prinzip sich im *wissenschaftlichen* Denken und vor allem in den *Naturwissenschaften* der folgenden 400 Jahre durchgesetzt hat und äußerst erfolgreich war. Das Lehrstück beginnt aber bewusst mit der Aristotelik, die ihrerseits das reale Phänomen zum Dogma erhebt und endet auch wieder dort! Das Lehrstück nimmt damit Rücksicht auf genau jenen Einwand, dass gerade in der Didaktik das reiche und komplexe Phänomen nicht aus kognitionspsychologischen Gründen auf seine Rationalität und Objektivität reduziert werden darf.

> „Nature speaks through the gesture it makes in its forms, colours, sounds, smells and tastes. From acient times, human inquiry has always tried to understand this «language» of Nature. [...] For some reason he [Galilei] assumed that the only language Nature was capable of speaking was that of Mathematics."[24]

Die menschliche Wahrnehmung der Welt erfolgt über unsere Sinne, die uns ein subjektives Erlebnis vermitteln. Daran lernen wir. Es ist unbestritten, dass die

---

23 Aus dem "*Saggiatore*" von 1623, zitiert in Behrends, Ehrhard (2010): *Ist Mathematik die Sprache der Natur?* Mitteilungen der mathematischen Gesellschaft, Hamburg: Mitteilungen der mathematischen Gesellschaft, S. 53–70. Original: Galileo Galilei: II Saggiatore (1623) Edition Nazionale, Bd. 6, Florenz 1896, S. 232.
24 Dahlin, Bo (1998): *The primacy of cognition – or of preception? A Phenomenological Critique of the Theoretical Bases of Science Education.* Education-Line [5].

Wissenschaft, um erfolgreich zu sein und um grundlegende Erkenntnisse über das Gefüge der Welt gewinnen zu können, sich dieser Subjektivität entledigen muss. Nicht aber die Pädagogik! Der Zugang zur Welt ist die Grundlage unseres Lernens und dieser ist subjektiv. Der Zugang zur abstrakten, objektivierten Beschreibung der Welt muss über die subjektive Betrachtung individuell und privat verlaufen. Ebenso muss der Gewinn der objektivierten und reduzierten Betrachtung und Beschreibung der Welt ausgewiesen werden – und zwar wiederum jedem individuell und privat. Der offensichtliche Gewinn der technischen Entwicklung unserer Gesellschaft reicht dazu nicht aus. (Dieser reicht bestenfalls aus, um Inhalte in Lehrplänen zu verankern, nicht aber um Menschen authentisch und intrinsisch für Unterricht zu begeistern). Die abstrakte, verallgemeinerte Betrachtung und Beschreibung der Welt hilft uns, unsere Subjektivität zu reflektieren, und darin liegt der eigentliche Bildungsgehalt von Unterricht. Sie strukturiert unsere Wahrnehmung und lässt eine Differenzierung zu. Die Gefahr des Zerfalls unserer Wahrnehmung in Einzelaspekte besteht dabei kaum, zu stark sind unsere Sinne aufeinander bezogen, zu gut haben wir seit der Geburt – noch vor der Entwicklung des kognitiven analytischen Denkens – gelernt, Erfahrungen ganzheitlich zu machen.

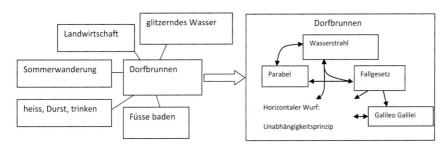

Abbildung 4:   Analytische Zerlegung und anschliessende Rekonstruktion des Phänomens im „Normalunterricht"

Der didaktische Mainstream, z. B. die kognitionspsychologische konstruktivistische Didaktik legt großen Wert auf die individualgenetische Konstruktion des Wissens (z. B. das *PADUA* der Didaktik Aeblis[25]): Sachverhalte zerlegen, bear-

---

25   PADUA steht für „Problemdarstellung, Aufbau, Durcharbeiten, Üben, Anwenden" nach Aebli, Hans (2003): *Zwölf Grundformen des Lehrens: Eine allgemeine Didaktik auf psychologischer Grundlage.* Stuttgart: Klett-Cotta.

beiten, neue zusammensetzen, anwenden und üben. Der Vorgang des Zerlegens, Analysierens und Rekonstruierens entspricht einer naturwissenschaftlichen Methodik. Er wird der Behandlung der Sache, des Objekts gerecht, bezieht aber das Subjekt, den Lernenden, wenig mit ein. Die persönlichen Assoziationen und der persönliche Bezug zum Phänomen wird dabei vorläufig in den Hintergrund gedrängt, bzw. hat nach dem *Einstieg* und nach dem *Abholen* der Schülerinnen und Schüler keine Bedeutung mehr oder wird gar als für den Lernprozess hinderlich betrachtet.

Die Frage stellt sich, inwiefern das Phänomen durch die analytische Zerlegung entfremdet, entzaubert und auf rationale Messgrößen reduziert wird. Ist das Phänomen noch jenes, das wir vorher gekannt haben und das uns lieb war? Pädagogik ist nicht unabhängig von unserer emotionalen Haltung dem Phänomen gegenüber. Unterricht darf den Schülerinnen und Schülern nicht ihre persönlichen Phänomene rauben, indem er diese auf das *Reale* abstrahiert – jedenfalls nicht endgültig.

Der Erfolg der *Galilean Purification* auch in der Pädagogik gibt der Methode allerdings Recht, und es wäre ein ideologischer Schattenkampf, die Methode grundsätzlich in Frage zu stellen. Auch die Lehrkunst verwendet die Methode des „Re-generierens" von Erkenntnissen. Es geht hier vielmehr darum, die analytisch-konstruktivistische Methode mit einer subjektiven, ganzheitlichen und ästhetischen Betrachtung des Phänomens zu bereichern, bzw. letztere Betrachtungsweise ins Bewusstsein zu rufen und ihr im Unterricht Raum zu geben.

Es ist daher nur ein *kulturgeschichtlicher* Rückschritt, wenn der (gymnasiale) Unterricht bei der Aristotelik beginnt und dort auch wieder endet. Pädagogisch erachte ich diese Umrahmung des lehrplanüblichen Galilei'schen Unterrichts als Notwendigkeit. Sie wird der menschlichen ganzheitlichen Betrachtungsweise der unvoreingenommenen Schülerinnen und Schülern gerecht, ohne den Anspruch an Wissenschaftlichkeit im weiteren Sinne auf der Seite zu lassen. Die Aristotelik ist nicht weniger *wissenschaftlich* als die Galileik. Auch ihr liegen klare Prinzipien zu Grunde. Aristotelische Betrachtungen sind integral, ganzheitlich und orientieren sich an der unbewaffneten menschlichen Anschauung und dem *gesunden Menschenverstand*. Diese sind den meisten Menschen naheliegender als die analytische, abstrakte, reduzierte und spezialisierte Betrachtung. Der Lehrstück-Unterricht beginnt beim *Dorfbrunnen* und endet auch wieder dort oder bei *der Kerze*, bei *den Wolken am Himmel, dem nächtlichen Sternenhimmel* oder *dem Phänomen mit dem Wasserglas*. Er beginnt nicht beim *Fallgesetz*, beim *Kohlestoffkreislauf*, bei der *Wolkenklassifikation* oder beim *Luftdruck*. Der Lehrstück-Unterricht *führt dort hin und wieder zurück!*

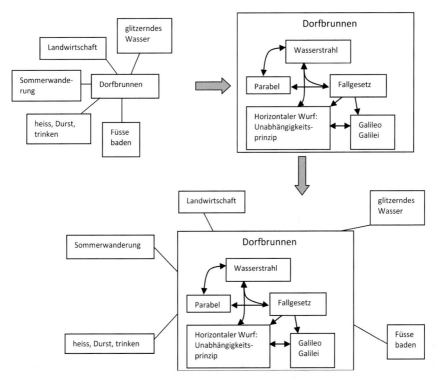

Abbildung 5:   Einwurzeln des Gelernten in die persönliche Subjektivität.

An welchen Inhalten sollen die Bildungsprozesse dann geschult und vollzogen werden? Bei der Beantwortung dieser Frage hilft uns wieder Klafkis Theorie der *Kategorialen Bildung* (vgl. dazu Kapitel 1.1.5). Denn nicht jeder Bildungs*inhalt* hat auch Bildungs*gehalt*. Nach Klafki lassen sich drei Merkmale nennen, die Inhalten potentiell Bildungsgehalt geben:

- *das Elementare:* Bildungsinhalte müssen strukturelle Elemente sein, die sich zu größeren Bildungskomplexen verbauen lassen, sollen also Bauelemente sein, die im wahrsten Sinne des Wortes *grundlegend* sind.
- *das Fundamentale:* Die Inhalte müssen den Lernenden einwurzeln, das heißt ihm Halt auf festem Boden und Grunderfahrungen geben und ihm fundamentale Einsichten in die Weltwahrnehmung ermöglichen.

- *das Exemplarische:* Die Inhalte müssen exemplarisch für eine Vielzahl anderer Beispiele eines Themenkomplexes stehen, müssen als Exempel taugen, an denen Paradigmen entwickelt werden können, die typisch und tragfähig für eine ganze Domäne sind.

Die Ergänzung der Wagenschein'schen genetischen Lehrmethode mit der Klafki'schen Bildungstheorie macht die Lehrkunst zu einer umfassenden Bildungsdidaktik, die auf ganzheitliches, erkenntnisorientiertes Wissen zielt. Sie schafft damit eine solide Grundlage für eine wissenschaftliche Bildung.

1.2.2   Ausbreitung der Lehrkunst

Die Lehrkunst versucht, sich über verschiedene Kanäle und auf verschiedenen Ebenen bekanntzumachen und ihre Ideen zu verbreiten. Begleitend dazu führt sie eine Publikationsreihe, die alle Ebenen ansprechen soll. In Planung ist ferner ein Lehrbuch der Lehrkunst, das zu Unterrichtszwecken in der Lehrerbildung und -weiterbildung eingesetzt werden kann.

1.2.2.1   Lehrkunst im Diskurs der Bildungsdidaktik

Lehrkunst lässt sich im Sinne einer ganzheitlichen Unterrichtsgestaltung mit einer ihr zugrunde liegenden pädagogischen Theorie als Didaktik verstehen. Die Konzeption der Lehrkunst und im Besonderen die Gestaltung und Umsetzung ihrer Produkte, der Lehrstücke, eignen sich als pädagogisch-didaktische Lehrgegenstände. Damit spricht die Lehrkunst die Didaktik- und Pädagogikdozentinnen und -dozenten direkt an und liefert einen wesentlichen Beitrag zur Lehre. Die in der Konzeption der Lehrkunst angelegte Verschränkung von Theorie und Praxis durch ihre rekursive Weiterentwicklung in Lehrkunstwerkstätten (siehe Kapitel 1.2.2.4) verankert sie fest in der Praxis. Konzepte und Theorie werden so dauernd in der Praxis evaluiert und entwickeln sich aus ihr heraus. Dadurch hebt sie sich von gängigen Didaktik-Theorien ab (siehe Kapitel 1.1).

Wegen des gegenstandszentrierten Ansatzes vereinigen sich in Lehrstücken (in der Komposition und Analyse von Lehrstücken) gleichsam allgemeindidaktische, fachdidaktische sowie interdisziplinäre Fragestellungen. Das Lehrstück eignet sich daher auf vielfältige Weise als Studienobjekt.

1.2.2.2 Lehrkunst im Diskurs der Bildungsstandards

Damit sich Lehrstücke im staatlich öffentlichen Mittelschulunterricht rechtfertigen lassen, müssen diese den Bildungsstandards[26] genügen, die durch die Konferenz der deutschen Kultusminister der Länder verabschiedet wurden. Es ist daher angebracht, Lehrstücke hinsichtlich dieser Standards zu diskutieren und kritisch zu hinterfragen.

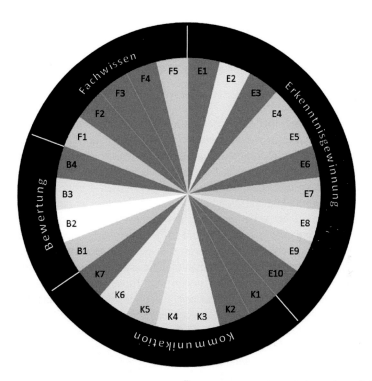

Abbildung 6: Kuchendiagramm als Übersicht über die Erfüllung der Bildungsstandards der deutschen Kultusministerkonferenz durch physikalisch-naturwissenschaftliche Lehrstücke. Die Erklärungen zu den Abkürzungen finden sich im Text und in Tabelle 3.

---

26 Sekretariat der Ständigen Konferenz der Kultusminister der Länder in der Bundesrepublik Deutschland (2005): *Bildungsstandards im Fach Physik für den Mittleren Abschluss (Jahrgangsstufe 10)*. München/Neuwied: Luchterhand.

In dieser Arbeit wird das im jeweiligen Diskussionskapitel spezifisch für jedes Lehrstück gemacht. Da die drei Lehrstücke dieser Arbeit sich bezüglich der Bildungsstandards nur in wenigen Aspekten unterscheiden, wird dort nur noch grob auf die Bildungsstandards und die unterschiedlichen Ausprägungen eingegangen. Dafür versuche ich hier, (physikalisch-naturwissenschaftliche) Lehrstücke im Allgemeinen auf Grund der Bildungsstandards für den Fachbereich Physik zu bewerten[27]. Dazu blicke ich mit genügend Unschärfe auf eine repräsentative Auswahl physikalisch-naturwissenschaftlicher Lehrstücke, um daraus eine durchschnittliche Bewertung zu ziehen. Es sind dies die Lehrstücke *Pascals Barometer, Fallgesetz nach Galilei, die Spiegeloptik, Faradays Kerze, Himmelsuhr und Erdglobus, Howards Wolken* sowie die *Quantenchemie farbiger Stoffe*. Als Grundlage zur Bewertung nehme ich die Bildungsstandards für den Fachbereich Physik.

Fachwissen

F1: Die Schülerinnen und Schüler verfügen über ein strukturiertes Basiswissen auf der Grundlage der Basiskonzepte
In allen betrachteten Lehrstücken wird ein physikalisch-naturwissenschaftliches Basiswissen strukturiert erarbeitet. Dabei stützt man sich letztlich auf Basiskonzepte der klassischen Naturwissenschaften – allerdings nicht von Anfang an und nicht ausschließlich! Genau so wichtig ist persönliches, subjektives, möglicherweise unstrukturiertes und nur vage begründbares Vorwissen, das auf Alltagserfahrung und auf Intuition beruht. Das Ziel der Lehrstücke ist es, zwischen subjektiven und naturwissenschaftlich objektiven Konzepten unterscheiden zu können und diese adäquat einzusetzen.

F2: Die Schülerinnen und Schüler geben ihre Kenntnisse über physikalische Grundprinzipien, Größenordnungen, Messvorschriften, Naturkonstanten sowie einfache physikalische Gesetze wieder
Dieser Bildungsstandard trifft für fast alle betrachteten Lehrstücke in hohem Masse zu. Die Schülerinnen und Schüler haben immer wieder die Gelegenheit ihre Kenntnisse darzulegen, sich mit anderen darüber zu unterhalten, diese zu reflektieren, zu ergänzen und zu evaluieren. Dies gilt für die physikalischen Konzepte und Paradigmen gleich wie für Größenordnungen, Naturkonstanten und Gesetzmäßigkeiten.

---

27 Die deutschen Bildungsstandards sind je für verschiedene Fachbereiche ausformuliert. Hier schon zeigt sich die Schwierigkeit, Lehrstücke nach den Bildungsstandards zu beurteilen. Nur selten sind Lehrstücke ausschliessliche einem einzigen Fach zuzuordnen. Viele sind fächerübergreifend, da sie sich am Unterrichtsgegenstand in seiner Ganzheitlichkeit orientieren, und dieser wurzelt meist in verschiedensten Fachbereichen.

F3: *Die Schülerinnen und Schüler nutzen diese Kenntnisse zur Lösung von Aufgaben und Problemen*
Das erarbeitete Fachwissen steht immer in engem Zusammenhang zum alles bestimmenden Unterrichtsgegenstand oder -Problem. Der Unterricht ist also in hohem Masse problem- und lösungsorientiert.

F4: *Die Schülerinnen und Schüler wenden diese Kenntnisse in verschiedenen Kontexten an*
Das erarbeitete Fachwissen steht in allen Lehrstücken in engem Zusammenhang mit dem zentralen Unterrichtsgegenstand. Das entscheidende Auswahlkriterium für diesen Unterrichtsgegenstand ist aber seine Exemplarizität. Das bedeutet, dass das am Unterrichtsgegenstand erlernte Fachwissen tragende Bedeutung für eine ganze Epoche und/oder einen ganzen Fachbereich hat. Es ist Ziel der meisten Lehrstücke, dies den Schülerinnen und Schülern transparent darzulegen und diese Beziehungen aufzuzeigen.

F5: *Die Schülerinnen und Schüler ziehen Analogien zum Lösen von Aufgaben und Problemen heran*
Für einzelne Aspekte und Sachverhalte innerhalb der Lehrstücke trifft dies zu. Das Herbeiziehen von Analogien in Lehrstücken wird dadurch begünstigt, dass die Schülerinnen und Schüler immer wieder die Gelegenheit erhalten und dazu aufgefordert werden eigene Konzepte zu diskutieren und zu vergleichen. Dazu werden natürlicherweise Analogien beigezogen, diskutiert und deren Grenzen ausgelotet. Speziell ausgeprägt geschieht dies in Lehrstücken mit abstrakten Inhalten wie dem Lehrstück zur *Quantenchemie farbiger Stoffe* oder zur *Spiegeloptik*.

Erkenntnisgewinnung

E1: *Die Schülerinnen und Schüler beschreiben Phänomene und führen sie auf bekannte physikalische Zusammenhänge zurück*
Die Eigenheit aller Lehrstücke ist, dass sie ein Phänomen als Ausgangspunkt einer Unterrichtseinheit ins Zentrum stellen. Diese Phänomene zu betrachten, zu ergründen und zu beschreiben ist der Kern jeden Lehrstücks. Da dies bei naturwissenschaftlichen Lehrstücken physische Phänomene sind, stehen die zugrundeliegenden physikalischen Zusammenhänge natürlicherweise im Fokus. Aber eben nicht nur. Diese werden in Bezug gesetzt zu metaphysischen Konzepten, womit das Phänomen zu einem ganzheitlichen Bildungsgegenstand wird.

E2: *Die Schülerinnen und Schüler wählen Daten und Informationen aus verschiedenen Quellen zur Bearbeitung von Aufgaben und Problemen aus, prüfen sie auf Relevanz und ordnen sie*
Das Sammeln, Ordnen und Prüfen von selbst zusammengetragenem Datenmaterial kommt nur in einzelnen Lehrstücken an gewissen Stellen vor. Häufig liegt das Datenmaterial vor, lässt sich aus historischen Quellen entnehmen oder wird selber aufgrund vorgegebener Experimente erhoben. Dieser Akt ist aber meist Mittel zum Zweck und nicht an sich das Thema.

E3: *Die Schülerinnen und Schüler verwenden Analogien und Modellvorstellungen zur Wissensgenerierung*
Die Schülerinnen und Schüler verwenden in hohem Masse Analogien und Modellvorstellungen, wägen solche gegeneinander ab und erschließen sich daraus Erkenntnis. Diese Modellvorstellungen werden selber, individualgenetisch und/oder in Anlehnung an die Kulturgenese entwickelt.

E4: *Die Schülerinnen und Schüler wenden einfache Formen der Mathematisierung an*
Hier sind die beachteten Lehrstücke sehr unterschiedlich zu bewerten. Einzelne Lehrstücke sind explizit diesem Thema gewidmet (*Fallgesetz nach Galilei*). Bei anderen wird fast ausschließlich mit qualitativen Betrachtungen gearbeitet (*Howards Wolken, Faradays Kerze*) und bei dritten findet eine Mathematisierung und Formalisierung statt, ohne dass dies ein Schwerpunkt darstellt (*Pascals Barometer, Quantenchemie farbiger Stoffe*).

E5: *Die Schülerinnen und Schüler nehmen einfach Idealisierungen vor*
Hier gilt ähnliches wie bei *E4*: In gewissen Lehrstücken ist das Idealisieren, das Bilden von Modellen, die Abstraktion realer Phänomene das Hauptthema, wobei es darum geht, die Denk- und Arbeitsweise der klassischen Naturwissenschaften zu begreifen (vgl. *Galilean Purification* in Kapitel 1.2.1). Hier werden Idealisierungen nicht nur vorgenommen, sondern bewusst gemacht und kritisch hinterfragt. Dies geschieht vor allem in den Lehrstücken, die in dieser Arbeit vertieft besprochen werden, da sie genau hinsichtlich dieser Thematik komponiert wurden.

E6: *Die Schülerinnen und Schüler stellen an einfachen Beispielen Hypothesen auf*
Des wiederum gilt für alle Lehrstücke, die ich hier in Betracht ziehe sehr deutlich. Das Aufstellen und Ausformulieren von Hypothesen wird dazu verwendet, den Schülerinnen und Schülern ihre Vorstellung von Begriffen, Paradigmen, Sachverhalten in Bewusstsein zu rücken, damit diese einander gegenübergestellt und diskutiert werden können.

E7: *Die Schülerinnen und Schüler führen einfache Experimente nach Anleitung durch und werten sie aus*

In einigen Lehrstücken wird gezielt, nach Anleitungen aus historischen Vorlagen experimentiert, um die aufgestellten Hypothesen zu prüfen. An manchen Stellen in den Lehrstücken geschieht dies nur auf qualitative Art (z. B. prüfen, ob ein schwere Kugel in Öl schneller fällt als eine leichte), an anderen Stellen werden auch Messungen durchgeführt, ausgewertet und quantitativ verarbeitet (z. B. Aufnehmen des Weg-Zeit-Diagramms an der Schiefen Ebene, Messen der Dichte von Luft, Bestimmen der „Vakuums-Kraft"). Das Experimentieren geschieht stets so, dass möglichst klar ist, was in einer Maschine, einem Experiment oder einer Messapparatur geschieht. Selten werden Geräte als Black-Boxes verwendet. Wenn immer möglich versucht man aber, Erkenntnisse mit den eigenen Sinnen oder mit diesen nachvollziehbar zu gewinnen.

E8: *Die Schülerinnen und Schüler planen einfache Experimente, führen sie durch und dokumentieren die Ergebnisse*

In diesem Punkt sind die besprochenen Lehrstücke etwas schwach. Das projektartige Arbeiten (eigenständiges Planen, Durchführen und Auswerten oder Dokumentieren) ist in dieser Form als zusammenhängender Prozess kaum zu finden. Einzeln kommen die Elemente sehr wohl immer wieder vor. Das Planen und Entwerfen von Experimenten findet an verschiedenen Stellen in den Lehrstücken statt. Die Resultate werden dann aber meist im Plenum verarbeitet, bevor eine nächste Phase (z. B. das Durchführen von Experimenten) beginnt. Dies ist so, weil die Schülerinnen und Schüler nicht projektartig arbeiten, sondern einen Erkenntnisprozess unter Anleitung der Kulturgeschichte nachentdecken sollen.

E9: *Die Schülerinnen und Schüler werten gewonnene Daten aus, ggf. auch durch einfache Mathematisierungen*

Diese Kombination aus *E4* und *E7* ist entsprechend zu bewerten. Wie bereits erwähnt, sind diese Kompetenzen in einigen Lehrstücken stark betont, in anderen hingegen wenig ausgeprägt.

E10: Die Schülerinnen und Schüler beurteilen die Gültigkeit empirischer Ergebnisse und deren Verallgemeinerung

Das Beurteilen der Gültigkeit empirischer Erkenntnisse ist meiner Meinung nach eine erkenntnistheoretische Frage und wird in dieser Tiefe nicht hinterfragt. Hingegen wird die *Qualität* empirischer Ergebnisse diskutiert und die Frage nach der Verallgemeinerung von Ergebnissen vertieft behandelt. Die hier vorliegende Arbeit widmet sich genau dieser Frage nach der

Verallgemeinerung wissenschaftlicher Erkenntnisse von der anthropozentrischen zur globalen und hin zur universellen Sicht.

Kommunikation

K1: *Die Schülerinnen und Schüler tauschen sich über physikalische Erkenntnisse und deren Anwendungen unter angemessener Verwendung der Fachsprache und fachtypischer Darstellungen aus*
Der Austausch von Erkenntnissen und die Auseinandersetzung darüber zwischen Schülerinnen und Schülern ist ein zentrales Anliegen aller Lehrstücke. Dazu sollen die Schülerinnen und Schüler in vorerst möglicher einfacher Sprache authentisch über Beobachtungen und Erkenntnisse kommunizieren. Erst wenn Sachverhalte umgangssprachlich beschrieben werden können und verstanden sind, macht es Sinn dazu Fachbegriffe einzuführen und zu verwenden, dann aber konsequent.

K2: *Die Schülerinnen und Schüler unterscheiden zwischen alltagssprachlicher und fachsprachlicher Beschreibung von Phänomenen*
Wie bereits und *K1* erwähnt wird sehr behutsam mit der Einführung von Fachbegriffen umgegangen. Das Prinzip Muttersprache vor Fachsprache ist Programm. Gute Beispiele dafür sind die Begriffe *Masse, Gewicht, Gewichtskraft* und *Druck*, die anfänglich wild durcheinander verwendet werden. Im Verlaufe des Lehrstücks (in diesem Fall ist es das Lehrstück *Pascals Barometer*) *wird* es wichtig die Begriffe ganz genau zu definieren und zu präzisieren, ansonsten der Erkenntnisprozess behindert oder verunmöglicht wird. Eine voreilige Benennung von Dingen und Sachverhalten mit Fachbegriffen kann aber die Sinne trüben oder Erkenntnisse vorweg nehmen. So wird im Lehrstück *Howards Wolken* auf die Fachbezeichnung von Wolkenformen (Cumulus, Stratus, Cirrus) solange verzichtet, bis die Formen klar beschrieben sind.

K3: *Die Schülerinnen und Schüler recherchieren in unterschiedlichen Quellen*
Das Recherchieren ist in den Lehrstücken meist sehr geführt. An wenigen Stellen (z. B. bei einer kurzen Recherchearbeit über die Forscher, die an der Entwicklung des Luftdruckbegriffs beteiligt waren) haben die Schülerinnen und Schüler die Möglichkeit frei zu recherchieren. Oft ist aber die Literatur vorgegeben.

K4: *Die Schülerinnen und Schüler beschreiben den Aufbau einfacher technischer Geräte und deren Wirkungsweise*
Dies geschieht hin und wieder mit dem Zweck, zu verstehen was ein Gerät oder ein Experiment genau macht oder zeigen will. Es steht aber im Dienste der Erkenntnisfindung und es geht kaum um die Technik des Beschreibens an sich.

K5: *Die Schülerinnen und Schüler dokumentieren die Ergebnisse ihrer Arbeit*
Im Sinne eines Lernjournals und einer Dokumentation des Erkenntnisprozesses wird der Verlauf des Lehrstücks von den Schülerinnen und Schüler
aufgezeichnet und protokolliert. In mehr oder weniger ausgeprägter Weise
wird der Gestaltung dieses Lernjournals Gewicht verliehen (sehr ausgeprägt
z. B. im Lehrstück *Faradays Kerze*).

K6: *Die Schülerinnen und Schüler präsentieren die Ergebnisse ihrer Arbeit
adressatengerecht*
In den Lehrstücken wird viel mehr im Plenum diskutiert und kaum im klassischen Sinne „präsentiert". Im Rahmen von Plenumsdiskussionen (oder im
Einzelfall in einer Podiumsdiskussion) werden aber sehr wohl Ergebnisse
präsentiert. Dabei geht es auch darum, dass diese „Präsentationen" adressatengerecht sind.

K7: *Die Schülerinnen und Schüler diskutieren Arbeitsergebnisse und Sach-
verhalte unter physikalischen Gesichtspunkten*
Wie schon unter *K6* erwähnt geschieht dies in hohem Masse und durch die
Lehrstücke hindurch immer wieder und nicht erst am Ende eines Prozesses.
Die Erkenntnisfindung geschieht in Lehrstücken wesentlich über die Dis-
kussion verschiedener physikalischer Gesichtspunkte.

Beurteilung

B1: *Die Schülerinnen und Schüler zeigen an einfachen Beispielen die Chancen
und Grenzen physikalischer Sichtweisen bei inner- und außerfachlichen
Kontexten auf*
In Lehrstücken werden Alltagsvorstellungen nicht durch wissenschaftliche
Konzepte und Paradigmen „korrigiert" und „ersetzt" sondern werden durch
solche ergänzt und bereichert. Es wird von den Schülerinnen und Schülern
verlangt, dass sie am Ende des Lehrstücks in der Lage sind, physikalische
Sichtweisen von subjektiven oder anthropozentrischen Sichtweisen zu unterscheiden, diese zu bewerten und über ihre Grenzen oder ihre Alltagstauglichkeit zu reflektieren.

B2: *Die Schülerinnen und Schüler vergleichen und bewerten alternative technische Lösungen auch unter Berücksichtigung physikalischer, ökonomischer,
sozialer und ökologischer Aspekte*
Technische Aspekte kommen auch in den naturwissenschaftlichen Lehrstücken deutlich zu kurz. Hier liegt ein großes Entwicklungspotential. Die
Schülerinnen und Schüler können also in Bezug auf diese Kompetenz im
Lehrstückunterricht bislang wenig profitieren.

B3: *Die Schülerinnen und Schüler nutzen physikalisches Wissen zum Bewerten*
       von Risiken und Sicherheitsmaßnahmen bei Experimenten, im Alltag und
       bei modernen Technologien
       Umgekehrt soll der Transfer von erschlossenem Wissen aus dem Lehrstück-
       unterricht sehr wohl zu einem mündigen Umgang mit Fragen zur Sicherheit
       und zur Ethik moderner Technologien führen. An einigen Stellen wird dies in
       den Lehrstücken auch explizit thematisier, nirgends aber als Schwerpunkt.

B4: *Die Schülerinnen und Schüler benennen Auswirkungen physikalischer*
       Erkenntnisse in historischen und gesellschaftlichen Zusammenhängen.
       Der Ursprung der meisten Lehrstücke liegt an Stellen wesentlicher Ent-
       wicklungssprünge gesellschaftlicher oder historischer Erkenntnis (Phäno-
       mene von epochaltypischer Bedeutung, Sternstunden der Menschheit, vgl.
       Kapitel 1.1.4). Dies ist eines der Kriterien von Lehrstücken und gibt unter
       anderem einem Lehrstück seine Bildungsdimension. Dementsprechend ist
       die Bewertung der Lehrstückinhalte für die historische und gesellschaft-
       liche Entwicklung ein Kernanliegen des Lehrstückunterrichts.

Lehrstücke sind nach anderen Kriterien als nach jener der Bildungsstandards entwickelt worden und es ist nicht im Vornherein klar, dass diese die Kriterien der
Bildungsstandards erfüllen. Aus der Sicht eines praktizierenden Lehrstück-Unter-
richtenden ist es nicht schwierig, die Kriterien der Bildungsstandards erfüllt zu
finden. Entscheidend ist, ob das von außen auch so gesehen wird. Ein kritischer
Freund und ausgewiesener Experte in der Diskussion um Bildungsstandards und
Kompetenzen Peter Labudde schreibt über den Kompetenzenerwerb in der Lehrkunst (hier im Besonderen in Bezug auf mathematische Lehrstücke) folgendes:[28]

„Die Inhalte [der Lehrstücke] vermögen in hohem Maße die inhaltliche Seite der Bildungsstandards zu erfüllen; gleiches gilt für die Seite der Fähigkeiten [...]. Die auf zentralen [...] Inhalten
beruhende Förderung von Fähigkeiten gilt aber nicht nur für die Lernenden, sondern auch [...]
für die Lehrenden. Letztere erhalten wichtige Impulse auf inhaltlicher und (!) unterrichtsmetho-
discher Ebene, sie erwerben neue Fähigkeiten und vermögen mit ihrem Unterricht neue Standards zu setzen.
[...]
An den deutschen, österreichischen und Schweizer Bildungsstandards wird oft eine zu einseitige
Orientierung am Fach kritisiert. Es heißt, überfachliche Kompetenzen kämen zu kurz[29]. Diese
Kritik lässt sich nicht für die hier präsentierten Lehrstücke aufrechterhalten. Immer wieder geht
es um Kooperation auf dem Weg der Erkenntnisgewinnung, um Kommunikation und wissen-

---

28   Vorabdruck eines Beitrages im MNU-Heft vom Herbst 2013.
29   Labudde, Peter (2007): *Bildungsstandards am Gymnasium – Korsett oder Katalysator?* Bern:
     h.e.p Verlag.

schaftliche Streitkultur, um problemorientiertes Arbeiten und damit um das Lernen aus Fehlern, um Frustrationstoleranz und Zielgerichtetheit.
Mit den vorgestellten Beispielen kann die pädagogische und bildungspolitische Kritik an der zu einseitigen Fachorientierung der Standards aufgefangen werden."

Pascals Barometer, Fallgesetz nach Galilei, Spiegeloptik, Faradays Kerze, Himmelsuhr und Erdglobus, Howards Wolken, Quantenchemie farbiger Stoffe		Im Lehrstück erfüllt		
		ansatz-weise	einge-hend	gründ-lich
	Die Schülerinnen und Schüler…			
F	*Fachwissen*			
F1	verfügen über ein strukturiertes Basiswissen auf der Grundlage der Basiskonzepte		x	
F2	geben ihre Kenntnisse über physikalische Grundprinzipien, Größenordnungen, Messvorschriften, Naturkonstanten sowie einfache physikalische Gesetze wieder			x
F3	nutzen diese Kenntnisse zur Lösung von Aufgaben und Problemen			x
F4	wenden diese Kenntnisse in verschiedenen Kontexten an			x
F5	ziehen Analogien zum Lösen von Aufgaben und Problemen heran		x	
E	*Erkenntnisgewinnung*			
E1	beschreiben Phänomene und führen sie auf bekannte physikalische Zusammenhänge zurück			x
E2	wählen Daten und Informationen aus verschiedenen Quellen zur Bearbeitung von Aufgaben und Problemen aus, prüfen sie auf Relevanz und ordnen sie	x		
E3	verwenden Analogien und Modellvorstellungen zur Wissensgenerierung			x
E4	wenden einfache Formen der Mathematisierung an		x	
E5	nehmen einfache Idealisierungen vor		x	
E6	stellen an einfachen Beispielen Hypothesen auf			x
E7	führen einfache Experimente nach Anleitung durch und werten sie aus		x	
E8	planen einfache Experimente, führen sie durch und dokumentieren die Ergebnisse	x		

E9	werten gewonnene Daten aus, ggf. auch durch einfache Mathematisierungen			x	
E10	beurteilen die Gültigkeit empirischer Ergebnisse und deren Verallgemeinerung				x
K	*Kommunikation*				
K1	tauschen sich über physikalische Erkenntnisse und deren Anwendungen unter angemessener Verwendung der Fachsprache und fachtypischer Darstellungen aus				x
K2	unterscheiden zwischen alltagssprachlicher und fachsprachlicher Beschreibung von Phänomenen				x
K3	recherchieren in unterschiedlichen Quellen	x			
K4	beschreiben den Aufbau einfacher technischer Geräte und deren Wirkungsweise	x			
K5	dokumentieren die Ergebnisse ihrer Arbeit			x	
K6	präsentieren die Ergebnisse ihrer Arbeit adressatengerecht		x		
K7	diskutieren Arbeitsergebnisse und Sachverhalte unter physikalischen Gesichtspunkten				x
B	*Bewertung*				
B1	zeigen an einfachen Beispielen die Chancen und Grenzen physikalischer Sichtweisen bei inner- und außerfachlichen Kontexten auf			x	
B2	vergleichen und bewerten alternative technische Lösungen auch unter Berücksichtigung physikalischer, ökonomischer, sozialer und ökologischer Aspekte				
B3	nutzen physikalisches Wissen zum Bewerten von Risiken und Sicherheitsmaßnahmen bei Experimenten, im Alltag und bei modernen Technologien	x			
B4	benennen Auswirkungen physikalischer Erkenntnisse in historischen und gesellschaftlichen Zusammenhängen.				x

Tabelle 3:   Bildungsstandards Physik der KMK, 2005, angewandt auf die Lehrstücke Pascals Barometer, Fallgesetz nach Galilei, Spiegeloptik, Faradays Kerze, Himmelsuhr und Erdglobus, Howards Wolken, Quantenchemie farbiger Stoffe

1.2.2.3   Lehrkunst in der Praxis als Sammlung von Lehrstücken

Nach wie vor ein Knackpunkt scheint das Verankern von Lehrstücken in den Lehrplänen der Lehrpersonen zu sein. Dies mag damit zusammenhängen, dass einerseits die Zugänglichkeit zu verschiedenen bestehenden Lehrstücken beschwerlich
war und zum Teil immer noch ist. Wenige Lehrstücke sind publiziert und dies
meist in Berichtform und nicht in kompakten übersichtlichen Unterrichtsskizzen.
Das hängt ganz sicher damit zusammen, dass sich der Inhalt von Lehrstücken nicht
rezeptartig wiedergeben lässt. Zwar kann die Lehrstückgestalt knapp in Sequenzen
gegliedert (neuerdings sogar in Form von Postern verdichtet) wiedergegeben werden. Um aber wirklich zu verstehen, was das Lehrstück ausmacht, ist ein vertieftes
Studium von Inszenierungsberichten und Kommentaren zu ihrer Umsetzung unerlässlich. Am besten lässt sich die Umsetzung von Lehrstücken in Gruppen (in den
Lehrkunstwerkstätten) gemeinsam im Austausch mit anderen Lehrpersonen erlernen. Dies ist aber ein mehrjähriger Prozess, der den Willen zu einer andauernden
Auseinandersetzung mit einem Lehrstück und seiner Didaktik voraussetzt.

Lehrkunstartiges Unterrichten soll aber auch ohne ausgiebige Auseinandersetzung und mehrjähriges Studium möglich sein. Die Erfahrung, dass die Schil-
derung, was Lehrkunst ist, welche Ziele sie verfolgt und auf welchen Prinzipien
sie beruht, sofort Begeisterung weckt und einleuchtet, zeugt davon, dass die
Empfänglichkeit für derartiges Unterrichten weit verbreitet ist. Studierende gehen
auch sehr hemmungslos und ohne große Ehrfurcht daran, Lehrstücke zu *komponieren*. Im Rahmen meiner Veranstaltung zur Interdisziplinarität an der Pädagogischen Hochschule in Bern versuchen sich immer wieder Studierende daran,
Unterrichtseinheiten als *Lehrstücke* (d. h. *lehrkunstartig*) zu planen. Auch wenn
die Produkte nicht als eigentliche Lehrstücke bezeichnet werden können, so sind
sie doch nach bildungsdidaktischen Prinzipien oder nach der Methodentrias geplant, welche der Lehrkunst zugrunde liegen.

Eine weitere Ursache der zögerlichen Ausbreitung von Lehrstücken mag sein,
dass diese sich inhaltlich nicht a priori an Lehrplänen und Bildungsstandards
orientieren. Der Unterrichtsgegenstand in seiner kulturellen Entwicklung und
Umgebung bestimmt die Inhalte eines Lehrstücks. Dies kann bedeuten, dass
gewisse Aspekte eines im Lehrplan vorgesehenen Themenblocks durch das
Lehrstück nicht oder nur ungenügend abgedeckt werden. Es liegt dann im Er-
messen der Lehrperson, diese außerhalb des Lehrstücks nachzuarbeiten oder in
anderem Zusammenhang später zu behandeln. Als Beispiel sei hier *der Schiefe
Wurf* genannt, der im Rahmen des Lehrstücks *Galileis Fallgesetz* nicht ausführlich behandelt wird. Die Zerlegung von Vektoren in ihre Komponenten (was das

formale Thema bei der Behandlung des *Schiefen Wurfs* ist) kann aber problemlos später in der Dynamik mit der Zerlegung von Kraftvektoren eingeführt und behandelt werden. Die Analyse, welche Lehrplaninhalte das Lehrstück abdeckt und welche nicht, ist aber eine Pflicht. Am Beispiel des Lehrstücks *Pascals Barometer* sei dies hier veranschaulicht: Das Lehrstück *Pascals Barometer* passt hervorragend in den Lehrplan der Hydrostatik, die im Kanton Bern im 9. Schuljahr vorgesehen ist. Die vorgegebenen Themen *Gewichtskraft, Druckbegriff, Kolbendruck, Schweredruck, hydrostatisches Prinzip* und *Luftdruck* sind allesamt Gegenstand des Lehrstücks. Allerdings liegt dabei das Schwergewicht nicht auf der formalen Behandlung, sondern auf der inhaltlichen Auseinandersetzung (der Bedeutungsebene) mit diesen Begriffen. Um den Druckbegriff umfassend zu bilden, sollten aber zum Lehrstück folgende Aspekte ergänzt werden: *Druck als skalare Größe und Druckkraft als senkrecht auf Oberflächen gerichtete vektorielle Größe; Prinzip der kommunizierenden Gefäße und hydrostatisches Paradoxon; Quasi-Inkompressibilität von Flüssigkeiten und Pascal'sches (hydrostatisches) Prinzip; Druckeinheiten (Pascal, Bar, mmHg, Torr, PSI).*

So setzen sich Schülerinnen und Schüler mit diesen fachinhaltlichen Themen auseinander, implizit aber auch mit Wissenschaftsgeschichte und mit wissenschaftstheoretischen Fragen zur Bildung, Validierung und Begrenztheit von wissenschaftlichen Paradigmen. Das Miterleben und Durchdenken eines Paradigmenwechsels relativiert die Absolutheit wissenschaftlicher Konzepte, zeigt deren Dynamik und deren kulturelle Prägung auf. Die Schülerinnen und Schüler lernen ferner auch die Bedeutung und den Einsatz des physikalischen Experimentes innerhalb des Erkenntnisprozesses kennen, vorerst allerdings erst in einer recht eng geführten Art.

Die ausgeprägte Form der Lehrkunst im Praxisalltag ist das Anreichern des Stoffcurriculums mit Lehrstücken, die einen festen Platz darin erhalten und wiederkehrend inszeniert werden. Als erster hat Hans Brüngger in seiner Dissertation[30] ein solches Curriculum für das Fach Mathematik vorgelegt. Für meinen Physikunterricht sieht dieses noch etwas bescheidener aus, da immer noch sehr wenige reine Physik-Lehrstücke in ausgearbeiteter Form existieren, die einfach in den Lehrplan zu integrieren wären. In der angefügten Tabelle zeige ich, wie die hier besprochenen Lehrstücke in mein Unterrichtsprogramm integriert sind.

Die Tabelle 4 zeigt ein Beispiel der Verteilung methodisch unterschiedlicher, größerer Unterrichtssequenzen. Auf der Ebene der Lektionen oder kleinerer Unterrichtseinheiten findet natürlich immer eine dem Lernstoff angepasste Metho-

---

30 Brüngger, Hans (2004): *Von Pythagoras zu Pascal. Fünf Lehrstücke der Mathematik als Bildungspfeiler im Gymnasium.* Universität Marburg, Fachbereich Erziehungswissenschaften, S. 18.

denvariation statt. Eingezeichnet sind nur größere zusammenhängende Methoden-Einheiten. Dass der Lehrstückunterricht in diesem Beispiel sich auf die ersten beiden Unterrichtsjahre beschränkt, hängt nur damit zusammen, dass bisher für die Themen der Physik-Oberstufe keine ausgearbeiteten Lehrstücke vorliegen. Lehrstücke können und sollen aber auf allen Stufen eingesetzt werden.

9. SJ	*Optik*		*Hydrostatik*		
	Lehrstück Spiegeloptik		Lehrstück Pascals Barometer		
10. SJ	*Mechanik I*		*Wärmelehre*		*Kernphysik*
	Lehrstück zum Fallgesetz			Leitprogramm zum Treibhauseffekt	
11. SJ	*Schwingungen und Wellen*		*Elektrizitätslehre*		
	Halbklassen Praktikum		Werkstatt zur elektrischen Ladung		
12. SJ	*Mechanik II*	*Relativitätstheorie*	*Atomphysik*	*Wahlthemen*	
	Halbklassen Praktikum		Halbklassen Praktikum	Individuelle Projektarbeit	
				Z. B. Leitprogramm zur Klima- und Umweltphysik	

Tabelle 4:   Einbettung der Lehrstücke im Unterrichtskurrikulum

Lehrstücke sind aufwändig in der Vorbereitung, zeitintensiv in der Durchführung und noch viel aufwändiger in deren Komposition, die sich oft über Jahre hinzieht und entwickelt. Der Anspruch der Lehrkunst besteht nicht darin, den Unterricht gesamthaft abzudecken. Der Lehrstückunterricht soll das Curriculum bereichern und an einigen Stellen im Lehrplan Inseln fundiert erkenntnisorientierten Unterrichts schaffen. Exemplarisch soll an diesen Stellen im Unterrichtscurriculum fachlich in die Breite wie auch in die Tiefe und soziokulturell in die Mitte der gesellschaftlichen und individuellen Relevanz gegriffen werden. 10% Lehrstückunterricht, aber bis zu 100% Lehrkunst im Unterricht; denn Lehrkunst hat das Potential zu einer allgemeinen Didaktik, die in alle Unterrichtsmethodik einfließen kann.

Um die Physik in den (Natur-) Wissenschaften, aber vor allem in der Bildung und speziell in der Allgemeinbildung zu positionieren und um deren Bedeutung aufzuzeigen und um den Schülerinnen und Schülern einen Einblick und einen Einstieg in die Denk- und Arbeitsweisen der Naturwissenschaften zu ermöglichen, ist es sinnvoll, sehr früh mit einem Lehrstück zu beginnen. Fängt der Unterricht in Physik damit an, erst einmal die Systematik physikalischer Gössen und Einheiten einzuführen, verfehlt man den Charakter der Physik gründlich und verbaut unter Umständen den Zugang zu den wahren Anliegen der Physik für den Rest der schulischen Ausbildung. Nirgends ist das physikalische Lehrstück besser platziert als zu Beginn des Curriculums, wo es den Schülerinnen und Schülern einen ganzheitlichen Zugang zum Fach vermitteln kann.

1.2.2.4 Lehrkunst in der Aus- und Weiterbildung von Lehrpersonen als best practice Unterrichtsbeispiele

Einer der vier Konzeptbausteine der Lehrkunst ist die *kollegiale Lehrkunstwerkstatt*. Diese wird in der Form von Lehrerweiterbildungskursen ausgeschrieben und geführt. Da treffen sich Lehrpersonen in fach- und/oder fachübergreifenden Gruppen quartalsweise zu Plenarsitzungen, in welchen Lehrstücke präsentiert und weiterentwickelt werden. Die Teilnehmenden arbeiten dabei selber an Projekten, wobei sie wahlweise selber ein Lehrstück komponieren oder ein bestehendes Lehrstück interpretieren, d. h. im eigenen Unterricht inszenieren und dokumentieren.

Die Lehrkunstwerkstatt erfüllt mehrere Funktionen auf einmal. Einerseits ist sie eine regelmäßige Weiterbildung, welche Didaktik und Fachinhalt aufs Engste verbindet und den didaktischen Diskurs unmittelbar und praxisnah macht. Lehrpersonen gelangen durch die Treffen in den Kontakt mit Kolleginnen und Kollegen und haben so institutionalisiert die Möglichkeit ihren eigenen Unterricht zu thematisieren und zu reflektieren. Befruchtend ist dabei die fächerübergreifende Zusammensetzung einer Lehrpersonen-Gruppe. Sie ermöglicht es, von einem *fachlichen* Laienpublikum professionelle Rückmeldung zu allgemeindidaktischen und methodischen Fragen zu erhalten. Die fachfremden Lehrpersonen können so die Rolle von Schülerinnen und Schülern einnehmen. Eine Erfahrung, die immer wieder als große Bereicherung wahrgenommen wird!

Andererseits ist die Lehrkunstwerkstatt ein Forum, um die Lehrkunstdidaktik weiterzuentwickeln. Erst in der praktischen Arbeit an den Lehrstücken und in deren Umsetzung zeigt sich die Praktikabilität und Plausibilität von theoretischen Konzepten. Diese werden in den Werkstätten gründlich validiert.

Schließlich sind die Werkstätten ein soziales Gefüge, das schulübergreifende Kontakte schafft und für eine regionale Vernetzung von Lehrpersonen sorgt.

1.2.2.5 Lehrkunst auf der Ebene der Schulleitungen als Schulentwicklungsprojekte

Am Beispiel der Kantonsschule in Trogen wird deutlich gemacht, dass eine schulinterne Lehrkunstwerkstatt einer Schule starke Impulse für die Schulentwicklung geben kann. Die Schule hat sich mit einer fächerübergreifenden Werkstatt ein Profil gegeben, das mindestens kantonsweit wahrgenommen wurde. Die Arbeit hat die Lehrpersonen untereinander besser vernetzt und hat über die Lehrstück-Arbeit hinaus die Arbeit der Schule befruchtet. Die Lehrkunst kann als Schulentwicklungsprojekt die Arbeit an einer Schule anhaltend prägen.

1.3 Mit der Lehrkunst zur Allgemeindidaktik

Die Kunst des Lehrens – auch Didaktik genannt – wird allzu oft verkannt. Selbst in der Lehreinnen und Lehrerbildung wird das Handwerk des Unterrichtens häufig dem Fachwissen und den pädagogischen Theorien hintenangestellt. Während im Studium völlig zu Recht großes Gewicht auf ein gründliches Fachwissen gelegt wird und für die Ausbildung zum Gymnasiallehrer ein Master-Abschluss im Hauptfach verlangt wird[31], setzt sich ein Durchschnittsstudent an der pädagogischen Hochschule ein Jahr mit Pädagogik und Didaktik auseinander – praktisch, das heißt unterrichtend, gar nur wenige Wochen. Man mutet Studierenden zu, sich das Handwerk des Unterrichtens in den ersten Praxisjahren selber anzueignen *(learning-by-doing)*. Im besten Fall folgen in der Berufspraxis didaktische und methodische Weiterbildungskurse. Diese Weiterbildung beruht aber weitgehend auf Freiwilligkeit. Neuerdings wird Druck auf Schulleitungen und Lehrpersonen gemacht, die Qualität ihrer Arbeit zu thematisieren und zu evaluieren. Möglicherweise dient dies als sanfter Anstoß zur Reflexion des eigenen Unterrichts und dazu, sich um eine Weiterentwicklung im methodisch-didaktischen Wirken zu bemühen. Unterrichten wird in der Gesellschaft oft als das bloße Weitergeben (Dozieren) von Wissen missverstanden. Dies hat für das Berufsbild der Lehrpersonen fatale Folgen. Demgegenüber steht die höchst anspruchsvolle

---

[31] Dies gilt für fast alle Fachbereiche in der Schweiz.

Aufgabe – oder eben die Kunst –, in einer Gruppe von Jugendlichen ein Lern-
klima zu schaffen, Wissen didaktisch aufzubereiten, methodisch umzusetzen und
daraus Unterrichtseinheiten zu gestalten.
Dieser Kunst wird allgemein zu wenig Rechnung getragen. Es wird zu wenig
darüber ausgetauscht, es wird im Geheimen gebastelt und ausprobiert, Resultate
werden kaum je einem Fachpublikum zugänglich gemacht. Schon gar nicht wird
mit Berufskolleginnen und -kollegen gemeinsam entwickelt, einander gegenseitig vorgetragen, vorgespielt, erklärt und erläutert. Der Unterricht erscheint so
zu Unrecht als berufliche Intimsphäre. Das professionelle Handeln findet hinter
fast verschlossenen Türen statt, geschützt vor fremden Blicken. Es gibt kaum
eine Tradition des pädagogischen Austauschs zwischen Lehrpersonen. Die Angst
ist groß, mit seinem Unterricht den Ansprüchen nicht zu genügen. Dabei sind die
eigenen Ansprüche meist die ambitiösesten. Als Pädagoge bin ich aber vor allem
Handwerker und kein Kunstschaffender. Unterrichtseinheiten sind in der Regel
keine Kunstwerke, sondern solide und gut (manchmal auch etwas weniger gut)
be- und durchdachte didaktische Werkstücke.
Die Zeit fehlt meist, um aus einem solchen Werkstück ein Oeuvre d'Art zu
machen. Auch wenn sich Unterrichtseinheiten über die Dauer zu guten, gut ge-
ölten Stücken entwickeln, so werden sie aber meist auch nach langer Erfahrung
nicht neu komponiert, sondern bestenfalls angepasst. Die Lehrkunst folgt einem
ganz anderen Ansatz. Wie in der Musik oder im Theater soll es didaktische Parti-
turen – so genannte Lehrstücke – geben, die, einmal komponiert, *inszeniert* und
nachgespielt werden können. Solche Lehrstücke werden über mehrere Jahre entwickelt. In Werkstätten tauscht man sich mit anderen Lehrpersonen darüber aus,
übt gemeinsam, fachsimpelt über unterschiedliche Inszenierungen, ringt um Details. Ein solcher Austausch ist in höchstem Masse erfrischend und für die eigene
Arbeit gewinnbringend.
Lehrkunst ist kein Bekenntnis zu einer pädagogischen Ideologie, aber auch
nicht nur ein Beitrag zur Methodenvielfalt im Unterrichtscurriculum, sondern ein
Nucleus der gesamten Allgemeindidaktik.
Lehrstücke finden Platz neben Sequenzen des Frontalunterrichts, neben Werkstätten, Gruppen- und Projektarbeiten und erweitern den Lehrpersonen das Spektrum an Methoden, um dem zu unterrichtenden Gegenstand gerecht zu werden.
Lehrstücke brauchen oft mehr Zeit, als den Lehrpersonen scheinbar zur Verfügung steht. Lehrstücke sind in hohem Masse erkenntnisorientiert. Erkenntnisgewinn benötigt Zeit, aber *„Verstehen ist Menschenrecht!"*[32]. Erkennen bedeutet,

---

[32] Aufsatz *Verstehen ist Menschenrecht* (1969) in: Wagenschein, Martin (2009): *Naturphänomene
sehen und verstehen. Lehrkunstdidaktik 4.* Bern: h.e.p.-Verlag, S. 91.

neue Strukturen zu erfassen und sie mit der eigenen Erlebenswelt zu verknüpfen, sie in diese zu implementieren. Besonders der zweite Teil geht im Unterricht oft vergessen. Neue Strukturen werden vermittelt und abgefragt. Das in der Schule erarbeitete Wissen wird von Schülerinnen und Schülern oft nicht mit ihrem Alltag verknüpft. Schulwissen, erfahren Schülerinnen und Schüler (gemeint ist damit auch der durchschnittlich gebildete Bürger), hat meist nichts mit der Realität zu tun. Wissen ohne Bezug zur privaten individuellen Erfahrung ist jedoch abstrakte Forschung, aber nicht Bildung. Bildung bedeutet, die Frage nach dem Sinn und der Bedeutung von Forschungsresultaten persönlich zu klären. In der Kulturgeschichte führten neu Forschungsresultate einige Male zu kompletten Paradigmenwechseln. So ersetzte z. B. im 17. Jahrhundert das Konzept des Luftdrucks dasjenige des *horror vacui*. Solche neuen Strukturen werden nota bene im gymnasialen Curriculum den Schülerinnen und Schülern im 9. Schuljahr ohne großes Aufsehen zugemutet, mit der impliziten, aber gänzlich falschen Grundhaltung, dass die für das Phänomen ja noch gar kein Konzept hätten. Dieses Ignorieren der eigenen Alltagskonzepte bzw. der Schwierigkeit, diese Alltagskonzepte mit abstrakten Konzepten, die Forschungsresultaten entstammen, abzugleichen und an der Erfahrung zu verifizieren, verhindert echte Bildung. Das allgemeine gymnasiale Schulsystem bietet hier nicht wirklich Hand, dieser Tatsache entgegenzuwirken. Die Rhythmisierung des Schulalltags und Promotionsordnungen priorisieren den Selektionsgedanken. Bildung durch Selektion oder etwas pointierter: repressive Bildung. Statt dass die Selektion sich aus dem Bildungserfolg ergibt, wird sie als Zielvorgabe missbraucht; Bildung durch Selektion mag zwar ressourcenschonend sein, sie ist aber wenig nachhaltig und erzeugt vor allem Systemintelligenz statt Erkenntnisgewinn.

Sowohl die Schülerinnen und Schüler als auch die Lehrpersonen haben das Recht, sich für den einen oder anderen Unterrichtsinhalt mehr Zeit zu nehmen, um exemplarisch in die Tiefe und Breite zu gehen. Lehrstücke bilden Inseln des Erkennens im sonst hektischen Bildungsalltag. Die Strukturen an den meisten Schulen sehen Gefäße vor, um solchen Unterricht zu ermöglichen.

Die Lehrkunst stützt sich wesentlich auf den Bildungsbegriff Klafkis[33] und versteht sich konzeptuell wie auch in ihrer praktischen Umsetzung (Lehrstücken) als Bildungsdidaktik. Bildung ist demnach wechselseitige Erschließung von Mensch und Welt und konkretisiert sich in den sechs Sinndimensionen:

---

[33] Z. B. Klafki, Wolfgang (1964): *Das pädagogische Problem des Elementaren und die Theorie der kategorialen Bildung.* Weinheim.

- der pragmatischen Sinndimension
- der Sinndimension *Schlüsselprobleme der modernen Welt*
- der ästhetischen Bildungsdimension
- in *Menschheitsthemen*
- der *ethischen Bildung* in der Schule
- in Bewegungsbildung.

Die Frage ist, ob Lehrkunst auch einer modernen Auslegung der Aebli'schen *psychologisch-erkenntnistheoretischen Didaktik* genügen kann bzw. ob sie eine solche verkörpert. Eine moderne Auslegung der Didaktik Aeblis findet sich bei Gasser, der der entwicklungspsychologischen Grundlage der Didaktik nach Aebli/ Piaget ein neurowissenschaftliches Fundament gibt (*gehirngerechtes Lernen*). Es wäre ein interessanter Versuch, innerhalb der Lehrkunst die *bildungstheoretische Didaktik* Klafkis mit der *erkenntnistheoretischen Didaktik* Aeblis verschränken zu können. Dazu sei eine systematische Analyse gewagt, in welcher ein Lehrstück durch Aeblis *Grundformen des Lehrens* durchdekliniert wird.

1.3.1   Aeblis Grundformen des Lehrens

Aebli gilt in der Schweiz als *die* Didaktik Referenz schlechthin. Als Schüler Piagets hat er seine Didaktik auf der Grundlage der Entwicklungspsychologie begründet und daraus sehr praxisbezogen 12 Grundformen des Lehrens abgeleitet. Diese 12 Grundformen spannen drei Dimensionen auf: die Unterrichtsmedien, der Unterrichtsprozess und die Dimension der Abstraktion.

Die fünf Unterrichtsmedien sind *das Zuhören, das enaktive Handeln* (Nachmachen), *das Betrachten, das Lesen* und *das Schreiben*. Die Prozessdimension ist im Akronym PADUA zusammengefasst: Problemlösender *A*ufbau, *D*urcharbeiten, *Ü*ben und *A*nwenden. Schließlich kann dieses Lehren auf drei Ebenen stattfinden, auf der Ebene des *Handelns*, der Ebene der *Operationen* und der Ebene der *Begriffe*.

Diese kompakte, handliche und damit sehr handlungsorientierte operative Didaktik, die sich fundiert auf Piagets kognitionstheoretische Psychologie abstützt, hat über ein halbes Jahrhundert die Lehrerinnen- und Lehrerbildung geprägt und sie tut dies etwas angepasst und modernisiert noch heute. Die Didaktik Aeblis geht in ihrer ursprünglichen Form von einer klassischen Unterrichtssituation aus, in welcher lehrerzentriert oder -gesteuert unterrichtet wird und wo es darum geht, effizient und ökonomisch Wissen zu vermitteln. Der Lehrer ist dabei auch Erzieher und Vormacher (Vorbild). Aebli entwickelte seine Didaktik aus dem lernpsychologischen Wissen der 60er Jahre.

Im Unterschied zur Didaktik Klafkis und Wagenscheins steht bei Aebli die Bildung gegenüber der Erziehung vorerst etwas im Hintergrund, obwohl er die kulturelle Bedeutung der Institution Schule deutlich hervorstreicht. Es geht um das Vermitteln von Wissen und um das Erziehen und erst indirekt um Bildung. Bildung ist bei Aebli eine Konsequenz aus Sozialisation und Wissen.[34] Diese beiden Fundamente lassen sich bei Aebli praktisch unabhängig von Inhalten aufbauen. Dies ist ganz anders bei Wagenschein und vor allem in der Lehrkunst, in der die Methode und der Inhalt sich sehr stark gegenseitig aufeinander beziehen. Ein weiterer deutlicher Unterschied zeigt sich in der Philosophie, die dem Unterrichtsprozess zugrunde liegt. Bei Aebli ist die Idee des Lernfortschritts stark von Piagets Stufentheorie inspiriert, während bei Wagenschein und der Lehrkunst das genetische Lehren und Lernen gerade darin besteht Vor- *und* Rückschritte zu machen. Das Erkennen vom

„nie zu Ende kommenden Hin und Her zwischen der Fülle der Naturphänomene in primärer Erfahrung des Weltumgangs und dem Hochplateau definitiven Fachwissens"[35]

wird dabei zum eigentlichen Ziel der Lehrkunst. Schließlich ist bei Wagenschein eine tiefe Skepsis gegenüber dem *wissenschaftsbezogenen Lernen* auszumachen, die auf der Erfahrung beruht, dass

„die latente Machtausübung, mit welcher der Sprachgestus der Fachwissenschaft die Neugierde und Verstehensverlust von Kindern und Laien lähmt oder auslöscht"[36],

den erkenntnisorientierten Lernprozess zerstört. Aebli hingegen

„steuert mit seinen Lernpraktiken das Lernen zielbewusst in die Richtung definitiv gültiger Einsichten".[37]

Die Gemeinsamkeit der Didaktiken Aeblis und Wagenscheins liegt darin, dass beide mündige, selbst denkende Schülerinnen und Schüler zum Ziel haben. Dies Ziel wird mit einem stark erkenntnisorientierten Unterricht angestrebt, der Gegenstände einer *sinnlich-konkreten Wirklichkeit*[38] zum Thema hat.

---

34 Vgl. dazu Horst Rumpf über Aebli und Wagenschein in Tenorth, Heinz-Elmar (Hrsg.) (2003): *Klassiker der Pädagogik. Band 2.* München: C.H. Beck, S. 196.
35 Ebenda, S. 199.
36 Ebenda, S. 199.
37 Ebenda, S. 199.
38 Ebenda, S. 198.

Die moderne und zeitgemäße Umsetzung der Didaktik Aeblis beschreibt das auf dem Schweizer Bildungsmarkt hervorragende Lehrbuch von Gasser *Lehrbuch der Didaktik*.[39] Darin greift Gasser auf die Struktur von Aeblis Grundformen des Lehrens zurück und konkretisiert diese für den modernen Schulalltag. Die Stärke des Lehrbuches liegt insbesondere darin, dass es den guten, soliden und erfolgreichen Unterricht in der bestehenden Schulstruktur anleitet und dabei orientierend die Hintergründe und Fundamente der jeweiligen Methode transparent macht. Im Kapitel *Problemlösen*[40] bezieht er sich auch auf die Didaktik Wagenscheins, Klafkis, Schulzes und Bergs und verweist als Begründung für problemlösenden Unterricht auf die Anliegen der Lehrkunst und nennt die Lehrkunstdidaktik in diesem Zusammenhang als beispielhaft. Dass Gasser die Lehrkunst „nur" im Zusammenhang mit dem problemlösenden Unterricht nennt, bedeutet nicht, dass der Lehrstückunterricht die anderen Methoden nicht auch berücksichtigt.

Um die Praxistauglichkeit des Lehrstückunterrichts zu reflektieren macht es Sinn, exemplarisch eine Lehrstückinszenierung konkret und im Detail an den klassischen Lehrformen Gassers zu messen. Welche Methoden sind im Lehrstückunterricht stark ausgebildet? Welche fehlen? Im Schlusskapitel dieser Arbeit wird dies für das Lehrstück *Pascals Barometer* gemacht.

1.3.2   Bildungsexempel – Ein Essay

Schülerinnen und Schüler im Spannungsfeld von Präkonzept, Paradigma und Phänomen – Ein Beitrag zur Didaktik des physikalischen Experimentes

Guter Physikunterricht sollte Schülerinnen und Schüler ausgehend von Phänomenen und Experimenten mit wissenschaftlichen Paradigmen und Konzepten vertraut machen. Welche Experimente sollen aber zu welchem Zeitpunkt im Lernprozess wie eingesetzt werden? Anschauliche, gut ausgeführte Experimente können, im Lernprozess falsch eingesetzt, kontraproduktiv wirken. Am Beispiel eines Experimentes zur Demonstration des Trägheitsgesetzes wird gezeigt, wie Präkonzepte und implizites Vorwissen durch ein Experiment mit mangelnder „didaktischer Feinmotorik" grobschlächtig verdrängt und überprägt werden können.

---

39   Gasser, Peter (2001): *Lehrbuch Didaktik*. Bern: h.e.p.-Verlag.
40   Ebenda, S. 100ff.

Je nach Art und deren Einsatz innerhalb des Unterrichtsverlaufs haben Physik-experimente unterschiedliche didaktische Bedeutung und können zu verschiedenen Zwecken eingesetzt werden. Ein Experiment kann zur Exposition eines Phänomens zu Beginn einer Unterrichtseinheit dienen. Das Experiment soll dann Aufmerksamkeit erregen, verblüffen und Raum für die Entwicklung von Fragen und eigenen Hypothesen schaffen. Ein Experiment kann auch dazu dienen, Hypothesen zu evaluieren und Antworten auf konkrete Fragen zu erhalten. Unter anderem kann das Experiment auch eingesetzt werden, um Fehlvorstellungen aufzudecken und um Konzepte und Paradigmen gegenüber anderen durchzusetzen. In jedem Fall ist es wichtig, sich der Aufgabe des Experimentes a priori bewusst zu sein – Didaktik vor Methodik, das Ziel vor dem Weg –, damit das Experiment seine gewünschte Wirkung zeigt.

Im folgenden Beispiel wird gezeigt, wie ein Experiment, zum falschen Zeitpunkt eingesetzt, unerwünschte Folgen haben kann. Das beschriebene Experiment (Abbildung 7) wurde anlässlich einer Buchpräsentation einem Laienpublikum vorgeführt, um die Wichtigkeit des Experimentes bei der Einführung des Trägheitssatzes im Unterricht zu betonen. Dabei wurde ein dünner Gummischlauch, der aber immer noch so dick war, dass eine kleine Stahlkugel darin Platz fand, spiralförmig um eine senkrecht stehende Stativstange gewunden. Wie bei einer Murmelbahn wurde die Stahlkugel im Gummischlauch im Kreis zum Boden geführt. Die Frage an das Publikum lautete: *„Was für einen Pfad, vermuten Sie, wird die Kugel beim Verlassen des Schlauchs an seinem Ende außerhalb des Schlauchs weiterverfolgen?"* Wird sich die Kugel in der gekrümmten Bahnbewegung verharrend weiterbewegen und auf das Zielhölzchen links treffen? Oder bewegt sich die Kugel nach Verlassen des Schlauchs, befreit von den Zwängen, welche die Kugel im Spiralschlauch geführt hatten, geradewegs auf das mittlere Ziel zu? Oder gelangt die Kugel gar, im Zuge einer Gegenbewegung, einer Art Kompensation, einer der Rotation entgegenhaltenden Kraft nach Verlassen des Schlauches nach rechts?

Hin und her gerissen vom *Gefühl*, der *Intuition* und der leisen Vorahnung, mal wieder von einem Experiment mit dem Versagen, eben dieses uns allen innewohnenden Urgefühls, *wie es eigentlich sein sollte,* konfrontiert zu werden, getrauten wir uns nicht recht zu antworten. Schließlich antwortete ein Mutiger und Gefühlssicherer (oder aber in seinem Scheitern bereits *Geübter*): „Der linke Spielstein, derjenige, der in Drehrichtung des Schlauches verlängert liegt, wird fallen!". Ein Physiklehrer im Publikum entgegnete darauf der mittlere Spielstein werde fallen, und begründete es mit einer reichlich abstrakten Erklärung zur Massenträgheit. Die dritte Möglichkeit fand keine Stimme, könnte aber durchaus

von einem übereifrigen Physikschüler, der zwar *viel gelernt, aber wenig verstanden hat*, verteidigt werden mit der Erklärung, die Kugel werde nach rechts rollen,
da auf diese eine Zentrifugalkraft wirke, welche die Kugel nach rechts außen
drücken würde.

Das Experiment wurde durchgeführt, zwei-, dreimal. Wie befürchtet, brachte
das Experiment den erschlagenden Beweis für die Richtigkeit der abstrakten
Konzepte des Physikers. Verblüffung und Ernüchterung verbreitete sich im Publikum.

Was sollte das Experiment zeigen? Es wollte vor dem blinden Vertrauen in
unsere *intuitiven Vorstellungen* über die Prozesse in der Natur warnen und gleichzeitig aufzeigen, wie komplexe Konzepte, z. B. die Massenträgheit, anschaulich
eingeführt werden können. Der Nachweis der Gültigkeit des Konzepts der Massenträgheit erscheint erdrückend, ja gar etwas autoritär – Widerspruch ist zweck-
los! Einmal mehr hatte uns das physikalische Experiment in unserer naiven
Weltwahrnehmung zutiefst verunsichert. Einmal mehr hatte unsere Weltvor-
stellung versagt. Ist denn gar die klassische Physik uns Menschen so fremd, dass
wir kein Gefühl dafür haben? Oder ist es uns abhandengekommen?

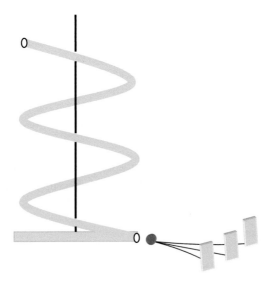

Abbildung 7:   Experiment zur Demonstration des Trägheitssatzes

Setzen wir dieses Experiment im Unterricht in dieser Art ein, geht anschließend der Physikunterricht einfach weiter und lassen wir die Lernenden mit diesem
unguten Gefühl sich und der physikalischen Welt gegenüber alleine, entwickelt
sich bei Schülerinnen und Schülern ein immer stärkeres Unbehagen dem Fach
Physik gegenüber, zu dem sie offenbar gefühlsmäßig keinen Zugang haben.
„Physik ist nicht meine Welt", „da lasse ich lieber die Finger davon…".
Als Pädagoge ist es aber geradezu meine Pflicht, dem scheinbaren Misserfolg
des *Erfahrungswissens* des unvoreingenommenen, unverbildeten, voll auf seine
Sinne vertrauenden Menschen nachzugehen. Warum denkt er sich, dass die Kugel
weiterdreht, einen Bogen fährt? Führt man das Experiment einer Schulklasse vor
und lässt die Schülerinnen und Schüler für sich vorher ihre Vermutung über den
Ausgang des Experiments aufschreiben und kurz schriftlich begründen, so argumentiert etwa die Hälfte damit, dass die Kugel die Drehung nicht verlieren
würde, bzw. diese noch irgendwo sein müsse. Das Verblüffende daran ist, dass
offenbar bei den Schülerinnen und Schülern die Erhaltung der Drehung (Drehimpulserhaltung) als *Erfahrungswissen* angelegt ist! Und damit liegen sie physikalisch absolut richtig; die Drehung bleibt erhalten! Zwar bewegt sich die Kugel
nach Verlassen des Schlauches tatsächlich *geradeaus*. Eine genaue Analyse der
Frage nach dem Verbleib der Drehung bringt aber Folgendes an den Tag: Vor
der Durchführung des Experimentes ist der totale Drehimpuls des Systems
Schlauch – Kugel gleich null. Wird die Kugel durch den Schlauch nach unten
geführt, erhält die Kugel einen Drehimpuls, den aber aufgrund der Drehimpulserhaltung auch das Schlauchsystem erhalten muss: Insgesamt muss der Drehimpuls gemäß Drehimpulserhaltung null bleiben. Auch nachdem die Kugel das
Schlauchsystem verlassen hat, besitzt sie gegenüber dem Zentrum des gewun-
denen Schlauchsystems einen Drehimpuls (vgl. Abbildung 8). Demzufolge muss
auch das Schlauchsystem diesen gleichen Drehimpuls in entgegen gesetzter
Richtung erhalten und behalten. Während sich die Stahlkugel nach Verlassen des
Schlauchs unbeschleunigt weiterbewegt, drehen sich der Schlauch und mit ihm
verbunden die ganze Erde und die Zielsteine unter der Kugel weg! Dies kann
natürlich nicht beobachtet werden, da die Erde für die kleine Kugel ein un-
gleicher Partner ist. Im Prinzip ist aber die auf den ersten Blick naive Antwort
korrekt, nur dass sich die Erde (der linke Spielstein) zur Kugel dreht und nicht
umgekehrt, was wir allerdings mit dem Bezugssystem Erde verbunden nicht
feststellen können.

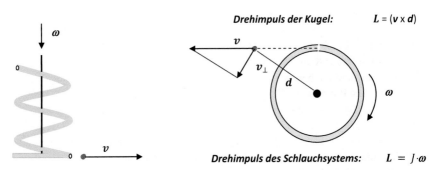

Abbildung 8: Drehimpulserhaltung beim Experiment zur Demonstration des Trägheitssatz. Wegen der ungleichen Trägheitsmomente der Kugel und des Schlauchsystems ist die Drehimpulserhaltung im Experiment nicht zu erkennen. Diese scheinbare Verletzung der Drehimpulserhaltung verwirrt den Betrachter.

Es soll hier aber nicht primär um die physikalischen Spitzfindigkeiten im vorliegenden Experiment, sondern um den didaktischen Umgang damit und hier konkret um den Umgang mit *physikalischem Erfahrungswissen* von Schülerinnen und Schülern gehen. Das „Totschlagen" von Präkonzepten, des Bauchgefühls der Schülerinnen und Schüler mit dem Experiment birgt die Gefahr, dass diese das Vertrauen in ihr physikalisches Erfahrungswissen verlieren und der Physik mit gemischten Gefühlen gegenüberstehen.

Es stellt sich die übergreifendere Frage, wann, wie, wo und wozu im Lernprozess das Experiment als Phänomen und Lerngegenstand richtig platziert ist. Steht das Phänomen am Anfang des Unterrichts als Ausgangspunkt der Naturwissenschaft, von wo aus der Unterricht sich sukzessive auf die Modell- und Begriffsebene zubewegt, was der gängigen Vorstellung von *gutem naturwissenschaftlichem Unterricht* entspricht? Oder ist die Wahrnehmung des Phänomens durch die Lehrperson und durch die Schülerin, den Schüler derart unterschiedlich, dass ohne genaue Begriffsdefinitionen und Konzepte zwischen Schülerinnen, Schülern und Lehrpersonen gar nicht sinnvoll über das Phänomen diskutiert werden kann und die Lehrperson auf die Beobachtungen und Äußerungen der Schülerinnen und Schüler gar nicht eingehen kann? Können Phänomene von Schülerinnen und Schülern möglicherweise besser und umfassender wahrgenommen werden, wenn sie vorgängig mit naturwissenschaftlichen Konzepten konfrontiert wurden, oder hemmen diese die ganzheitliche Betrachtung des Phänomens gerade?

Im vorliegenden Beispiel ist es wichtig, sich als Lehrperson zu entscheiden, ob das Experiment zum Zweck der Demonstration der Massenträgheit eingesetzt werden soll oder ob dieses als Einführungsexperiment, das Raum für das Entwickeln subjektiver Konzepte lässt, dienen soll. Im ersten Fall müssen die Schülerinnen und Schüler bereits wissen, worum es geht, da das Trägheitsgesetz nur einen Teil des Phänomens beinhaltet. Die Lehrperson muss dies deutlich kommunizieren und muss genau abgrenzen, welche Aspekte des Experiments nicht berücksichtigt werden.

Wenn es darum geht, mit dem Experiment Raum für subjektive Konzepte zu schaffen, muss zwingend auf die Präkonzepte der Schüler und Schülerinnen eingegangen werden, damit die freigesetzte Subjektivität in einer späteren Unterrichtsphase wieder eingeschränkt und zielgerichtet auf einen Lösungsraum, z. B. das Konzept der Massenträgheit, hingeführt werden kann[41]. Østergaard und Dahlin kommen aufgrund ihrer Studien in einem Artikel[42] zum Schluss, dass dies nicht geht, ohne dass das zu lehrende Paradigma vorerst aufgeht in der Fülle aller phänomenaler Erscheinungen, die nicht oder nur indirekt im Zusammenhang mit diesem stehen, wie im vorliegenden Beispiel dem Drehimpuls, den Reibungseffekten, dem Rollen der Kugel oder sogar der Korioliskraft. Vor allem aber muss sinnlichen Erfahrungen und auch metaphysischen, ästhetischen oder gar animistischen Vorstellungen und Betrachtungen in einer solchen ganzheitlichen Betrachtung Raum gegebenen werden. Sie sollen den Schülerinnen und Schülern als *Rohmaterial* dazu dienen,

„die Lernbrücke in der Lebenswelt unserer gemeinsamen Erfahrungen zu verankern"[43].

Allzu oft scheuen wir uns im Physikunterricht vor der ganzheitlichen Betrachtung eines Phänomens, da wir in aller Regel die reale Erscheinung eines Phänomens mit unseren Konzepten nur ansatzweise erklären können. Versucht man, *Unerklärliches* an Experimenten zu übergehen, möglichst nicht anzusprechen oder gar aktiv zu vertuschen, führt dies zu Recht der Physik gegenüber zu großer Skepsis. Es ist nicht als Versagen der Schulphysik zu interpretieren, wenn im Unterricht Konzepte nur einen Teil einer Erscheinung erklären können, sondern zeigt einzig die wunderbare Vielfalt und Komplexität realer Erscheinungen auf und weist auf den Modellcharakter (schul-) physikalischer Konzepte hin.

---

41 Vgl. dazu das Schema einer Unterrichtskonzeption nach Reusser (Abbildung 120).
42 Höttecke, Dietmar (Hrsg.), E. Østergaard und Bo Dahlin (2009): *Entwicklung naturwissenschaftlichen Denkens zwischen Phänomen und Systematik*. Berlin: GDCP, LIT-Verlag, S. 146–148.
43 Ebenda.

Martin Wagenschein vertritt die Meinung, den Unterricht bei der komplexen Realität zu beginnen und nicht bei abstrahierten, vereinfachten, für das Niveau der Schülerinnen und Schüler aufbereiteten *Naturerscheinungen*. Physikalische Konzepte bilden sich nicht aus der Definition von Begriffen, sondern aus der Ableitung und Abstrahierung von realen Phänomenen. Wagenschein lehrt daher das Fallgesetz, indem er von der ästhetischen und wundersam geformten Bahn des Wasserstrahls des Dorfbrunnens ausgeht.[44] Er platziert die Physik damit *a priori* mitten im Leben der Schülerinnen und Schüler.

Das Experiment ist spätestens seit Galilei der Ausgangspunkt naturwissenschaftlichen Arbeitens. Soll dieses auch bildungsdidaktisch seinen Zweck erfüllen und nicht dazu führen, die Naturwissenschaften zu entfremden und für den Schüler, die Schülerin unzugänglich zu machen, muss das Resultat des Experiments genetisch nachvollziehbar sein in dem Sinne, dass ein Bezug geschaffen wird zwischen den Präkonzepten der Schülerinnen und Schüler und den wissenschaftlichen Paradigmen, die wir lehren wollen.

1.4   Die Grenzen der Lehrkunst

Die Entwicklung der Vorstellung von der Natur und ihrer Bedeutung innerhalb des vorherrschenden Weltbildes hat sich mit zunehmendem Einblick in deren Funktionsweise und der Entdeckung von Gesetzmäßigkeiten und deren Strukturen immer mehr dahingehend verändert, dass sie heute die Grundlage für das Verständnis der Welt bildet. In der mittelalterlichen klerikalen Bildung galt es gar noch als Sünde, seinen Verstand für das Unmögliche, das Begreifen der Schöpfung Gottes, einzusetzen und widersprach einer demütigen Haltung dieser gegenüber. Die Autorität der antiken aristotelischen Lehre wirkte so über tausend Jahre und wahrte ihre Gültigkeit einerseits aus ihrer vorzüglichen und schlüssigen Beschreibung der direkt beobachtbaren Naturerscheinungen und andererseits aus der perfekten Adaptier- und Vereinbarkeit mit der christlichen Lehre, woraus die Scholastik ein ausgeklügeltes Weltbild schuf. Dieses erschließt sich aus dem religiösen Glauben und der Interpretation des Gotteswortes und nicht aus der Unvollkommenheit menschlicher Beobachtung.

Mit der Aufklärung und dem Humanismus rückte der Mensch für eine bestimmte Zeit ins Zentrum der Naturbeschreibung. Mit dem sich immer stärker durchsetzenden Axiom, wonach die Natur Gesetzmäßigkeiten befolgt, die mathe-

---

44 Wagenschein, Martin (2010): *Naturphänomene sehen und verstehen*. Bern: h.e.p.-Verlag.

matisierbar sind, weicht die subjektive menschliche Betrachtung einer objektiven, bis sich die Naturbeschreibung schließlich gänzlich von einer anthropozentrischen Sichtweise löst, um einer allgemeingültigeren Platz zu lassen. Der Mensch als Subjekt verschwindet aus der Physik, bis er in den modernen Theorien in gewisser Weise neue Bedeutung erlangt. Der Mensch als Beobachter und Akteur beeinflusst das physikalische Verhalten durch sein Handeln in fundamentaler Weise. Objekte verhalten sich gänzlich unterschiedlich, ob sie *beobachtet* werden oder nicht. Heute bilden der menschliche Geist, die platonische Mathematik und die physikalische Natur die drei ineinander verwobenen Grundpfeiler eines modernen wissenschaftlichen Weltbildes. Roger Penrose[45], einer der führenden zeitgenössischen Theoretiker, zeichnet das physikalische Weltbild, wie in Abbildung 9 dargestellt.

Die platonisch mathematische Welt ist ein kleiner Teil der menschlichen mentalen Welt. Die physikalische Welt ist als Teil in der platonisch mathematischen enthalten und unsere mentale Welt ist ein Teil der physikalischen Welt. Nun führt dies zu einem reichlich mechanistischen Weltbild und muss erweitert werden um diffuse Bereiche in jeder Welt, die nicht in den Einzugsbereich der jeweils anderen

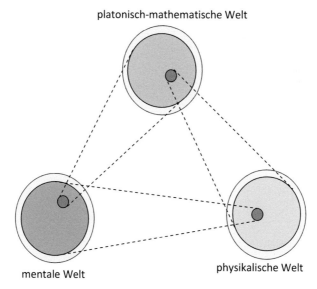

Abbildung 9:   Das Weltbild von Roger Penrose

45   Penrose, Rodger (2005): *The Road to Reality*. New York: Vintage Books.

gehören, d. h. um einen Teil der mathematischen, der mit dem menschlichen Geist nicht erfasst werden kann, um einen Teil der Physik, der nicht in die mathematische Welt passt, und um einen Teil des menschlichen Geistes, der sich nicht auf physikalische (chemische) Prozesse zurückführen lässt.

Um zu verstehen, wie und warum sich das aristotelische Weltbild der Natur so lange behaupten konnte, eignet sich ein Bild des Aufbaus unserer Vorstellung von der Natur, das sich sowohl kulturgenetisch wie auch individualgenetisch deuten lässt. Noch die aristotelische Lehre gründet auf direkt beobachtbaren Phäno-

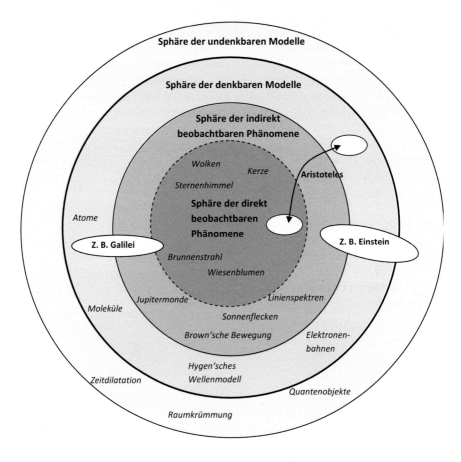

Abbildung 10:   Anschaulichkeit der Physik

menen. Diese innerste Sphäre ist die Quelle, woraus Aristoteles seine Erkenntnis schöpft und damit in der Sphäre der denkbaren Modelle ein Weltbild speist. Die Entwicklung von technischen Hilfsmitteln, von Mess- und Beobachtungsgeräten ermöglichte später Galilei, die Sphäre der indirekt beobachtbaren Phänomene zu erschließen und damit ein neues Weltbild zu bauen. Die ganze klassische Physik entwickelte sich innerhalb der inneren drei Sphären. Die klassische Physik hat mit ihren Modellen die beobachtbaren Sphären fast perfekt abgebildet und die Gesamtheit der Phänomene damit fast erklärt. Der Durchbruch in die äußerste Sphäre ergab sich aufgrund von wenigen, aber heftigen Widersprüchen in den inneren Sphären. Sie lässt sich durch die menschliche Vorstellung kaum mehr erschließen und nur über den Weg mathematischer Verfahren und Modelle beschreiben und ergründen. Das Wesen der Natur in ihrem Fundament ist damit offenbar für den Menschen „unbegreiflich" oder besser „unbegrifflich" in dem Sinne, dass uns die Begrifflichkeit fehlt, um das Verhalten der Natur in ihrem Kern zu beschreiben. Es fehlt den Menschen die Isomorphie zwischen diesen Modellen und der direkt beobachtbaren Welt.

Angelerntes Schulwissen besteht meistens aus Konzepten der dritten Sphäre. Leider fehlt den Schülerinnen und Schülern allzu oft der Bezug zu den Sphären der Phänomene. Derartiges Wissen hat keinerlei Sinn und ist nutzlos. Es ist daher eine wesentliche Aufgabe der Schule, die Schülerinnen und Schüler zuerst zu lehren, sich in den innersten beiden Sphären zu bewegen, d. h. zu beobachten, Phänomene zu erkennen, zu benennen, zu beschreiben, mit oder ohne Hilfsmittel. Die Aufgabe muss es sein, die drei inneren Sphären miteinander in Beziehung zu bringen und sich mühelos zwischen der Modell- und den Phänomensphären zu bewegen.

Die Lehrkunst sieht eben dies als eine ihrer Hauptaufgaben. So beginnen auch alle Lehrstücke im innersten Kreis. Manche bewegen sich fast ausschließlich dort, andere wandern durch die drei Sphären, gelangen aber am Ende immer in die innerste Sphäre zurück. Es reicht nicht, den Schülerinnen und Schülern den Weg vom Phänomen zum Modell zu zeigen, sie dann dort aber in der abstrakten Welt aus der Schulstube zu entlassen. Der Rückweg zum Phänomen (oder die Beziehung des Modellwissens zum Alltag der Schülerinnen und Schüler) ist meist nicht weniger schwer zu finden. In Abbildung 11 werden einige naturwissenschaftliche Lehrstücke im Schema der verschiedenen Sphären platziert. Es gibt bisher nur ein Lehrstück, das versucht, in die äußerste Sphäre zu gelangen, und da stellt sich die Frage, ob dieser Schritt überhaupt im Sinne der Lehrkunst ist. Das genetische Durchschreiten zur äußersten Ebene ist nicht nur mit *einfachem Menschenverstand* nicht möglich, sondern wurde auch mit komplizierrester

Mathematik nur von sehr wenigen Menschen geschafft. Die Quantentheorie und die Relativitätstheorie werden wohl nirgends *konstruktivistisch* gelehrt. Sehr wohl können Schülerinnen und Schüler genetisch an die Widersprüche herangeführt werden, die zu den Entdeckungen der neuen Theorien geführt haben. Die Kernkonzepte allerdings sind dann nicht mehr genetisch erschließbar. Sie sind bestenfalls nachzuvollziehen.

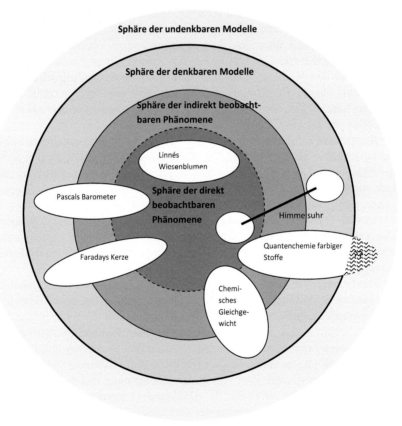

Abbildung 11:   Anschaulichkeit der Lehrstücke

2 Leitfrage: Kulturgenese und Lehrstückkomposition

2.1 Mit Wagenschein zur Kulturauthentizität

Mit der Didaktik von Comenius erhielt das Lehren im 17. Jahrhundert einen neuen Gestus. Das Lehren solle nicht autoritär sondern autoritativ sein. Die Lehrperson sei nicht die Quelle des Wissens und damit die Autorität selber. Das Wissen werde durch sie vermittelt, sie ist die Botschafterin, die das Wissen didaktisch aufbereitet und weitergibt.

Wagenschein übernimmt diesen Gestus mit seiner starken Betonung der Bedeutung der kulturellen und historischen Dimension des Wissens. Das von Galilei originär erschlossene Wissen wird durch Wagenschein in Unterrichtseinheiten zu Lehrstücken komponiert und den Studierenden exponiert. Hier findet sich das Urbild für die Bedeutung der Kulturgenese für den Unterricht. Von der Kulturgenese durchströmt, durchtränkt, hat die Lehrperson das Wissen in möglichst authentischer aber didaktisch verarbeiteter Weise der Schülerin und dem Schüler zugänglich zu machen.

Dieser Vorgang ist beispielhaft an Wagenscheins Unterrichtseinheit zum Barometer zu studieren. Wagenschein setzt sich vorerst mit der Wissenschaftsgeschichte vom Barometer auseinander. Wie und in welchem Zusammenhang und unter welchen Bedingungen kam es zur Einsicht, dass der Luftdruck unser Leben prägt? Wie hat sich diese Ansicht durchgesetzt, wie und in welcher Gründlichkeit hat sich der Paradigmenwechsel vom *horror vacui* zum Luftdruck vollzogen? Wagenschein gelingt nun der Kunstgriff zum Nucleus, zum Kernexperiment, worin sich die ganze wissenschaftsgeschichtliche Entwicklung zugleich konzentriert und woraus sie sich wieder erschließen lässt. Die Lehrkunstdidaktik zieht dazu die Metapher des Baumes und der Nuss herbei. Vom Baum fällt die Nuss, in der sich der ganze Baum befindet und aus der er sich wieder entfalten kann.

Das Verdichten des Baumes zur Nuss, das Finden des Nucleus ist die wahre didaktisch-kompositorische Leistung der Lehrperson. Im Experiment des Wasserglases steckt die ganze Phänomenologie, Problematik und Philosophie des Themas und aus dem Wasserglasexperiment lässt sich hier und heute mit gesundem Menschenverstand die ganze wissenschaftliche Diskussion um den Luftdruck und das Vakuum wieder entfalten.

Abbildung 12:   Baum – Nuss – Baum; das Symbol der Lehrkunst.

Wie gelangte Wagenschein zu seinem zentralen Experiment? Er hat es nirgends niedergeschrieben, wir können es höchstens vermuten. Möglicherweise ist aber auch die Suche nach dem Weg vom Baum zur Nuss nicht richtig und wir drehen uns mit dem Dilemma, nach der Frage des Huhns oder des Eis, bzw. des Baums oder der Nuss im Kreis. Was soll zuerst sein? Mag sein, dass Wagenschein zuerst der zu lehrende Gegenstand vorgelegen hat, die Nuss, das Phänomen des Wasserglases. Davon ausgehend entwickeln sich nun zwei Bäume, der kulturhistorische und parallel dazu, in die andere Richtung blickend, der individuelle, der den Unterricht beinhaltende, das Lehrstück. Jedenfalls sind viele der Lehrstücke genau so entstanden. Zuerst ist das Phänomen, daraus entwickelt sich und wächst bei der Lehrperson das Wissen um den kulturhistorischen Hintergrund. Gleichzeitig entwickelt sich in die andere Richtung die Idee der Lehrstückgestalt, möglicherweise als Abbild des Kulturbaumes.

An anderen Stellen scheint Wagenschein direkt auf historische Quellen zurückzugreifen oder er lässt sich zumindest von ihnen stark inspirieren. Im Kapitel *Das Licht und die Dinge* im Buch *Naturphänomene* beschreibt er das Phänomen der *Sonnenstäubchen*, die im sonnendurchfluteten Zimmer umher tanzen, die sich aber nur im Lichtbalken zeigen, der das Zimmer erhellt. Davon ausgehend gelangt er zu der Frage nach dem Zusammenhang zwischen den Dingen und dem Licht:

„[…] So also, sagte er sich, ist das Licht: An sich selber ist es nicht zu sehen, nur an den Dingen; und auch die Dinge sind aus sich selber nicht zu sehen, sondern nur im Licht".[46]

---

46   Wagenschein, Martin (2010): *Naturphänomene sehen und verstehen*. Bern: h.e.p.-Verlag, S. 116 f.

Auch wenn Wagenschein nicht darauf verweist, so scheint es, dass er sich hier stark durch den griechischen Philosophen Lukrez inspirieren ließ. In „de rerum natura"[47] beschreibt Lukrez dieselbe Beobachtung, wenn auch in etwas anderem Zusammenhang. Lukrez nimmt mit seinen Überlegungen die fast 2000 Jahre später entdeckte Brown'sche Bewegung vorweg. Aber auch er bewundert die Bewegung der *Sonnenstäubchen*:

> „Sonnenstäubchen
> Folgendes Gleichnis und Abbild der eben erwähnten Erscheinung
> Schwebt uns immer vor Augen und drängt sich täglich dem Blick auf.
> Lass in ein dunkles Zimmer einmal die Strahlen der Sonne
> Fallen durch irgendein Loch und betrachte dann näher den Lichtstrahl:
> Du wirst dann in dem Strahl unzählige, winzige Stäubchen
> Wimmeln sehn, die im Leeren sich mannigfach kreuzend vermischen,
> Die wie in ewigem Kriege sich Schlachten und Kämpfe zu liefern
> Rottenweise bemühen und keinen Moment sich verschnaufen.
> Immer erregt sie der Drang zur Trennung wie zur Verbindung.
> Daraus kannst du erschließen, wie jene Erscheinung sich abspielt,
> Wenn sich der Urstoff stets im unendlichen Leeren bewegt,
> Insofern auch das Kleine von größeren Dingen ein Abbild
> Geben und führen uns kann zu den Spuren der wahren Erkenntnis.
> Umso mehr ist es recht, dass du diese Erscheinung beachtest,
> Wie in dem Sonnenstrahle die winzigen Körperchen wimmeln,
> Weil dergleichen Gewimmel beweist, auch in der Materie
> Gibt's ein unsichtbares, verborgenes Weben der Kräfte.
> Denn bei den Stäubchen erkennst du, wie viele die Richtung verändern,
> Trifft sie ein heimlicher Stoß, und wie sie sich rückwärts wenden,
> Hierhin und dorthin getrieben nach allen möglichen Seiten.
> Merke, die ganze Bewegung beginnt hier bei den Atomen.
> Denn es erhalten zuerst die Urelemente den Anstoß,
> Hierauf werden die Körper, die wenig Verbindungen haben
> Und in der Kraft sich am nächsten den Urelementen vergleichen,
> Durch unmerkbare Stöße von diesen dann weiter getrieben,
> Und sie führen dann selbst den Stoß auf die größeren weiter,
> So geht von dem Atom die Bewegung empor und sie endet
> Mählich bei unseren Sinnen, bis endlich auch das sich beweget,
> Was wir im Lichte der Sonne mit Augen zu schauen vermögen,
> Ohne doch deutlich die Stöße zu sehn, die Bewegung erregen."

(Lukrez, 55 v. Chr.)

Eine zentrale Frage der Lehrkunst besteht nun darin, wie sich solche *Nüsse*, solche Keimlinge und gleichsam Kondensate von Wissen finden lassen. Sie finden sich in der Kulturgeschichte selber. Das Wasserglasexperiment ist das entscheidende Experiment im 17. Jahrhundert, mit dem der Luftdruck *bewiesen* wurde.

---

47 Diels, Hermann (1924): *Lukrez – Über die Natur der Dinge*. Deutsche Übersetzung von *de rerum natura* (55. v. Chr.). Im Internet: [7].

Torricelli hatte das Glas zwar mit Quecksilber gefüllt, aber im Prinzip war genau das das historisch entscheidende Experiment. Um die Keime entscheidender Einsichten und Paradigmenwechsel in der Wissenschaftsgeschichte zu finden, muss diese und deren Verlauf gründlich studiert werden. Für die Physik ist diese durch das Werk von Simonyi[48] bestens aufbereitet. Die Kulturgeschichte der Entdeckung des Luftdrucks lässt sich aber auch bei Mach[49] genau nachlesen. In anderen Fachgebieten ist es nötig, sich in die Kulturgeschichte einzuarbeiten.

Die Themen mit Lehrstück-Potenzial lassen sich an Stellen in der Menschheitsgeschichte finden, an denen wegweisende Paradigmenwechsel oder gar neue Weltbilder entstanden sind, technische Erfindungen gemacht wurden, neue Prinzipien gefunden oder epochenprägende Werke geschaffen wurden. Die Lehrkunst nennt sie in Anlehnung an Stefan Zweig „Sternstunden der Menschheit"[50] oder nach Klafki „epochaltypische Schlüsselthemen der Menschheit". In der Physik gibt es eine Vielzahl von einfach greifbaren Beispielen dafür (vgl. Tabelle 5).

Schlüsselthema, Paradigma	Urheber	Didaktisches Schlüsselexperiment (Bsp.)
Massenträgheit, Galilei'sches Relativitätsprinzip	Galilei, Newton	Gekrümmter Schlauch mit Kugel
Das Fallgesetz	Galilei	Freier Fall im Vakuumrohr
Der Luftdruck	Pascal	Wasserglasexperiment
Ausbreitung von Licht	Fermat, Römer	Lichtstahlen durch Staub, Spiegelwelten
Temperaturbegriff und Wärme	Thompson, Brown	Brown'sche Teilchenbewegung
Die Schwebe-Erde	Aratos	Heimatlicher Sternenhimmel
Erdmagnetismus	Peregrinus, Gilbert	Das große Spüreisen (Kompassnadel)
Radioaktivität und die Welt der Teilchen	Curie, Rutherford	Spuren in der Nebelkammer
Wellen und/oder Teilchen	Einstein, Bohr, Heisenberg	Photoeffekt, Doppelspaltexperiment

Tabelle 5:   Epochaltypische Schlüsselthemen in der Physik

---

48   Simonyi, Karoly (2002): *Kulturgeschichte der Physik*: Verlag Harri Deutsch.
49   Mach, Ernst (2006): *Die Mechanik in ihrer Entwicklung*. Saarbrücken: Edition Classic Verlag Dr. Müller (orig. 1883).
50   Zweig, Stefan (1986): *Sternstunden der Menschheit – Zwölf historische Miniaturen*. Frankfurt a. M.: Verlag S. Fischer.

Die Tabelle 5 gibt nur einige Beispiele wieder und ließe sich seitenfüllend fortsetzen. Es geht hier nur darum zu zeigen, wo bei der Suche nach Lehrkunstthemen angesetzt werden kann. Nun darf aber auch nicht angenommen werden, dass alle diese Themen sich für Lehrstücke eignen. Die Themen, vor allem aber die damit verbundenen Phänomene, die in den Unterricht gebracht werden sollen, müssen noch weiteren Kriterien genügen. Sie müssen von der Art sein, dass sie aus sich heraus eine Faszination ausstrahlen, die Betrachterin und den Betrachter in ihren Bann ziehen und *Sogfragen* generieren (vgl. z. B. Kapitel 4.4.3.2). Man muss sich im Phänomen *verlieren können*, es muss einen Staunen machen. Dabei geht es nicht um *Effekthascherei*, sondern darum, ein *Menschheits-Rätsel* zu exponieren. Das Phänomen muss mehr als nur unser Staunen evozieren, es muss das *menschliche Staunen* über dieses Phänomen zusammenfassen und verdichtet wiedergeben.

In einem Interview, das auf Video[51] aufgenommen wurde, beschreibt Wagenschein selber ausführlich, wie die Themen sein müssen:

„Das Thema muss so sein, wie die Galilei'schen Themen sind. Es muss also ein Kernproblem da sein, das die Eigenschaft hat, dass man darüber stolpert beim Aufnehmen, man wundert sich, das ist rätselhaft, eine Sache, die im höchsten Maß erstaunlich ist, und zwar nicht so, dass man sich fürchtet, sondern dass sich gewundert wird. Dass sie also zu schön ist, um wahr zu sein.
[…]
Das zweite…ist auch klar, dass das genetisch ist, nicht? Dir Dinge entstehen, sie werden nicht einfach vorgeführt oder hingeknallt, sondern sie entstehen und man sieht, wie das kommt und man fragt sich: «Was ist da los?»
[…]
Das Thema muss so sein, dass man es mit dem gesunden Menschenverstand kann. Es muss so sein, dass man, wenn man es löst, dabei gezwungen ist, physikalische Begriffe zu bilden, die vorher nicht da waren, die aber notwendig auftreten.
[…]
Das Thema muss so sein, dass die sachliche Motivation sicher ist. Das heißt, es ist nicht nötig, dass ich sage: «Jetzt passt mal schön auf!» oder «Das müsst ihr später haben, das ist nötig für das sogenannte Leben» oder «Es steht im Lehrplan, es muss gemacht werden» sondern «Seht euch das an und dann sagt, was ihr meint.» Und dann geht's los, da brauch ich nicht mehr viel zu tun. Also so muss es sein und so kann es auch sein."

Wagenschein war ein Meister darin, solche Phänomene zu finden und zu exponieren. Er beginnt das Buch *Naturphänomene Verstehen* mit der Beschreibung eines solchen Phänomens – mit einem seiner schönsten – dem *großen Spüreisen*. Das Spüreisen ist ein dünnes, fast ein Meter langes Stahlblech, das an einem starken Faden an der Decke des Zimmers befestigt ist:[52]

---

51 [6].
52 Wagenschein, Martin (2010): Naturphänomene sehen und erstehen. Bern: h.e.p.-Verlag, S. 17/18.

> „Ob es wohl aufgehängt oder auf eine Spitze gesetzt, dem Ruf des magnetischen Erdfeldes folgen würde?
> [...]
> Es hängt unbeweglich, passiv und mit seinen ergeben niedergebeugten Enden wie horchend da. Ob der ferne kanadische Pol es erreicht, und sein noch fernerer antarktischer Bruder?"

Und dann beginnt sich das Eisen tatsächlich zu drehen!

> „Wie ist es nur möglich? Wie ist es nur möglich, dass das Stück Eisen den fernen Ruf erspürt? Und es spürt ihn. Nach einem letzten Erzittern setzt es sich in ein zögerndes Drehen. Vielleicht ein noch zufälliges, einem Windhauch verdanktes? Aber es steigert sich, es steckt ein Wille, ein Ziel dahinter, wie ein Karussell kommt der Balken langsam in Fahrt und schleudert sich nach wenigen Sekunden gestreckten Laufes durchs Ziel. Das Ziel, das unsere Spannung wie ein unsichtbarer Wegweiser in den Raum hinein erwartet hat und unsere Phantasie wie eingebrannt fast sieht: Dort über dem Wald steht nachts der Polarstern. Dorthin deutet das Eisen, als es in höchster Fahrt war, und wenn es alles richtig zugeht, dann müsste es jetzt langsam zögern. Es zögert, es verringert seinen Lauf, es wird zurückgerufen zu dem Ziel, das es im Eifer seiner Bewegungslust überrannt hatte. In dem Augenblick, da es zitternd einhält und dann wieder ganz so langsam wie am Anfang umkehrt, die Nase am Boden wie ein witternder Hund, ist unser letzter Zweifel vergangen: Es ist das, was wir erwartet haben und kein Windstoß."

Das Phänomen beinhaltet nicht einfach einen knallenden Überraschungseffekt, der sich rasch in Schall und Rauch auflöst, im Gegenteil: Alle wissen ja im Prinzip, wie ein Kompass funktioniert. Durch das Experiment in der beschriebenen Art exponiert, bringt Wagenschein das Rätsel, an das sich alle längst *gewöhnt* haben und an dem alle längst nicht mehr herumstudieren, in dramatischer Weise zurück.

Im oben erwähnten Interview beschreibt Wagenschein ein zweites Experiment – eher ein Gedankenexperiment, das die Art, wie die Themen sein müssen schön illustriert:

> „Einfach etwa, wenn Sie ein Dreieck sich hinmalen und dann die sogenannten Winkelhalbierenden zeichnen… nicht dass sie diesen Namen haben müssen, gar nicht. Nein, nein, nicht Fachsprache, nichts, gar nicht. Ein Dreieck, muss ja auch nicht Winkel halbieren. Sie gehen in der Mitte, zwischen den Schenkeln des Winkels gehen sie durch, immer schön in der Mitte, nicht? Sie können sich's vorstellen? Ich sage Ihnen jetzt, wie ich das auch einführe für die Schüler, denn ich habe [...] nur die Aufgabe das Rätsel zu stellen, und es sogar zu verstärken, die Rätselhaftigkeit, in der ich etwa sage: «In dieser Ecke vom Dreieck kommt also diese Winkelhalbierende heraus, aus der anderen Ecke kommt eine zweite, versteht ihr? Dass sie sich dann schneiden, in einem Punkt, ist ja klar. Hm. Müssen sich ja schneiden. Aber jetzt kommt aus der dritten Ecke eine…» Und dann erlaub ich mir zu sagen: «…die weiß von nichts…» Worauf die Kollegen von der Schule empört sind. – die weiß von nichts – «…die hat nur im Kopf, immer auch zu ihren beiden Schenkeln entlang zu laufen.» Und dann sieht man, das kann jeder auf seiner Zeichnung sehen, die steuert genau auf den Schnittpunkt von den beiden anderen los. Kann man das verstehen oder nicht? Ist doch rätselhaft."

Es reicht also nicht, ein epochaltypisches Schlüsselthema zu finden und es in ein Experiment zu verpacken. Es muss so im Experiment verarbeitet sein, dass es den menschlichen Forschergeist weckt und den Schülerinnen und Schülern Anlass gibt, sich auf eine Reise, eine Entdeckungsreise zu begeben. Es kann nicht gelingen, rezeptartig aufzuschreiben, wie dies gelingen soll. Es ist die *Kunst des Lehrens*, der schöpferische Akt der Lehrtätigkeit, die didaktische Dichtung, die genau in dieser Tätigkeit liegen. Es braucht dazu allerdings keine Genies, um solche Perlen zu finden und zu polieren. Dazu dient die Lehrkunstwerkstatt, in der gemeinsam an solchen Rohdiamanten geschliffen wird, damit sie zum Funkeln gebracht werden können.

2.2 Präkonzepte und Individualgenese

Die Situation, wie sie im Essay *Bildungsexempel* (Kapitel 1.3.2) geschildert wird, steht exemplarisch für sehr viele Unterrichtssituationen im Physik- oder Naturwissenschaftsunterricht. Die Schülerinnen und Schüler werden mit wissenschaftlichen Paradigmen konfrontiert, die sie – trotz Demonstration am Experiment – nicht einordnen, nicht mit ihrer Alltagserfahrung in Übereinstimmung bringen und daher auch nicht annehmen können. Sie können das Wissen darüber bestenfalls als *Schulwissen lernen*. Eine sorgfältige Auseinandersetzung mit Präkonzepten von Schülerinnen und Schülern ist aber die Grundlage konstruktivistischen Unterrichts. Worauf soll sonst konstruiert werden?

Folgende Grundfragen sind zu klären: *Woher kommen die Vorstellungen der Schülerinnen und Schüler? Wie sind ihre Eigenschaften und wie lassen sie sich entwickeln?* Alltagsvorstellungen von Sachverhalten und Phänomenen sind komplexe Überprägungen von *eigenen (Sinnes-)Erfahrungen* (Metall ist kühl, Wolle ist warm), von *Nachgesagtem* (Licht besteht aus Teilchen und Wellen) *und Nachgeahmtem* und von *scheinbar beobachtetem* (der Mond steht nur in der Nacht am Himmel).

Thomas Wilhelm[53] beschreibt in seiner Vorlesung *Einführung in die Fachdidaktik I* Eigenschaften von Präkonzepten:

- „Begriffe sind in den Schülervorstellungen (wie in der Umgangssprache) Sammelbegriffe, deren Bedeutung sich erst im Kontext formt."

Ein klassischer Sammelbegriff ist der Begriff *Energie*. Alle haben eine vage, kontextgebundene Vorstellung davon (elektrische Energie, *„Ich habe heute viel Energie!"*) und doch kann niemand kontextlos erklären, was damit gemeint ist.

---

53 Wilhelm, Thomas (2009): *Einführung in die Fachdidaktik I*. Uni Würzburg, WS 2009/10, [8], S.5.

- „Schülerinnen und Schüler besitzen gleichzeitig vielfältige und widersprüchliche Vorstellungen (Erklärungsvielfalt)."

Es macht für die Schülerinnen und Schüler keine Schwierigkeit sich vorzustellen, dass die Erde an einem Stein zieht. Dass Kräfte ohne *sichtbares Medium* übertragen werden können (Fernwirkungskraft), gehört in anderem Zusammenhang aber ins Reich der Zauberkünste.

- „Schülervorstellungen sind sinnstiftend miteinander vernetzt (Netz von Vorstellungen)."

Eine Wolke schwebt am Himmel wie ein Ballon. Sie muss also aus etwas sehr Leichtem bestehen, z. B. aus Watte. Watte ist auch so weiß und kann eine zerfetzte Form haben. Dass eine Wolke aus Wasser – und zudem noch aus flüssigem oder festem – besteht, ist aus verschiedenen Gründen schwer nachvollziehbar: Wie sollte das Wasser schweben? Warum ist das Wasser weiß?

- „Schülervorstellungen sind außerordentlich stabil und dauerhaft (Probleme: Man sieht, was man glaubt. Wenn man Differenz versteht, glaubt man es noch nicht)."

Das *Saugen* im Sinne eines Ziehens von einem Medium ist ein derart erfolgreiches Alltagskonzept, dass alles aus diesem Standpunkt *gesehen* wird. Dies führt sogar sprachlich zu Widersprüchen, die aber nicht stören: „*Der Unter*druck zieht *die Flüssigkeit in den Mund.*" Ausführliche Studien bestätigten, dass Schülerinnen und Schüler oft gemäß ihren Präkonzepten das sehen, was sie sehen *wollen* (*confirmation bias*).[54]

- „Menschen möchten von ihren Ansichten möglichst wenig abweichen."

Eine Veränderung eines Erklärungskonzepts verunsichert und stellt unter Umständen ein ganzes Weltbild in Frage. Präkonzepte sind daher sehr persistent und bleiben oft lange neben einem anderen (wissenschaftlichen) Konzept bestehen. Es ist dann durchaus möglich und sinnvoll, dass je nach Kontext verschiedene Konzepte angewendet werden. Wilhelm betont die soziale Bedeutung von Präkonzepten. Oft haben sich Präkonzepte gesellschaftlich angeglichen und bilden eine Kommunikationsbasis. Es besteht ein gesellschaftlicher Konsens über Zusammenhänge und Dinge. Weicht man davon ab, bedeutet dies ein Ausscheren aus dem Mainstream und damit ein sich Exponieren.

---

54 Hammann, Marcus (2006): *Fehlerfrei Experimentieren*. In: Mathematisch Naturwissenschaftlicher Unterricht, 59/5, S.292–299.

Unter anderem wegen der sozialen Bedeutung der Präkonzepte ist es weder „*möglich noch sinnvoll*"[55] anzustreben, Vorstellungen von Schülerinnen und Schülern und ihre Präkonzepte zu eliminieren oder zu ersetzen. Dies ist aber nicht der einzige Grund. Wissenschaftsfeindlichkeit rührt bei jungen Menschen oft von der Überheblichkeit, Ausschließlichkeit und Autorität wissenschaftlicher Konzepte und Ansichten über die Welt. Weder sind wissenschaftliche Konzepte und Theorien *wahrer* noch für den Alltag a priori *hilfreicher* oder *geeigneter* als andere Betrachtungsweisen (*poetische, literarische, animistische, mythische*). Sie ermöglichen einen anderen Standpunkt und bauen auf einer Axiomatik und logischen Systematik (*logische Induktion oder Deduktion*). Im Unterricht soll es darum gehen, den Schülerinnen und Schülern einen Zugang zu dieser wunderbar klaren, scharfen (aber auch etwas nüchternen) Weltbetrachtung und -beschreibung zu geben. Es geht aber nicht darum, diese als Absolutheit darzustellen, sondern diese als alternatives Konzept neben den Alltagsvorstellungen aufzubauen und eine bewusste Beziehung zwischen den beiden (oder den verschiedenen) Weltanschauungen zu schaffen.

Verschieden Wege werden beschrieben, um mit Schülerinnen und Schülern dieses Ziel zu erreichen:

Der kontinuierliche Weg (conceptual growth[56]):

Der kontinuierliche Weg baut auf Piagets Äquilibrationstheorie der Akkommodation und Assimilation auf. Demzufolge ist jede Erkenntnis und jeder Begriffserwerb ein konstruktivistischer Prozess. Neues Wissen wird an Vorwissen angehängt, damit verknüpft und daraus eine neue adaptierte Vorstellung geschaffen. Damit dies gelingt, muss ein ausgewählt inszeniertes Phänomen, ein neuer Sachverhalt Einsicht in eine neue Situation schaffen, die mit der alten Vorstellung nur unbefriedigend erklärt werden kann. Dieser Sachverhalt darf aber auch nicht so weit vom Präkonzept entfernt sein, dass für die Schülerinnen und Schüler gar kein Zusammenhang erkennbar ist. Dazu sollen die Schülerinnen und Schüler einen *bruchlosen Weg der Erkenntnisfindung* durchschreiten und evolutionär, genetisch ihre Präkonzepte erweitern (*conceptual growth*). Der Begriff ist allerdings dahingehend etwas unglücklich, als dass das Verb *growth* (wachsen) etwas Passives enthält. Besser ist, wenn mit den Schülerinnen und Schülern nicht „irgendwie geschieht", sondern, wenn sie diese kognitive Entwicklung aktiv und

---

55 Wilhelm, Thomas (2009): *Einführung in die Fachdidaktik I.* Uni Würzburg, WS 2009/10, [8], S.5.
56 Möller, Kornelia (2007): *Genetisches Lernen und Conceptual Change.* In: Kahlert, J. u. a. (Hrsg.): *Handbuch Didaktik des Sachunterrichts.* Bad Heilbrunn: Klinkhardt-Verlag, S. 258–266.

bewusst machen. Das heißt, dass (zumindest auf der Sekundarstufe II) die Prozessreflexion für die Einsicht, dass mehrere Konzepte für die Beschreibung eines Sachverhalts möglich und sinnvoll sind, entscheidend ist.

Der diskontinuierliche Weg (conceptual change):

Hierbei geht es um eine Konfrontation zweier (oder mehrerer Ansichten), bzw. um eine Konfrontation zwischen einem Präkonzept und einem Phänomen, das zu einem Widerspruch mit dem Präkonzept führt. Damit wird ein kognitiver Konflikt provoziert, der in einer *Revolution*, zu einem Paradigmenwechsel führen kann. Für das Gelingen dieser Konfliktstrategie müssen nach Posner und Strike[57] folgende Bedingungen gegeben sein:

- Schülerinnen und Schüler müssen mit vorhandenem Konzept (Präkonzept) unzufrieden sein.
- Das neue Konzept muss wenigstens minimal verstanden sein.
- Das neue Konzept muss augenblicklich intuitiv einleuchtend erscheinen.
- Das neue Konzept muss das Potential in sich tragen, auf neue Situationen ausgeweitet werden zu können.

Viele Studien in den 80er und 90er Jahren zeigen (z. B. Pintrich, Marx und Boyle 1993, Vosniadou und Brewer 1992, Carey 1985), dass der *diskontinuierliche Weg* gar nicht so diskontinuierlich ist. Neue (wissenschaftliche) Konzepte werden zwar übernommen, verdrängen aber die Präkonzepte nicht. Sie können kontextuell zwar angewendet werden, bei Transferaufgaben dominieren aber wieder die Präkonzepte. Diese Studien zeigen,

> „dass Präkonzepte aus theorieähnlichen Strukturen bestehen, die im Conceptual-Change-Prozess durch Neuinterpretation von Alltagswissen und Integration von Wissensbestandteilen weiterentwickelt werden."[58]

Also kann eine Auseinandersetzung, Veränderung, Anpassung, Einordnung oder Erweiterung von Präkonzepten nur *reflektiert genetisch* sinnvoll und nachhaltig erwirkt werden.

---

57 Posner, George J. and Strike, Kenneth A. (1992): *A Revisionist Theory of Conceptual Change.* In: Duschl, R.A., Hamilton, R.J. (Hrsg.): *Philosophy of Science, Cognitive Psychology and Educational Theory and Practice.* New York, S. 147–176.
58 Möller, Kornelia (2007): *Genetisches Lernen und Conceptual Change.* In: Kahlert, J. u. a. (Hrsg.): *Handbuch Didaktik des Sachunterrichts.* Bad Heilbrunn: Klinkhardt-Verlag, S. 261.

2.3   Die Kulturgenese
als generelles naturwissenschaftsdidaktisches Prinzip

In diesem Kapitel soll die der Arbeit zugrundeliegende These exponiert und be-sprochen werden. Dazu sei die These hier vorerst in kompakter Form aufge-schrieben: *Der naturwissenschaftliche Unterricht muss sich generell an der Kul-turgenese der jeweiligen Unterrichtinhalte orientieren. Dabei lassen sich sehr grob drei Wissenschaftsepochen jeweils drei Erkenntnisstufen (oder didaktischen Methoden) zuordnen: Aristotelik – (ego-) anthropozentrische Anschauung und Beschreibung; Klassik – Abstraktion und globale Verallgemeinerung; Moderne – universelle Verallgemeinerung auf Kosten der Anschaulichkeit.*

Im naturwissenschaftlichen *Normalunterricht* – und dort besonders in der Physik der Sekundarstufe I und II – bildet die klassische Naturwissenschaft den Hauptinhalt des gelehrten Stoffs. Der Grund für die Konzentration auf die *Klas-sik* und das Auslagern der *Moderne* auf weiterführende Bildungsgänge liegt vermutlich an den konzeptionell hoch anspruchsvollen modernen naturwissen-schaftlichen Theorien und deren *Unanschaulichkeit*. Die moderne Physik bedient sich zur Beschreibung der Natur komplexer mathematischer Theorien, deren Aussagen wenig Rückhalt in der greifbaren, beobachtbaren und manchmal sogar *vorstellbaren* Welt unserer Erfahrung finden. Das Orbital eines Elektrons in einem Wasserstoffatom oder die elektromagnetische Wechselwirkung, die durch den Austausch virtueller Photonen beschrieben wird, oder die Schwarzen Löcher in den Zentren großer Galaxien sind solche Konzepte. Man verbannt daher die modernen Theorien, Konzepte und Paradigmen an die Hochschulen. Nur bemüht man sich dort im Allgemeinen noch viel weniger darum, sich diese Konzepte halbwegs *ein-zu-bilden* (*informare*), sie sich vorzustellen, diese zu *be-greifen*. Man begnügt sich dort, diese mit Mathematik zu *erledigen*.

An den Mittelschulen bleibt man bei den vermeintlich anschaulichen Theo-rien. Nun ist es aber ein gewaltiger Trugschluss zu glauben, die Theorien der *klassischen Physik* (z. B. die klassische Mechanik oder die Elektrodynamik) wären *anschaulich*! Von Weizäcker schreibt dazu[59]:

„Man denke einmal, was Goethe unter Naturwissenschaft verstand: das Anschauen der reinen Phänomene. Die klassische Physik bleibt gerade nicht beim Anschauen der reinen Urphänomene Licht, Schall, Wärme stehen, sondern führt sie auf unanschaubare, nur indirekt beweisbare Bewegungsvorgänge zurück. Das Weltbild der klassischen Physik, für das diese Bewegungs-vorgänge schließlich die einzigen Realitäten waren, leugnete somit geradezu die physikalische

---

59   Von Weizsäcker, Carl Friedrich (1990): *Zum Weltbild der Physik.* Stuttgart: S. Hirzel, Wissen-schaftliche Verlagsgesellschaft, S.81.

Realität des Angeschauten und überließ es den unfertigen Wissenschaften der Sinnesphysiologie und Psychophysik, nachträglich zu erklären, wie jene Phänomene der Anschauung «zustande kommen». Die klassische Physik zahlt den Preis, um dafür die Einheitlichkeit des Weltbildes zu erkaufen. So projiziert sie die anschaulich gegebene Welt auf eine Ebene reiner Begriffe."

Bei der klassischen Physik handelt es sich allerdings um eine anschauliche Welt, die auf abstrakte Begriffe projiziert wird. In der Quantentheorie hingegen sind die zu beschreibenden Objekte und Prozesse selbst auch nicht mehr anschaulich. Die Natur der darin beschriebenen Objekte ist uns gar derart fremd, dass wir dafür keine geeigneten Begriffe und Metaphern mehr finden, um diesen und deren Verhalten gerecht zu werden. Während Schülerinnen und Schüler in den klassischen Naturwissenschaften gelernt haben, reale Phänomene zu Modellen zu abstrahieren und damit zu arbeiten, so sind diese Modelle doch immer anschaulich, die sich analog zu Prozessen in unserem Erfahrungsraum verhalten (z. B. das Verhalten eines idealen Gases analog zum Verhalten von Billardkugeln oder die Wirkung von elektrischen Kräften analog zur Wirkung von Magneten oder der elektrische Strom analog zu einem Flusssystem).

Auf die Aristotelik wird bestenfalls als Einordnung des zu Lernenden oder als *Beweis* des Fortschritts der Wissenschaften einleitend in den Unterricht zurückgeblickt. Die Aristotelik erscheint damit den Schülerinnen und Schülern als überholt, veraltet oder gar unwissenschaftlich. Dadurch verliert diese auch an Wert, sich mit ihr auseinanderzusetzen. Aus didaktischer Sicht sind aber gerade die aufgrund heutiger Erkenntnisse nicht mehr gültigen Wissenschaftsparadigmen, die sich über lange Zeit gehalten haben sehr viel wertvoller, als die heute für *richtig* befundenen. Die überdauernde *Glaubwürdigkeit* von heute absurd erscheinenden Theorien und Wissenschaftsparadigmen führt uns vor Augen welche Subjektivität und welche Glaubenselemente immer (auch heute) in solchen stecken. Thomas Kuhn schreibt in *Die Struktur wissenschaftlicher Revolution*:

„Je sorgfältiger sie …(die Historiker)… , sagen wir aristotelische Dynamik, Phlogistonchemie, oder Wärmestoff-Thermodynamik studieren, desto sicherer sind sie, dass jene einmal gültigen Anschauungen über die Natur, als Ganzes gesehen, nicht weniger wissenschaftlich oder mehr das Produkt menschlicher Subjektivität waren als die heutigen. Wenn man diese veralteten Anschauungen Mythen nennen will, dann können Mythen durch Methoden derselben Art erzeugt und aus Gründen derselben Art geglaubt werden, wie sie heute zu wissenschaftlicher Erkenntnis führen. Wenn man sie hingegen Wissenschaft nennen will, dann hat die Wissenschaft Glaubenselemente eingeschlossen, die mit den heute vertretenen völlig unvereinbar sind."[60]

---

60 Kuhn, Thomas S. (1976): *Die Struktur wissenschaftlicher Revolution*. Frankfurt a. M.: Suhrkamp, (2. Aufl.), S.16/17.

Woran halten wir uns also beim Erkennen und Beschreiben der Natur? Wie gelingt es im Unterricht moderne naturwissenschaftliche Paradigmen nicht nur *zu
lernen*, das heißt diese, wie einen Fremdkörper zur Kenntnis zu nehmen, sondern
diese als Teil oder als Konzept in unsere Erfahrungswelt einzubauen? Wie gelingt es uns, Physikunterricht nicht als weltfremde Wissenschaft mit alltagsfrem-
den Konzepten dastehen zu lassen? Es gelingt nur, wenn der Weg aufgezeigt,
nein, nachvollzogen und beschritten wird, der zu diesen Konzepten geführt hat,
begonnen bei der Aristotelik über die wissenschaftliche Klassik und mindestens
mit einem Ausblick in die Moderne.

Dass die drei beschriebenen Wissenschaftsepochen stufen-artig dargestellt
werden, hat also nicht damit zu tun, dass sie in irgend einer Form hierarchisiert
werden sollen, sondern ich will damit der Tatsache gerecht werden, dass die
Übergänge zwischen den Epochen und damit die Kulturgenese der Wissenschaft
sich nicht *kontinuierlich* durch das Anhäufen von neuen Erkenntnissen abge-
spielt hat. Die Übergänge zwischen den wissenschaftlichen Epochen haben
revolutionären Charakter, was Kuhn ausführlich beschreibt.[61]

Nochmals sei hier auf die Bedeutung des Übergangs von der Aristotelik zur
klassischen Methodik Galileis für das abendländische Denken hingewiesen. Dewey
nennt dies *the Galilean Purification*. Die galileische Methodik reduziert und abstrahiert das Reale und Komplexe auf das *Wesentliche* aber *Irreale*. Daran werden
die Gesetzmäßigkeiten der *Natur* studiert und daraus Folgerungen und Aussagen
für das Reale induziert. Dieses heute immer noch allgemeingültige wissenschaftliche
und die abendländische Kultur prägende Prinzip muss gerade an der Mittelschule auf
einer Metaebene durchdrungen werden und ins Bewusstsein gelangen. Dies kann nur
gelingen, wenn es *von außen* betrachtet und in einen größeren Rahmen gestellt wird.

2.3.1   Die Aristotelik

Soll der naturwissenschaftliche Unterricht wirklich bei der Anschauung ansetzen,
welcher viele Alltagskonzepte unserer Schülerinnen und Schülern entspringen,
so müssen wir im Unterricht noch *vor* der klassischen Physik ansetzen: Die Lehre
des Aristoteles gründet seine Naturphilosophie auf der direkten Anschauung der
Welt. Die unbewaffnete Betrachtung der Dinge, so wie sie sich uns präsentieren,
ist der Ausgangspunkt seines Weltbildes. Deutlich zum Ausdruck kommt dies
u. a. in seinen Schriften zur Metaphysik:

---

61   Kuhn, Thomas S. (1976): *Die Struktur wissenschaftlicher Revolution*. Frankfurt a. M.: Suhr-
      kamp, (2. Aufl.).

„Alle Menschen streben von Natur aus nach Wissen. Ein deutliches Zeichen dafür ist die Liebe zu den Sinneswahrnehmungen. Denn abgesehen vom Nutzen werden diese um ihrer selbst willen geliebt und von allen besonders die Sinneswahrnehmung, die durch die Augen zustande kommt. Denn nicht nur, um zu handeln, sondern auch, wenn wir keine Handlung vorhaben, geben wir dem Sehen sozusagen vor allen anderen den Vorzug." [62]

Das Visuelle und die dabei entstehenden Bilder sind die Grundlage unseres Denkens. Ernst Peter Fischer schreibt in seinem Buch *Die andere Bildung*[63]:

„Unser Denken endet in Bildern, und es beginnt ein malendes Schauen, wie die Psychologie weiß", „Bilder sind die primäre Form des Wissens" und „Bilder sind eine Wissensform vor den Begriffen, und sie entstehen durch die menschliche Fähigkeit der Wahrnehmung […]."

Nicht umsonst spricht man von *Bildung* und vom *Einbilden*. Das sich Erschließen von Wissen beginnt daher mit dem Anschauen und Betrachten, oder allgemeiner dem Wahrnehmen. Die aristotelische Lehre, die konsequent von der dem Menschen zugänglichen Welt der Wahrnehmung ausgeht, ist daher für viele Unterrichtsinhalte unseren Schülerinnen und Schülern viel näher, als die unanschaulichen Paradigmen der klassischen Physik. Die aristotelische Lehre ist anthropozentrisch anschaulich. Sehr viele Alltagsvorstellungen physikalischer Prozesse oder physikalischer Dinge sogenannte *Präkonzepte*, wie sie unsere Schülerinnen und Schüler in den Unterricht bringen, gründen auf dieser anthropo-, egozentrischen Sicht. Die Sichtweisen sind authentisch und wurzeln tief. Wissenschaftliche Paradigmen und Erklärungen zu Naturphänomenen erscheinen dagegen fremd und können sich auch nach längerer „Überzeugungsarbeit" nicht gegen dieses tiefe Erfahrungswissen durchsetzen, was die Wissenschaft und den Schulunterricht komplett weltfremd macht. Keine Anekdote bringt das besser zum Ausdruck, als die Geschichte, die Martin Wagenschein in den *Naturphänomenen* erzählt: [64]

„Ein Gymnasialdirektor – Physiker – erzählte mir einmal folgende Begebenheit aus seinen Sommerferien: Er stand eines Abends auf der Schwäbisch Alb zusammen mit einem befreundeten Bauern, und sie sahen der Sonne zu, wie sie unterging, den Waldgipfeln immer näher sank. Sichtlich. Sie schwiegen und waren einig. Bis schließlich doch, als die Sonne entlaufen war, der Lehrer nicht mehr an sich halten konnte und bemerkte: <Dabei ist se aber, merkwürdigerweise!, in Wirklichkeit gar nicht wahr, dass se untergeht: Mir sind's, mir drehet ons mit der ronde Erde nach hinten!> (Er stellte sich so schräg nach Osten, als müsste er nach hinten umfallen.) <Ond da hebt sich halt der Waldrand allmählich vor die Sonne.> Pause. […] Dann: Der Bauer klopft die Pfeife aus, blickt den anderen kurz prüfend an und sagt: <On des gloabet Sie!?> Und es war nicht im Ton einer Frage gesagt: es war eine milde Feststellung: Und der glaubt das wirklich! […]"

---

62   Aristoteles (2007): *Metaphysik*. I. Buch (A), [21] 980a,Ditzingen: Reclam.
63   Fischer, Ernst Peter (2009): *Die andere Bildung*. Berlin: Ullstein, S. 37/38.
64   Wagenschein, Martin (2010): *Naturphänomene sehen und verstehen*. Bern: h.e.p.-Verlag, S. 42.

Der Grund dafür, warum Paradigmen, die wir in der Schule lehren wollen und sollen nicht in Konkurrenz treten können zu Erfahrungswissen und Präkonzepten ist, dass diese sich im Alltag als taugliche und erfolgreiche Erklärungsmuster behaupten. Es gibt keinen Anlass dazu, diese aufzugeben und anderen *Platz zu machen*. Genau das darf daher auch nicht das Ziel von Unterricht sein. Es soll nicht darum gehen *Fehlvorstellungen* zu korrigieren! Experimentelle *Beweise* für das Versagen von Alltagsvorstellungen oder für das Durchsetzen von wissenschaftlichen Paradigmen sind dabei genau so wenig erfolgreich, weil die Experimente in einem weltfremden Rahmen stattfinden: Tatsächlich fallen die Feder und das Bleistück in diesem eigenartigen *Vakuum-Rohr* gleich schnell. Das hat aber für die Schülerinnen und Schüler keine Alltagsrelevanz. Jene lebensfremde *Vakuum-Welt* hat nichts mit der *wahren Welt* zu tun.

Bei der Bewegungslehre stimmen die Alltagsvorstellungen der Schülerinnen und Schüler gar ganz konkret mit der aristotelischen Lehre überein[65]. So haben Schülerinnen und Schüler etwa folgende Vorstellungen bezüglich Bewegungen:

- ein Körper bewegt sich nur bei ständiger Krafteinwirkung
- je grösser die Kraft, desto grösser die Geschwindigkeit
- Kraft bedeutet Bewegungs- oder Wirkungsvermögen
- Ruhe und Bewegung sind wesentlich verschiedene Zustände

Diese Vorstellungen und Präkonzepte sind bei Schülerinnen und Schülern häufig intuitiv, nicht ausformuliert oder artikuliert und daher auch nicht konkret greifbar. Es ist daher nötig diese Präkonzepte vorerst ins Bewusstsein zu bringen. Dazu muss die Welt vorerst mit den eigenen Augen wahrgenommen und dann mit eigenen Worten beschrieben werden. Dann sollen diese Beschreibungen mit einer anschauungsnahen Theorie verglichen werden. Erst dann können Widersprüche, unökonomische Beschreibungen oder subjektive und objektive Wahrnehmungen erkannt und getrennt werden. Erst dann kann erkannt werden, was die Idee der Galilei'schen Wissenschaft beinhaltet und erst dann kann der Schritt in die physikalische Klassik geschehen.

Die Aristotelik ist aber noch tiefer mit der Didaktik Wagenscheins und der Bildungstheorie von Klafki verbunden. Bildung beschreibt Klafki als

„Erschlossensein einer dinglichen und geistigen Wirklichkeit für einen Menschen – das ist der objektive oder materiale Aspekt; aber das heißt zugleich: Erschlossensein dieses Menschen für diese seine Wirklichkeit – das ist der subjektive und der formale Aspekt zugleich im ,funktionalen' wie im ,methodischen' Sinne"[66],

kurz: das wechselseitige Erschließen von Mensch und Welt in ihrem Wesen.

---

65   Weber, Sigrid M. (2009): *Angewandte Fachdidaktik I, Skript zur Vorlesung*. Universität Bayreuth, S.8.
66   Klafki, Wolfgang (1975): *Studien zur Bildungstheorie und Didaktik*. Weinheim/ Basel, S. 45.

Das Erkennen dieses inneren Wesens der Dinge hat in der Lehre von Aristoteles eine zentrale Bedeutung. Das im Begriff der Entelechie (*en* (in) – *tel* von telos (Ziel) – *echia* von echein (haben, halten)) zusammengefasste Prinzip, wonach das Ziel und der Zweck von Dingen (eben das *Wesen* der Dinge) in diesen enthalten sind und diese von *innen heraus* bestimmen und bewegen, kommt auch in der Bewegungslehre von Aristoteles zum Ausdruck:

> „Das Naturseiende ist dasjenige, was jeweils ein Prinzip seiner Bewegung und Ruhe in ihm selber hat"[67].

Welsch kommentiert:

> „Er [Aristoteles] ist also der Auffassung, dass Veränderung und Bewegung den naturhaften Dingen nicht einfach von außen zustoßen, sondern dass diese in sich selbst ein Prinzip ihrer Bewegung besitzen, dass ihr Bewegtsein also – zumindest auch – durch ihre Wesensart bestimmt ist und aus dieser heraus erfolgt."[68]

Bei Aristoteles verhalten sich natürliche Dinge im Unterschied zu künstlichen Dingen ihrem inneren Wesen nach. Ein Stein fällt zu Boden, weil er *seinem Wesen nach* dorthin gehört. Wagenschein beschreibt ein Schülergespräch, aus dem heraus genau diese Vorstellung auch spricht:

> „Ehe von Gravitation die Rede war, während der Überlegungen, die das Fallgesetz angeregt, erhoben sich folgende Fragen: <Warum fällt der Stein eigentlich? Will er oder muss er fallen?>".[69]

Die kategoriale Erschließung der Welt bedeutet daher auch *das sich Erschließen der Wesen der Dinge*. Die Kategorien sind durch das Wesen der Dinge gegeben und dem Menschen bleibt die Aufgabe diese für sich zu erschließen. Dies geschieht aber nicht zufällig und willkürlich. Die menschlichen Sinne und ihre Erkenntnisfähigkeit sind evolutionär auf das Wesen der Dinge in der Welt ausgelegt. Das konstruieren der Welt ist daher kein individueller und willkürlicher Prozess, der zum Solipsismus führt. Die Bildung der Kategorien zur Wahrnehmung und Beschreibung der Welt sind demnach im menschlichen Wesen angelegt. Der Mensch muss sich in seinem Wesen dem Wesen der Dinge öffnen („*gegenseitiges* Erschließen von Mensch und Welt in *seinem/ihrem Wesen*"), um zu erkennen.

---

67   Aristoteles: Physis II 1, 192b 13 f., zit. in Welsch, Wolfgang (2012): *Der Philosoph – Die Gedankenwelt des Aristoteles*. München: Wilhelm Fink Verlag, S.141.
68   Welsch, Wolfgang (2012): *Der Philosoph – Die Gedankenwelt des Aristoteles*. München: Wilhelm Fink Verlag, S.141.
69   Wagenschein, Martin (1988): *Naturphänomene sehen und verstehen*. Stuttgart: Klett-Verlag, S. 197.

Wenn sich der menschliche Geist und die kategoriale Welt treffen und finden, so führt das zu einem Feuerwerk der Resonanz, zu einer Sternstunde der Erkenntnisfindung. An manchen Stellen in der Wissenschaftsgeschichte der Menschen ist dies zu sehen. Am deutlichsten zu erkennen ist dies bei Aristoteles selbst. Der Erfolg seiner Elementen- und Bewegungslehre liegt in der unglaublich starken „Wesensverwandtschaft" zwischen seiner Naturbeschreibung und dem *common sense*. Aber auch Howards Wolkenklassifikation („the modification of clouds"), die Entdeckung des Luftdrucks, das Konzept der Gravitation usw. sind solche Übereinstimmungen.

Irgendwann in der modernen Naturwissenschaft verliert sich offenbar diese Wesensverwandtschaft, weil das menschliche Wesen keine Erfahrung mehr mit der in der modernen verallgemeinerten Naturwissenschaft beschriebenen „Natur" mehr hat. Die atomare und subatomare, wie auch die extraterrestrische und universelle Welt blieb und bleibt den menschlichen Sinnen in der direkten Erfahrung verborgen, warum dazu auch kein Wesensbezug geschaffen werden kann. Sie kann einzig kognitiv gefasst werden. Möglicherweise bildet hier die mathematische Struktur unseres Denkens (unseres Wesens?) eine Brücke?

2.3.2   Die Klassik

Die klassische Physik geht in ihrer Abstraktion unterschiedlich weit. In manchen Themengebieten bleibt sie nahe an der Anschauung oder bedient sich zumindest Modellen, die Analogien zu anschaulichen Phänomenen sind. Am Ende dieses Kapitels sind die wichtigsten physikalischen Themen im Curriculum des gymnasialen Physikkurses, deren Modelle und die dazugehörigen Analogien aufgezeigt. Mit Galilei setzt die Verallgemeinerung der Naturbeschreibung auf Kosten der direkten Anschaulichkeit der naturwissenschaftlichen Konzepte ein. Dabei rückt der *Mensch als Maßstab* immer mehr aus dem Blick. Am Schönsten lässt sich dies an der Entwicklung der Temperaturskalen erkennen. Um eine Temperaturskala zu eichen, braucht es zwei thermische Referenzzustände, die einerseits als Eichpunkte verwendet, bzw. deren Differenz in Intervalleinheiten geteilt werden können. Noch bei Fahrenheit (Daniel Gabriel Fahrenheit, 1686–1736), einem deutschen Physiker, sind diese Fixpunkte seine Körpertemperatur (bzw. die Körpertemperatur eines gesunden Menschen) und „die tiefste Luft-Temperatur des strengen Winters 1708/1709 in seiner Heimatstadt Danzig"[70]. Die Ausdehnung einer Quecksilbersäule bei diesen beiden thermischen Zuständen hat er markiert, den beiden

---

70 [9].

Pegelständen die Werte 0 bzw. 100 zugeordnet und die Differenz der Pegelstände in 100 äquidistante Intervalle unterteilt. So ist, stark vereinfacht[71] geschildert, die Fahrenheit-Skala entstanden. Beide Temperaturfixpunkte sind sehr mensch-zentriert. Sowohl die Körpertemperatur von Fahrenheit, wie auch die menschliche Empfindung eines *kalten Januartages* zeigen die anthropozentrische Vermessung der Natur auf. Das Bestreben, immer tiefer in die Gesetzmäßigkeiten der Natur vorzudringen und dabei einen möglichst objektiven Standpunkt einzunehmen, bewegte wohl auch Celsius, bei seiner Wahl der beiden Referenztemperaturen auf die Subjektivität des Menschen zu verzichten. Er wählte als Referenzpunkte die beiden Aggregatszustandsänderungen von Wasser, Schmelzen und Sieden, bei Normaldruck. Prinzipiell ändert sich an der Eichung der Temperaturskala nichts. Sie ist durch die andere Wahl der Fixpunkte nicht genauer, besser oder objektiver geworden. Sie zeigt einzig die veränderte wissenschaftliche Haltung von Celsius gegenüber Fahrenheit. Die Wahl von Celsius ist aber immer noch genauso willkürlich, wenn auch nicht mehr (so sehr) anthropozentrisch. Warum nimmt er Wasser und nicht sonst einen Stoff als Referenzmaterial? Sie ist insofern also immer noch anthropozentrisch, als dass Wasser für den Menschen einerseits lebenszentral und andererseits fast ubiquitär ist.

Den entscheidenden Schritt in die Moderne macht in Bezug auf die Temperaturskalen erst William Thompson alias Lord Kelvin, der aufgrund der Modellvorstellung der Temperatur als Teilchenbewegung vorschlägt, als einen Fixpunkt der Temperaturskala den absoluten Temperatur Nullpunkt zu nehmen, den absoluten Stillstand aller Teilchen eines Stoffs. Einen zweiten absoluten Fixpunkt, der eine Skalierung der Einheitsintervalle ermöglicht hätte, findet er aufgrund des Modells keinen, gibt es doch keine *höchste Temperatur* oder sonst ein ausgezeichnetes Maß an Teilchenbewegung. Er übernimmt daher die Einheitsschritte der Celsiusskala, womit eine bestimmte *Willkür* in der Kelvinskala bleibt. Die Thermometrie hat sich damit aber vollständig von menschlichen Normen verabschiedet. Weder liegt das Modell der Teilchenbewegung, die angeblich für die Temperatur eines Stoffs und auch für unsere Wärmeempfindung verantwortlich sein soll, noch liegt die Temperatur von Null Kelvin (was -273°C entspricht) im Bereich der direkten Beobachtbarkeit des Menschen.

Die Schritte zu der klassischen Abstraktion, der Loslösung von menschlichen Normen und der Verallgemeinerung gelingen im Unterricht, wenn der historische Werdegang dazu den Schülerinnen und Schülern transparent gemacht wird.

---

71 Gewisse Quellen ordnen die Geschichte um die Definition des unteren Fixpunktes der Fahrenheitskala den Legenden zu und erachten es als wahrscheinlicher, dass die -17.8°C schlicht die damals niedrigste Temperatur einer künstlich erzeugbaren Kältemischung aus Salz und Wasser darstellte.

Authentisch und didaktisch sehr geschickt gelingt dies exemplarisch Galilei in den *Discorsi* (Art und Weise des Fallens schwerer Körper[72]). Er tritt dort in den direkten Diskurs mit den Aristotelikern, stellt seine Ansichten dialogisch den aristotelischen gegenüber und lässt die Leserinnen und Leser die Beweggründe hin zu einer allgemeineren und abstrakteren Betrachtung der Dinge nachvollziehen und nachentdecken.

2.3.3   Die Moderne

Die großen Paradigmenwechsel in der Physik zu Beginn des 20. Jahrhunderts leiten die Moderne der Naturwissenschaften ein. Die wesentlichen Veränderungen gegenüber der Klassik liegen dabei darin, dass die klassischen Pfeiler des physikalischen Verständnisses der Natur nicht mehr zu tragen scheinen: Die Unabhängigkeit von Raum, Zeit und Masse, die Kausalität von Ursache und Wirkung (der Determinismus) und die Existenz einer (in klassischem Sinne) *eindeutigen* objektiven Realität, die durch physikalische Größen mit scharfen Werten beschrieben werden kann. Die Wissenschaft hat diesen Schritt in unglaublichem Tempo geschafft und der Technik neue Dimensionen erschlossen. Die moderne Methodik ist dabei eine konsequente Weiterführung jener Galileis. Während sich die Klassik der Unverlässlichkeit menschlicher Empfindungen und Anschauungen entledigt, kümmert sich die Moderne auch nicht mehr um die menschliche Vorstellungskraft. Die Philosophie tut sich hinsichtlich der Interpretation der modernen Physik schwer und das allgemeine Verständnis für die moderne Beschreibung der Natur fehlt vollkommen. Offenbar finden die Grundgesetze der Natur in unserer direkt erfahrbaren Welt keine Analogien. Sie lassen sich schlecht *einbilden* und sind daher kaum zu verstehen. Aber unsere Welt scheint so *zu sein* und trotz aller Schwierigkeiten ist es eine Pflicht, unseren Schülerinnen und Schülern mindestens anzudeuten, dass es etwas jenseits der klassischen Physik gibt. Es reicht vollkommen, dies informierend zu tun. Ein genetischer Zugang ist meist sowieso kaum möglich. Einer, der dies auf Hochschulebene annähernd geschafft hat, ist *Richard Feynman*. In seinen *Lectures*[73] gelingt ihm die didaktische Gratwanderung zwischen Klarheit, Anschaulichkeit und Komplexität mit dem

---

72 Galilei, Galileo (2004): *Discorsi, Unterredungen und mathematische Diskussionen.* Dt. Übersetzung in der Reihe Ostwalds Klassiker der exakten Wissenschaften, Frankfurt a. M.: Verlag Harri Deutsch, S. 56–58.

73 Feynman, Richard, R. Leighton, M. Sands (2001): *Feynman Vorlesungen über Physik, Band II: Elektromagnetismus und Struktur der Materie.* München und Wien: Oldenbourg Verlag, S. 348.

Blick für die Tiefe, ohne die Breite zu verlieren. Es gelingt ihm, die Moderne unter Berücksichtigung des genetischen Prinzips zu lehren.

Der Blick in die Weiten des Universums und die Tiefen der Materie dient auf der Mittelstufe der Einordnung der im Unterricht gelehrten Paradigmen. Er stellt die klassischen Vorstellungen der Natur in einen genetischen Prozess – von der Aristotelik kommend und in die Moderne „entschwindend" – und schafft einen Bezug von der individuellen Erfahrungswelt (der Anthropozentrik) zur abstrakten Beschreibung der Natur durch die modernen Theorien. Moderne Theorien werden der Allgemeinheit in Science Fiction Filmen oder in populärwissenschaftlichen Büchern, wie z. B. dem Buch *Das Universum in der Nussschale* von Stephen Hawkings[74] näher gebracht. Dabei bleiben diese Ideen aber derart fremd und fern jeglicher persönlicher Realität, dass diese für das Verständnis und für das allgemeine Interesse an den Naturwissenschaften eher kontraproduktiv sind. Das Ziel, moderne Theorien im Unterricht zu thematisieren, soll diese Entbindung vom eigenen genetisch erschlossenen Wissen vermeiden und soll mindestens eine Spur zum erkenntnisorientierten Erschließen dieses Wissens legen.

2.4   Verallgemeinerung

2.4.1   Naturwissenschaftsdidaktische Verallgemeinerung

Die Formel Aristotelik – Klassik – Moderne lässt sich als allgemeines genetisches Prinzip im Erschließen der Naturwissenschaften verallgemeinern, denn der Zugang zu Erkenntnis führt immer über den Weg vom individuellen persönlichen Wahrnehmen und Beschreiben, über die Abstraktion zu allgemeinen Modellen und allgemeingültigen Prinzipien. In vielen konkreten Beispielen lässt sich die kulturgenetische Entwicklung eines zu unterrichtenden Inhaltes direkt als Vorlage für die Komposition einer Unterrichtseinheit verwenden. Als erster Zugang eignet sich dafür das Übersichtswerk von Simonyi[75]. In vielen Fällen lohnt es sich dann, sich mit der Originalliteratur zu befassen. Dies ist dann oft etwas beschwerlich und die Literatur ist nicht immer so leicht zugänglich wie bei Galilei.

Als Zentralwerke der jeweiligen *Naturphilosophien* und der zugleich philosophischen Grundlagen der jeweiligen Wissenschaftsepochen orientiere ich mich hier an vier Werken.

---

74   Hawkings, Steven (2001): *Das Universum in der Nussschale*. Hamburg: Hoffmann und Campe.
75   Simonyi, Karoly (2002): *Kulturgeschichte der Physik*. Verlag Harri Deutsch.

- Aristotelik: Aristoteles, *Physik*[76]
  (Anschauung als Dogma)
- Klassik: Galilei, Dialogo[77]; Newton, Philosophiae Naturalis Principia Mathematica[78]
  (Kausalität und Lokalität, Determinismus)
- Moderne: Von Weizäcker, *Zum Weltbild der Physik*[79]
  (Wahrscheinlichkeitsdeutung der Welt, Viele-Welten-Theorie, der Begriff der Raumzeit und deren Endlichkeit)

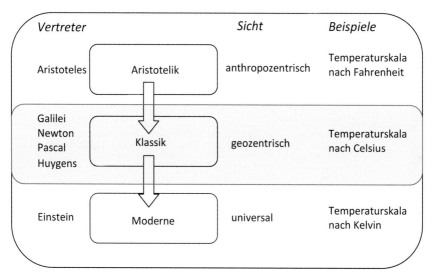

Vertreter		Sicht	Beispiele
Aristoteles	Aristotelik	anthropozentrisch	Temperaturskala nach Fahrenheit
Galilei Newton Pascal Huygens	Klassik	geozentrisch	Temperaturskala nach Celsius
Einstein	Moderne	universal	Temperaturskala nach Kelvin

Abbildung 13:   Schematische Übersicht über den kulturgenetisch-didaktischen Dreischritt.

---

76   Z. B. Aristoteles (1988): *Physik. Vorlesung über Natur.* Griechisch–deutsch. übersetzt und herausgegeben von Hans Günter Zekl.

77   Galilei, Galilei (1982): *Dialog über die beiden hauptsächlichsten Weltsysteme: das Ptolemäische und das Kopernikanische.* Stuttgart: Teubner.

78   In der deutschen Übersetzung: Newton, Isaac (1872): *Mathematische Pricipien der Naturehre.* Ins Deutsche Übersetzt von: Wolfers, J. PH., Berlin: Verlag Robert Oppenheim.

79   von Weizäcker, Carl Friedrich (1990): *Zum Weltbild der Physik.* Stuttgart: S. Hirzel-Verlag, 13. Auflage.

	Thema	*Modell*	*Analogie*	*Abstraktionsstufe*	
Mechanik	Kinematik	• Geschwindigkeit als zeitliche Veränderung einer Position (Ort) von Massenpunkten • Beschleunigung als Bewegungszustandsveränderung von Massenpunkten • Relativbewegungen	Bewegte Objekte (Kugeln als Massenpunkte)	Geschwindigkeit und Beschleunigung sind anschauungsnah und direkt mit der Alltagserfahrung zu verknüpfen. Die geradlinig gleichförmige Bewegung ist realitätsfremd aber einfach denkbar.	Erstes Semester
	Freier Fall und Würfe	• Freier Fall als gleichförmig beschleunigte Bewegung • Horizontaler (Schiefer-) Wurf, unabhängige Überlagerung von Bewegungen (Unabhängigkeitsprinzip)	Fallende Kugel Wasserstrahl beim Dorfbrunnen	Zum freien Fall ist eine hohe Abstraktionsstufe zu überwinden, da im Alltag der *freie Fall* nicht als gleichförmig beschleunigte Bewegung vorkommt! Das Unabhängigkeitsprinzip ist sehr abstrakt und nicht intuitiv.	
	Dynamik	• Newton'sche Axiome • Kraft als Ursache von Beschleunigungen • Trägheitssatz	Anziehende Erde, Federn, reibende Oberflächen üben beschleunigende Kräfte auf Körper aus	Kräfte sind erfahrungsnah und anschaulich. Der Trägheitssatz ist hingegen sehr abstrakt und fern unserer Erfahrung.	
	Gravitation	• Kraft zwischen Massen • Fernwirkungskraft	Anziehung zwischen Himmelskörpern. Magnetismus als Analogie für die Fernwirkung	Gravitation ist sehr abstrakt, da weder die Kraft zwischen Massen noch die Fernwirkung aus anthropozentrischer Sicht gefasst werden kann (Erdanziehung wird nicht als Wechselwirkung zwischen zwei Massen aufgefasst). Die Fernwirkungskraft ist nicht vorstellbar!	
	Energie; Arbeit, Leistung	• Energie als erhaltene Größe • Energie als Potential, Arbeit zu verrichten • Energie als Zustand („gespeicherte Arbeit"), Arbeit als Prozess • Leistung als zeitliche Änderung der Arbeit	Pendel als Energiewandler (potentielle – kinetische Energie) Heben von Gewichten	Die Definitionen von Arbeit und Leistung sind anschaulich, werden aber als eng empfunden, weil im Alltag die Begriffe umfassender und weniger scharf verwendet werden. Obwohl der Energiebegriff im Alltag omnipräsent ist, ist er sehr abstrakt. Energie ist eine konzeptuelle Größe, die eine potentielle Aussage über den Zustand eines Systems macht.	
	Impuls, Impulserhaltung	• Austausch von Energie und Impuls zwischen Körpern • Impulserhaltung	Stoßen von Kugeln (Billardkugeln) Impuls analog zum umgangssprachlichen Begriff *Wucht*	Der Impuls als Begriff ist fassbar. Die Impulserhaltung hingegen ist abstrakt und im Zusammenhang mit der Energieerhaltung sehr komplex und wenig anschaulich. Hingegen ist die Erhaltung der Bewegungsrichtung intuitiv.	

Wärmelehre	Thermo-metrie	• Temperatur als Teilchenbewegung (Brown'sche Bewegung) • Temperatur als statistische Größe • Kelvin-Temperaturskala	Bewegung von *Kügelchen* Warm = heftige Bewegung; kalt = geringe Bewegung	Die statistische Thermodynamik ist wenig anschaulich, aber gut vorstellbar.
	Thermische Längen- und Volumen-änderung	• Temperatur-abhängige Ausdehnung von Stoffen und Materialien • Asymmetrischer Potentialtopf	*Direkte Anschauung* Kugel in Half-Pipe	Die kinetische Erklärung der thermischen Ausdehnung ist sehr abstrakt aber vorstellbar.
	Kalorimetrie	• Wärme, innere Energie • Spezifische Wärmekapazität, innere Freiheits-grade • Schmelz-Verdampfungs-wärme, Aggregatszustände	Schwingende Moleküle (Kugeln) Kugelansammlungen mit unterschiedlicher Dichte	Der Begriff Wärme als Energieform ist sehr abstrakt, denn Wärme alleine ist keine erhaltene Größe. Erst in Kombination mit dem ersten Hauptsatz wird der Begriff besser zugänglich. Er bleibt aber sehr abstrakt und wenig anschaulich. Die Spezifische Wärmekapazität ist abstrakt, aber gut vorstellbar. Spezifische Schmelz- und Verdampfungswärme sind zwar nicht intuitiv aber mit Experimenten gut zu veranschaulichen.
	Kinetische Gastheorie	• Ideales Gas • Zustandsgrößen und Ideale Gasgleichung • Zustands-änderungen • Thermodynami-sche Kreisprozesse	Moleküle als Kugeln mit unterschiedlicher Masse und Geschwindigkeit	Die Theorie des idealen Gases ist abstrakt, aber gut vorstellbar. Bei den Zustandsänderungen (Kreisprozessen) wird es noch eine Stufe abstrakter und sehr theoretisch.
	Wärmekraft-maschinen	• Mechanische Arbeit aus thermo-dynamischen Kreisprozessen • Heißluftmotoren, Dampfmaschinen, Verbrennungs-motoren	Hier bewegt man sich auf der Anschauungsebene mit Modellen von Motoren, um die Funktionsweise zu zeigen	Anschaulich, die Funktionsweise ist allerdings schwer zu verstehen.

(Seitenangabe rechts: Zweites Semester)

Tabelle 6:   Analyse des Physik-Curriculums des ersten gymnasialen Schuljahres im Kanton Bern, Schweiz.

Es ist natürlich eine dilettantische und unzulängliche Vereinfachung der Wissenschaftsgeschichte, diese erstens auf drei Zeitalter und zweitens dabei auf drei Zentralphilosophien zu reduzieren. Hier sei wenigstens ein weiterer Paradigmenwechsel von kulturgeschichtlicher Bedeutung erwähnt: Der Übergang von der *Mystik zur Logik* (Mythos zu Logos) von den Vorsokratikern zur antiken Klassik. Diesem Übergang habe ich trotz großer Wichtigkeit hier keinen weiteren Raum gegeben. Wiederum rechtfertige ich diese Vereinfachung mit didaktischen Überlegungen. Es besteht hier nicht der Anspruch auf wissenschaftshistorische Vollständigkeit der Darstellung der Kulturgenese, sondern auf die prinzipielle Struktur der Wissenschaftsentwicklung und deren Nutzen für die Didaktik des Naturwissenschaftsunterrichts. Dazu repräsentieren die drei Werke hinreichend gut die Sichtweise der jeweiligen Wissenschaftsepoche, sind genug allgemein und haben eine entsprechend breite Anerkennung. Obwohl als Ikone der physikalischen Moderne zweifelsohne die Person Albert Einstein steht, kann sie doch nicht für das moderne Weltbild hinhalten. Zwar repräsentiert Einstein mit der Allgemeinen Relativitätstheorie die Charakteristik der modernen Wissenschaft, die ich eingangs mit *universeller Verallgemeinerung, ohne Rücksicht auf allgemeine Anschaulichkeit* beschrieben habe sehr gut. Allerdings macht Einstein den letzten Schritt in die Moderne hin zur Aufgabe des strengen Determinismus, der Kausalität und Lokalität der Welt, sowie der Wahrscheinlichkeitsinterpretation der Quantentheorie nicht mit und lehnt die *Kopenhagener Deutung* oder auch die *Viele-Welten-Interpretation* der Quantentheorie bis zu seinem Lebensende ab.[80]

Der normale Physikunterricht in der Mittelschule behandelt Themen, die hauptsächlich dem Bereich der Klassik entstammen. Dabei führen diese Themen mehr oder weniger tief in die Abstraktion und lassen sich mehr oder weniger gut an anschaubare Erfahrung binden. Die Tabelle 6 zeigt den Versuch einer Analyse des Physik-Curriculums des ersten gymnasialen Schuljahres. Dabei zeige ich auf, welche Modelle auf welchen Abstraktionsstufen gebildet werden. An vielen Stellen im Curriculum ist der Unterricht sehr alltagsfern und die Begriffsbildung ist leider gerade beim Einstieg in den gymnasialen Physikunterricht sehr abstrakt. Gerade hier ist es dringend nötig, dass eine Brücke zu den Präkonzepten der Schülerinnen und Schülern gebaut wird.

Die Mechanik beginnt mit der Bildung der Begriffe *Geschwindigkeit* und *Beschleunigung*. Diese Begriffe haben eine starke Verankerung im Alltag, was es nicht einfacher macht, diese Begriffe mit scharfen physikalischen Definitionen zu besetzen. Die Schülerinnen und Schüler haben ein *Gefühl* für diese Größen. Noch

---

80 Vgl. dazu Kumar, Manjit (2009): *Quanten – Einstein, Bohr und die grosse Debatte über das Wesen der Wirklichkeit.* Berlin: Berlin Verlag.

stärker gilt dies für die Begriffe *Kraft* und *Energie*. Die Begriffsbildung dieser Größen lässt sich in der Geschichte der Physik sehr gut nachverfolgen. In der Aristotelik werden diese Begriffe noch sehr allgemein verwendet. Aber auch bei Galilei liegen diese Begriffe nicht in jener Klarheit vor, wie Newton sie dann definiert. In der Wärmelehre wird es mit der Begriffsbildung nicht einfacher. Für die Begriffe *Temperatur* und *Wärme* gilt Gleiches wie für *Kraft* und *Energie*. Die Wärmelehre ist aber deutlich abstrakter, als die Mechanik, zumal hier alle Begriffe und Zusammenhänge aus der kaum zugänglichen, unanschaulichen Wärmebewegung der Moleküle abgeleitet werden. Das Einführen der *Idealen Gase* ist ein sehr schönes Beispiel für den Vorgang der *Galilean Purification*, wie ich ihn in Kapitel 1.2.1 eingeführt habe. Das reale Gas wird dabei auf ein Modellgas reduziert, das sich aus vier Zustandsgrößen beschreiben lässt und mit dem die Phänomenologie von Gasen für die meisten Anwendungsbereiche hinreichend genau modelliert werden kann. Daran lässt sich die Methodik der klassischen Naturwissenschaften bestens zeigen. Erst am Ende gelangt man mit den *Wärmekraftmaschinen* zurück in die Anwendung und zur Anschaulichkeit. Die Funktionsweise dieser Motoren lässt sich an greifbaren Modellen zeigen. Wie allerdings aus der schwer kontrollierbaren, unsichtbaren, unbegreiflichen Wärmebewegung die sichtbare, fühl- und nutzbare mechanische Bewegung werden kann, bleibt trotz aller Überredungskunst rätselhaft oder gar mystisch.

Gerade an diesen ersten großen Themenblöcken des gymnasialen Physikunterrichts lässt sich sehr eindrücklich zeigen, wie wichtig es ist, durch das Durchschreiten der Abstraktionsstufen, die Kulturgeschichte der gebildeten Begriffe und Kategorien für die Individualgenese dieser Begriffe heranzuziehen.

2.4.2 *Fachdidaktische Verallgemeinerung*[81]

Es stellt sich nun auch die Frage nach der Generalisierung und Übertragung der Formel Aristotelik – Galileik – Moderne auf andere Fachbereiche.

Als erstes sei hier an einem Beispiel aus der Literatur angedeutet, wie der didaktische Dreischritt verstanden werden könnte. Berthold Brecht gibt in einem seiner Hauptwerke, dem Theaterstück *Leben des Galilei*, ein Musterbeispiel des *epischen Theaters*. Das Epische Theater stellt einen Paradigmenwechsel zum klassischen *aristotelischen Theater* dar. Im aristotelischen Theater steht der Zuschauer im Mittelpunkt des Geschehens. Das Ziel des aristotelischen Theaters ist, dass der Zuschauer sich mit dem Helden des Dramas identifizieren kann, er mit dem

---

81   Diese Kapitel ist geprägt durch die intensiven Gespräche mit Dr. Stephan Schmidlin, BME, Bern.

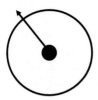

Aristotelisches Theater entspricht dem ptolemäischen Weltbild: Der Standpunkt des Zuschauers ist mitten im Geschehen, der Betrachter identifiziert sich mit der Bühnen-Realität und diese wird zu einer Realität. Jakob Bührers „Galileo Galilei" von 1933 verfährt in dieser Weise.

Episches Theater entspricht dem kopernikanischen Weltbild: Der Standpunkt des Zuschauers ist immer noch fest, aber ausserhalb der Bühnen-Realität. Die kritische Distanz resultiert aus dem Bewusstsein, dass der Betrachter einen festen Standpunkt in einer nicht-fiktionalen Realität draussen hat. Berthold Brechts „Leben des Galilei" versucht, so zu verfahren.

Nach-Episches Theater entspricht dem Weltbild der Relativitätstheorie: Der Standpunkt des Zuschauers ist räumlich und zeitlich so relativ, wie die Bühnen-Realität. Praktisch muss man wohl den Zuschauer-Standpunkt jeweils fixieren, die zeit-räumliche Relativität muss sich ganz in der fiktionalen Realität der Bühne abspielen. Möglicherweise hat Brecht diesen Schritt mit seinem „Einstein-Stück" angepeilt. Michael Frayn macht ihn in seinem Stück „Copenhagen" von 1998, indem er die toten Protagonisten Niels Bohr und Margarethe Bohr sowie Werner Heisenberg zur Zeit der Stück-Inszenierung wieder aufleben und ihre Begegnung im September 1941 in Kopenhagen wiederholt aus verschiedenen Standpunkten spielen lässt.

Abbildung 14:   Aristotelisches, episches und nach-episches Theater

2.4 Verallgemeinerung

79

Helden leidet, sich freut und letztlich am Schicksal des Helden ein Fazit ziehen kann. Das aristotelische Theater ist gleich wie auch die aristotelische Physik, Abbild des damals vorherrschenden anthropozentrischen Weltbilds. Brecht vollzieht jetzt mit seinen Werken den im wissenschaftlichen Weltbild längst geschehenen Wechsel von der anthropozentrischen, geozentrischen zur heliozentrischen Sicht auch im Theater. Er nimmt den Zuschauer von der Bühne und setzt ihn als Betrachter vor die Bühne. Es entsteht die Bühne erst durch die Zuschauer. Es sind die Zuschauer, welche das Theater durch ihre Aufmerksamkeit und den Platz, den sie schaffen, überhaupt erst zulassen. Dem Zuschauer soll zu jederzeit klar sein, dass da Theater gespielt wird und dass das nicht die „echte", „seine" Welt ist.

Nun vollzieht sich aber unmittelbar während Brechts Wirken der zweite große Paradigmenwechsel in der Naturwissenschaft. Die klassische Galilei'sche-Newton'sche Physik wird von der Einstein'schen Relativitätstheorie und der Quantentheorie abgelöst. Der Standpunkt und die Interaktion des beobachtenden Menschen erhält dabei plötzlich wieder zentrale Bedeutung für die Beschreibung physikalischer Prozesse. Raum und Zeit sind nicht mehr jene starren Betrachter-unabhängigen Größen und der Messprozess (die Wechselwirkung) zwischen Subjekt und Objekt beeinflusst den Zustand eines Systems. Möglicherweise ist das der Grund, warum Brecht am 25. Februar 1939, gerade mal 3 Monate nach der Fertigstellung seines Stücks *Das Leben des Galilei* in sein Arbeitsjournal schreibt:

> „Das «Leben des Galilei» ist technisch ein großer Rückschritt [...]. Man müsste das Stück vollständig neu schreiben, wenn man diese 'Brise, die von neuen Küsten kommt', diese rosige Morgenröte der Wissenschaft, haben will. Alles mehr direkt, ohne die Interieurs, die ‚Atmosphäre', die Einfühlung. Und alles auf planetarische Demonstrationen gestellt."[82]

Brecht gelangt zur Einsicht, dass mit den naturwissenschaftlichen Revolutionen (Relativitätstheorie und Quantentheorie) und den damit verbundenen Paradigmenwechseln und völlig neuen philosophischen Ansätzen auch seine Dramaturgie angepasst werden müsste. Welche Konsequenzen hat also das neue Weltbild fürs Theater? Stephan Schmidlin thematisiert dies in seinem Unterricht und stellt das wie folgt dar[83]:

---

82 Brecht, Bertold (1974): *Arbeitsjournal 1938–1942*. Frankfurt a.M.: Werkausgabe Edition Suhrkamp, S.747.
83 Aus dem Unterricht von Dr. Stephan Schmidlin (2012), Bernische Maturitätsschule für Erwachsene, unveröffentlicht.

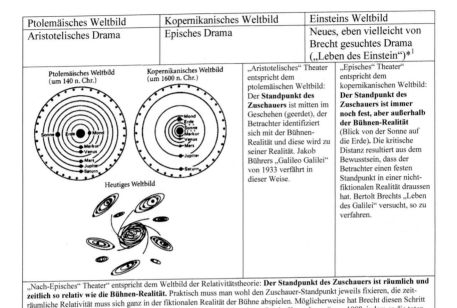

Ptolemäisches Weltbild	Kopernikanisches Weltbild	Einsteins Weltbild
Aristotelisches Drama	Episches Drama	Neues, eben vielleicht von Brecht gesuchtes Drama („Leben des Einstein")*[1]

„Aristotelisches" Theater entspricht dem ptolemäischen Weltbild: **Der Standpunkt des Zuschauers** ist mitten im Geschehen (geerdet), der Betrachter identifiziert sich mit der Bühnen-Realität und diese wird zu seiner Realität. Jakob Bührers „Galileo Galilei" von 1933 verfährt in dieser Weise.

„Episches" Theater entspricht dem kopernikanischen Weltbild: **Der Standpunkt des Zuschauers ist immer noch fest, aber außerhalb der Bühnen-Realität** (Blick von der Sonne auf die Erde). Die kritische Distanz resultiert aus dem Bewusstsein, dass der Betrachter einen festen Standpunkt in einer nicht-fiktionalen Realität draussen hat. Bertolt Brechts „Leben des Galilei" versucht, so zu verfahren.

„Nach-Episches" Theater" entspricht dem Weltbild der Relativitätstheorie: **Der Standpunkt des Zuschauers ist räumlich und zeitlich so relativ wie die Bühnen-Realität.** Praktisch muss man wohl den Zuschauer-Standpunkt jeweils fixieren, die zeit-räumliche Relativität muss sich ganz in der fiktionalen Realität der Bühne abspielen. Möglicherweise hat Brecht diesen Schritt mit seinem „Einstein"-Stück angepeilt. Michael Frayn macht ihn in seinem Stück „Kopenhagen" von 1998, indem er die toten Protagonisten Niels und Margarete Bohr sowie Werner Heisenberg zur Zeit der Stück-Inszenierung wieder aufleben und ihre Begegnung im September 1941 in Kopenhagen wiederholt aus verschiedenen Standpunkten spielen lässt.

Abbildung 15:   Vergleich der verschiedenen Weltbilder mit der Entwicklung im Theater

Dies sind bisher nicht viel mehr als Gedankenspielereien. Es müsste vertieft geprüft werden, wie sich die Weltbild-Revolutionen in der Kunst, in der Literatur und in der Musik niedergeschlagen haben und inwiefern dieses jeweils veränderte Weltempfinden auch von didaktischer Relevanz ist. Diese spannende Arbeit sei anderen überlassen.

3 Lehrkunst als Unterrichtsdidaktik für genetisches Lehren

3.1 Genetische Dimensionen in Lehrstücken

Wissen kann genetisch erarbeitet werden (erkennendes Lernen), Unterricht kann methodisch dahingehend gestaltet sein und ebenso hat das zu vermittelnde Wissen eine Kulturgeschichte. An Lehrstücken (z. B. *Pascals Barometer*) kann die Genese als Prozess auf drei Ebenen, der *individuell-erkennenden*, der *unterrichtsdidaktisch-methodischen*, der *historisch-kulturellen* unterschieden werden. Die didaktisch interessante Frage ist, inwiefern die drei Ebenen miteinander in Bezug gebracht werden können und sollen.

Macht es Sinn, die Dramaturgie (Komposition) des Unterrichts und die Entwicklung der Inhalte darin, der kulturhistorischen Genese, im Sinne der chronologischen Entwicklung der Entdeckung von Sachverhalten und Zusammenhängen anzupassen, die historische Entwicklung der Erkenntnisfindung im Unterricht aufzuzeigen? Oder ist es sinnvoller eine strenge Chronologie aus didaktischen Gründen einer inhaltlich logischen Abfolge der Entwicklung der Erkenntnis unterzuordnen, im Geiste Wagenscheins:

> „Wir wollen keine Kulturhistorie, keinen Kurs in Wissenschaftsgeschichte, wir wollen bloß wissen: Galilei, wie hast Du's denn gemacht?"[84]

Die Fragen führen uns zu einer vertieften Diskussion darüber, was unser Unterricht leisten soll. Als Lehrpersonen haben wir einen Bildungsauftrag. Unterricht soll Bildung vermitteln. Was verstehen wir darunter? Ist Bildung, über den aktuellen Stand des Wissens im Bilde zu sein? Heißt Bildung, auch über die Entwicklung und Entstehung von aktuellem Wissen Bescheid zu wissen? Oder bedeutet Bildung gar, aktuelles Wissen in seiner Entstehung und Entwicklung im kulturhistorischen Zusammenhang zu erkennen? Der Anspruch an Bildung geht noch weiter! Bildung bedeutet, aktuelles Wissen in seinem kulturhistorischen Werden zu erfassen und dieses Wissen im eignen individuellen Alltag implementieren zu können.

---

84 H. CH. Berg, persönliche Kommunikation.

Im Unterricht geht es demnach darum, den Unterrichtsgegenstand, seine kulturhistorische Entwicklung und Bedeutung und die individuelle Erfahrung der Studierenden damit zusammenzubringen!

Der Einbezug der Kulturgenese eines Sachverhalts im Unterricht lässt sich aber nicht nur auf dem Hintergrund eines umfassenden Bildungsbegriffs rechtfertigen. Die Kulturgeschichte kann als Resultat der Evolution der Gesamtheit menschlichen Denkens und Wirkens angesehen werden. Möglicherweise kann darin auch ein Abbild der Evolution oder besser Genese des individuellen Erkennens und Erfahrens gesehen werden. An mehreren Beispielen lässt sich eindrücklich erfahren, dass die Ontogenese (hier im Folgenden Individualgenese genannt[85]) des Erkennens von Zusammenhängen oft parallel zur Kulturgenese, zur kulturellen Auseinandersetzung und Entdeckung von Sachverhalten verläuft. Werden Jugendliche und Kinder ohne Vorkenntnisse (*verschultem Vorwissen*) an Phänomene herangeführt, entwickeln sich Diskussionen und Erklärungsmuster, die kulturhistorische Parallelen aufzeigen. So stehen im Lehrstück *Pascals Barometer* im eröffnenden (*Sokratischen*) Gespräch nach spätestens zehn Minuten zwei Theorien im Raum (Luftdruck vs. Vakuum), die den gegenüberstehenden Paradigmen im 17. Jahrhundert entsprechen. Auch im Lehrstück *Fallgesetz nach Galilei* werden die Studierenden anfangs mit der anschauungsnahen Theorie von Aristoteles konfrontiert, die so viel mehr der intuitiven Vorstellung der Bewegung fallender Körper entspricht, als die abstrakten Erklärungen Galileis oder Newtons. Die heute im naturwissenschaftlichen Unterricht mit den Studierenden durchschrittenen Abstraktionsstufen hin zu Modellen und Theorien wurden in der Kulturgeschichte oft genau gleich durchlaufen. Im Unterschied zum üblichen Schulunterricht hat das in der Kulturgeschichte oft Jahrhunderte gedauert. Erkennen braucht Zeit!

Innovationen, Paradigmenwechsel und entscheidende Neuentdeckungen verlaufen in der Geschichte kaum je linear[86]. Auf dem Weg zum Durchbruch eines neuen Paradigmas, einer neuen Theorie oder gar eines neuen Weltbildes gibt es Irrwege, Fehlschlüsse oder gar Irrationalitäten und emotional motivierte Schritte. Manch bekannte Wissenschaftlerinnen und Wissenschaftler können im Nachhinein nicht mehr mit Bestimmtheit sagen, warum und wie ihnen die zündende Idee gekommen ist oder warum sie das entscheidende Experiment gemacht

---

85 Der Begriff *Ontogenese* wird häufig für die Individualgenese im biologischen Sinne oder auch im psychologischen Sinne verwendet. Um nicht Verwirrung zu stiften verwenden wir hier in Bezug auf die Entwicklung von Erkenntnis den allgemeineren Begriff *Individualgenese*.
86 Grasshoff, Gerd und Rainer Schwingers, (Hrsg.)(2008): *Innovationskultur, von der Wissenschaft zum Produkt*. Zürich: vdf Hochschulverlag AG.

haben. Heisenberg beschreibt in seinem Buch *Der Teil und das Ganze*, wie er unter Heufieber leidend auf Helgoland die ganze Nacht hindurch rechnet und *plötzlich* den *Durchblick* hat:

> „Ich hatte das Gefühl durch die Oberfläche der atomaren Erscheinungen hindurch auf einen tief darunterliegenden Grund von merkwürdiger innerer Schönheit zu schauen, und es wurde mir fast schwindlig, bei dem Gedanken, dass ich nun dieser Fülle von mathematischen Strukturen nachgehen sollte, die die Natur dort unten vor mir ausgebreitet hatte."[87]

Descartes hat wie auch Newton durch die korpuskulare Erklärung des Phänomens Licht die Wissenschaft während 200 Jahren glauben lassen, Licht breite sich in einem optisch dichten Medium schneller aus, als in einem optisch dünnen. Maupertuis hat das Fermat'sche Prinzip dazu verwendet, seine mystisch religiöse Vorstellung eines intelligenten Schöpfers und Lenkers zu untermauern. So baute er seine Mechanik konsequent auf der Vorstellung von *Finalgründen* (*causa finalis*) auf, deren Zweckbestimmung von einem höheren Wesen ausgeht, das die Natur lenkt[88] (vgl. dazu auch Kapitel 6.1.3).

Die Kulturgeschichte der Innovation neuer Erkenntnisse ist oft verworren und manchmal als didaktische Vorlage wenig geeignet. Andere historische Quellen lassen sich fast eins zu eins im Unterricht umsetzen. So erweist sich zum Beispiel Galilei als wahrer Didaktiker und inszeniert seine Wissenschaft in den *Discorsi* als Dialog zwischen drei Protagonisten, der im Unterricht studiert oder gar inszeniert werden kann. Zu methodischen und didaktischen Zwecken ist es aber durchaus legitim und notwendig, komplizierte Erkenntniswege etwas zu „begradigen", nicht zu verfälschen, aber abzukürzen oder zu vereinfachen. In gewissem Zusammenhang kann es aber auch sehr dienlich sein, Irr- oder besser Umwege in der Genese neuer Erkenntnis mitzumachen, vor allem dann, wenn die Umwege auch individualgenetisch angelegt sind und auf der Hand liegen.

Nicht alle Unterrichtsinhalte haben einen kulturellen Werdegang, der sich als didaktische Vorlage anbietet. Andere drängen sich aber geradezu auf!

Entscheidet man sich dafür, die Kulturgenese als Vorlage für den Unterricht zu verwenden ist entscheidend, dass die Kulturauthentizität gewahrt bleibt. Originaldokumente, -bücher, -zitate, -tonaufnahmen und -bilder sind unerlässlich. Bei vielen Inhalten drängen sich eine oder mehrere historische Personen auf, die uns als Leitfiguren durch den Inhalt des Unterrichts begleiten; *Pascals* Barometer; *Galileis* Fallgesetz, *Linnés* Wiesenblumen und *Lessings* Nathan der Weise. Die Lehrperson kann damit ungezwungen auf die Urheber der Inhalte referen-

87 Heisenberg, Werner (1969): *Der Teil und das Ganze*. München: R. Peper & Co., S. 100.
88 Simonyi, Karoly (2002): *Kulturgeschichte der Physik*. Verlag Harri Deutsch, S. 302.

zieren. Die Studierenden sollen zu den historischen Figuren in Kontakt treten können, ihnen Briefe schreiben, Fragen an sie richten, Kritik üben und die Figuren mit dem aktuellen Stand des Wissens konfrontieren. Das Herbeiziehen historischer Figuren kann auch dazu dienen, die Studierenden in andere Rollen schlüpfen zu lassen. *Was würden Sie als Pascal dem Torricelli auf seine Frage antworten? Führen Sie als Aristoteles ein Streitgespräch mit Galilei! Schreiben Sie Aristoteles einen Brief und legen Sie ihm dar, warum Sie mit ihm nicht einverstanden sind!* Auch bietet sich dadurch die Gelegenheit, szenisch Schlüsselstellen in der Kulturgeschichte darzustellen: Linné hilft der Klasse beim Systematisieren der Pflanzenfamilien, Luke Howard hält seinen 1802 gehaltenen Vortrag vor der Royal Society über *the Modification of Clouds* nochmals vor der Klasse – pantomimisch, den Inhalt auf wenige Gesten verdichtet und Galilei tritt vor die Inquisition und muss sein Leben und sein Werk retten!

Den Weg der Erkenntnis zu gehen, kulturell *nach-zu-entdecken*, zu *re-generieren*, für sich selber aber *neu-zu-entdecken* ist attraktiv und führt im Idealfall zu sehr authentischem Handeln der Studierenden. Die Studierenden sehen sich plötzlich in der Forscher-Rolle. Die im Unterricht übliche rezeptive Haltung wird durch aktives Handeln und Denken abgelöst. Studierende identifizieren sich mit dem Selbst-gewonnenen und verteidigen es auch. Das kann auch zu schmerzlichen Prozessen führen, wenn sich herausstellt, dass Irrwege begangen wurden.

Wird den Studierenden bewusst gemacht, dass sich der individuelle Gang der Erkenntnis in der Kulturgeschichte abbildet, kann dies unterschiedliche Reaktionen hervorrufen. Es kann sehr motivieren zu erfahren, dass die eigenen Gedankengänge, die eigenen Fehlüberlegungen und Erkenntnisse von anderen auch gemacht wurden und möglicherweise sogar große kulturelle Bedeutung erlangt haben. Es kann auch sehr demotivierend sein zu sehen, dass das, was selber erarbeitet wurde, ja alles schon längst bekannt und niedergeschrieben ist („Wozu denn das alles? Das hätten Sie uns ja von Anfang an sagen können!").

Im folgenden Kapitel soll der Ansatz genetischen Lehrens am Beispiel des Lehrstücks *Pascals Barometer* vertieft werden.

3.1.1   Die Bedeutung genetischen Unterrichts
am Beispiel des Lehrstücks Pascals Barometer

Die Struktur unseres Schulalltags ist geprägt durch den 45-Minuten-Rhythmus der Lektionen. Die Zeit, sich mit Inhalten auseinanderzusetzen, ist mit all den Schulreformen immer knapper geworden. Bei der Gestaltung der Stoffpläne hat man sich zugunsten der Stofffülle und gegen Exemplarizität entschieden, was wenig Zeit für Vertiefungen offen lässt. Damit wird aber auch die Didaktik des Unterrichts vorgeprägt. Stoff muss möglichst effizient an den Mann, an die Frau gebracht werden. Die Zeit, darüber nachzudenken, hat man kaum, geschweige denn, den Stoff selber zu ergründen oder gar herzuleiten. Wie oben beschrieben ist aber gerade das selber Erkennen, die Individualgenese und die Auseinandersetzung mit der Kulturgenese ein wesentlicher Aspekt von Bildung. Wenn es denn nicht möglich ist, allen Inhalten in der angemessenen Tiefe nachzugehen, so muss dies mindestens exemplarisch an wenigen Stellen des Curriculums geschehen.

Genetisch Unterrichten bedeutet, die Studierenden einen Gipfel der Erkenntnis unter kundiger Führung selber erklimmen zu lassen. Die Verantwortung der Lehrperson liegt darin, den Studierenden genügend Freiheiten zur Routenwahl zu lassen und doch dafür zu sorgen, dass alle ohne Absturz heil den Gipfel erreichen.

Der genetische Unterricht stellt weitere Anforderungen an die Planung des Unterrichts. Es geht nicht nur darum Sachinhalte didaktisch aufzubereiten und methodisch geschickt zu unterrichten. Es geht nun auch darum den Erkenntnisprozess geschickt zu lenken, abzuschätzen, wann Um- und Irrwege zulässig sind und wann korrigierend eingeschritten werden muss. Nun sind wir Lehrpersonen damit zum Glück nicht alleine gelassen. Ja es liegt sogar in der Pflicht der Lehrperson, sich in der Kulturgeschichte darüber zu orientieren, auf welcher Route der Gipfel der Erkenntnis ursprünglich erklommen wurde. „Wie haben die das denn damals gemacht?" Oft eignet sich dieser Pfad, um ihn nachzuschreiten. Es geht also darum, nicht nur den finalen Sachinhalt, sondern auch den Prozess dazu didaktisch aufzubereiten und methodisch umzusetzen. Dies sei am Beispiel des Lehrstücks *Pascals Barometer* aufgezeigt.

3.1.1.1 Individualgenese

Zu Beginn steht immer das Phänomen: Ein Wasserglas in einem Spülbecken, aus dem das Wasser nicht auslaufen „will", wenn man es verkehrt aus dem Becken zieht! Das alltägliche Phänomen verankert den in der Folge bearbeiteten physikalischen Inhalt im persönlichen Erleben eines jeden Studierenden. Wie lässt sich dieser Sachverhalt erklären? Versuchen wir es vorerst mit unserem gesunden Menschenverstand! Das Nachdenken, Argumentieren, Experimentieren am Phänomen führt mitten in den individualgenetischen Prozess. Dabei ist wichtig, möglichst bei *null* zu beginnen. Vermeintliches Wissen (Wissen vom *Hören-sagen* ist genauso abzulegen wie rezeptiv erlerntes Schulwissen) muss zurückgelassen werden, damit die Sinne frei und offen für das vorurteilsfreie Beobachten sind. Das gleiche gilt für die Kommunikation: Es soll frei über das vorliegende Phänomen und die Beobachtungen gesprochen werden, vorläufig ohne jegliche Fachbegriffe, völlig in Umgangssprache. Die Umgangssprache führt zu Authentizität, zu echtem Beobachten und Kommunizieren. Zu leicht kann vermeintliches Wissen durch Floskeln, Merksätze, Fachausdrücke und gelernte Formalismen *belegt* werden, obwohl davon nichts verstanden, erfahren und erkannt worden ist.

Abbildung 16:   Erstes, über eine längere Zeitdauer erhaltenes Vakuum, erzeugt mit einer ca. elf Meter hohen Wassersäule. Demonstration durch G. Berti für ein ausgewähltes Publikum in Rom 1648. Die Darstellung stammt von Raffaelo Magiotti (Schott, 1664).

Der erste Schritt dieses Lehrstücks besteht darin die Studierenden zurück zu führen zu ihren eigenen Beobachtungen. Dieser Prozess braucht manchmal unangenehm viel Zeit. Unangenehm daher, weil es niemand gewohnt ist, weder Studierende

noch Lehrpersonen, für Denkprozesse im Unterricht genug Zeit zu erhalten. Mi-
nutenlange Stille, welche die Diskussion unterbricht wirkt beklemmend, scheint
Ausdruck von Ineffizienz zu sein. Genau diese Pausen sind aber nötig. Auch Wie-
derholungen und mehrmaliges differenziertes Formulieren des gleichen Sachverhalts dienen dazu, den individuellen Denkprozess zu animieren und ihm Raum
zu geben. Das Ziel dieser Phase ist, dass jede und jeder das Phänomen und die
damit verbundene Fragestellung wahrgenommen hat. Ist dies gelungen, und hat
jede und jeder ein klein wenig Zeit gefunden, darüber nachzudenken, hat auch
jeder und jede einen Erklärungsansatz für das Phänomen. Jeder Mensch hat eine
intuitive Vorstellung davon, warum das Wasser nicht aus dem Wasserglas läuft:
wegen des Vakuums, das entstehen würde. Dass genau diese intuitive Vorstellung
(für einmal) als gültiger Ansatz, als eine Grundlage für die weitere Arbeit im Unterricht akzeptiert wird, motiviert die Studierenden. Dass einige Studierende bereits mit der Luftdrucktheorie aufwarten, hat damit zu tun, dass das Vorwissen
nicht vollständig abgelegt, zurückgelassen werden kann und bietet die Möglichkeit der Gegenüberstellung zweier Erklärungsansätze. Die Luftdrucktheorie ist
keine anthropozentrische Sichtweise der Dinge mehr. Diese Sichtweise erfordert
bereits eine gründliche Auseinandersetzung mit dem Thema, warum ich diese
Sichtweise bei den Studierenden als angelernt betrachte.

3.1.1.2   Kulturgenese

Erst nach dieser Eigenleistung werden die Studierenden mit der Kulturgeschichte
konfrontiert. Die uralte Frage nach der Existenz von Vakuum taucht zu Beginn
des 17. Jahrhunderts in der Geschichte der Physik neu auf. Bis dahin war die
übermächtige aristotelische Lehre unbestritten, nach der es kein Vakuum geben
kann. Bei Aristoteles findet man diese Ansicht einerseits als Konsequenz aus
seiner Kinematik. Aristoteles geht davon aus, das ein Körper in einem Medium
umso schneller fällt, je widerstandsärmer und leichter trennbar dieses ist. Die
Vorstellung dabei ist, dass sich ein Gegenstand, der sich durch ein Medium
bewegt, einen Weg *bahnen* und dabei das Medium *durchtrennen* muss. In der
Leere sollte also ein Körper unendlich schnell fallen, was Aristoteles als unmöglich erachtet. Andererseits begründet Aristoteles die Ablehnung des Vakuums
theologisch, philosophisch: Gott hat den Raum dafür geschaffen, Dinge zu enthalten. Ein Raum ohne Dinge wäre eine Absurdität, die der göttlichen Schöpfung
nicht entspricht.

Galilei greift die Diskussion in seinen *Discorsi* im Jahre 1638 wieder auf.[89] Darin erklärt er, dass die Festigkeit von Festkörpern nicht auf das Vakuum zurückgeführt werden kann, das gemäß Aristoteles eben nicht entstehen darf. Er beschreibt gar ein Experiment, um ein solches zu erzeugen und seine Kraft zu messen. Aber bereits 1618 hatte Beeckman gefunden, dass eine Saugpumpe Wasser nicht höher als 18 Ellen (rund 10 Meter) in die Höhe pumpen (*saugen*) kann[90]. Die Frage nach dem Grund dafür löste die erneute Diskussion aus. Bei den Wasserpumpen zu Beginn des 17. Jahrhunderts war aber nicht ersichtlich, was im Innern der Rohre geschah, wenn das Wasser auf einer bestimmten Höhe stehen blieb. Gab es da wirklich einen Leerraum? Torricelli, ein Schüler Galileis, führte darauf (1643) Experimente mit Quecksilbersäulen durch. Diese blieben wegen ihrem 13mal größeren Eigengewicht schon bei rund 75 cm stehen. Solch kleine Säulen konnten in Glas gefasst werden und zum ersten Mal wurde sichtbar, wie sich die Quecksilbersäule von der Glaswand löste und scheinbar ein Vakuum *frei gab*! Berti gelang es wenig später in Rom (1648), Großexperimente mit wassergefüllten zwölf Meter hohen Rohren aus Glas(!) durchzuführen. Er zeigte damit, dass bei Wasser tatsächlich dasselbe geschieht. Der auf Torricellis Experimente folgende wissenschaftliche Disput über den Inhalt der *Torricelli'schen Leere* beschäftigte die Wissenschaftler das folgende Jahrzehnt.

In der Dramaturgie des Lehrstücks weichen wir von der historischen Chronologie ein klein wenig ab. Die im Lehrstück verwendeten Experimente und Quellen sind folgendermaßen datiert:[91]

1618: Beekmann findet, dass die Saugpumpe nur bis zu einer Höhe von 18 Ellen funktioniert.

1638: Galilei diskutiert in seinen *Discorsi* die „beschränkte Kraft des Vakuums"

1643: Torricelli führt zusammen mit Viviani die Versuche mit den Quecksilbersäulen durch

1647: Pascal plant sein Experiment zum „Beweis des Luftdrucks" (Besteigung des Puy de Dôme).

1648: Das Pascal'sche Experiment wird von Périer durchgeführt und von Pascal publiziert.

89　Galilei, Galileo (2004): *Discorsi, Unterredungen und mathematische Diskussionen*. Dt. Übersetzung in der Reihe Ostwalds Klassiker der exakten Wissenschaften, Frankfurt am Main: Verlag Harri Deutsch, S. 13 ff.

90　Simonyi, Karoly (2002): *Kulturgeschichte der Physik*. Frankfurt am Main: Verlag Harri Deutsch, S.233.

91　Ebenda.

1648: Berti zeigt seine Experimente mit den großen Wassersäulen in Rom.
1654: von Guericke führt seine Experimente (Magdeburger Halbkugeln
    u. a.) auf dem Reichstag in Regensburg dem Kaiser vor.

Obwohl Berti seine Großexperimente erst fünf Jahre nach den Quecksilber-Experimenten von Torricelli gemacht oder zumindest öffentlich vorgeführt hat, ist es sinnvoll diese in der Dramaturgie des Lehrstücks aus didaktischen Gründen vorzuziehen. Erstens liegt die Frage nach der möglichen Höhe einer Wassersäule, bevor *etwas passiert* (sich ein Vakuum bildet, die Wassersäule unter ihrem Eigengewicht zerreißt, der Abschluss des Glasgefäßes unter der enormen Last des Wassers zerbirst), nach der Diskussion rund um das Wasserglas unmittelbar vor. Zweitens lässt sich der experimentelle Befund des *Leerraums* oberhalb der Wassersäule als ersten unerwarteten Höhepunkt im Lehrstück und Pointierung der Fragestellung inszenieren und zwar nicht im Sinne *großexperimenteller Effekthascherei* sondern als echtes kulturauthentisches Rätsel (beschränkte Funktionshöhe der Saugpumpe). Drittens gelingt der Zugang zur vertieften Diskussion über das Vakuum damit experimentell. Galileis Zugang zur Diskussion über das Vakuum ist ein philosophisch theoretischer, in dem er die aristotelische Argumentationsweise angreift. Galilei konnte das *Vakuum*, das sich oben an einer Saugpumpe ergibt, noch nicht *sehen,* sondern sich bloß erdenken.

3.1.1.3   Individualgenese versus Kulturgenese

Kinder haben vorerst kein Problem mit dem *Nichts*. Luft ist zum Beispiel *Nichts*, weil sie „nicht im Wege ist", weil „man sie nicht sieht" oder „weil man sie nicht nehmen kann". Sobald die Jugendlichen sich aber mit der Atomtheorie auseinandergesetzt haben und sie sich Luft als ein Gas bestehend aus verschiedenen Atomen und Molekülen denken, bleibt für die Studierenden der stofffreie Raum, die Leere oder das Vakuum zwar denkbar, aber genau so abstrakt und weltfremd, wie dies Aristoteles geschienen haben mag. Trotzdem stehen Jugendliche heute an einem anderen Ort als Aristoteles. Der Atomismus macht Materie (Gase mit eingeschlossen) zu etwas, bestehend aus abzählbaren, endlich vielen Elementen, die *im Prinzip* alle aus einem Raumgebiet weggeschafft werden können.

Der Begriff *Vakuum* wird in der Umgangssprache in der Regel gar nicht für den leeren Raum verwendet sondern synonym zu *Unterdruck.* Ein Unterdruck kann problemlos erzeugt werden. Wir alle Atmen ja so. Werden die Studierenden gefragt, ob sie sich ein Vakuum vorstellen können, bejahen dies zuerst die meisten. Wird die Frage dann präzisiert und nach einem *leeren Raum* gefragt, so sind sich die meisten nicht mehr sicher. Auch wenn die meisten Jugendlichen sich aus Erzählungen, Geschichten, Fernsehsendungen und angelerntem Schulwissen ein Bild vom *Weltraum* und der dort vorherrschenden Leere machen, so ist das *Nichts* letztlich doch schwer zu fassen. Und niemand hat Erfahrung mit einem realen *Nichts*. Die Auseinandersetzung mit dem Vakuum ist für die Genese der Erkenntnis bei den Studierenden daher zentral. Nachdem die Studierenden beim Experiment mit dem langen Wasserschlauch im Treppenhaus, das wir bei Berti abgeschaut haben, selber gesehen haben, wie das Wasser bei rund zehn Metern im Schlauch stehen bleibt und sich darüber dann scheinbar *nichts mehr* im Schlauch befindet, muss diesem *Nichts* nachgegangen werden.

Die Vorlage dazu gibt die oben erwähnte Quelle, die *Discorsi* von Galilei. Galilei beschreibt darin, warum er überzeugt davon ist, dass zumindest prinzipiell ein Vakuum erzeugt werden kann. Das Vakuum hat aber eine Kraft sich *zu verhindern*. Diese sei allerdings beschränkt. Galilei beschreibt wie diese Kraft gemessen werden kann. Das Experiment ist so einfach, dass die Studierenden es selber durchführen können. Noch mehr; die Studierenden sind auch in der Lage, Gesetzmäßigkeiten zu finden. Offenbar hängt die Kraft, die nötig ist, um ein Vakuum zu erzeugen, nicht vom Volumen des erzeugten Vakuums ab, sondern von der Querschnittsfläche des Vakuum-Volumens! Solche Erkenntnisse können sich die Schülerinnen und Schüler selber mit einer Kunststoffspritze und einem Kraftmesser erschließen. Die Studierenden sehen sich längst in der Forscherrolle und legen sich mit Theorien von Galilei an! Die Studierenden finden selber Widersprüche in der Theorie der „*beschränkten Kraft des Vakuums*" und formulieren Fragen:

- Warum ist die Kraft, die nötig ist, ein Vakuum zu erzeugen unabhängig vom Volumen des Vakuums, das geschaffen wird?
- Warum hängt die Kraft andererseits von der Querschnittsfläche des Vakuums ab, das erzeugt wird?
- Warum braucht es nur Kraft, um die Flüssigkeit loszureißen und dann nicht mehr?

Nicht alle Irrwege in der Geschichte der Physik lohnen sich zu gehen. Einige sind zu verworren, bringen keine brauchbare Auseinandersetzung oder sind in ihrer Begründung zu theoretisch. Dieser Umweg hier ist aber außerordentlich lohnenswert, da die Fragen rund um diese Problematik nicht nur historischer Art sind, sondern authentisch vorliegen und den Studierenden unter den Nägeln brennen. Das Paradigma der *Scheu vor dem Leeren* ist allgegenwärtig und eine logische Schlussfolgerung aus der Warte eines ego- bzw. anthropozentrischen Standpunkts.

Teil B: Drei Lehrstücke

In diesem Teil der Arbeit stelle ich die drei Lehrstücke vor, die vor dem Hintergrund der Hauptthese dieser Arbeit (vgl. Kapitel 2) entstanden bzw. weiterentwickelt worden sind. Es sind die drei Lehrstücke *Pascals Barometer, Fallgesetz nach Galilei und Die Spiegeloptik*. Alle drei Lehrstücke haben bereits vor dieser Arbeit bestanden und wurden von mir nur weiterentwickelt und hinsichtlich der Hauptthese an gewissen Stellen verstärkt, angepasst und abgewandelt.

Das erste Lehrstück *Pascals Barometer* entstand in den 90er Jahren durch die Zusammenarbeit von Ueli Aeschlimann und Hans Christoph Berg, welche Wagenscheins Vorlage aufgenommen hatten und aus dieser ein unterrichtbares Lehrstück komponierten. (vgl. Kapitel 4.2.1 und 4.2.2). Im Lehrstück geht es vordergründig um die Einführung des Paradigmas *Luftdruck*. Auf einer fundamentaleren Ebene gründet das Lehrstück auf der physikalisch-philosophischen Grundfrage nach der Leere, bzw. nach der Beziehung zwischen Raum und Materie.

Das zweite Lehrstück ist eine Abwandlung des von Hartmut Klein und Ueli Aeschlimann entwickelten Lehrstücks *Fallgesetz nach Wagenschein*[92], das ebenfalls aufgrund einer direkten Vorlage Wagenscheins entstanden ist[93]. Das hier beschriebene Lehrstück mit dem Titel *Fallgesetz nach Galilei* geht verstärkt der Physik des Fallens nach und erweitert die Vorlage, die sich auf die mathematische Gesetzmäßigkeit im Fallprozess beschränkt, um die Grundfragen: Was ist Bewegung? Wie und warum bewegt sich etwas? Wie beschreiben wir Bewegung? (Vgl. Kapitel 5.2.4).

Das dritte Lehrstück erweitert die Vorlage von Roger Erb und Lutz Schön *Ein Blick in den Spiegel – Einblick in die Optik*[94]. Ausgehend von den Fragen, wie wir sehen und wie sich Licht ausbreitet, gelange ich im Lehrstück zum fundamentalen *Prinzip der kleinsten Wirkung* als eines der Grundgesetze der klassischen Mechanik.

---

92 Klein, Hartmut, in Berg, H. Ch. und Schulze, T. (1995): *Lehrkunst 2 – Lehrbuch der Didaktik*. Berlin: Luchterhand, S.211 ff.
93 Wagenschein, Martin (2009): *Naturphänomene sehen und verstehen*. Bern: h.e.p.-Verlag, S. 194 ff.
94 Erb, Roger und Lutz Schön (1996): *Ein Blick in den Spiegel – Einblick in die Optik*. aus: Hans E. Fischer (Hrsg.): *Handlungs- und kommunikationsorientierter Unterricht in der Sek. II*. Bonn: F. Dümmlers Verlag.

Die drei Lehrstücke erfassen drei der wichtigsten Grundfragen der Physik –
Raum und Materie, Gravitation und Bewegung, Licht und Energie – in ihrem
kulturgeschichtlichen Kontext und ermöglichen so, die Themenkomplexe kulturgenetisch zu lehren. Dem didaktischen Aufbau der Lehrstücke liegen die Thesen
der Arbeit zugrunde, wonach den Schülerinnen und Schülern mit einem anthropozentrischen (aristotelischen) Zugang das Thema eröffnet wird, diese anschließend durch die klassischen Paradigmen der Physik geführt werden und ihnen
schließlich ein Ausblick in die universelle Verallgemeinerung der physikalischen
Moderne gegeben wird, nicht ohne sie schließlich wieder zu sich selber zurück-
zubringen: *Anthropozentrische Eröffnung – geozentrische Verallgemeinerung –
universelle Verallgemeinerung – subjektive Implementierung.*

4   Pascals Barometer

> *„Die Natur hat dem Menschen zwei Unendlichkeiten vorgelegt,*
> *das unermesslich Große und das Nichts,*
> *sie hat sie ihm vorgelegt, nicht um sie zu begreifen,*
> *sondern um sie zu bewundern."*
> *Blaise Pascal (1623–1662)*

Abbildung 17:   Fliesst das Wasser wirklich aus dem Glas?

4.1   Die Kulturgenese des Luftdrucks

Die Geschichte des Luftdrucks ist eng verbunden mit der Frage nach dem Leeren.
Was ist denn das Leere? Gibt es das absolut Leere, das Vakuum überhaupt?
Diese Fragen ziehen sich durch die ganze Geschichte der Naturwissenschaften
von der Antike bis in die Moderne und bleiben bis heute nicht vollständig
geklärt. Die Haltungen dem Leeren gegenüber wurden geprägt von anfänglich
philosophischen Argumenten über mittelalterliche theologische Dogmen bis hin
zu naturwissenschaftlichen Theorien. Im alten Griechenland stritt man sich über
die Existenz der Leere, über die Möglichkeit eines „ding-freien" Raums, bis sich
die aristotelische Lehre vom *horror vacui* durchgesetzt hat. Erst im 16. Jahrhundert wurde mit der Entdeckung der beschränkten Saughöhe einer Wasserpumpe
die Ansicht der Aristoteliker neu in Frage gestellt. Und was sagt die Wissen-

schaft heute dazu? Gibt es einen leeren Raum? Genz schreibt in seinem Buch *Nichts als das Nichts* [95] auf der ersten Seite:

> „Räume, die so leer sind, wie das im Einklang mit den Naturgesetzen überhaupt möglich ist, bilden das physikalische Nichts, aber das bedeutet nicht, dass sie im Wortsinn leer sind, sodass es über sie nichts weiter zu berichten gäbe als eben dies –, dass sie leer sind."

Das Buch umfasst dann immerhin 266 sehr lesenswerte Seiten!

4.1.1   Antike

Der Streit zwischen den griechischen Philosophen um *das Leere* entbrannte zwischen den Plenisten (z. B. Empedokles) und den Atomisten (z. B. Demokrit). Während die Plenisten sich auf den Standpunkt stellten, dass alles ein Ganzes sei und der Raum genau so wenig *leer* wie *übervoll* sein könne, behaupteten die Atomisten, es gebe in der Welt „*nur Atome und den leeren Raum.*"[96]

Die Lehre des Aristoteles versteht unter dem Begriff Raum (τοποσ) den Ort der Dinge. Ein *leerer Raum*, d. h. ein dingloser Raum, ist daher für Aristoteles ein Widerspruch in sich. Raum wird alleine durch die Dinge (Elemente) der Welt *aufgespannt*. Die Natur ist daher bestrebt, jeglichen sich öffnenden Raum sofort mit einem Medium zu füllen. Diese Theorie ist bekannt unter dem Begriff *horror vacui*. Die scholastische Lehre übernahm diese Argumentation weitgehend und erweiterte sie um den religiösen Aspekt, dass leerer Raum nutz- und sinnlos sei und Gottes Schöpfung keine nutz- und sinnlosen Dinge hervorbringe.

Auch aufgrund der peripatetischen Lehre des Aristoteles, nach welcher Körper nur durch gegenseitige Berührung in Wechselwirkung treten können, lässt sich aus der Annahme eines Vakuums ein Widerspruch ableiten: Die Geschwindigkeit eines Körpers ergibt sich für Aristoteles aus der auf einen Körper wirkenden Kraft, geteilt durch den Widerstand:

$$\text{Geschwindigkeit} = \text{angreifende Kraft} / \text{Widerstand}.$$

In einem Vakuum könnte einerseits keine Kraft wirken, was bedeutete, dass Körper sich nicht bewegten, andererseits würde auch kein Widerstand vorherrschen, was dem Körper im Vakuum eine unendlich große Geschwindigkeit verliehe.

95   Genz, Heinrich (2004): *Nichts als das Nichts – Die Physik des Vakuums*. Weinheim: Wiley-VCH Verlag.
96   Capelle, Wilhelm (1965): *Die Vorsokratiker*. Stuttgart: Kröner, S. 399.

Die Luft gehört in der Aristotelik zu den vier (fünf) Grundelementen, aus welchen die Welt aufgebaut ist: Erde, Wasser, Luft und Feuer. Das fünfte Element (*quinta essentia*) ist bei Aristoteles jenes, aus welchem die *celestischen Körper* (himmlischen Objekte) bestehen. Später wurde auch die „Wärme" oder der „alles durchdringende Äther" als fünftes Element gezählt. Die vier Elemente füllen also den sublunaren Raum komplett und zwar in einer hierarchischen Ordnung. Zuunterst (im Zentrum) die Erde, darüber das Wasser, dann die Luft und zuoberst (zuäußerst) das Feuer. „Natürliche Bewegungen" kommen daher zustande, dass ein Element sich nicht an seinem „ihm von Natur aus zukommenden Ort" befindet. Alle anderen Bewegungen sind erzwungen. Fernwirkungskräfte gibt es keine. Aufgrund dieses Weltbildes ist abzuleiten, dass Aristoteles der Luft in der Atmosphäre keine Schwere zuspricht. Sofern *Schwersein* als der *Drang* oder *Druck* gedeutet wird, der ein Gegenstand auf seine Unterlage ausübt, weil er sich an einen anderen Ort hin bewegen will (zum Beispiel ein Stein zum Boden hin), so gibt es keinen Anlass zu glauben, dass die Luft in der Atmosphäre einen solchen Druck auf den Boden ausübt, da die Luft sich dort ja an ihrem *natürlichen Ort* befindet. Lässt man Luft in Wasser frei, so bewegt sich diese sogar nach oben. Es kann daraus geschlossen werden, dass natürlicher *Luftdruck* im Sinne einer *Schwere der Atmosphäre* für Aristoteles unbekannt war. Luft kann einzig *drücken*, wenn sie erzwungenermaßen gepresst wird (z. B. durch Blasen).

Die aristotelische Lehre (nicht Leere!), die keine Erklärung natürlicher Phänomene zuließ, die nicht mit der auf Alltagserfahrungen basierenden Intuition vereinbar ist, entspricht auch heute der intuitiven Alltagsvorstellung von Luft (-Druck). Luft ist etwas sehr Leichtes und *Un-beschwerendes*. Dass die Luft ein Gewicht hat und damit auf uns drückt, ist nicht intuitiv zu erfassen. Ernst Mach schreibt in seinem Buch *Die Mechanik und ihre Entwicklung*:

> „Wenngleich der gewöhnliche Mensch durch den Widerstand der Luft, durch den Wind, durch das Einschließen derselben in eine Blase Gelegenheit findet zu erkennen, dass die Luft die Natur eines Körpers hat, so zeigt sich dies doch viel zu selten und niemals so augenfällig und handgreiflich, wie bei den starren Körpern und Flüssigkeiten. Diese Erkenntnis ist zwar da, alleine ist nicht geläufig und populär genug, um eine erhebliche Rolle zu spielen. An das Vorhandensein der Luft wird im gewöhnlichen Leben fast gar nicht gedacht."[97]

Die Körperlichkeit von Luft wird von griechischen Philosophen in einer Reihe von Experimenten gezeigt. So hindert nach Empedokles die Luft in einem Gefäß mit abwärts gerichteter Mündung das Wasser am Eindringen, wenn man dieses

---

97 Mach, Ernst (2006): *Die Mechanik in ihrer Entwicklung*. Saarbrücken: Edition Classic Verlag Dr. Müller (orig. 1883), S. 101.

in ein Wassergefäß taucht. Er zeigt damit, dass Luft unter Kompression einen Widerstand erzeugt. [98] Mach:

> „Philo von Byzanz benutzt ein Gefäß, dessen nach oben gekehrter Boden mit einer durch Wachs verschlossenen Öffnung versehen ist. Erst bei Entfernung des Wachspfropfens dringt das Wasser in das untergetauchte Gefäß, während die Luft in Blasen entweicht." [99]

Ein Zusammenhang zwischen Phänomenen wie der Saugpumpe (analog zum Saugen von Wasser durch einen Strohhalm), dem Nicht-Ausfließen von Wasser aus einem umgedrehten Glas usw. und dem Luftdruck ist intuitiv nicht gegeben. Es ist daher wenig erstaunlich, dass die Theorie des *horror vacui*, die sehr intuitiv ist, von Laien meist als Erklärung für die oben genannte Phänomene herbeigezogen wird. Sie ist ein fest verankertes Konzept in uns Menschen, das sich in unserem Alltag als äußert erfolgreich erweist. Im Unterricht ist es daher unerlässlich, sich mit der Theorie des *horror vacui* auseinanderzusetzen, um dieses Konzept konstruktiv in ein allgemeineres Konzept (Luftdruck) überzuführen.

4.1.2   Wissenschaftliche Revolution

Im 16. und 17. Jahrhundert befriedigte das aristotelische Weltsystem die Ärzte, Physiker und Astronomen immer weniger und schuf immer unüberwindbarere Widersprüche. Das Bedürfnis nach einer neuen philosophischen Grundlage wurde immer stärker. Dass ein neues umfassendes philosophisches Konzept bis Descartes (kartesianisches Weltbild) auf sich warten ließ, hing auch damit zusammen, dass die dominierenden Humanwissenschaften dieses Bedürfnis in keiner Weise teilten. Die Entwicklung der induktiven Methode u. a. durch Francis Bacon veränderte die Betrachtung der Natur (der Welt) grundlegend. Bacon hat dabei die Bedeutung der Naturwissenschaften (damals der Naturphilosophie) explizit hervorgehoben und propagiert. Die Erforschung der *Naturgesetze* sollte weder im Dienste der reinen Wissensanhäufung an sich, noch der Ergründung von Gottes Schöpfung liegen, sondern rein der Entwicklung des menschlichen Wohlstandes helfen.

Im Schmelztiegel dieses Umdenkens, dieser wissenschaftlichen Revolution, deren populärster Kopf wohl Galileo Galilei war, fällt das Konzept des *horror vacui*; erstaunlicherweise aber gerade nicht durch Galilei selber. Er leistet dazu zwar (auch wenn dies nicht seine Hauptaufmerksamkeit auf sich zog) wesent-

98   Gomprez, Theodor (1909-1912): *Griechische Denker*. Band I-III, Leipzig: Von Veit & Comp, S. 191.
99   Mach, Ernst (2006): *Die Mechanik in ihrer Entwicklung*. Saarbrücken: Edition Classic Verlag Dr. Müller (orig. 1883), S. 101.

liche Vorarbeiten dazu. Galilei nahm seinerseits dabei die vorliegenden Befunde und Meinungen zur Frage des *horror vacui* nicht zu Kenntnis. Bereits 1618 beschrieb Beekmann die beschränkte Saughöhe einer Pumpe und begründete das damit, dass die Luft zu schwach sei, um das Wasser noch höher *zu drücken*![100] Galilei hatte erst um 1630 zur Kenntnis genommen, dass Giovanni Battista Baliani, ein wissenschaftlich interessierter genovesischer Senator, festgestellt hatte, dass das Absaugen von Wasser durch Rohre nicht über Hindernisse höher als 18 Fiorentiner Ellen (etwas mehr als 9 Meter entspricht) gelang.[101] Auch Baliani behauptete, dass das „Gewicht der Atmosphäre" daran schuld sei, dass das Wasser durch die Rohre gezwungen wird und dass selbst das Gewicht der Atmosphäre beschränkt sei, so dass eine bestimmte Höhe der Wassersäule nicht überschritten werden könnte.

Galilei konnte diese Ansicht nicht teilen und konnte sich nicht vorstellen, dass die Atmosphäre ein solches Gewicht hätte. Trotzdem leistete er mindestens zwei direkte Beiträge zur Weiterentwicklung der Vorstellung des Sachverhalts von Vakuum und Luftdruck. Obwohl er bei der Diskussion der Adhäsion in den *Discorsi* dem Begriff des Luftdrucks schon recht nahe war, hielt er zumindest teilweise an der Theorie des *horror vacui* fest, erweiterte sie allerdings und brach vor allem vollkommen mit der philosophisch-theologischen Ablehnung des Vakuums. Sagredo, einer von Galileis Protagonisten, die er in den *Discorsi* über seine wissenschaftlichen Erkenntnisse diskutieren lässt sagt:

> „[…] Denn die Lostrennung der beiden Platten geht der Bildung des Vacuums voraus, und letzteres folgt jener: […] so begreife ich nicht, wie von der Adhäsion der beiden Platten und ihrem Widerstreben, sich voneinander zu trennen, also von der Wirkung, die schon actuell sind, die Ursache das Vacuum sein soll, das noch gar nicht ist, sondern erst erfolgen müsste. Und Dinge, die nicht sind, können auch keine Wirkung haben, gemäß allen zuverlässigen Meinungen der Philosophen."[102]

Im Zusammenhang mit den folgenden Ausführungen in den *Discorsi* ist vor allem der letzte Satz interessant. Auf der folgenden Seite in den *Discorsi* beschreibt er ein Experiment zur *Erzeugung eines Vakuums*. Dass er ein Vakuum zulässt, bedeutet also, dass Galilei das Vakuum als ein *Ding* betrachtet, sonst könnte es ja keine Wirkung entfalten.

100 Simonyi, Karoly (2001): *Die Kulturgeschichte der Physik*. Frankfurt a.M.: Verlag Harri Deutsch, S. 233.
101 Walker, Gabrielle (2007): *Ein Meer von Luft*. Berlin: Verlag Berlin, S. 25, sowie in *The Archimedes Project* [1].
102 Galilei, Galileo (2004): *Discorsi, Unterredungen und mathematische Diskussionen*. Dt. Übersetzung in der Reihe Ostwalds Klassiker der exakten Wissenschaften, Frankfurt am Main: Verlag Harri Deutsch, S. 13.

Genau dies ließ er aber zu. Er entmystifizierte den Begriff des Vakuums dadurch, dass er das Vakuum *messbar* machte. Galilei schlug vor, dem Vakuum eine Eigenkraft zuzugestehen (*resistenza del vacuo*), die allerdings beschränkt (d. h. überwindbar) und messbar ist. In den *Discorsi* beschreibt er dazu ein simples Experiment, wie diese Kraft zu messen sei.[103] Will also ein Vakuum erzeugt werden, so muss mit mindestens dieser bestimmten Kraft *gezogen werden*. Eine Wassersäule, welche eine entsprechende Höhe übersteigt, zerreißt unter ihrem Eigengewicht und erzeugt ein Vakuum. Galilei prägt damit die Vorstellung des Vakuums als ein *Ding* oder einen *Zustand von etwas* (z. B. *des Raumes*), worauf er allerdings nicht näher eingeht. Aber offenbar versteht Galilei unter dem Vakuum nicht „*Nichts*", sonst wäre er in seinen Aussagen inkonsistent, wonach *kein Ding* auch keine Wirkung entfalten kann!

Zweitens schlägt Galilei ein Experiment vor, womit das Gewicht der Luft bestimmt werden kann. Er ebnete damit den Weg, das Gewicht der Atmosphäre berechenbar zu machen.

An dieser Stelle bleibt eine wichtige Frage offen: Warum war zu dieser Zeit offenbar klar, dass die uns umgebende Luft nach oben begrenzt ist, die Atmosphäre sich also nicht unendlich ausdehnt? Im aristotelischen Weltbild muss davon ausgegangen werden, dass zumindest der „sublunare" Raum homogen mit Luft gefüllt sein sollte. Alles andere ist mit dem Welt-Äther gefüllt. Aber warum sollte der nicht auch ein Gewicht haben?

Bereits um das Jahr 1000 n.Chr. wurde von einem arabischen Optiker und Physiker behauptet, die Atmosphäre habe eine obere Grenze, die in rund 52'000 Fuß Höhe liege.[104] Überraschend ist der Weg, wie er zu dem Schluss kam! Alhazen (abu ali al-hasan ibn-al-haitham, 965–1040 n. Chr.) war ein brillanter Optiker, der wesentliche Erkenntnisse im Zusammenhang mit der Brechung und vor allem der Reflexion an sphärischen und parabolischen Hohlspiegeln aufgedeckt hat. Auch leistete er große Vorarbeit für das Verständnis der Funktionsweise des Auges. Er beschrieb als einer der ersten den Sehvorgang als passives Empfangen von an Gegenständen reflektiertem Licht, während die Griechen das Sehen noch als aktives Aussenden von Strahlen aus dem Auge auffassten.

---

103 Galilei, Galileo (2004): *Discorsi, Unterredungen und mathematische Diskussionen.* Dt. Übersetzung in der Reihe Ostwalds Klassiker der exakten Wissenschaften, Frankfurt am Main: Verlag Harri Deutsch, S.15.
104 Wilde, Emil und Adolph Lomb (1883): *Geschichte der Optik, vom Ursprung der Wissenschaft bis auf die gegenwärtige Zeit.* Teil 1: *Von Aristoteles bis Newton.* Berlin: Rücker und Püchler, S. 69 ff.

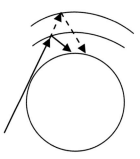

Abbildung 18: Skizze zur Bestimmung der Höhe der Atmosphäre

Seine optischen Überlegungen und Erkenntnisse übertrug er auf außerordentlich viele andere Naturphänomene und so auch auf die Frage nach der Dämmerung. Alhazen erklärte die Dämmerung damit, dass nach Untergang der Sonne die Licht-strahlen an der Grenze der Atmosphäre reflektiert würden und daher das Sonnen-licht ohne direkte Einstrahlung die Erde noch erhelle. Mit dieser Überlegung kam er einerseits zum Schluss, dass die Luft begrenzt ist, die Atmosphäre also eine obere Grenze hat und berechnete auch gerade die Höhe dieser Grenze.[105,106]

Es ist allerdings nirgends nachzulesen, inwiefern Galilei oder dann Torricelli oder Pascal sich auf die Theorie und die Aussagen Alhazens stützten. Torricelli bezifferte die Dicke der Luftschicht später auf rund 80 km.[107]

Abbildung 19: Alhazen abgebildet auf einer iranischen Banknote. Quelle: [2]

---

105 Online Enzyklopädie des Islam [10].
106 Ursprüngliche Quelle: Alhazen (1572): *de crepuscilis prop. ult.* in Risnseri Thesaur, Opt. Bafil.
107 Walker, Gabrielle (2007): *Ein Meer von Luft.* Berlin: Berlin Verlag, S. 29.

Ein Beispiel zur Berechnung der Mächtigkeit der Atmosphäre *nach Alhazen:*

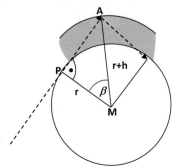

Beträgt die Dämmerungszeit am Äquator hypothetische 60 Minuten, so beträgt der *Dämmerungswinkel* $2\beta = 1/24$ der vollen Umdrehung und damit $\beta = 7.5°$. Im rechtwinkligen Dreieck MPA gilt die Beziehung

$$\frac{r}{r+h} = \cos(\beta),$$

mit *r* dem Radius der Erde und *h* der Höhe der Atmosphäre. Damit kann die Höhe der Atmosphäre ausgerechnet werden:

$$h = r\left(\frac{1}{\cos(\beta)} - 1\right)$$

Setzt man für den Radius der Erde 6371 km ein und für den Winkel $\beta = 7.5°$, dann ergibt sich für die Höhe der Atmosphäre $h = 55$ km.

Der nächste Schritt zur Aufklärung über den Luftdruck und seine Auswirkungen für uns Menschen gelang dem Galilei-Schüler Torricelli (1608 – 1647). Torricelli war sehr skeptisch gegenüber den Erklärungen Galileis zur *resistenza del vacuo*. Er war der Überzeugung, dass das Phänomen der beschränkten Saughöhe einer Pumpe etwas mit dem Luftdruck zu tun haben musst. Er rechnete vor, dass wenn statt Wasser eine viel schwerere Flüssigkeit wie Quecksilber in einem Rohr hochgesogen wird, diese dann schon bei 1/14 der Säulenhöhe des Wassers dieselbe Gewichtskraft hat und somit die *Sauggrenze* (*altezza limitatissima*) erreicht wird. Vincenzo Viviani führte die später nach Torricelli benannten Quecksilberversuche 1643 durch, wobei ein vollständig mit Flüssigkeit gefülltes, einseitig verschlossenes Röhrchen mit dem offenen Ende in ein Bad derselben Flüssigkeit gestürzt wurde. Torricellis Voraussagen wurden mit diesen Experimenten bestätigt. Damit war freilich die Galilei'sche Theorie der *resistenza del vacuo* nicht widerlegt sondern es wurde nur gezeigt, dass diese Kraft mit Quecksilber bereits bei geringerer Säulenhöhe erreicht wird. Die dank dem Quecksilber sehr handlichen Experimente ermöglichten nun aber, die Vacuum-Theorie sehr genau zu prüfen und Torricelli stellte fest, dass alle dem *horror vacui* zugeschriebenen Phänomene sich sehr viel einfacher und konsistenter erklären ließen, wenn man die Ursache der Gewichtskraft der umgebenden Luftsäule zuschrieb. Gemäß Mach entdeckte Torricelli auch als erster Veränderungen in der Höhe der Quecksilbersäule und führte dies auf den sich verändernden Luftdruck zurück.[108]

Der französische Philosoph, Mathematiker und Physiker Blaise Pascal (1623 – 1662) nahm spätestens um 1644 in Rouan bei Paris Kenntnis von den Entdeckungen der Italiener. Aber scheinbar waren die Berichte derart vage,[109] dass Pascal sich selber an die Nachprüfung der Behauptungen machte. Er experimentierte mit Wasser, Quecksilber und auch mit Wein. Dabei richtete er sein Augenmerk auch wieder auf die Frage, ob es sich im *Leerraum* oberhalb der Flüssigkeitssäule um ein Vakuum handle. Pascal zeigte, dass sich die Situation im obersten Teil des Torricelli-Rohrs ganz einfach und handlich auch mit Wasser herstellen ließ, indem man den Kolben einer halb gefüllten Spritze die man vorne verschließt, gewaltsam etwas herauszieht. Auch hier bildet sich ein Leerraum. Dabei kann man allerdings feststellen, dass das Wasser Blasen bildet und scheinbar zu sieden beginnt. Sofort musste die Frage geklärt werden, ob die Säulenhöhe der Flüssigkeit etwas zu tun habe mit der Menge an Flüssigkeit, die oben offensichtlich verdampft. Pascal konnte mit seinen Wein-Experimenten zeigen, dass, obwohl Wein (Alkohol) rascher verdampft als Wasser und daher mehr *Weingeist* im Leerraum zu erwarten ist als Wasserdampf, die Säulenhöhe bei Wein etwas grösser ist als bei Wasser. Er konnte damit demonstrieren, dass die Säulenhöhe mit der Dichte der Flüssigkeit zu tun hat und nicht mit der Menge der verdampften Flüssigkeit.

Seine Untersuchungen brachten ihn zur Überzeugung, dass bei gegebener Flüssigkeit der äußere Luftdruck für die Säulenhöhe verantwortlich ist. Um dies zu beweisen führte Pascals Schwager Périer auf dessen Anordnung hin im September 1648 das berühmte Experiment durch, bei dem dieser den Puy de Dôme bei Clermont-Ferrand mit der Quecksilbersäule bestieg. Er konnte damit die Luftdruckabhängigkeit der Säulenhöhe eindeutig bestätigen.

Nach wie vor unklar bleibt, was Pascal zu dieser Zeit über die Höhenabhängigkeit des Luftdrucks wusste. Vermutlich hat Pascal analog zum steigenden Wasserdruck mit zunehmender Tiefe angenommen, dass das in Luft genau gleich sei.

---

108 Mach, Ernst (2006): *Die Mechanik in ihrer Entwicklung.* Saarbrücken: Edition Classic Verlag Dr. Müller (orig. 1883), S. 105.

109 Von Torricelli selber gab es nur sehr wenige und sehr vage Aufzeichnungen seiner Erkenntnisse. Dies hängt damit zusammen, dass Torricelli unmittelbar erfahren hat, wie es Galilei ergangen ist in seinem Kampf um wissenschaftliche Aufklärung.

Das von Torricelli geprägte Bild *„noi viviamo sommersi nel fondo d'un pelago d'aria"* (*„wir leben untergetaucht am Boden eines Meeres aus Luft"*) mag ihn dabei inspiriert haben.

Der Politiker und Hobby-Wissenschaftler Otto von Guericke (1602 – 1686) war von den Experimenten zur Demonstration der Mächtigkeit des Luftdrucks so fasziniert, dass er eine ganze Reihe solcher selbst erfundenen Experimente öffentlich vorführte. Dabei hatte er anfänglich unabhängig von Torricelli selber auch das Wasserbarometer erfunden und unter anderem eine Vakuumpumpe entwickelt. Berühmt wurden seine Magdeburger Halbkugeln, mit denen er die Menschenmengen zu begeistern vermochte. Seine Leistungen liegen aber auch in den vielfältigen Beobachtungen, die er zum Verhalten verschiedener Dinge im *Vakuum* gemacht und beschrieben hat.

> „Die Erscheinungen, die Guericke mit seinem Apparat beobachtet, sind schon sehr mannigfaltig. Das Geräusch, welches luftfreies Wasser beim Anschlagen an die Glaswände verursacht, das heftige Eindringen der Luft und des Wassers in die Gefäße beim plötzlichen Öffnen derselben, das Entweichen der in Flüssigkeiten absorbierten Gase beim Evakuieren, das Freigeben des Duftes, wie Guericke sich ausdrückte, fällt zunächst auf. Eine brennende Kerze erlischt beim Evakuieren, weil sie, wie Guericke vermutet, aus der Luft ihre Nahrung bezieht. (...) Die Glocke tönt im Vakuum nicht. Vögel sterben im Vakuum, manche Fische schwellen daselbst an und bersten schließlich. Eine Traube erhält sich über ein halbes Jahr frisch."[110]

Ernst Mach bringt aber auch zum Ausdruck, wie dieser Paradigmenwechsel vom *horror vacui* zum Luftdruck für die meisten Menschen derart fremd war, dass er sich auch bei den Wissenschaftlern noch lange nicht durchsetze.[111] Noch 1764, also über 100 Jahre nach Torricelli, Pascal und von Guericke schreibt Voltaire in seinem *Dictionnaire philosophique:*

> „Die Luft sei nicht sichtbar, überhaupt nicht wahrnehmbar; alle Funktionen, welche man der Luft zuschreibt, könnten auch die wahrnehmbaren Dünste besorgen, an deren Existenz zu zweifeln man keinen Grund hätte."[112]

Gar von Guericke selber schien eine eher mystische Vorstellung von Luft zu haben. In seinem Buch zu den Magdeburger Experimenten (1672) beschrieb er die Luft

---

110 Mach, Ernst (2006): *Die Mechanik in ihrer Entwicklung*. Saarbrücken: Edition Classic Verlag Dr. Müller (orig. 1883), S. 112.
111 Wie später in dieser Arbeit thematisiert wird, hat sich der Paradigmenwechsel in der alltäglichen Vorstellung bis heute nicht durchgesetzt. Niemand stellt sich vor, dass die Flüssigkeit durch einen Strohhalm in die Mundhöhle oder die Muttermilch in den Mund des Säuglings „gedrückt" wird!
112 Mach, Ernst (2006): *Die Mechanik in ihrer Entwicklung*. Saarbrücken: Edition Classic Verlag Dr. Müller (orig. 1883), S. 103.

„als den Duft oder Geruch der Körper, welchen wir nur daher nicht wahrnehmen, weil wir ihn von Jugend an gewöhnt sind".[113]

Robert Boyle (1627 – 1691) erweiterte und verfeinerte die Experimente von Guerickes und verbesserte zusammen mit Robert Hook die Vakuumpumpe. Damit reproduzierte er die Torricelli'schen Experimente und stellte schließlich auch das klassische Torricelli-Röhrchen in einen Raum, den er evakuierte. Das *Ausfließen* des Quecksilbers beim Evakuieren der Luft war die eindrückliche Zusammenfassung der rasanten Entwicklungen in der Erkenntnis zum Luftdruck im 17. Jahrhundert.

4.1.3   Die kinetische Gastheorie

In der Folge wurde in rascher Entwicklung das Verhalten von Gasen als Funktion des Drucks und der Temperatur erforscht und beschrieben. Ebenfalls Boyle (zusammen mit Emde Mariotte (1620 – 1684)) ist die Entdeckung des Zusammenhangs zwischen Druck und Volumen eines Gases bei konstanter Temperatur zuzuschreiben. Boyle stellte mit einem sehr einfachen Experiment, einem einseitig geschlossenen U-Rohr, das mit Quecksilber gefüllt wurde, fest, dass das Produkt des eingeschlossenen Luftvolumens mit der entsprechenden Säulenhöhe des Quecksilbers (und damit des Drucks) konstant ist (Gesetz von Boyle-Mariotte). Boyle war zwar ein Anhänger der Korpuskulartheorie. Er hat aber nie versucht das von ihm gefundene Gesetz mit der Atomtheorie zu deuten.

Erst im 19. Jahrhundert, nachdem die Atomtheorie wesentliche Fortschritte gemacht hatte und sich auch die bereits von Bacon geäußerte Vermutung, wonach Wärme etwas mit der Teilchenbewegung zu tun habe, bestätigt hatte, wurde eine kinetische Theorie der Zustandsgrößen von Gasen formuliert. Wesentlich daran beteiligt waren Rudolph Clausius, James Clark Maxwell, William Thomson (alias Lord Kelvin), Ludwig Boltzmann und viele andere. Der Druckbegriff war damit sehr viel konkreter geworden und es war auch plötzlich einsichtig, dass Druck auch temperaturabhängig ist! Auch der Begriff des Vakuums ist mit der Korpuskeltheorie (Atomtheorie) sehr anschaulich (bzw. vorstellbar) geworden. Vakuum bedeutet schlicht ein Raum *ohne Atome*. Um ein Vakuum zu erzeugen, muss man im Prinzip nichts anderes zu tun, als alle Atome aus dem Raum zu entfernen. Umgekehrt brauchten die Atomisten den leeren Raum als Ort, worin sich ihre Atome bewegen konnten.

---

113 Mach, Ernst (2006): *Die Mechanik in ihrer Entwicklung.* Saarbrücken: Edition Classic Verlag Dr. Müller (orig. 1883), S. 108.

4.1.4   Moderne

Die modernen physikalischen Theorien und deren Anwendungen haben im 20. Jahrhundert eine Beschreibung der Welt hervorgebracht, die einen Komplexitätsgrad einnimmt, der nicht mehr sehr zugänglich ist für das laienhafte Verständnis von Natur. So werden auch die Aussagen über den Leerraum kaum nachvollziehbar. Es sind die Relativitätstheorie und vor allem die Quantentheorie (bzw. die Quantenelektrodynamik), welche den (leeren) Raum beschreiben. Die Hochenergiephysik (Elementarteilchenphysik), als *Angewandte Quantenelektrodynamik* hatte Mitte des 20. Jahrhunderts mit dem Aufkommen von Beschleuniger-Anlagen zu einer inflationären Zunahme bei der Entdeckung neuer Elementarteilchen geführt. Man entdeckte Teilchen mit sehr langer Lebensdauer und solche, die innerhalb von 10^{-10} Sekunden (oder noch viel weniger, je nach Art ihrer Wechselwirkung) wieder verschwinden. Es gibt Teilchen mit elektrischer Ladung, andere ohne, es gibt Teilchen mit Masse und solche ohne. Gewisse Teilchen sind dazu da, Kräfte zu übertragen, andere bauen Materie auf. Heute ist bereits eine Vielzahl von Teilchen bekannt, die selber aus den 6 Quarks und ihren Antiteilchen zusammengesetzt sind (außer den 6 Leptonen und ihren Antiteilchen, die elementar, also nicht aus Quarks zusammengesetzt sind). Atome sind also stabile Zusammensetzungen aus sehr wenigen dieser Teilchen (eigentlich nur aus dreien, dem Up-Quark, dem Down-Quark und dem Elektron).

Ein fundamentales Prinzip in den modernen Theorien ist die Äquivalenz von Masse und Energie. Der uns sehr intuitiv vertraute Erhaltungssatz der Masse (Materie) gilt nicht mehr in dieser Strenge. Materie kann verschwinden, nicht wie beim Verbrennen der Kerze einfach unsichtbar werden, sondern sich wirklich auflösen, verstrahlen. Aber noch viel verwirrender ist, dass auch das Umgekehrte in der Welt der Elementarteilchen ein ständig vorkommender Prozess ist: Materie manifestiert sich aus reiner Energie, aus Strahlung. Das bedeutet, dass aus dem *Nichts* plötzlich ein Teilchen und ein entsprechendes Antiteilchen erscheinen, die dann genau so unerwartet beim erneuten Aufeinandertreffen wieder verstrahlen. Befindet sich elektromagnetische Strahlung in einem Raum (und die befindet sich überall), dann findet auch dieses Wechselspiel von Erscheinen und Verschwinden von Teilchen/Antiteilchen-Paaren statt. Man nennt dies die Vakuumfluktuation (oder Paarbildung). Damit dies möglich ist, wird sehr kurzfristig auch die Energie- bzw. Massenerhaltung verletzt. Die Heisenberg'sche Unschärferelation lässt dies über eine bestimmte, vom Ausmaß der Verletzung der Energieerhaltung abhängige Zeitspanne zu.

Zusammengefasst kann festgehalten werden, dass es für die moderne Physik keinen im strengen Sinn *leeren Raum* gibt. Es gibt keinen Raum ohne Energie und daher auch nicht ohne Masse und ohne Druck. Allerdings gibt es den Atomfreien Raum und damit gibt es das Vakuum im klassischen Sinne sehr wohl.

4.2   Lehrstückkomposition

4.2.1   Die Wagenschein Vorlage

Abbildung 20:   Martin Wagenschein 1983 an einem Treffen von Lehrerinnen und Lehrern in Darmstadt.

In seinen Memoiren *Erinnerungen für morgen*[114] beschreibt Martin Wagenschein seine Besuche bei den Zusammenkünften lockerer Gruppen junger Lehrerinnen und Lehrer an verschiedenen Orten in der Schweiz zu Beginn der 70er Jahre. Die Zusammenkünfte dienten dem freien Austausch von Unterrichtserfahrung. Hier

---

114 Wagenschein, Martin (2002): *Erinnerungen für morgen*. Weinheim und Basel: Beltz Verlag, S. 117-119.

fühlte sich Wagenschein an den Geist der Odenwaldschule und der 20er Jahre
zurückerinnert:

„Die ‚Zwanziger Jahre' schienen nachgerückt. (Kein Wort hörte ich dort aus der erziehungswissenschaftlichen Retortensprache.) Keine Vortragssäle, nur die alten großen Wohn- und
Schlafräume [*Anm. d. A.: ...der Jugendstil-Villa ‚Iskandria' in Ebertswil*]. 20 bis 30 Teilnehmer,
meist junge Männer und Frauen."[115]

In diesem Umfeld entstand die Vorlage für das Barometerlehrstück. Der folgende
Dialog ist der Auszug aus einem 1978 aufgezeichneten Gruppengespräch anlässlich einer solchen Tagung. Die Gruppe von Lehrerinnen und Lehrer sitzt dabei
gemeinsam mit Wagenschein an einem ovalen Tisch, vorerst leer, im Verlaufe
des Gesprächs dann mit einem mit Wasser gefüllten Waschbecken in der Mitte,
darin liegend ein Trinkglas (vgl. Abbildung 20). Der Anlass der entstehenden Diskussion ist das Trinkglas, welches verkehrt, mit Wasser gefüllt aus dem Becken
gezogen wird und aus welchem das Wasser nicht ausfließt. (Im Dialog steht W
für Wagenschein und T für Teilnehmerin, Teilnehmer):

W: *„Am Anfang brauchen wir ein erstaunliches Phänomen, ein sonderbares.
– Wie ist es denn, wenn man ein Glas beim Spülen aus dem Wasser zieht?
– Haben Sie da mal etwas Auffälliges bemerkt?"*

T: *„Wenn man das Glas heraushebt, so nimmt man erst das Wasser mit hoch,
bis es dann plötzlich rausläuft."*

W.: *„Sie haben aber nicht alles erzählt..."*

T: *„Ach so, ja: Mit dem Boden nach oben, umgekehrt also. Unter Wasser ist
es ganz voll Wasser, Wasserspiegel höher. Bleibt drin."*

W: *„Nun mal ganz genau..."*

T: *„Wenn ich ein Glas unter Wasser ganz voll mache und es dann mit dem
Boden vorsichtig über das Wasser hinaushebe, so dass sein Rand nicht
über die Wasseroberfläche kommt, dann geht das Wasser im Glas mit."*

W: *„Wie meinen Sie das ‚geht mit'?"*

T: *„Die Wasseroberfläche im Glas ist dann höher als die in der Wasser-
schüssel. Das Wasser bleibt drin."*

W: (Zu den andern) *„Wissen Sie, was er meint? Schon mal gesehen? – Ich
sehe es ihnen an, dass sie es nicht vor sich sehen!"*

T (lachend): *„Ja dann müssen wir's eben mal machen, damit wir's vor uns
haben!"*

---

[115] Wagenschein, Martin (2002): *Erinnerungen für morgen.* Weinheim und Basel: Beltz Verlag, S. 117.

Auf einem riesigen alten Tisch wird eine Folie ausgebreitet. Vorsichtig wird eine Zinkwanne voll Wasser hereingetragen und daraufgestellt. – Man steht auf. – Einige beginnen, zögernd, andächtig zu spülen.

W (an T., der anfangs den Versuch vorgeschlagen hat): *„Ist es so richtig?"*

T nickt, Gemurmel bei den anderen.

W: *„Ja, was wir gemacht haben, das ist jetzt klar."*

Man setzt sich wieder.

W: *„Jetzt: Was ist hier das Problem?"*

T: *„Dass das Wasser im Glas bleibt, erstaunt mich. Sonst leert sich doch Wasser aus."*

T: *„Wir sind gewohnt, dass Wasser ausfließt. Es widerspricht der Gewohnheit."*

Älterer Gast: *„Wieso? Es ist doch ‚gewöhnlich': immer, wenn ich spüle, ist es so. Man wundert sich doch nicht darüber."*

Mehrere T: *„Doch! Ich habe mich schon früher darüber gewundert."*

T: *„Das Wasser kann nicht raus. Denn…"*

W: *„Wieso, will es denn?"*

T: *„Es will schon – aber* da *drin (in der Wanne) ist halt viel* mehr *Wasser. Da kommt es nicht gegen an. Es kann sich nicht durchdrängen. Einer gegen viele!"*

(Gelächter)

W: *„Das ist doch richtig. Die Menge macht's!"*

T (zögernd): *„Wenn im Glas* mehr *Wasser wäre…, wenn das Wasser im Glas so viel wäre wie draußen…"*

W: *„Ja, ja, da drängen sich Experimente auf, wie?"*

T: *„Ja, wenn wir statt der Wanne einen Suppenteller…nein das geht nicht!"*

Mehrere stimmen aber zu. Ein Teller wird geholt.

T versucht es mit Bierglas und Suppenteller. Es missglückt zuerst, weil das Glas gleich zu hoch gehoben wird. Dann klappt's: Das Wasser bleibt im Glas, auch wenn das Glas (umgekehrt) nicht auf dem Teller ruht.

Erstauntes Lächeln. –

So weiter, zwei Stunden lang.

Wagenschein zeigt uns mit dieser Vorlage, wie ein Alltagsphänomen – richtig exponiert und inszeniert – authentisch Fragen evoziert, Sogfragen, die einen in ihren Bann ziehen, einen nicht mehr loslassen, Rätsel, die gelöst werden wollen. Es bleibt aber nicht beim „lustigen Rätselraten im Unterricht". Wagenschein greift hier nach einer Nuss, in welcher sich nicht nur ein Rätsel versteckt, sondern in der sich ein Wissenschaftsparadigma mit samt seiner Kulturgeschichte

verdichtet – dem Luftdruck. Das Paradigma und seine Kulturgeschichte soll nun
ausgehend vom Phänomen entfaltet werden. Hinter dem rätselhaften Phänomen,
das Wagenschein hier in den Unterricht bringt, steckt eine Sternstunde der
Menschheit, die sich genetisch aus dem Phänomen heraus erschließen lässt. Aus
der Nuss soll sich ein Baum entfalten, ein Baum der zuvor in seiner Frucht verdichtet war. Nuss – Baum. Die Nuss selber aber ist die Frucht desselben Baumes,
in welcher der Baum sein Wesen festschreibt und weitergibt. Der Baum der Kulturgeschichte, festgehalten im Phänomen (Nuss), aus welchem sich diese wieder
entfalten lässt wurde zum Symbol der Lehrkunst.[116] Also: Baum – Nuss – Baum.

Abbildung 21:   Baum – Nuss – Baum als Symbol der Lehrkunst

Wagenschein war ein Meister darin, solche Nüsse aufzuspüren. Er hat diese in
rund einem Dutzend Unterrichtsexempeln skizziert, leider aber nie auskompo-
niert oder gar unterrichtet. Dieser Aufgabe hat sich die Bewegung der *Lehrkunst-
Gruppe* um Hans Christoph Berg angenommen. Das vorliegende Lehrstück ist
ein Produkt dieser Bemühungen und soll das Erbe Wagenscheins interessierten
Lehrerinnen und Lehrern zugänglich machen.

4.2.2   Wegweisertexte

Das Lehrstück *Pascals Barometer* geht auf eines der vielen Unterrichtsexempel
von Wagenschein zurück. Am Beispiel des Wasserglases, aus welchem das Wasser nicht herausfließen kann, hat Wagenschein in den 70er und 80er Jahren in

---

116 Das Bild findet sich auf der Titelseite des Konzeptbandes zur Lehrkunst: Berg, Hans Christoph
     (2009): *Die Werkdimension im Bildungsprozess*. Bern: h.e.p.-Verlag. Vgl. darin auch Teil 1, *Idee
     und Ethos*.

seinen Seminaren die genetische Lehrmethode vorgeführt. Leider ist er der Nachwelt seine Version eines Lehrstücks zum Barometer schuldig geblieben. Seine Aufzeichnungen, Beschreibungen und Hinweise sind aber Wegweiser genug, um „frei nach Wagenschein" ein Lehrstück zu Pascals Barometer zu dichten – denn Lehrstücke sind didaktische Dichtungen! Wagenschein verweist auch darauf, in welchen originären Quellen wir nachlesen können, wie die Vorstellung des Luftdrucks geworden ist. Bei Galilei[117] sollte der Physiklehrer nachschauen, Pascals Briefwechsel[118] studieren oder bei Ernst Mach[119] die Kulturgeschichte der Mechanik nachlesen. Diese Texte führen direkt an die Wurzeln der Kulturgeschichte des Unterrichtsgegenstandes. Beim Studium Galileis entpuppt sich dieser nicht nur als genialer Denker und Wissenschaftler, sondern auch als ausgezeichneter Didaktiker. Dank der Dialogform seiner Texte lassen sich diese manchmal direkt im Unterricht inszenieren. Um seine Bewegungslehre zu diskutieren, muss Galilei sich zuerst mit der aristotelischen Beschreibung der Bewegung auseinandersetzen. Diese begründet die Ursache der Bewegung in der *Abscheu der Natur der Leere gegenüber*, später benannt als die Theorie des *horror vacui*. Danach stößt das Medium, welches sich bei der Bewegung eines Körpers ständig hinter diesem wieder schließen muss, damit kein Vakuum entsteht, diesen vorwärts.

Ernst Mach beschreibt in seiner Geschichte der Mechanik chronologisch die wissenschaftliche Genese des Paradigmenwandels vom *horror vacui* zum Luftdruck. Das hier beschriebene Lehrstück folgt in der Aufteilung der Unterrichtssequenzen weitgehend dieser Entwicklung. Ergänzend dazu gibt der Wissenschaftshistoriker Simonyi[120] in seiner *Kulturgeschichte der Physik* einen guten Überblick über die Einbettung dieser Entwicklungen in der Wissenschaftsgeschichte des 17. Jahrhunderts.

Letztlich aber war es Wagenschein, der das Wissenschaftsthema zum Unterrichtsgegenstand erhob, es didaktisch verdichtete und erschloss. Ihm ist es zu verdanken, dass es das Lehrstück *Pascals Barometer* in dieser Form gibt.

---

117 Galilei, Galileo (2004): *Discorsi, Unterredungen und mathematische Diskussionen*. Dt. Übersetzung in der Reihe Ostwalds Klassiker der exakten Wissenschaften, Frankfurt a. M.: Verlag Harri Deutsch.
118 Vgl. Anhang.
119 Mach, Ernst (2006): *Die Mechanik in ihrer Entwicklung*. Saarbrücken: Edition Classic Verlag Dr. Müller (orig. 1883).
120 Simonyi, Karoly (2002): *Kulturgeschichte der Physik, von den Anfängen bis heute*. Frankfurt am Main: Verlag Harri Deutsch.

4.2.3   Die Lehridee

Als Schüler und Student habe ich mich mit den doch recht anschaulichen Modellen zur Beschreibung des Phänomens Druck immer gut anfreunden können. Kleinste Teilchen fliegen herum und stoßen gegen Begrenzungen, gegen umgebende Wände, loten die Grenzen aus und verursachen durch ihr Aufprallen an den Wänden dauernd Stöße, die in ihrer Gesamtheit das Phänomen Druck ausmachen. Dass die Wirklichkeit aber so funktioniert, kann ich mir immer noch nicht richtig vorstellen. Druck als Teilchenstöße? Ein Ballon soll nur so prall rund sein, weil Teilchen dauernd dafür sorgen, dass sein Innenraum eine Ausdehnung hat, weil er sonst von außen (durch Stöße von Teilchen, die sich außen befinden, und durch deren Schwere) zusammengedrückt würde? Verrückte Vorstellung!

Ich öffne das Fenster und schaue in die Weite des Abendhimmels. In großer Höhe schweben Wolken, Zirren und einige Kondensstreifen schon verschwundener Flugzeuge. Zwischen der Erde und den Wolken dieser immense Raum, gefüllt mit Luft. Keine Bedrückung, keine Schwere, im Gegenteil: luftige, befreiende Weite zum tief Durchatmen! Wieder entdecke ich bei mir selber diese Diskrepanz zwischen dem angelernten Wissen darüber, dass dieses Leichte, Schwebende, den-Raum-Füllende als riesengroße Last auf uns drückt, und dem Erlebten, Erfahrenen und Gefühlten. Ich muss mich zwingen, diese beiden Ansichten nebeneinander und miteinander in mein Bewusstsein zu rufen. *„Wir leben am Grunde dieses immensen Meeres aus Luft"*, das tonnenschwer auf uns drückt, und gleichzeitig fühle ich mich beim Anblick dieses Raums, dieser Weite unvergleichlich leicht und beschwingt. Wie sind diese Welten vereinbar, verstehbar, lehrbar? Unscheinbar kleine, aber immer wieder verblüffende und rätselhafte Alltagsphänomene machen auf den Luftdruck aufmerksam, wie kleine Fingerzeige, die uns sagen wollen: Da ist noch etwas, was dir gar nicht bewusst ist, was du vergisst, was dich aus deinem Standpunkt werfen kann. Der Saugnapf, der an der Wand klebt und sich kaum lösen lässt, das Wasser, das nicht aus dem Wasserglas fließen will, die Pet-Flasche, die ich nach dem Abstieg vom Gipfel völlig eingedellt und zerdrückt aus dem Rucksack nehme und die sich beim Öffnen sofort wieder ausbeult.

Diesen Weg will ich mit meinen Schülerinnen und Schülern gehen, diese Phänomene ergründen und mit den Ansichten zum Luftdruck ringen. Schön, dass wir nicht die einzigen sind, die sich wundern. Das Ringen ist 400 Jahre alt, so alt wie die Entdeckung des Luftdrucks. Diese Entdeckung hat eine eindrückliche Geschichte. Auf diesen Spuren wollen wir wandeln und unsere Erkenntnis in der

Auseinandersetzung mit der Kulturgeschichte und der Genese des Paradigmas *Luftdruck* finden. Schließlich soll es aber nicht das Ziel sein, unsere alltägliche Wahrnehmung und unseren Umgang mit der Lufthülle durch ein wissenschaftliches Paradigma zu *korrigieren* oder zu *ersetzen*. Es soll darum gehen zu lernen, unseren alltäglichen Standpunkt zu reflektieren und ihn in Beziehung zu wissenschaftlichen, verallgemeinerten Standpunkten setzen zu können. Denn wehe dem, der sich nicht mehr lösen kann von der Vorstellung, am Grunde dieses erdrückenden Luftmeeres zu leben!

4.2.4 Die Lehrstückgestalt

Die Inszenierung von Lehrstücken durch verschiedene Lehrpersonen auf verschiedenen Stufen unterscheidet sich selbstverständlich mehr oder weniger. Gewisse Sequenzen brauchen bei der einen Klasse mehr Zeit. Eine Diskussion entwickelt sich bei einer anderen Klasse lebhafter. Eine Lehrperson schildert die historischen Begebenheiten dramatischer und ausführlicher usw. Ein Lehrstück ist aber dadurch charakterisiert, dass es ein didaktisch durchdachtes – eben komponiertes – Grundgerüst hat, das sich in den verschiedenen Inszenierungen nicht unterscheiden soll und kann, ohne dass von der Gestalt des Lehrstücks abgewichen wird. Werden verschiedene Inszenierungen *übereinander gelegt,* so erscheint diese Gestalt als *Durchschnitts-Bild* aller Inszenierungen. Dieses *Durchschnitts-Bild* wird hier *Lehrstückgestalt* oder auch *Lehrstückkomposition* genannt. Lehrstücke werden oft – in Anlehnung an die Dramaturgie in einem Theater – in Akte gegliedert. Solche Akte sind Unterrichtssequenzen, die sich nicht am Zeitraster der Lektionen orientieren müssen. Sie bilden im Lehrstück dramaturgische Einheiten. Als Erstes ist in diesem Kapitel eine Übersicht über diese Akte gegeben. Sie soll der Leserin und dem Leser als Orientierungshilfe durch das Lehrstück dienen. Dabei werden auch die methodischen und didaktischen Merkmale (Schwerpunkte) des Aktes genannt. Jedem Akt wird eine historische Figur assoziiert, die als Mentor durch den Inhalt des Aktes führt. Zu Beginn wie auch zum Schluss stehen allerdings die Klasse und das Phänomen im Zentrum.

Kursiv werden im Text Bemerkungen auf der Metaebene hervorgehoben. Es handelt sich um Erläuterungen zur didaktischen und methodischen Bedeutung der Unterrichtssequenz.

Dramaturgische Gliederung	Thematische Gliederung (Akte)		Zeitliche Gliederung (Lektionen)
Ouvertüre	Wasserglasexperiment *Sokratisches Gespräch* Eröffnung, Exposition des Phänomens WIR (KLASSE)		L1
1. Akt	Der lange Wasserschlauch *Großexperiment* Entwicklung des Phänomens GASPARO BERTI		L2
	Beschränkte Kraft des Vakuums *Schüler- und Demo-Experiment* Verfolgen der Theorie *horror vacui* GALILEO GALILEI		L3
			L4
2. Akt	Hat die Luft ein „Gewicht"? *Demo-Experiment* Verfolgen der Theorie *Luftdruck* EVANGELISTA TORRICELLI		L5
			L6
3. Akt	Besteigung des Puy de Dôme *Literatur und Experiment* Die Entscheidung für den *Luftdruck* BLAISE PASCAL		L7
			L8
	Die Kraft des Luftdrucks *Demo-Experimente* Paradigmenwechsel OTTO VON GUERICKE		L9
Finale	Die Schlussrunde *Diskussionsrunde* Überblicken des Weges der Erkenntnis BERT, GALILEI, TORRICELLI, PASCAL GUERICKE WIR		L10
			L11
Epilog	Nachspiel Poster, Prüfung, Feedback		L12
			L13
			L14

Tabelle 7:   Übersicht über das Lehrstück Pascals Barometer

4.2.4.1   Eröffnung – Das Experiment mit dem Wasserglas

Den Beginn macht das sokratische Gespräch, das durch das Bild von Wagenschein mit seinen Studierenden zu einem Symbol der Lehrkunst geworden ist. Im Fokus steht das Experiment mit dem Wasserglas, das den Schülerinnen und

Schülern möglichst nahe und anschaulich exponiert werden soll. Die gewählte Methodik zielt darauf ab, bei den Schülerinnen und Schülern einen Denkprozess zu initiieren. Sie sollen die Schülerrolle ablegen und möglichst authentisch sprechen, denken und argumentieren. Das dazu gewählte sokratische Gespräch soll, im Sinne von Sokrates *mäeutisch* sein.[121]

> *Die Mäeutik (Hebammenkunst) bezeichnet die Geburtshilfe. Sokrates verwendet den Begriff im didaktischen Zusammenhang um die Rolle des Gesprächsleiters zu beschreiben. Die Philosophie dahinter gründet auf der Annahme, dass die Erkenntnis in einem jeden schlummert und dass diese durch geschicktes Unterrichten an den Tag gebracht werden kann. Das sokratische Gespräch wird nicht im strengen, neo-sokratischen Sinne nach Nelson[122] geführt, bei welchem die Lehrperson sich völlig inhaltlicher Aussagen und manipulativer Fragen enthält. Hier soll die Lehrperson erstens das Phänomen (Wasser bleibt im Glas) möglichst anschaulich und prägnant in Szene setzen (auch sprachlich) und soll das Gespräch auch sanft in die gewünschte Richtung lenken. Die Kunst dabei ist, sich als Adressat von Aussagen der Schülerinnen und Schülern aus dem Blick zu nehmen. Diese sollen beginnen, zueinander zu sprechen und eine Diskussion untereinander zu führen. Es darf nicht bei einem Frage-Antwort-Spiel zwischen Lehrperson und Schülerinnen, Schülern bleiben.*

Die Schülerinnen und Schüler erkunden das Phänomen fragend, Hypothesen aufstellend und verwerfend, so umfassend, dass nach der Sequenz alle intrinsisch daran interessiert sind, dem Sachverhalt des Phänomens auf den Grund zu gehen.

Im Verlaufe des Gespräches tauchen Vorschläge zur Erweiterung des Experimentes auf. Einigen kann spontan nachgekommen werden, andere erfordern etwas Vorbereitungszeit. So zum Beispiel das Experiment mit dem langen Schlauch, mit dem untersucht werden soll, wie hoch eine Wassersäule steigen kann. Vor allem aber tauchen während des Gesprächs zwei Erklärungsansätze für das Phänomen im Wasserglas auf: Das Konzept des *horror vacui* und das Konzept des *Luftdrucks*. Beide Konzepte werden durch die Schülerinnen und Schüler in verschiedenen Versuchen mehrmals formuliert. *Luftdruck*: „Der Druck durch die Außenluft auf das Wasser im Becken verhindert ein Ausfließen des Wassers im Glas!" *Horror vacui*: „Die Natur lässt kein Vakuum zu oder versucht zumindest, es heftig zu verhindern. Was sollte denn im Glas sein, wenn das Wasser herausfließt?"

---

121 Birnbacher, Dirk und Dirk Krohn (2008): *Das sokratische Gespräch.* Ditzingen: Reclam Verlag.
122 Loska, Rainer (1995): *Lehren ohne Belehrung. Leonard Nelsons neosokratische Methode der Gesprächsführung.* Bad Heilbrunn: Verlag Julius Klinkhardt.

4.2.4.2   Der lange Wasserschlauch

In der zweiten Sequenz widmet sich die Klasse dem Wasserschlauchexperiment.
Die Idee dazu wurde im Verlaufe des sokratischen Gesprächs entwickelt, auch
wenn die Lehrperson möglicherweise etwas dahin gesteuert hat.
Die Schülerinnen und Schüler helfen einander, das eindrückliche Experiment
durchzuführen. Ein vollkommen mit Wasser gefüllter, transparenter Schlauch von
etwa zwölf Metern Länge liegt aufgerollt in einem mit Wasser gefüllten Becken.
Das eine Ende liegt offen im Becken, das andere ist fest verschlossen. An diesem
befestigen wir eine lange Schnur, womit der Schlauch dann im Treppenhaus nach
oben gezogen werden kann. Zwei Schüler sind unten dafür besorgt, das offene
Ende des Schlauchs im Becken unter Wasser zu halten. Die anderen ziehen den
Schlauch im Treppenhaus hoch; das Wasser steigt mit. Bei etwa zehn Metern
bleibt aber das Wasser plötzlich stehen und es bilden sich Blasen im Wasser.
Warum bleibt das Wasser stehen? Woher kommen die Blasen im Wasser? Was
ist im entstehenden Raum über dem Wasser?

Das Experiment bildet eine Etappe auf dem Weg zur Klärung der Frage, mit
welcher der beiden Theorien das Phänomen erklärt werden soll. Niemand erwartet
bereits abschließende Erklärungen, weder für das Wasserschlauchexperiment
noch für das Phänomen Wasserglas. Die Beobachtungen werden aber festgehalten:
Das Wasser *löst sich* bei etwa zehn Metern vom Schlauchende, das Wasser bleibt
stehen; das Wasser wirft Blasen; es bildet sich ein Leerraum über dem Wasser;
beim Herunterlassen des Schlauchs füllt sich der Leerraum wieder mit Wasser.

Nach der erfolgreichen Durchführung des Experimentes werden die Schülerinnen und Schüler damit konfrontiert, dass sie mit ihren Ideen und Vorstellungen nicht alleine stehen in der Geschichte der Wissenschaft. Gasparo Berti hatte
in den Straßen Roms um die 1640er Jahre mit zehn Meter hohen Glasrohren und
mit Wasser experimentiert.

---

*Solche Konfrontationen können sowohl Ernüchterung, wie auch Freude und
Staunen auslösen. „Ich bin nicht alleine mit meiner Idee. Ein anderer hat sich
die gleichen Gedanken gemacht und ein ähnliches Experiment entwickelt und
das schon vor 400 Jahren!" Diese Verbindung zu historischen den Experimenten ist wichtig und zeigt den Schülerinnen und Schülern die kulturhistorischen
Dimensionen unseres heutigen Wissens auf. Wie haben denn die Leute damals
darüber gedacht, was waren deren Theorien und wie haben sie versucht ihre
Fragen zu klären?*

4.2.4.3   Die beschränkte Kraft des Vakuums

In der folgenden Lektion setzt sich die Klasse mit der Lektüre von Galileis *Discorsi* auseinander. Galilei beschreibt darin seine Theorie der *beschränkten Kraft des Vakuums*. Zwar ist er anders als etwa die Aristoteliker der Meinung, dass es durchaus ein Vakuum (die Leere) gibt, allerdings braucht es zur Erzeugung eines solchen eine Kraft. Die Kraft des Vakuums, mit der dieses sich zu verhindern versucht, kann gemessen werden. Die Schülerinnen und Schüler messen es: Sie erhalten Plastikspritzen und Wasser. Damit erkunden sie das Vakuum. Füllt man die Spritze zur Hälfte mit Wasser, verschließt die Spritzenöffnung vorne mit dem Daumen, so lässt sich durch kräftiges Ziehen der Kolben etwas rausziehen. Erneut die Frage: Was bleibt im sich öffnenden Raum? Leere? Wasserdampf? Luft, die sich aus dem Wasser *löst*? Die Schülerinnen und Schüler entdecken selber, dass der Kolben der Spritze blitzschnell zurückschnellt, wenn sie diesen nun loslassen. Der Leerraum verschwindet augenblicklich. Kann aus dem Wasser ausgetretene Luft sich so rasch wieder im Wasser *verkriechen*? Vorerst bleibt die Hypothese im Raum stehen, dass sich beim Ziehen des Kolbens tatsächlich ein luftleerer Raum bildet.

Die Klasse folgt nun der Beschreibung Galileis zur Bestimmung der Kraft, die nötig ist um ein Vakuum zu erzeugen. Dazu lesen wir einen Ausschnitt aus den *Discorsi*, in welchem der Protagonist Salviati seinen Kollegen Sagredo und Simplicio das Experiment erklärt.

> *Während des gesamten Lehrstücks greifen wir immer wieder auf historische Quellen zurück. Diese Orientierung an der Kulturgenese der Erkenntnis um einen Sachverhalt ist für den Erkenntnisprozess wichtig. Wir lassen uns in unseren Gedankengängen durch jene der großen Gelehrten lenken. Diese Kulturauthentizität verschafft unserem Wissen automatisch eine menschheitsgeschichtliche Dimension! Oft werde ich von Schülerinnen und Schülern gefragt: Warum muss ich mathematisch ableiten können? Wozu muss ich denn französische Literatur lesen? Wo und wann brauch ich das in meinem Leben je wieder? Die Antworten liefert ein Unterricht, der kulturhistorische Bezüge schafft. Bildung bedeutet, das gegenwärtige Menschheitswissen und die gegenwärtigen Gesellschaftsnormen (Ethik, Moral, Religion, Lebensphilosophien) und auch die Staatsformen und Wissenschaftsstränge bis hin zu den Lehrplänen der Schulen in ihrer kulturhistorischen Entwicklung zu sehen. Die Schülerin, der Schüler soll zur Erkenntnis gelangen: „Ich lebe mit meinen Gedanken, meinen Ideen, meinen Erkenntnissen und Konzepten in einer historisch gewachsenen, kulturellen Gesellschaft, die mich prägt und formt".*

Die Resultate aus den Experimenten werfen neue Fragen und Unsicherheiten auf. Warum spielt es für die Kraft keine Rolle, *wie viel* Vakuum wir erzeugen? Warum hängt die Kraft andererseits davon ab, welche Querschnittsfläche die Spritze (das Vakuum) hat?

4.2.4.4 Hat die Luft ein „Gewicht"?

Die Theorie des *horror vacui* wird vorläufig so stehengelassen und die Klasse wendet sich wieder der Frage nach dem Luftdruck zu: Wenn der Luftdruck das Ausfließen des Wassers aus dem Glas verhindern soll, so muss die Luft ja ein beträchtliches Gewicht haben um einen so großen Druck zu erzeugen. Schon fast als Selbstverständlichkeit wird hier angenommen, dass die Luft tatsächlich eine Gewichtskraft hat. Ist das wirklich so? Und wenn ja, wie groß ist sie? Ist es möglich, diese Kraft zu messen?

Wiederum liegt bei Galilei die Beschreibung eines eine Experiments vor, wie die Gewichtskraft der Luft gemessen werden kann. Das Experiment lässt sich genau wie beschrieben mit geringem Aufwand durchführen. Die Klasse bestimmt so die Dichte der Luft. Um die Bedeutung dieses Resultates zu konkretisieren, werden als Beispiel die Masse und die Gewichtskraft der Luft im Schulzimmer berechnet. Das Resultat beeindruckt! Die Luftdrucktheorie rückt dadurch in ein neues Licht. Luft kann also eine beträchtliche Kraft auf die Umgebung ausüben. Sofort wirft die Rechnung aber auch neue Fragen auf: Wie ertragen wir Menschen die Gewichtskraft der ganzen Luft? Wie viel Luft gibt es denn in der ganzen Atmosphäre?

Im Unterricht taucht eine weitere historische Persönlichkeit auf, die vorgeschlagen hat, die Wassersäule im Glas durch eine solche aus Quecksilber zu ersetzen: Evangelista Torricelli. Quecksilber hat eine deutlich größere Dichte als Wasser und sollte daher die Kraft des Vakuums bzw. die Kraft des Luftdrucks bereits bei geringerer Mächtigkeit überwinden.

Also studieren wir zunächst ein altes Quecksilber-Barometer. Es funktioniert genau nach dem Prinzip des Wasserglasexperiments bzw. des Wasserschlauchexperiments, mit dem Unterschied, dass die Quecksilbersäule bereits bei etwa 73 Zentimetern eine Gewichtskraft hat, die ausreicht, um die *Kraft des Vakuums zu überwinden* bzw. den entgegenhaltenden Luftdruck auszugleichen. Torricelli war ein vehementer Verfechter der Luftdrucktheorie. Aufgrund einer Vielzahl von verschiedenen Experimenten, die er mit Quecksilbersäulen gemacht hat, ist er zu der Überzeugung gekommen, dass die Theorie *horror vacui* eine falsche Vorstellung der Gegebenheiten schafft. Torricelli zeichnete ein eindrückliches Bild seiner Sichtweise: *„Wir Menschen leben am Grunde eines Meeres aus Luft!"* Alle bisher beschriebenen Effekte seien zurückzuführen auf den Schweredruck der immensen Luftsäule, an deren Grunde wir leben.

> *Dieser Paradigmenwechsel in der Erklärung der hydro- und aerostatischen Phänomene ist exemplarisch für die Veränderung des Weltbildes in dieser Epoche. Der Mensch rückt zusehends aus dem Zentrum der Beschreibung. Die Theorien und Erklärungen entziehen sich immer mehr der direkten Anschaulichkeit. Um die Welt zu verstehen, muss der Mensch sich von seiner anthropozentrischen Sichtweise lösen, einen Schritt zurück machen und die Welt von „außerhalb" betrachten. Dann rückt das Meer aus Luft in den Blick. Plötzlich erscheint alles klar und deutlich vor dem geistigen Auge. Für unsere Schülerinnen und Schüler ist das heute erheblich einfacher als für die Menschen vor 500 Jahren. Satellitenbilder und Aufnahmen der Erde aus Raumstationen sind bekannt. Schwierig geblieben ist, diese Bilder mit der eigenen Anschauung zu verbinden. Von unten an den Himmel schauen und sich gleichzeitig vorzustellen, wie das von „außen" aussieht. Sichtweisen und Blickwinkel zu verändern, erfordert Sicherheit im eigenen Standpunkt. Umgekehrt findet der Lernende nur Vertrauen in den eigenen Standpunkt, wenn er es wagt, sich zu bewegen!*

4.2.4.5 Die Besteigung des Puy de Dôme

Bewiesen wurde mit der Quecksilbersäule und dem Studium der Experimente von Torricelli die Wirkung des Luftdrucks nicht. Dazu bedurfte es in der Geschichte zur Klärung des Luftdrucks eines weiteren genialen Kopfs: Blaise Pascal. Im Jahre 1647 beauftragt dieser seinen Schwager Périer mit einem Experiment: Er solle mit einem mit Quecksilber gefüllten Rohr, wie es Torricelli für seine Experimente verwendet hatte, von Clermont-Ferrand aus auf den Puy de Dôme steigen und dabei genau den Pegel der Quecksilbersäule beobachten. Falls der Luftdruck bei dem Experiment eine Rolle spielt, sollte sich beim Besteigen des Berges etwas verändern, da ja der Luftdruck auf dem Berg geringer ist als in Clermont-Ferrand.

Der Originaltext des Briefwechsels wird den Schülerinnen und Schülern vorgelegt, wir lesen wird aber eine vereinfachte (aber immer noch in Französisch verfasste) Zusammenfassung davon. Auch dieses Experiment, das historisch den Durchbruch in der Frage nach der Bedeutung des Luftdrucks gebracht hat, soll

im Unterricht inszeniert werden. Zwar gibt es an der Schule keine geeigneten Instrumente (das Quecksilberbarometer ist viel zu labil und zu schwer), um das
Experiment am nahegelegenen Hausberg wandernd nachzuvollziehen. So führen
wir das Experiment halt im Schulhaus selber durch, wo wir einen Höhenunter-
schied von etwa 20 Metern überwinden können. Das Experiment scheint den
Beweis zu erbringen. Der Pegel im Rohr sinkt um etwa 2 mm (bei Pascal um
etwa 9 cm)!

In einem Zwischenschritt formulieren alle Schülerinnen und Schüler für sich
und in eigenen Worten, welche Erkenntnis das Experiment von Pascal bringt.

4.2.4.6   Die Kraft des Luftdrucks

Otto von Guericke tritt als letzter der Wissenschaftler im Unterricht in Erscheinung. Seine Faszination für diese neue Erkenntnis rund um den Luftdruck
schwappt rasch auf die Schülerinnen und Schüler über. Die Erfindung der Luftpumpe durch ihn und seine attraktiven Experimente machen die Wirkung und die
Macht des Luftdrucks erfahrbar. Es lohnt sich hier, mit einer Vakuumpumpe eine
Lektion lang zu experimentieren und zu spielen: Das Zentrum bilden die Magdeburger Halbkugeln, und dazu gehört blühend erzählt die Anekdote der Inszenierungen des Experimentes durch von Guericke in Magdeburg. Ferner wird das
Verhalten von verschiedenen Dingen unter der Vakuumglocke untersucht: Was
geschieht mit einem Ballon, einem Glas Wasser, einem Schokokuss usw.

*An dieser Stelle taucht das erste Mal ein modernes Gerät im Lehrstück auf,
die Vakuumpumpe. Sie hat sich vorher auch nicht aufgedrängt. Zwar bringen
Lernende im Verlaufe der Diskussionen immer wieder den Vorschlag, eine Vakuumpumpe herbeizuziehen. Solange diese aber in der historischen Entwicklung noch nicht zur Verfügung steht, kommt sie auch im Unterricht nicht vor.
Nachdem von Guericke die Luftpumpe erfunden hat, gibt es keinen Grund mehr,
diese im Unterricht nicht zu verwenden. Taucht die Vakuumpumpe im Unterricht zu früh auf, werden wichtige Erkenntnisschritte vorweggenommen und
die Kontinuität des wissenschaftlich angereicherten Lernprozesses wird gestört.*

4.2.4.7 Die Schlussrunde

Den letzten Höhepunkt der Wanderung durch die Wissenschaftsgeschichte bildet die abschließende Gesprächsrunde mit den fünf Wissenschaftlern Berti, Galilei, Torricelli, Pascal und von Guericke. Sie soll gleichzeitig einen Überblick über den vollzogenen Erkenntnisprozess geben. Die Schülerinnen und Schüler schlüpfen in die Rolle der Wissenschaftler und versuchen, aus deren Warte das Ausgangsphänomen (Wasser im Wasserglas) zu erklären. Ein aufmerksames Publikum – die restliche Klasse – stellt dabei kritische Fragen. Alle Experimente, die im Lehrstück eine zentrale Rolle spielen, sind so nochmals präsent. Die Diskussion wird nach 40 Minuten unterbrochen. Nachdem nun Otto von Guericke die Luftpumpe erfunden hat und es anscheinend klar ist, dass der Luftdruck für das Verharren des Wassers im Glas verantwortlich ist, soll dieser Sachverhalt nun auf sehr direkte Weise experimentell gezeigt werden. Dramaturgisch hat dieses abschließende Experiment die Bedeutung des *„Finales"* im Lehrstück. Eine verkleinerte Version des Beckens mit Wasserglas, ein Reagenzglas in kleinem Wassergefäß, gehalten von einem Stativ, wird unter der Vakuumglocke evakuiert. Ein ähnliches Experiment hat um 1670 auch Robert Boyle durchgeführt. Obwohl oder gerade weil alle zu wissen glauben, was geschehen wird, herrscht große Spannung. Und tatsächlich beginnt das Wasser aus dem Glas auszufließen, nachdem die Vakuumpumpe eine Weile kräftig Luft abgepumpt hat!

4.2.4.8 Nachspiel

Das Lehrstück endet damit, dass die Schülerinnen und Schüler den Auftrag erhalten, in Dreier- bis Vierergruppen ein Poster zu gestalten, auf welchem der ganze Unterricht zum Barometer und vor allem die wichtigsten Erkenntnisse festgehalten sind.

Eine Woche später schreiben die Schülerinnen und Schüler eine Physikprüfung über den Inhalt des Lehrstücks. Da im ganzen Unterricht kaum gerechnet wurde, ist die Prüfung geprägt durch qualitative Fragestellungen. Die Schülerinnen und Schüler sollen aber auch in der Lage sein, Transferleistungen zu erbringen. So besteht eine Aufgabe darin, die Funktionsweise des im Unterricht nie besprochenen *Goethe-Barometers* zu erklären.

Zwei Monate nach Inszenierung des Lehrstücks werden die Schülerinnen und Schüler mit einem Fragebogen befragt. Sie sollen sich dazu äußern, wie ihnen das Lehrstück insgesamt und wie ihnen die unterschiedlichen Sequenzen gefallen haben. Erfragt wird aber auch, was ihnen besonders geblieben ist und ob sie die

Grundfrage, um welche sich das Lehrstück gedreht hat, noch kennen. Dieses
Feedback ist für eine Auswertung enorm wichtig. Sind die Lernziele mit dem
Lehrstück erreicht worden? Was muss verbessert werden? Welche Überlegungs-
schritte haben die Schülerinnen und Schüler nicht nachvollziehen können? Wo
haben sie sich allenfalls gelangweilt?

4.2.4.9   Reflexion in Bezug auf die These der Arbeit

In Finale dieses Lehrstücks tritt der vollzogene Paradigmenwechsel nochmals
deutlich vor Augen. Die in der Aristotelik verhaftete Vorstellung des *horror vacui*
verwandelt sich in das Paradigma des Luftdrucks, das die Galilei'sche globale
Verallgemeinerung repräsentiert. Die Konfrontation mit der universellen Verallgemeinerung und mit den modernen Theorien zur Leere fehlt in der Dramaturgie
des Lehrstücks vorerst. Zwischen den Zeilen findet dieser Ausblick aber immer
statt. Die Frage danach, ob es denn *das Leere* wirklich gäbe und wenn ja, wo, ist
dauernd präsent. Im Nachgang zum Lehrstück informiere ich die Schülerinnen und
Schüler jeweils orientierend über die modernen Vorstellungen dazu. Die Orientierung über die Vakuum-Fluktuation, das dauernde Entstehen und Verschwinden
von Teilchen in der „Leere" sowie der Äquivalenz von Masse und Energie relativiert die Ablehnung der Theorie des *horror vacui* in erstaunlicher Weise. Ist es
vielleicht doch so, dass der leere Raum nicht wirklich *Leer* sein kann? Ist da
nicht doch immer Energie und damit zumindest potentiell auch Materie?

4.3   Lehrstückinszenierung

4.3.1   Vorbemerkungen

Der folgende Unterrichtsbericht ist die authentische Aufzeichnung des Unterrichtsverlaufs an einer Klasse im 9. Schuljahr (erstes Jahr gymnasialer Unterricht) am Gymnasium Neufeld in Bern im Frühjahr 2009 (10.02.09 – 24.03.09).
Die Klasse besteht aus 6 Schülerinnen und 12 Schülern. Ich hatte sie bereits während eines Semesters mit zwei Lektionen pro Woche in Physik (Optik) unterrichtet. Im zweiten Semester begannen wir direkt mit dem nachfolgend beschriebenen Lehrstück, das sich bestens in den im bernischen Lehrplan vorgesehenen
Themenbereich *Hydrostatik* einfügt.

Die folgende Inszenierung gründet auf der Lehrstückfassung von Ueli Aeschlimann, von welcher ich aber in der Dramaturgie – vor allem am Ende – etwas abweiche (vgl. Kapitel 4.3.9).

4.3.2   Eröffnung – Das Experiment mit dem Wasserglas

Die Schülerinnen und Schüler sitzen gemeinsam mit mir um einen Tisch, auf welchem sich ein Plastikbecken voller Wasser und ein hohes Trinkglas befinden. Die Schülerinnen und Schüler haben keine Utensilien bei sich und sind dazu angehalten, zuzuschauen und frei zu sprechen.

L: *„Setzen Sie sich so, dass Sie alle auf das Becken sehen können."*
Ich setze mich selber an den Tisch mit dem Wasserbecken. Ich tauche das Wasserglas vollständig ins Wasserbecken und hebe es vorsichtig mit der Öffnung nach unten aus dem Becken, aber nur soweit, dass das offene Ende im Wasser bleibt.

L: *„Sie haben sicher alle schon zuhause Geschirr gespült. Kennen Sie dieses Phänomen?"*
Sch: *„Uuh ... das Wasser kommt mit!"*
L: *„Beschreiben Sie, was Sie sehen!"*
Pascal: *„Das Glas bleibt mit Wasser gefüllt, obwohl es auf dem Kopf steht."*
Daniel: *„Es kann keine Luft nachströmen ... und so kann der Leerraum, der entsteht, wenn das Wasser rausfließt, nicht gefüllt werden."*
L: *„Mmh."*
Die Erklärung von Daniel leuchtet offenbar ein. Es herrscht ein geraumer Moment Schweigen.

L: *„Was noch?"*
Michelle: *„Der Luftdruck ... von außen ... also auf die Wasseroberfläche."*
L: *„Wie geht das? Wie stellen Sie sich das vor?"*
Michelle: *„Ja, einfach, die Luft drückt auf das Wasser und so kann es nicht gut weiter nach oben steigen, wenn das Wasser ausfließt aus dem Glas."*
Dem Gemurmel der Schülerinnen und Schüler nach sind da nicht alle so einverstanden.

Nicht bei jeder Inszenierung gelingt es derart schnell, die beiden Hauptparadigmen zum Phänomen zu evozieren. Hier stehen sie nun bereits im Raum. Es geht jetzt zuerst darum, dass jede Schülerin und jeder Schüler die beiden Paradigmen vor Augen hat. Dies geschieht unter anderem dadurch, dass wir den einzelnen Argumentationen durch kleine Handexperimente nachgehen. Diese sollen aber durch die Schülerinnen und Schüler vorgeschlagen werden.

L: „Haben Sie verstanden, was Michelle meint?"

Sch: „Ja, ja."

L: „Ist das das Gleiche wie das, was Daniel vorher gesagt hat?"

Sch: „Nein, nein, ... öh, was hat Daniel gesagt?"

L: „Können Sie Ihre Erklärung wiederholen?"

Daniel: „Also ... ähm ... der Glasrand ist unter dem Wasserspiegel, das heißt,
es kann keine Luft nachströmen und den Leerraum füllen, der entsteht,
wenn das Wasser herausfließen würde, also, wenn das Wasser jetzt ausfließen würde, würde es ein Vakuum geben und das zieht ja das Wasser
wieder hoch, also es bleibt oben. Es kann keine Luft nachströmen, die den
Leerraum füllt."

L: „Gut, das ist etwas anderes, als das was Michelle gesagt hat. Können wir
das irgendwie überprüfen?"

Raul: „Wir können Luft dazu geben."

Ich nehme ein Stück Schlauch hervor und halte dieses von unten ins Glas. Vorerst geschieht nichts. Ich blase das Restwasser durch den Schlauch. Sofort beginnt das Wasser aus dem Glas zu fließen.

Raul: „Die Luft ist leichter als das Wasser, dann saugt es hier die Luft hinein
und das Wasser wird dann durch die Erdanziehungskraft nach unten gezogen und dadurch ... durch den Sog ... wird dann die Luft hineingezogen."

... Stille ...

L: „Haben Sie verstanden, was Raul gemeint hat?"

Immer wieder frage ich nach, ob die Schülerinnen und Schüler (akustisch wie
inhaltlich) verstanden hätten, was gesagt wurde. Sobald nämlich Schülerinnen
und Schüler nicht mehr verstehen, geht der Sinn des sokratischen Gesprächs für
sie verloren und die Aufmerksamkeit ebenfalls. Ich variiere das Experiment
etwas, indem ich das Glas nicht ganz mit Wasser fülle:

L: „Warum fließt es jetzt nicht raus?"

Pascal: „Weil sich die Luft nicht ausdehnen kann."

Daniel: „Weil keine Luft nachströmen kann."

Raul: „So entsteht wieder der Vakuumeffekt, einfach mit weniger Wasser. Das
Wasser kommt einfach nur bis zu einer bestimmten Grenze nach oben, bis
die Luft den restlichen Raum füllt."

Wir dürfen die Luftdrucktheorie nicht aus den Augen verlieren und ich bringe
die Ideen von Michelle wieder ins Spiel:

L: „Gut, können wir damit die Theorie von Michelle beiseiteschieben?
Michelle, was meinen Sie?"

Michelle: „Ähm ... eigentlich nicht!"

Die Klasse grinst.

L: *„Was war schon wieder Ihre Idee?"*

Michelle: *„...dass der Luftdruck drückt, ... auf die Wasseroberfläche."*

L: *„ ... und was dann?"*

Michelle: *„ ... also, die Luft drückt auf das Wasser und ... also, das Wasser hat einfach zu wenig Kraft, um herauszufließen und gegen die Luft nach oben zu drücken, denn wenn es herausfließt, steigt der Wasserspiegel."*

L: *„Was meinen Sie dazu?"*

Adrian: *„Wenn es keinen Luftdruck gäbe, so würde es einfach herauslaufen, oder?"*

Daniel: *„Nein!"*

Lukas: *„Ich glaube schon ... aber vielleicht auch nicht, vor allem wegen dem, was Dani gesagt hat, wegen dem Vakuum, das entstehen würde. Aber ich glaube, es wäre auch möglich, dass der Luftdruck das Wasser zurückhält. Vielleicht spielt beides ein bisschen mit."*

Adrian: *„Wenn einfach kein Luftdruck wäre, einfach Vakuum außen, dann würde es doch auslaufen?!"*

Pascal: *„Es könnte ja sein. Die Luft, die drückt ja zum theoretischen Vakuum, das wir da oben haben. Und der Rand des Glases befindet sich ja unter der Wasseroberfläche. Und jetzt die Luft, die eben dorthin müsste, damit das Wasser herauslaufen kann, drückt eben dann auf die Wasseroberfläche. Und von dem her würde ich sagen, das, was Michelle sagt, könnte schon richtig sein."*

Ich habe mich schon lange gewundert, dass mich niemand auffordert, doch endlich die Vakuumpumpe herzuholen, damit wir die Frage endgültig klären könnten. Das mag zwei Gründe haben. Erstens kennen die Schülerinnen und Schüler dieses Gerät gar nicht und zweitens ist die Vorstellung einfach zu abstrakt, *außen* einfach die Luft wegzunehmen!

L: *„Wie stark ist denn dieser Luftdruck?"*

Sch: *„Etwa bei einem Bar `rum."*

L: *„Ja gut, Sie können jetzt irgendwelche Zahlen nennen. Aber, wie viel Wasser vermag denn dieser Luftdruck („ein Bar") im Glas zu halten, wenn es denn tatsächlich der Luftdruck sein soll, der das Wasser nicht auslaufen lässt? Da ist doch immerhin eine rechte Menge Wasser in diesem Glas."*

Raul: *„Der Luftdruck müsste stärker als die Erdanziehungskraft sein."*

Michelle: *„Das funktioniert doch auch, wenn das Glas noch viel grösser ist, oder?"*

L: *„Probieren wir es aus!"*

Wir nehmen ein viel größeres Glas, in welchem ein guter Liter Wasser Platz findet.

Lukas: *„Wenn das jetzt nicht mehr funktionieren würde, dann kann das mit dem Vakuum sicher nicht stimmen."*

L: *„Warum nicht?"*

Lukas: *„Weil man dann wüsste, dass bei dieser Menge Wasser der Luftdruck zu schwach ist, und im Glas ein Vakuum entstehen würde, weil das Wasser oben fortgehen würde. Wenn das Wasser dann ausfließen würde, dann wüsste man, dass der Grund dafür, dass es vorher kein Vakuum gab, nicht daher kommt, dass das Wasser den Drang verspürt, im Glas zu bleiben.* [Anmerkung des Autors: … sondern, dass der Luftdruck das Wasser oben behält.]*"*

Pascal (und alle durcheinander): *„Es könnte schon ein Vakuum dafür verantwortlich sein, aber das Vakuum ist einfach zu schwach, um das ganze Gefäß gefüllt zu halten."*

Das erste Mal gelingt es, eine Diskussion unter den Schülerinnen und Schülern zu initiieren. Ich hatte mich bisher nicht aus der Diskussion nehmen können. Die Schülerinnen und Schüler haben zwar unbelastet und frei gesprochen, aber doch immer mit mir als Adressat (Schüler – Lehrer-Gespräch). Erst jetzt beginnen sie, untereinander zu diskutieren.

Daniel: *„Das Vakuum ist dann einfach schwächer als die Anziehungskraft."*

L: *„Melanie, halten Sie mal das Glas mit dem Wasser."*

Melanie: *„Uff!"*

L: *„Das ist schwer, nicht?"*

Daniel: *„Was soll denn nachfließen, wenn das Wasser herunterginge, da muss doch irgendetwas in den leeren Raum! Und da die Öffnung unten nur im Wasser ist, kommt da nur wieder Wasser rein, also Wasser ersetzt sich mit Wasser, es bleibt also gefüllt."*

L: *„Und wenn wir unten nur noch ganz wenig Wasser haben?"*

Ich nehme ein ganz kleines Wassergefäß (Petrischale) …

L: *„Geht das auch?"*

Raul: *„Solange die Öffnung rundum im Wasser ist, geht es! Solange keine Luft dazu kommt."*

… und stelle das große gefüllte Wassergefäß mit der Öffnung nach unten in die Petrischale. Die Klasse ist begeistert.

Das Experiment mit dem großen Wasserglas in der sehr kleinen Schale gilt bei den Schülern wieder als Argument für die Vakuumtheorie. Der Druck-Begriff ist den Schülern noch nicht klar, so dass die kleinere Wasseroberfläche auch einen kleineren Druck impliziert. Hingegen bleibt die *Kraft des Vakuums* durch die kleinere Wasseroberfläche außen unverändert.

Michelle: *„Die Idee dahinter ist, dass eigentlich nirgendwo nichts sein kann. Also, dass einfach Luft oder Wasser oder was auch immer dort sein muss."*
Ich versuche nun den Stand der Diskussion zusammenzufassen, indem ich die beiden Erklärungsversuche *Daniel* (Theorie *horror vacui*) und *Michelle* (Luftdruck) nochmals deutlich mache.

L: *„Können Sie ein Experiment vorschlagen, das uns bei der Entscheidung hilft?"*

Das Gespräch wird eine gute Viertelstunde weitergeführt. Die Schülerinnen und Schüler bringen weitere Ideen, was man noch untersuchen könnte. So experimentieren wir mit einem nur halb gefüllten Wasserglas, um dann von außen mit einem Schlauch weiteres Wasser ins Glas zu blasen – ohne Erfolg! Anders rum soll ich versuchen, das Wasser mit dem Schlauch aus dem Glas zu saugen – ebenfalls erfolglos. Wir untersuchen alles mitgebrachte Material, große Wassersäulen in kleinen Gefäßen und umgekehrt, ohne dabei neue Erkenntnisse zu gewinnen. Schließlich bin ich mir sicher, dass alle erkannt haben, worum es eigentlich geht. Und das Interesse an der Klärung des Rätsels ist groß!

Schließlich kommt das Fazit von Pascal: *„Also, wenn das mit dem Luftdruck stimmen würde, dann müsste es ja eine bestimmte Wassermenge geben, die dann so schwer ist, dass sie dem Luftdruck entgegenwirken könnte, und dann müsste man einfach ein so großes Wassergefäß nehmen, bis die Wassermenge zu schwer ist, und dann oben ein Vakuum entsteht."*
Aber die Schülerinnen und Schüler kommen sogar noch auf eine andere Idee:

Adrian: *„Gibt es einen Planeten, auf welchem die Anziehungskraft genug groß ist, um die Wassersäule da herunterzuziehen?"*

L: *„Hmm ... vielleicht."*

Raul: *„Aber wir könnten auch, statt die Anziehungskraft zu verändern, etwas anderes hinein tun!"*

L: *„Was anderes?"*

Raul: *„Etwas, was flüssig ist, aber nicht zu heiß, damit das Glas nicht schmilzt, aber schwerer ist als Wasser."*

Kathrin: *„Quecksilber!"*

Kathrin hat bis hier kein Wort gesagt, aber offenbar war sie die ganze Zeit aufmerksam dabei!

Die Lektion endet hier. Die Erträge dieser Lektion sind nicht weniger als das Aufrollen der Ideen und Theorien von einem Jahrhundert Wissenschaftsgeschichte: der *horror vacui*, die Luftdrucktheorie, Galileis *beschränkte Kraft des Vakuums* und sogar Torricellis Quecksilberexperimente. All dies kann durch Inszenieren des Phänomens und durch Lenken der Diskussion evoziert werden.

Bereits nach dem Klingeln kommt Daniel noch zu mir: Was wäre denn, wenn wir eine Flasche nehmen, mit großem Inhalt, aber nur kleiner Öffnung, dann hätten wir viel Gewicht auf kleiner Fläche? Ich vertröste ihn auf die nächste Lektion. *Im Sinne handelnden Lernens könnte man die Schülerinnen und Schüler auch selber experimentieren lassen. Aber darum geht es hier nicht. Es geht um die Diskussion, um das sokratische Gespräch! Dies ist vorerst lehrergelenkt. Die Experimente geben Anlass zur Diskussion und müssen gut inszeniert sein. Das Gespräch muss dann von der Lehrperson in Gang gebracht und moderiert werden. Das freie Experimentieren durch die Schülerinnen und Schüler in Gruppen würde kaum zum gleichen Ergebnis führen.*

4.3.3   Der lange Wasserschlauch

Die zweite Lektion beginnt damit, dass die Schülerinnen und Schüler nochmals zusammenfassen, wo wir am Ende der letzten Lektion verblieben sind: Michelle und Daniel, die beiden vehementesten Vertreter der herausgearbeiteten Theorien erläutern nochmals ihre Ansichten zum Wasserglasversuch. Sie tun dies mit erstaunlicher Prägnanz und Klarheit.

Ich stelle an der Wandtafel repräsentativ für die beiden Ansichten (Theorien) zwei Begriffe einander gegenüber:

Luftdruck   *horror vacui*

Ich erläutere kurz den Begriff *horror vacui*: Im Mittelalter war eine gängige Ansicht, dass die Natur unter allen Umständen versucht, ein Vakuum (das Leere) zu vermeiden. Noch Aristoteles hatte gar dem *leeren Raum* jegliche Existenz abgesprochen. Raum sei dazu da, Dinge zu enthalten. Raum ohne Dinge sei absurd und nicht im Sinne des *Schöpfers*.

Am Ende der letzten Lektion haben wir uns überlegt, wie wir überprüfen könnten, ob der Luftdruck zu überwinden ist, falls dieser die Ursache ist für das Verbleiben des Wassers im Glas. Der Vorschlag war, ein so hohes Wassergefäß zu nehmen, dass der Druck der Wassersäule grösser wird als der Luftdruck. Bevor wir hier weiter experimentieren, möchte ich, dass wir uns darauf einigen, was wir unter dem Begriff *Druck* verstehen.

Ich halte einen kurzen Vortrag über den Druckbegriff. Was allen durch unsere Diskussion in der letzten Stunde schon klar ist, formalisiere ich nun noch:

WT Skizze 1

Druck p (für *pressure*)
$p = F/A$,

Dabei steht F für die Kraft und A für die Fläche, auf welche die Kraft wirkt. Wenn wir für die Kraft F nicht irgendeine Kraft, sondern die Gewichtskraft meinen, dann sprechen wir vom *Schweredruck*:

WT Skizze 2

Druck p (für *pressure*)	Schweredruck p_s
$p = F/A$,	$p_s = F_g/A$

Der Schweredruck ist also eine spezielle Form des Drucks. Darum geht es in unseren Experimenten. Um einen möglichst großen Wasserdruck zu erzeugen, müssen wir also sehr viel Wasser, das eine große Gewichtskraft hat, auf eine möglichst kleine Fläche lasten lassen. Daniel hat nach der letzten Lektion vorgeschlagen, dazu eine Flasche der folgenden Form (siehe Abbildung 22) zu verwenden. Seine Begründung tönt logisch: Viel Wasser, das auf einer kleinen Fläche lastet.

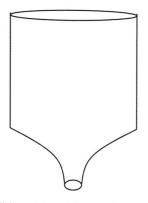 

Abbildung 22: Wasserglasexperiment mit grosser Apothekerflasche

Ich habe in der Zeit seit der letzten Lektion ein Prachtexemplar einer Apothe-
kerflasche gefunden. Diese ist etwa den Vorstellungen von Daniel entsprechend
geformt. Wir führen das Wasserglasexperiment also nochmals mit der großen
Apothekerflasche durch. Das Wasser läuft noch immer nicht heraus, obwohl das
Heben des Wassers mit der Flasche nun schon größte Anstrengung erfordert.
Michelle schlägt vor, die Fläche zu verkleinern, auf welche die Luft außen an der
Flasche drücken kann. Ohne lange nachzudenken, ob das helfen würde, versuchen
wir es. Aber auch wenn wir die Riesenflasche kopfüber in eine kleine wasser-
gefüllte Petrischale halten, läuft das Wasser nicht heraus! Michelle beginnt nun
selber, etwas an ihrer Theorie des Luftdrucks zu zweifeln.

Ich schlage vor, dass wir das eben durchgeführte Experiment als Skizze an
die Wandtafel zeichnen, um daran zu überlegen, was geschieht:

WT Skizze 3

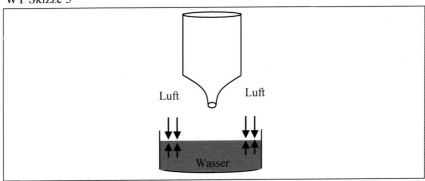

Die Pfeile deuten die Kraft an, die durch den Schweredruck der Luft bzw. den
Druck im Wasser verursacht werden und gegeneinander wirken. Was erzeugt aber
den Druck, der gegen den Luftdruck „kämpft". Der Wasserspiegel möchte ja
steigen, da das Wasser aus der Flasche ins Becken drückt, eben der Schweredruck des Wassers.

Ein glücklicher Einwand von Pascal erspart mir eine aufwändige Inszenierung von dem, was in der Hydrostatik das *hydrostatische Paradoxon* genannt wird

   Pascal: *„Drückt denn nicht nur das Wasser ins Becken, das genau über der
      Öffnung ist? Das andere Wasser trägt doch die Flaschenwand, oder besser
      Sie, die die Flasche tragen!"*
Ich ergänze die Wandtafelskizze entsprechend.

WT Skizze 4

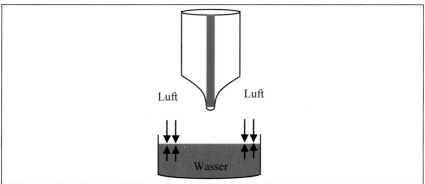

Der Vollständigkeit halber zeige ich den Schülerinnen und Schülern das Experiment, das zeigt, dass der Druck unten an einem Gefäß nur vom Pegelstand und nicht vom effektiven Wasservolumen abhängt.

Die Erkenntnis aus dieser Unterrichtssequenz ist also, dass wir den Schweredruck unten am Gefäß nur dadurch erhöhen können, dass wir die Höhe des Gefäßes vergrößern.

Wir ergänzen die Formeln an der Wandtafel:

WT Skizze 5

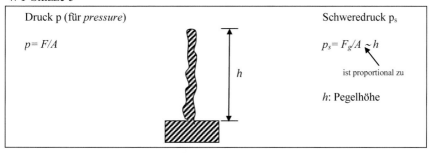

Die Schülerinnen und Schüler sind jetzt bereit für das Experiment mit dem langen Wasserschlauch. Vor der Lektion habe ich ein Wasserbecken mit einem 12 m langen, mit Wasser gefüllten Schlauch bereitgestellt, der an einem Ende fest verschlossen ist.

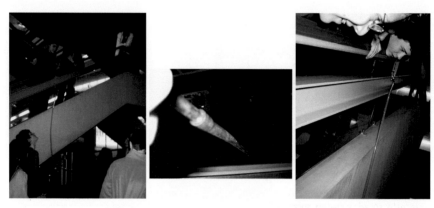

Abbildung 23:   Impressionen zum Wasserschlauchexperiment; Klasse 4MNb
                 2009

Abbildung 24:   Auch Berti hat in den Strassen Roms mit einer 10 m hohen Was-
                 sersäule experimentiert. (Von Raffaelo Magiotti in Schott, 1664).

Der Wasserschlauch wird am geschlossenen Ende, befestigt an einer Schnur und mit dem offenen Ende im Wasserbecken eingetaucht, langsam nach oben gezogen. Die Spannung bei den Schülerinnen und Schülern steigt. Alle drängen sich um den Schlauch, um zu sehen, was geschieht. Plötzlich, in bereits schwindelerregender Höhe, bildet sich ganz oben im Schlauch ein Leerraum, das Wasser bleibt zurück. Vorerst ist nicht klar, was geschieht. Ist nun Luft in den Schlauch gelangt? Der Schlauch wird oben merklich zusammengedrückt und die Schülerinnen und Schüler stellen erstaunt fest: Das Wasser bildet Blasen, es kocht! Mit einer Schnur und einem Senkblei wird bestimmt, auf welcher Höhe das Wasser stehengeblieben ist. Nachdem alle (auch die, die unten verantwortlich waren, dass das offene Ende des Schlauchs auf keinen Fall aus dem Becken gelangt) gesehen haben, was sich oben tut, wird der Schlauch langsam wieder nach unten gelassen. Wir versammeln uns alle wieder unten und betrachten den Schlauch nochmals genau. Ein wenig *Leerraum* ist zurückgeblieben, allerdings längst nicht so viel wie oben.

Zurück im Schulzimmer vermessen wir diese Länge der Schnur, die wir als Höhenmesser verwendet haben. Wir messen 10.4 m.

iele Fragen sind bei den Schülerinnen und Schülern offen. Ich werde bestürmt: War da jetzt wirklich ein Vakuum? War da nicht Wasserdampf oben drin? Oder ist gar Luft hereingekommen? Warum ist das Wasser nur stehengeblieben und nicht herausgeflossen?

Ich beantworte keine Fragen, sondern frage zurück:

L: *„Können wir uns jetzt für die eine oder die andere Theorie entscheiden?"*

An der Wandtafel stehen immer noch die Wörter: *Luftdruck* und *horror vacui*.

Pascal: *„Ja! Wenn das Wasser bei 10 m stehenbleibt, weil das Wasser dann die Kraft hat um ein Vakuum zu erzeugen, so dürfte das Wasser beim weiteren Hochziehen des Schlauches nicht stehenbleiben. Da das Vakuum dann nämlich grösser wird, müsste auch die Kraft des Wassers grösser werden und die Wassersäule müsste grösser werden! Also kann es nicht das Vakuum sein!"*

Daniel: *„Es kann nie und nimmer der Luftdruck sein. Die Kraft der 10 m Wassersäule ist so groß, man könnte das Wasser nie mit dem Daumen im Schlauch zurückhalten! Wie soll der Luftdruck so stark sein? Der würde uns ja zerquetschen. Und übrigens können wir ja die Luftsäule problemlos mit der Hand heben!"*

Haben wir mit dem Experiment nichts gewonnen? Die Schülerinnen und Schüler sind sich einig, dass wir wenigstens gesehen haben, dass das Wasser bei einer bestimmten Gewichtskraft von der Gefäßwand abreißt. Ob sich da ein Vakuum bildet, waren sich noch immer nicht alle sicher.

An der Wandtafel habe ich vor der Lektion eine Darstellung aufgehängt, die zeigt, wie Berti in den Straßen von Rom bereits ähnliche Experimente durchgeführt hat wie wir mit dem Schlauch, nur dass seine Wassersäulen in Glas gefasst waren. Die Schülerinnen und Schüler zeigen sich erstaunt, dass schon um 1640 Menschen auf die gleichen Ideen gekommen sind wie wir!

Gasparo Berti[123] *(Mantua 1600 bis Rom 1643) war italienischer Physiker und Astronom. Zusammen mit Evangelista Torricelli beteiligte er sich an der Untersuchung des atmosphärischen Luftdrucks.*

Von 1640 bis 1643 entwickelte er zusammen mit Raffaelo Magiotti verschiedene Geräte und experimentelle Einrichtungen, z. B. einen mehr als 11 m hohen Siphon, um zu zeigen, dass eine Wassersäule nicht mehr als etwa 10 m hoch steigt.

Leider konnte Berti mit seinen Experimenten die Verfechter der Theorie des horror vacui nicht überzeugen. So zweifelte beispielsweise Athanasius Kirchner an der Dichtigkeit seiner Apparaturen.

Berti interessierte sich auch für andere Probleme, wie etwa für die Messung der Luftfeuchtigkeit. Ab 1643 besetzte er den Lehrstuhl für Mathematik an der Universität in Rom als Nachfolger des Galilei-Schülers Benedetto Castelli.

4.3.4   Die beschränkte Kraft des Vakuums

In der Pause vor der Lektion höre ich drei Schüler über das Vakuum sprechen. *Was ist eigentlich ein Vakuum? Kann man überhaupt einen vollkommen leeren Raum schaffen?* Ein Schüler erklärt etwas über *Vakuumfluktuationen* und dass es ja im Weltraum auch *nichts* habe.

Die Lektion beginnt abermals mit einer kleinen Rückschau auf die letzte. Ich habe mir das Fazit der letzten Lektion, das von Daniel und von Pascal formuliert wurde, aufgeschrieben und lese es nochmals vor.

Lukas hebt die Hand und fragt, ob ich etwas über das Vakuum erzählen könne und ob es das überhaupt gäbe.

Eigentlich habe ich vorgehabt, den Schülerinnen und Schülern einen kurzen Input zu den Begriffen Masse, Gewicht und Gewichtskraft zu geben. Mir ist plötzlich bange geworden, dass es zu einem furchtbaren Durcheinander kommen könnte, wenn ich diese Begriffe ungeklärt lasse.

---

123 Quelle im Internet: [19].

Da Lukas aber den weiteren Weg vorgespurt hat, schwenke ich ein.

Auf einem Vorbereitungswagen steht folgendes Experimentiermaterial bereit: Eine Glasspritze, an deren Kolben ein Faden befestigt ist und deren Ende mit einem Gummizapfen verschlossen ist, montiert an einem Stativ, ein Gewichtsstein, ein Porträt von Galilei und seine *Discorsi*.

Zudem verteile ich immer zwei Schülern zusammen eine Plastikspritze.

Abbildung 25:   Nachinszeniertes Experiment zur Bestimmung der beschränkten Vakuumskraft nach Galilei.

L: *„Galilei war im Unterschied zu Aristoteles der Meinung, dass man ein Vakuum (einen leeren Raum) tatsächlich herstellen kann. Allerdings braucht es dazu Kraft. Galilei schlug ein Experiment vor, wie diese Kraft zu messen sei."*

Ich lese mit den Schülerinnen und Schülern eine Textstelle aus den *Discorsi*[124], wo Galilei beschreibt, wie er die Kraft des Vakuums misst.

---

124 Galilei, Galileo (2004): *Discorsi, Unterredungen und mathematische Diskussionen.* Dt. Übersetzung in der Reihe Ostwalds Klassiker der exakten Wissenschaften, Frankfurt am Main: Verlag Harri Deutsch, S.14/15.

Wir reproduzieren das Experiment gemäß der Beschreibung. Rasch merken die Schülerinnen und Schüler, dass sie durch das Verschließen der Spritze mit dem Daumen der einen Hand und durch kräftiges Ziehen am Kolben mit der anderen Hand in der Spritze einen Hohlraum erzeugen können. Handelt es sich dabei um ein Vakuum? Zweifel kommen auf. Was sollte aber sonst da drin sein? Vielleicht Luft, die über undichte Stellen hinein gelangt ist? Ich fordere die Schülerinnen und Schüler auf, den Kolben nach erzeugtem „Vakuum" rasch los zu lassen. Mit einem Knall schnellt der Kolben in die Spritze und der Hohlraum ist sofort verschwunden. Also war da tatsächlich ein *Nichts*!?

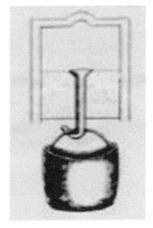

Abbildung 26:   Skizze Galileis zur Bestimmung der Vakuumskraft (Discorsi, S.15)

Ich verteile einige Kraftmesser. Die Schülerinnen und Schüler sollen, wie Galilei, die Kraft messen, die zum Erzeugen des Vakuums nötig ist.

Die Schülerinnen und Schüler messen eine Kraft von etwa 35 N. Pascal stellt erstaunt fest, dass es die gleiche Kraft braucht, um ein Vakuum von 5 ml zu erzeugen wie für eines von 15 ml.

Pascal: „*Irgendwie ist das komisch, mehr Vakuum sollte doch auch mehr Kraft haben, die zurückzieht?*"

Noch mehr Verunsicherung tritt auf, als wir beim Demonstrationsexperiment mit der großen Glasspritze die Kraft messen und feststellen, dass für ebenfalls 5 ml Vakuum (und auch für alle weiteren Volumina) eine Kraft von etwa 60 N nötig sind!

Eine andere Frage taucht nun doch auch auf. Einige Schülerinnen und Schüler wissen nicht mehr „wie man von Kilogramm auf Newton kommt". Ich schiebe eine frontal gelenkte kurze Unterrichtssequenz ein (die hier nicht weiter beschrieben wird), in welcher ich mit den Schülerinnen und Schülern die Begriffe *Masse* und *Gewichtskraft* kläre. Wir vereinbaren, dass, falls wir den Begriff Gewicht verwenden, wir jeweils klären, was wir damit meinen (Masse in der Einheit *Kilogramm* oder Gewichtskraft in der Einheit *Newton*).

4.3.5   Hat die Luft ein „Gewicht"?

Offenbar lässt sich mit genügend Kraft ein Vakuum erzeugen. Hat denn nun möglicherweise unsere 10 Meter hohe Wassersäule genügend Kraft – Gewichtskraft –,um die zurückziehende Kraft des Vakuums zu überwinden?

Die *Gewichtskraft* einer 10 m hohen Wassersäule lässt sich rasch berechnen:

$$F_g = m \cdot g = \rho \cdot V \cdot g = \rho \cdot h \cdot A \cdot g$$

wobei ρ Dichte des Wassers, h Höhe der Wassersäule, A Grundfläche der Säule und g der Ortsfaktor bedeuten. Dummerweise wissen wir nicht mehr, welchen Durchmesser der Schlauch gehabt hat. Was wir aber berechnen können, ist der Schweredruck, den die 10 m hohe Wassersäule erzeugt.

$$p_s = \frac{F_g}{A},$$

also

$$p_s = \frac{\rho \cdot h \cdot A \cdot g}{A} = \rho \cdot h \cdot g.$$

Ich erinnere die Schülerinnen und Schüler daran, dass wir uns bereits in der dritten Lektion klar gemacht haben, dass der Druck unten erstens unabhängig ist von der Grundfläche des Gefäßes und zweitens von der Pegelhöhe der Flüssigkeit abhängt.

Wir berechnen mit der Formel, dass die 10 m hohe Wassersäule einen Druck von rund 100'000 Pascal erzeugt.

L: „*Wenn wir die Formel betrachten, die wir hergeleitet haben, so sehen wir, dass der Schweredruck aber noch von zwei anderen Größen abhängt.*"
Sch: „*Ja, von g und von der Dichte.*"
L: „*Was bedeutet das?*"

Sch: *„Der Schweredruck hängt davon ab wie schwer die Flüssigkeit, also wie dicht sie ist und wie stark die Erde zieht."*

L: *„Gut! Ein weiterer genialer Wissenschaftler hat sich nun überlegt, ob es nicht eine schwerere Flüssigkeit als Wasser gäbe."*

Ich mache die Schülerinnen und Schüler mit dem Wissenschaftler Torricelli bekannt. Er hat sich überlegt, dass bei Quecksilber, der ihm als dichteste bekannten Flüssigkeit, die Säulenhöhe deutlich kleiner sein müsste als bei Wasser, um einen Druck von 100'000 Pascal zu erzeugen. Ich lasse die Schülerinnen und Schüler rechnen, wie groß denn die Säulenhöhe bei Quecksilber wäre. Sie erhalten ein Resultat von rund 73 cm.

Abbildung 27:   Torricelli experimentiert mit Quecksilber in seinem Labor in Florenz um 1644 (Middleton, 1964)

Das sollten wir ausprobieren. Allerdings lässt sich mit Quecksilber wegen seiner Giftigkeit weniger gut hantieren als mit Wasser. Torricelli ist damit noch viel unbesorgter umgegangen, als wir das heute tun. Er wusste über die Schädlichkeit von Quecksilber noch viel weniger als wir heute, was vermutlich dem einen oder anderen seiner Experimentatoren ein verfrühtes Lebensende beschert hat.

Zum Glück aber haben wir ein Gerät in der Physiksammlung, das entsprechend vorbereitet ist. Ich zaubere unter dem Tisch ein altes Quecksilberbarometer hervor. Rasch erkennen die Schülerinnen und Schüler die Parallelen zum Wasserschlauch, nur eben im Miniaturformat. Die *Wasserwanne* ist ein kleiner Glaszylinder mit Quecksilber, der Wasserschlauch ist ein Rohr aus Glas und eben, das Ganze ist mit Umrahmung nur knapp einen Meter groß. Das Quecksilber könnte aber – genau wie beim Wasserglas und dem Wasserschlauch – unten herausfließen, denn das Rohr ist unten offen. Das tut es aber nicht! Ich lasse einige Schülerinnen und Schüler das Barometer vorsichtig etwas heben. Das Quecksilber hat eine beachtliche Masse. Es erfordert also eine ganz ansehnliche Kraft, das Quecksilber in der Höhe zu halten!

Nach ausführlichem Bestaunen und Klären von technischen Details stellen wir fest, dass die Quecksilbersäule tatsächlich gemäß unseren Berechnungen eine Höhe von rund 73 cm aufweist. (Es ist etwas weniger.)

Wenn nun der Luftdruck daran schuld sein soll, dass das Quecksilber nicht aus dem Rohr fließt, so muss die Luft entsprechend gegen das Quecksilber drücken. Wie schafft sie das? Hat denn die Luft ein Eigengewicht, das Druck erzeugen könnte?

Alle Schülerinnen und Schüler sind sich einig, dass Luft auch ein Gewicht hat. Die Luft bestehe ja schließlich aus Atomen und die haben ein Gewicht. Wie viel denn das etwa sein könnte, darüber sind sie sich aber uneins. Was denn die Luft in diesem Schulzimmer so wiege, frage ich. Einige meinen *nichts*, andere werfen irgendwelche Fantasiezahlen in die Runde.

Ich schlage vor, dass wir sie messen sollten. Aber wie?

Bereit stehen eine leere Mineralwasserflasche, ein gefülltes Wasserbecken, eine elektronische Waage und eine kleine Luftpumpe, wie sie zum Konservieren von entkorktem Wein verwendet wird.

L: *„ Wir pumpen die Luft aus der Flasche und wägen die Flasche vorher mit Luft und nachher ohne Luft. "*

Die Schülerinnen und Schüler sind sehr skeptisch:

„Das macht doch keinen Unterschied! "

Wir wägen die Flasche gefüllt mit Luft inklusive dem späteren Verschluss-Zapfen: 284.7 g. Einige Hübe mit der Luftpumpe und die Flasche ist leergepumpt. Ist sie wirklich leer? Bevor wir das klären, bestimmen wir erneut die Masse der nun „luftleeren", mit dem Gummizapfen verschlossenen Flasche: 284.2 g. Tatsächlich, die abgepumpte Luft hat eine Masse von 0.4 g!

Um zu prüfen, ob wir alle Luft aus der Flasche gepumpt haben, wenden wir einen kleinen Trick an: Wir tauchen die Flasche verdreht mit dem Flaschenhals nach unten vollständig in das gefüllte Wasserbecken und entkorken die Wasserflasche. Sofort wird Wasser in die Flasche gespült. Allerdings füllt sie sich nicht ganz. Im Gegenteil, fast zwei Drittel der Flasche bleibt ohne Wasser. Da ist also noch eine beträchtliche Menge Luft in der Flasche zurückgeblieben. Das ist uns allerdings egal. Wir messen die in die Flasche gespülte Wassermenge und wissen dann genau, welches Volumen Luft die Masse 0.46 Gramm besitzt! Wir messen eine Wassermenge von 386.5 ml (oder $3.865 \cdot 10^{-4}$ m^3). Daraus berechnen wir nun die Dichte der Luft:

$$\rho = m/V = 0.00046 \text{ kg} / 3.865 \cdot 10^{-4} \text{ m}^3 = 1.19 \text{ kg/m}^3.$$

Mit diesem Wert sollen die Schülerinnen und Schüler nun die Masse der Luft im Schulzimmer abschätzen: etwa 120 kg. Wer hätte das gedacht!

Die Erkenntnis, dass Luft ein nicht vernachlässigbares Gewicht hat, lässt die ganze bisher geführte Diskussion in einem neuen Licht erscheinen. Wenn schon die Masse der Luft in unserem Schulzimmer 120 kg wiegt, wie viel wiegt dann die Atmosphäre!? Eine Weile diskutieren wir über die Atmosphäre: Wie hoch ist sie? Wo endet sie? Woraus besteht sie?

Es wächst die Vorstellung, dass sich über uns eine mächtige Luftmasse türmt, worunter wir uns aber offensichtlich unbeschwert tummeln. Ich hole einen Globus hervor, um die Sache noch etwas zu verdeutlichen. Wir treten in Gedanken einen Schritt zurück, betrachten uns auf der Erde aus der Ferne, vielleicht vom Mond aus. Satellitenbilder der Erde, die Wolkenwirbel zeigen geben unserer Fantasie einen Rahmen.

Torricelli brachte es auf den Punkt, lange bevor es Satellitenbilder gab:

„Noi viviamo sommersi nel fondo d'un pelago d'aria."[125]

Ja, wir Menschen leben auf dem Grund eines Meeres aus Luft! 1644 hat dies Torricelli so formuliert!

Es ist an dieser Stelle unerlässlich, das Schulzimmer und das Schulhaus kurz zu verlassen und sich unter den freien Himmel zu begeben. Das kann auch in der Pause kurz geschehen. Unter freiem Himmel, die große Weite über sich, muss man sich nochmals mit dem Gedanken konfrontieren, *„am Grunde eines Meeres aus Luft"* zu leben!

4.3.6   Die Besteigung des Puy de Dôme

Die Ahnengalerie an der Wandtafel erweitert sich. Mittlerweile haben wir schon drei Leute kennengelernt, die uns auf dem Weg zur Klärung unseres Problems begleiten; Galileo Galilei, Gasparo Berti, Evangelista Torricelli.

---

125 Brief von Torricelli an Ricci, 11. Juni 1644 zitiert in: Walker, Gabrielle (2007): *Ein Meer von Luft*. Berlin: Berlin Verlag.

Wir werden aber in dieser Lektion einen weiteren Begleiter kennenlernen: Blaise Pascal. Dieser hat mit seinem Scharfsinn und seinem Überblick über die laufende Diskussion um den Luftdruck den wohl entscheidenden Schritt zur Klärung der Situation getan.

Pascal, zu dieser Zeit wohnhaft in Rouan, einer Stadt 110 Kilometer westlich von Paris, stand in regem Briefkontakt mit seinem Schwager Périer in Clermont-Ferrand. 1647 schreibt Pascal ihm einen geschichtsträchtigen Brief, in welchem er ihn beauftragt, für ihn ein Experiment durchzuführen, das zur endgültigen Klärung der Frage nach der Ursache für das Phänomen der Quecksilbersäule führen sollte.

Sowohl den Originaltext, wie auch eine sehr vereinfachte Zusammenfassung des Briefes werden den Schülerinnen und Schülern verteilt. Ein Raunen geht durch die Klasse: „Französisch im Physikunterricht!?".

Eine in Französisch begabte Schülerin erklärt sich bereit, uns die Zusammenfassung vorzulesen. Hin und wieder übersetze ich einige unbekannte Wörter.

Pascal schickt Périer mit einem Glasrohr, gefüllt mit Quecksilber, von Clermont-Ferrand auf den nahegelegenen Puy de Dôme, einen erloschenen Vulkan mit eindrücklichem Krater, umgeben von weiteren, zwar etwas tiefer gelegenen, aber nicht minder imposanten Kraterhügeln.

Abbildung 28:   Puy de Dôme,1465 m. ü. M.

Die Idee Pascals: Wenn der Luftdruck dafür verantwortlich gemacht werden soll, dass das Quecksilber nicht aus dem Rohr fließt, weil er dem Schweredruck der Flüssigkeit mit entsprechendem Gegendruck standhält, dann sollte bei größerer Höhe, also geringerer „Luft-Meeres-Tiefe" und damit geringerem Luftdruck, das Quecksilber so weit ausfließen, bis wieder Gleichgewicht herrscht.

Périer führte die Exkursion mehrere Male durch, stieg hoch und wieder runter, beobachtete und maß exakt, notierte, führt das gleiche Experiment sogar am Kirchenturm des Klosters von Clermont-Ferrand durch, stieg auch dort hoch und wieder runter, immer ein Referenzrohr, gefüllt mit Quecksilber von einem Klosterbruder bewacht, im Kloster als Nullexperiment zurücklassend. Bei Aufstieg auf den Puy de Dôme unterließ er es freilich auch nicht, sich unter das Dach der Schutzhütte zu stellen, wo die Luftsäule über ihm nur noch einen halben Meter betrug, um sich zu vergewissern, dass die Quecksilbersäule sich dadurch nicht beeinflussen ließ.[126] Das Resultat schien eindeutig!

Dieses Resultat wollen wir auch beobachten! Auch wenn wir keinen Puy de Dôme haben, so haben wir doch einen Aufzug, der uns über fünf Stockwerke und rund 20 m bequem in die Höhe und wieder zurückführen kann. Wir stellen also unser Quecksilberbarometer in den Aufzug und lassen uns hochziehen. Dabei beobachten wir sehr genau. Das Beschleunigen und Bremsen des Aufzugs lässt die Quecksilbersäule hoch und runter schaukeln. Nach Beruhigung des flüssigen Metalls stellen wir aber beeindruckt fest, dass die Säule oben ganz deutlich, wenn auch nur wenige Millimeter (etwa 2 mm) weniger hoch steht als unten!

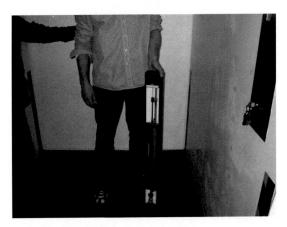

Abbildung 29:   Quecksilberbarometer im Aufzug.

---

126 Diese Tatsache liegt in der Eigenschaft des Drucks als *skalare Grösse* begründet. Die „Fehlvorstellung" Druck sei eine „gerichtete Grösse", also vektoriell, verleitet zur Annahme, dass die direkte Luftsäule über dem Experiment einen Einfluss darauf hätte. Druck ist aber eine Zustandsgrösse, die den Zustand der Luft an diesem Ort angibt. Da eine Verbindung zur „Aussenluft" besteht, nimmt der Zustand Druck die gleichen Werte wie aussen an, obwohl in der Schutzhütte weit weniger Luft über dem Experiment lastet. Dieses Prinzip nennt die Hydrostatik auch „Pascal'sches Prinzip".

Offensichtlich hängt die Höhe der Quecksilbersäule von der Höhe ab, auf welcher wir uns befinden. Wie aber soll das mit der Vakuumtheorie erklärt werden? Wird das Vakuum mit der Höhe schwächer?

Daniel, der vehementeste Verfechter der Vakuumtheorie, versucht es wie folgt zu formulieren: *„Je höher man gelangt, desto schwächer wird das Vakuum. Das hängt mit der Umgebung zusammen. Der Unterschied von innen zu außen ist wichtig, die Vakuumkraft macht sich weniger stark bemerkbar, wenn außen weniger Luft drückt. "* Daniel stockt etwas und merkt, dass er selber mit dem Luftdruck zu argumentieren beginnt. Die anderen Schülerinnen und Schüler überschütten ihn mit Gegenargumenten.

Die Schülerinnen und Schüler erhalten etwas Zeit, um ihre Hefte nachzuführen. Sie protokollieren und beschreiben die Experimente und ergänzen sie mit Kopien der gezeigten Abbildungen.

4.3.7 Die Kraft des Luftdrucks und die Schlussrunde (Blockhalbtag)

Für diesen Dienstagmorgen habe ich die Schülerinnen und Schüler zwei Lektionen früher in die Schule bestellt als üblich – nicht zur Freude aller. Ich habe den Praktikumsraum und ein Schulzimmer für den ganzen Morgen reserviert. Wir starten im Praktikumsraum. Aufgestellt sind schon einige Experimente, was einige Schülerinnen und Schülern ihren Unmut über die Zusatzlektionen vergessen lässt.

Unser Unterricht hat sich bisher unter Führung berühmter Forscher durch die Wissenschaftsgeschichte des 17. Jahrhunderts entwickelt. Da darf einer nicht fehlen: Otto von Guericke! Nachdem uns in der letzten Lektion Blaise Pascal überzeugend gezeigt hat, dass die Quecksilbersäule im Glas mit steigender Höhe und damit fallendem Luftdruck sinkt und – mit wenigen Ausnahmen – alle überzeugend auf die Luftdrucktheorie eingeschwenkt sind, soll uns heute Morgen Otto von Guericke durch seine eindrücklichen Luftdruckspielereien führen.

Ich leite Otto von Guericke mit wenigen Worten ein: Deutscher Gelehrter, Jurastudium in Leipzig, später einer von vier Bürgermeistern von Magdeburg und begeisterter Hobbywissenschaftler. Von Guericke war fasziniert von den Überlegungen Pascals und Torricellis und begann sich Experimente auszudenken, um die Macht und Kraft des Luftdrucks, dem wir ausgesetzt sind, dem gemeinen Volk zu demonstrieren. Wohl am bekanntesten sind die Experimente mit den *Magdeburger Halbkugeln*, die wir uns nun mit großem Erstaunen – vor allem vor dem Hintergrund des neuen Paradigmas, dem *Luftdruck* – selber anschauen. Nach dem

Experiment mit den Magdeburger Halbkugeln folgen weitere mit der Vakuumglocke. Die Schülerinnen und Schüler (und auch ich) sind immer wieder verblüfft
über die Wirkung des Luftdrucks bzw. des fehlenden Luftdrucks. Die Vakuumglocke habe ich bisher im Unterricht immer vermieden. Sie hätte zu früh wichtige
Resultate vorweggenommen und eigene Überlegungen unterbunden. An dieser
Stelle im Unterrichtsverlauf ist sie jetzt gerechtfertigt, weil die Vakuumpumpe
durch von Guericke erfunden wurde. Ballone, Schokoküsse oder einfach ein Gläs-
chen Wasser unter dem Einfluss geringen Luftdrucks: Das alles untersuchen wir.
Von Guericke reiht sich als fünfter Wissenschaftler in der Galerie der Leute auf,
die uns durch das Lehrstück geführt haben.

Die Schülerinnen und Schüler erhalten nun den Auftrag, sich in Vierer-Grup-
pen einen der fünf Wissenschaftler, Gasparo Berti, Galileo Galilei, Evangelista
Torricelli, Blaise Pascal oder Otto von Guericke auszuwählen. In 45 Minuten
sollen sich die Schülerinnen und Schüler im Internet kurz und knapp über die
Eckdaten des Lebens des jeweiligen Gelehrten informieren, aber dann vor allem
nochmals zusammentragen, was die Personen im Hinblick auf die Klärung des
ursprünglichen Wasserglas-Experimentes zu sagen haben. Im Verlaufe des Lehrstücks hat jeder Gelehrte mit *seinem* Experiment argumentiert. Diese Argumente
sollen zusammengestellt werden, damit sie in einem anschließend stattfindenden
Podiumsgespräch zwischen den fünf Gelehrten verwendet werden können.

In der Zwischenzeit bereite ich das Unterrichtszimmer, in welchem das Podiumsgespräch stattfinden soll, entsprechend vor: In der Mitte steht ein kleiner
Tisch mit unserem Wasserglasexperiment. In einem Halbkreis rundherum fünf
weitere kleine Tischchen mit je einem Stuhl. An den Tischchen kleben die Por-
träts der fünf Wissenschaftler: Berti, Galilei, Torricelli, Pascal und von Guericke.
Auf den Tischchen drauf das jeweilige Experiment: der 10 m lange Schlauch, die
Spritze mit dem Gewichtsstein, das Poster mit den verschiedenen Barometern
(als Ersatz für das Quecksilberbarometer, das zu sensibel ist, um dauernd herum-
getragen zu werden), das verkehrte Wasserglas, und die Magdeburger Halbkugeln.

Jeweils eine Person pro Gruppe setzt sich an das Tischchen *ihres* Wissenschaftlers. Die anderen Schülerinnen und Schüler setzen sich ins Publikum.
Michelle übernimmt die Moderation. Ich erkläre einleitend nochmals, worum es
geht: Die Wissenschaftler sollen ein Streitgespräch um die Klärung des Wasser-
glasexperimentes führen und mit den Erkenntnissen, die sich aus ihren jeweiligen Experimenten erschließen lassen, argumentieren.

Bevor die Diskussion startet stellen sich reihum die fünf Wissenschaftler kurz
vor: Gasparo Berti, Galileo Galilei, Evangelista Torricelli, Blaise Pascal, Otto
von Guericke.

Abbildung 30: Vorbereitetes Zimmer für die Diskussionsrunde.

Die Moderatorin präsentiert das Wasserglas-Experiment und stellt die unserem Unterricht zugrundeliegende Frage: *„Warum läuft das Wasser nicht aus dem Glas?"*

Galilei: *„Ich bin der Ansicht, dass das Wasser im Glas bleibt, weil die Natur versucht, das Vakuum zu vermeiden. Ich habe daher Versuche mit dieser Spritze angestellt und untersucht, wie viel Kraft ich benötige, um ein Vakuum zu erzeugen. So bin ich zum Schluss gekommen, dass das Vakuum eine bestimmte Kraft hat, die zuerst überwunden werden muss, um ein Vakuum entstehen zu lassen."*

Moderatorin: *„Wie sehen Sie das, Herr Berti?"*

Berti: *„Ja, ich bin der gleichen Meinung wie Galilei. Ich baute ein langes, mit Wasser gefülltes Glas und achtete darauf, dass das untere offene Ende immer unter Wasser war. Ich beobachtete, dass der Wasserspiegel im Glas immer etwa 10 m hoch war. Darüber bildete sich ein Vakuum. Ich konnte damit zeigen, dass das Vakuum die Kraft hat Wasser 10 m hoch zu ziehen, aber nicht mehr."*

Aus den Publikum (Lukas): *„Die Meinung ist also, dass das Vakuum das Wasser nach oben zieht? Gibt es auch noch andere Meinungen?"*

Torricelli: *„Ja natürlich! Ich habe das Experiment von Berti studiert und bin zum Schluss gekommen, dass man das Experiment wesentlich einfacher gestalten könnte. Ich habe mir gedacht, anstatt des Wassers nehme ich Quecksilber, das eine viel größere Dichte hat. Ich habe mir dann verschieden hohe und verschieden geformte Glasrohre angefertigt und habe dasselbe Experiment mit Quecksilber nachgemacht. Dabei habe ich jedoch festgestellt, dass das Quecksilber immer bei einer Höhe von etwa 760 mm stehenbleibt, egal wie viel Vakuum sich oberhalb der Quecksilber Säule befindet! Wenn jetzt die Vakuumtheorie richtig wäre, dann müsste sich bei den unterschiedlich hohen Glasrohren auch die Quecksilbersäulen unterschiedlich hoch sein, da das Vakuum, je grösser es wird, auch eine größere Kraft entwickelt. Da sie aber überall gleich hoch sind, ist die Wahrscheinlichkeit relativ klein, dass die Vakuumtheorie richtig ist."*

Moderatorin: *„Was ist denn ihrer Meinung nach der Grund dafür, dass das Wasser nicht ausläuft?"*

Torricelli: *„Nun es muss immer eine konstante Kraft auf die Quecksilberoberfläche einwirken, die das Quecksilber irgendwie in die Röhre drückt bzw. seinem Ausfließen entgegenhält. Hier käme wahrscheinlich der Luftdruck in Frage."*

Moderatorin: *„Blaise Pascal, Sie haben bewiesen, dass die Theorie des Luftdrucks stimmt. Ist das korrekt?"*

Pascal: *„Ja!"*

Moderatorin: *„Wie das?"*

Pascal: *„Also, wir haben das so angestellt: Mein Schwager Périer hat in Clermont-Ferrand gemessen, wie hoch das Quecksilber in einem Rohr steht, ist damit dann auf den Puy de Dôme gestiegen. Dort hat er festgestellt, dass das Quecksilber weniger hoch steht. Nun sagt die Theorie horror vacui, dass die Natur «Angst vor einem Vakuum hat». Jetzt, wieso soll die Natur dort oben weniger Angst vor einem Vakuum haben?"*

(Gelächter)

Lukas aus dem Publikum: *„Was haben die Vakuumtheoretiker dagegen einzuwenden?"*

Galilei: *„Ööhm, ich glaube ... ich glaube die horror vacui-Theorie ist nicht falsch, aber in dieser Form nicht mehr vertretbar. Ich glaube, die Natur versucht schon ein Vakuum zu verhindern, doch wie stark sie es versucht, ist abhängig von der Luftdichte rundherum! Also: Ein Vakuum im Vakuum hat keine Stärke, hingegen hat ein Vakuum in einem Raum mit hohem Luftdruck hohe Stärke und es braucht auch viel Kraft, es zu erstellen."*

Torricelli: *„Sie wollen sagen die Kraft des Vakuums wird vom Luftdruck bestimmt?"*

Galilei: *„J-Ja."*

(Gelächter)

Moderatorin: *„Herr von Guericke, Sie haben sich zur Aufgabe gemacht, die Menschen über den Luftdruck aufzuklären?"*

Von Guericke: *„Ja, ich habe hier zwei Halbkugeln. Mit einer Luftpumpe habe ich die Luft herausgesogen, dann habe ich Wetten darüber abgeschlossen, ob die sieben stärksten Pferde in der Stadt in der Lage wären, die Kugeln auseinanderzuziehen. Ich bin zwar für die Luftdrucktheorie, kann aber mit meinen Experimenten keinen Beweis für die eine oder die andere Theorie erbringen."*

Moderatorin: *„Stimmt es, dass Sie mit Ihren Wetten viel Geld verdient haben?"*

Von Guericke: *„Es ging nicht darum, mit meinen Experimenten den Leuten das Geld aus der Tasche zu ziehen. Ich wollte mit meinen Vorführungen die Leute neugierig machen und sie aufklären."*

Moderatorin: *„Sie haben die Leute auch dazu gebracht, etwas zurückhaltender mit ihrer Meinung umzugehen?"*

Von Guericke: *„... oder zumindest vorsichtiger zu sein im Abschließen von Wetten mit Leuten, die an etwas geforscht haben ..."*

Moderatorin: *„Dann sind nun alle einverstanden, dass der Luftdruck das Wasser im Glas zurückhält und auch für all die Ergebnisse der anderen Experimente verantwortlich ist?"*

Torricelli: *„Ja!"*

Pascal: *„Ja!"*

Von Guericke: *„Ja!"*

Galilei: *„Der Luftdruck hat sicher einen Einfluss darauf, wie groß die Kraft sein muss, um ein Vakuum zu erstellen. Aber ich glaube immer noch, dass es eine Interpretationsfrage ist, ob jetzt das Nichts zieht oder die Luft stößt."*

Publikum: *„Wie kann den ein Nichts ziehen?"*

(...)

Das Streitgespräch dauert volle 40 Minuten, ohne dass es zu größeren Durststrecken gekommen wäre. Stockt die Diskussion, wirft Michelle geschickt eine neue oder etwas anders formulierte Frage in die Runde oder spricht gewisse, bisher eher zurückhaltende Wissenschaftler an. Am Ende muss ich die Runde unterbrechen.

Abbildung 31:   Diskussionsrunde der Wissenschaftler; Klasse 4MNb 2009.

Abbildung 32:   Experiment nach Boyle; Faszination in den Gesichtern der
                  Klasse 4MNb 2009.

Ich leite das Schlussexperiment ein: *„Hätten die Leute damals bereits eine Vakuumpumpe zur Verfügung gehabt, wären einige Fragen rascher zu klären gewesen. Wir haben eine Vakuumpumpe!"*
Mit dem vorläufig letzten Experiment in diesem Lehrstück wollen wir nun erfahren, was es bedeutet, der Natur im Sinne Galileis auf den Grund zu gehen: Wir erstellen unser ursprüngliche Anordnung des Wasserglasexperiments – etwas verkleinert: statt des Wasserglases ein Reagenzglas, befestigt an einem Stativ, statt des Waschbeckens ein kleiner Glasbehälter – unter unsere Vakuumglocke und evakuieren, senken also den Luftdruck kontinuierlich ab!
Dieses Schlussexperiment bildet nochmals einen abschließenden Höhepunkt. Natürlich haben mittlerweile die meisten vorausgesehen, was passieren wird. Aber direkt zu sehen, was passiert, wenn wir die Anordnung des Wasserglasexperiments unter die Vakuumglocke stellen, ist trotzdem sehr aufregend. Zuerst geschieht gar nichts. Doch plötzlich, bei genügender Druckabsenkung, beginnt das Wasser tatsächlich aus dem Glas zu fließen, der Pegel sinkt, bis das Wasser gänzlich aus dem Glas verschwunden ist! Dann beginnt das Wasser auch noch zu sieden. Wir sind alle fasziniert obwohl, oder gerade weil wir das mittlerweile so erwartet haben!

Forschung und Bildung – keine Physik ohne Metaphysik
Die Aristoteliker hätten ein solches Experiment zwar wohl interessiert zur Kenntnis genommen. Daraus, was da unter dieser komischen Glocke in völlig lebensfeindlicher und unnatürlicher Umgebung stattfindet, Rückschlüsse auf die wahre Natur zu ziehen, hätten sie aber abgelehnt. Der Prozess des Evakuierens ist daher das Entscheidende. Evakuieren bedeutet, Luftdruck vermindern und schließlich verhindern. Aber genau das geschieht, wenn wir auf den Puy de Dôme steigen, zwar nicht in diesem Ausmaß wie unter der Vakuumglocke. Im Prinzip aber ist es dasselbe. Genau diese Kunst, die Natur im Labor zu modellieren, nachzubilden und daraus Schlüsse über die allgemeingültigen Naturgesetze zu formulieren, hat sich mit Galilei etabliert. Sie bildet die Grundlage der heutigen naturwissenschaftlichen Forschung.
Um zu Bildung zu kommen, braucht es aber noch ein weiteres Element. Bildung ist etwas Privates, Individuelles. Ein Bildungsgewinn ergibt sich erst durch das Implementieren der Forschungsresultate, des Wissens, in den eigenen Alltag, in die eigene Lebenswelt. Erst dann wird Forschungswissen zur Bildung. Die Metaphysik macht Forschungsresultate zu Bildungsinhalten. Was bedeuten sie für mich, für mein Leben, für mein Empfinden, für meine Interaktion mit der Umwelt?

Am vorliegenden Beispiel lässt sich das genau studieren. Eine Woche nach Abschluss des Lehrstücks stelle ich zu Beginn der Stunde ein Glas Wasser auf den Tisch und stelle ein Strohhalm ins Glas. „Wer hat Durst?"

Abbildung 33: Welcher Prozess bringt das Wasser in den Mund? "Saugen" oder "Drücken"?

Die Schülerinnen und Schüler sollen beschreiben, was geschieht, wenn ich mit dem Strohhalm trinke. „Sie saugen Wasser in den Mund!" „Was heißt *saugen*?" „Wasser hineinziehen!". „Was zieht denn da?" „Sie machen ein Vakuum im Mund." Der Paradigmenwechsel, der sich auf wissenschaftlicher Ebene im 17. Jahrhundert vollzogen hat, hat sich in unserem Alltag nicht durchgesetzt! Niemand stellt sich beim *Saugen* an einem Strohhalm vor, dass das Wasser von außen (von der Umgebungsluft) in den Mund gestoßen wird – nicht einmal der Physiklehrer, der sich seit Jahrzehnten mit dem Unterrichten dieser Inhalte beschäftigt. Warum hat sich der Paradigmenwechsel nicht durchgesetzt? Es ist ein Pleonasmus zu behaupten, der Mensch sei in seinen Ansichten anthropozentrisch. Die Natur und ihre Gesetzmäßigkeiten sind es aber nicht. Um die Natur zu verstehen, müssen die Lernenden sich von ihrer anthropozentrischen Haltung lösen, einen Schritt zurück wagen, den Menschen als Wesen erfassen, das „auf dem Grunde eines Meeres aus Luft lebt". Erst dann lässt sich allgemeingültige Erkenntnis erschließen. Bildung bedeutet aber, diese Erkenntnis in die anthropozentrische Weltsicht zu integrieren oder zumindest sich seiner anthropozentrischen Sicht bewusst zu werden und sich hin und wieder davon lösen zu können.

4.3.8 Poster

Im Nachgang zum eigentlichen Lehrstück hatten die Schülerinnen und Schüler den Auftrag, den Inhalt des Lehrstücks auf Postern zu veranschaulichen. Vier solcher Produkte sind hier abgebildet. Das Erstellen der Poster dient einer erneuten Verdichtung des Lernprozesses und ist gleichsam eine ästhetische Verarbeitung des Inhalts.

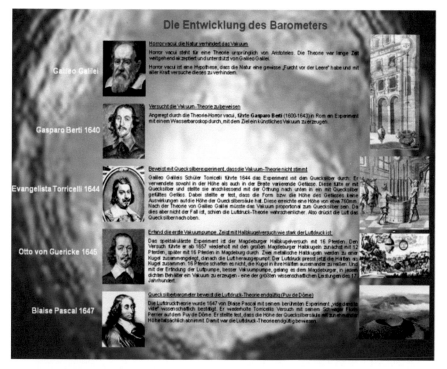

Abbildung 34:   Poster 1

Abbildung 35: Poster 2

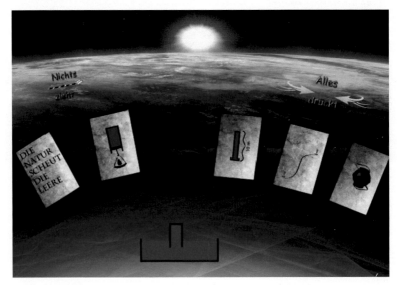

Abb

Erkenntnisse der Hydrostatik

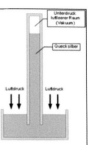

Galileo Galilei, 1638:

Nach der Durchführung eines Experimentes stellte Galilei fest, dass das Vakuum erst durch die Wirkung einer bestimmten Kraft entstehen kann. Die Kraft des Vakuums ist also beschränkt.

Gasparo Berti, 1640:

Umgestaltung des Experiments von Galilei: Berti stellte ein Glasrohr auf und stellte fest, dass das darin enthaltene Wasser bei einer bestimmten Höhe stehen blieb. Diese betrug etwa 10m. Damit wollte er beweisen, dass durch die Wirkung einer bestimmten Kraft (Gewichtskraft des Wassers) ein Vakuum entstehen kann. Das Wasser laufe jedoch nicht aus dem Gefäss aus, da es vom Vakuum angezogen werden würde.

Evangelista Torricelli, 1644:

Evangelista Torricelli modifizierte das Experiment von Gasparo Berti. Damit die Höhe der Säule aufgrund der höheren Dichte von Quecksilber geringer und somit das Experiment weniger umständlich war, verwendete er anstelle von Wasser Quecksilber. Er führte das Experiment mit verschiedenen Glasgefässen durch, die sowohl in der Höhe als auch in der Breite variierten. Er stellte fest, dass die Form bzw. Höhe der Gefässe keine Auswirkung auf die Höhe der Quecksilbersäule hatte: sie erreichte immer eine Höhe von etwa 76 cm.

Nach der Theorie von Galileo Galilei müsste das Volumen des Quecksilbers proportional zu jenem des Vakuums sein, da letzteres von der wirkenden Kraft abhängt.

Da dies aber nicht der Fall war, schien die Luftdrucktheorie wahrscheinlicher: die Luft drückt das Quecksilber nach oben. Da dieses aber Widerstand (Gewichtskraft) leistet, ist die Höhe der Säule beschränkt.

Blaise Pascal, 1640:

Führt der Luftdruck oder das Vakuum dazu, dass sich eine Quecksilbersäule von etwa 76 cm Höhe bildet? Um das Jahr 1640 war die Frage, ob Luft ein Gewicht besitzt, unter den Wissenschaftlern eines der meistdiskutierten Themen. Mehrere Wissenschaftler führten Experimente durch um diese Frage zu beantworten. War man zuerst auf die Horror-Vacui-Theorie versessen, ging man immer mehr zur Luftdruck Theorie über, die aber erst Blaise Pascal endgültig beweisen konnte.

Pascal wiederholte darüber hinaus das Experiment von Torricelli weil er davon überzeugt war, dass, wenn die Luft ein Gewicht hätte, das Quecksilber weniger hoch aufsteigen müsste, wenn man das Experiment in grösserer Höhe durchführen würde. Dies bestätigte sich auch, wenn auch mit sehr geringer Genauigkeit, auf der Spitze des 52 Meter hohen Turms von Saint-Jacques in Paris. Mit der Hilfe seines Schwagers Florin Perrier, der am Fusse des Puy de Dôme wohnte, wiederholte er das Experiment am 19. September 1648. Er führte das Experiment in verschiedenen Höhen durch und stellte fest, dass die Höhe der Quecksilbersäule mit zunehmender Seehöhe tatsächlich abnimmt. Somit war die Theorie des Luftdrucks endgültig bewiesen.

Otto von Guericke, 1657:

Sein wohl berühmtestes Experiment führte von Guericke 1657 durch. Er liess zwei Kupferhalbkugeln mit einem Durchmesser von ¼ Magdeburger Ellen (43.2 cm) herstellen. Diese legte er abgedichtet aneinander und pumpte die Luft heraus. Anschliessend liess er vor jede der Halbkugeln acht Pferde spannen. Diese sollten versuchen, die Halbkugeln auseinander zu ziehen, was zum grossen Erstaunen zahlreicher Bürger nicht gelang. Bei einem anderen Experiment liess er einen beweglichen Kolben anfertigen. Am Kolben wurde ein Seil befestigt, welches über ein Gewinde lief. 50 Männer sollten nun an diesem Seil ziehen, um zu verhindern, dass der Kolben absinkt, wenn von Guericke die Luft herauspumpte. Auch dies gelang ihnen nicht.

Neben der Tatsache, dass er dem einfachen Volk mit seinen Experimenten die enorme Kraft des Luftdrucks nahebringen konnte, widerlegten einige seiner Experimente gleichzeitig die Theorie des „Horror Vacui". Otto von Guericke hat des Weiteren 1649 die Kolbenvakuumluftpumpe erfunden.

Florence Aellen, Lukas Böhler, Pascal Klaus, Basil Schöni, Michelle Stucker

Abbildung 37: Poster 4

4.3.9   Variationen Inszenierungen

Das Lehrstück *Pascals Barometer*, das hier beschrieben wird, ist eine Weiterentwicklung des ursprünglichen Lehrstücks von Ueli Aeschlimann.[127] In den letzten Jahren hat Aeschlimann das Lehrstück ausschließlich mit Lehramtsstudierenden inszeniert. Seine Inszenierung ist im zweiten Teil deutlich mathematischer und quantitativer. Vor allem aber unterscheiden sich die Enden der beiden Lehrstückvarianten. Dies ist in der folgenden Übersicht zu erkennen und im folgenden Text beschrieben.

Inszenierung von Marc Eyer *Gymnasium Neufeld Bern*	*Inszenierung von Ueli Aeschlimann* *Pädagogische Hochschule Bern*
1. Akt: Vom Bierglas zum langen Schlauch	1. Akt: Vom Bierglas zum langen Schlauch
2. Akt: *horror vacui* versus Luftdruck *Galileis begrenzte Kraft des Vakuums, Bestimmung des Gewichts von Luft, Torricellis Experiment mit Quecksilber.*	2. Akt: Die Besteigung des Puy de Dôme *Galileis begrenzte Kraft des Vakuums, Torricellis Experiment mit Quecksilber, Pascals Experiment am Puy de Dôme*
3. Akt: Die Besteigung des Puy de Dôme *Pascals legendärer Brief an seinen Schwager, Durchführung des Experiments*	3. Akt: Vom Gewicht der Luft zur Barometerformel *Bestimmung des Gewichts von Luft, Herleitung der Barometerformel*
4. Akt: Die Demonstrationen von Guericke *Magdeburger Halbkugeln, Schokoladekopf, Ballon unter Vakuumglocke*	4. Akt: Pascal Torricelli, von Guericke *Magdeburger Halbkugeln, Schokoladekopf, Boyles Experiment, Biographien und historischer Überblick*
5. Akt: Gespräch der beteiligten Forscher *Die Argumente im Rückblick, Boyles Experiment*	5. Akt: Vom Luftdruck zum Wetter *Barometer, Luftdruck und Wetter, Bild Puy de Dôme*

Tabelle 8:   Vergleich der beiden Inszenierungen von *Pascals Barometer* durch Eyer und Aeschlimann

---

127 Aeschlimann, Ueli (1999): *Mit Wagenschein zur Lehrkunst. Gestaltung, Erprobung und Interpretation dreier Unterrichtsexempel zu Physik, Chemie und Astronomie nach genetisch-dramaturgischer Methode.* Marbug/Lahn: Dissertation.

Der Anfang ist bei Eyer und Aeschlimann der gleiche: Ausgangspunkt ist Wagenscheins Frage: „Warum fließt das Wasser nicht aus dem Glas?" Im sokratischen Gespräch werden die Erklärungsversuche „es darf kein Vakuum entstehen" und „der Luftdruck drückt das Wasser ins Glas" besprochen. Zahlreiche von den Lernenden vorgeschlagene Experimente (z. B. Wasser aus dem Glas heraussaugen usw.) können mit beiden Theorien erklärt werden. Eine Klärung bringt erst der Versuch mit dem langen Schlauch im Treppenhaus: bei 10 m bleibt das Wasser stehen. Offenbar kann ein Vakuum entstehen, offenbar hat der Luftdruck die erstaunlich große Kraft, eine 10 m hohe Wassersäule zu stützen.

Der zweite Akt beginnt in beiden Inszenierungen mit Galileis Experiment zur begrenzten Kraft des Vakuums (im Unterricht: Experiment mit der Plastikspritze). Eyer nimmt dieses Experiment zum Anlass, die beiden Theorien (Vakuumverbot und Luftdruck) sorgfältig zu untersuchen. Er bestimmt das Gewicht der Luft, zeigt den Quecksilberversuch von Torricelli und diskutiert den Begriff Druck. Aeschlimann nimmt Galileis Vorschlag als Motivation, den langen Schlauch nicht als Beweis für die Luftdrucktheorie zu akzeptieren, und er zeigt, wie der Durchbruch der Luftdrucktheorie mit einer Idee von Pascal (Besteigung des Puy de Dôme mit einem Torricelli-Experiment) erreicht wurde.

Im dritten Akt folgt nun bei Eyer die Besteigung des Puy de Dôme, welcher zugunsten der Luftdrucktheorie entscheidet, während Aeschlimann, ausgehend von Pascals Formulierung, dass „die Schwere der Luft die wahre Ursache sei", das Gewicht der Luft bestimmt. Die Berechnung der Höhe der Atmosphäre führt zu einem viel zu kleinen Wert, weil die Dichte der Luft mit zunehmender Höhe abnimmt. Diese Erkenntnis ist Ausgangspunkt zur barometrischen Höhenformel.

Im vierten Akt stehen bei beiden Inszenierungen die Demonstrationen von Otto von Guericke im Zentrum. Aeschlimann führt hier auch schon das Boyle-Experiment durch. Er legt Gewicht auf die Biographien der beteiligten Forscher und zeigt, wie der Paradigmenwechsel wissenschaftsgeschichtlich eingeordnet werden kann.

Bei Eyer werden die Experimente zum Luftdruck genutzt, um den für jüngere Schülerinnen und Schüler nicht ganz einfachen Begriff des Luftdrucks sorgfältig zu festigen.

Ganz unterschiedlich ist der Schluss des Lehrstücks angelegt. Während Eyer in einem Schülergespräch die beteiligten Forscher zur Sprache kommen lässt und damit didaktisch geschickt den Paradigmenwechsel durch die Argumente Schüler und Schülerinnen sichtbar macht, zeigt Aeschlimann die Bedeutung des Luftdrucks für Wetter und Klima auf. Beide Lehrstücke haben ein eindrückliches Schlussbild: Bei Eyer ist es Boyles Versuch, der direkt an das Bierglas anknüpft, während Aeschlimann das Bild des Puy de Dôme mit den Wolken (Wetter) zum

Anlass nimmt, auf Pascal (Besteigung des Bergs), Torricelli (mit dem Quecksilber-Experiment) und Wagenschein (das Bierglas-Experiment) zurückzublicken.

4.4   Diskurs

4.4.1   Methodentrias im Lehrstück

4.4.1.1   Exemplarisch[128]

Exemplarisch lehren heißt, dass an ausgewählten Beispielen grundlegende und allgemeine Einsichten und Fähigkeiten gewonnen werden. Klafki hat den Begriff „kategorial" eingeführt. Er schreibt:

> „Kategoriale Bildung meint das Sichtbarwerden von allgemeinen, kategorial erhellenden Inhalten auf der objektiven Seite und das Aufgehen allgemeiner Einsichten, Erlebnisse, Erfahrungen auf der Seite des Subjekts."[129]

Wagenschein schreibt über das Exemplarische:

> „Das Einzelne, in das man sich hier versenkt, ist nicht Stufe, es ist Spiegel des Ganzen."[130]

Unser *Einzelnes* ist der Luftdruck. Das Barometer-Lehrstück ist keine Stufe, die man überwinden muss, um im Physikunterricht weiterzusteigen. Aber die Bildung des Begriffs *Luftdruck* spiegelt vieles aus dem Ganzen und ermöglicht allgemeine Einsichten in die physikalische Begriffsbildung, die an anderer Stelle wieder verwendet werden können. Dies sind sowohl fachliche Einsichten als auch Einsichten in die Arbeitsweise der Physik.

---

128 Im Zusammenhang mit der 2013 entstandenen Publikation zum Lehrstück *Pascals Barometer* sind diese Texte gemeinsam mit Ueli Aeschlimann entstanden. Sie publiziert in einem separaten Heft, welches das Lehrstück Pascals barometer beschreibt: Eyer, Marc und Ueli Aeschlimann (2013): *Pascals Barometer – frei nach Martin Wagenschein*. Bern: h.e.p.-Verlag.
Der Text zum Exemplarischen wurde in manchen Teilen bereits in der Dissertation von Ueli Aeschlimann veröffentlicht: Aeschlimann, Ueli (1999): *Mit Wagenschein zur Lehrkunst*. Marburg/Lahn: Dissertation.
129 geschrieben 1959, zitiert aus Klafki, Wolfgang (1999): *Neue Studien zur Bildungstheorie und Didaktik*. Weinheim und Basel: Beltz, S. 144.
130 Wagenschein, Martin (1997): *Verstehen lehren*. Weinheim und Basel: Pädagogische Bibliothek Beltz, S. 32.

Abbildung 38:   Schneekristalle auf dem Umschlag des Buches „Naturphäno-
                mene sehen und verstehen" von Martin Wagenschein.

Die Kristalle – abgebildet auf dem Umschlag des Buches *Naturphänomene sehen
und verstehen*[131] – verdeutlichen, was Wagenschein mit dem Exemplarischen
meint: Es braucht einen Kristallisationspunkt, von dem aus der Kristall langsam
wächst[132], immer verbunden mit der Mitte. In unserem Fall ist das rätselhafte
Verhalten des Wassers im Glas der Kristallisationspunkt, um den herum nun neue
Erkenntnisse entstehen. Und das Neue wird nicht einfach mitgeteilt als Information, als unverstandenes Fragment, sondern es wird sorgfältig mit den schon erarbeiteten Erkenntnissen verbunden. Vom langen Schlauch, vom Luftdruck auf dem
Puy de Dôme, von den Magdeburger Halbkugeln müssen die Schüler und Schülerinnen immer wieder den Weg zurück zum Wasserglas finden können. Wenn
nur das Ergebnis auswendig gelernt wird, statt dass der Weg zu ihm vertraut
gemacht wird durch Hin- und Zurückfinden, dann ist die Sache nicht richtig

---

131 Wagenschein: „*Das von Berg ausgewählte Titelblatt der Schneekristalle gefiel mir ausnehmend
     ...: Eine um sich greifende Kristallisation, ein Bild des ansteckenden Verstehens.*" In: Wagen-
     schein, Martin (1983): *Erinnerungen für morgen – Eine pädagogische Autobiographie.* Wein-
     heim und Basel: Beltz-Verlag, S. 125.
132 Im Hinblick auf das Wachsen sind die Kristalle auch ein schönes Bild für das Genetische (vgl.
     Kapitel 4.4.1.2).

verstanden und wird bald wieder vergessen.[133] Der zweite Kristall im Bild soll darstellen, dass auch an anderen Stellen eine Kristallisation beginnen kann und dass dann allmählich die Kristalle zu einem Ganzen zusammenwachsen. *Warum schwimmt ein Eisenschiff?* könnte ein Kristallisationspunkt sein, von dem aus das Gesetz von Archimedes, der Schweredruck des Wassers usw. erschlossen werden kann. Und wenn Torricelli sagt:

„Wir leben untergetaucht auf dem Grund eines Meeres von elementarer Luft",[134]

dann fügen sich diese exemplarisch ausgewählten Themen, diese Einzelkristalle, zu einer tragfähigen Decke zusammen.

4.4.1.2 Genetisch

Was bedeutet genetisches Lehren? Die Schülerinnen und Schüler muss man *abholen*. Die Lehrperson muss sich darum kümmern, mit welchen Vorstellungen und Präkonzepten sie in den Unterricht kommen. Das alleine aber ist nicht genetisches Lehren. Das *Abholen* der Schülerinnen und Schüler dient nicht dazu, sich als Lehrperson zu orientieren, wo die Schülerinnen und Schüler stehen, um dann mit der Berichtigung und Korrektur der Vorstellungen an der richtigen Stelle einsetzen zu können. Als Lehrperson muss ich vorerst sicherstellen, dass die Schülerinnen und Schüler ihre Vorstellungen eines Sachverhalts darlegen und austauschen können, authentisch und frei, ohne Notendruck! Als Pädagoge muss es mich sehr interessieren, was die Schülerinnen und Schüler sich vorstellen, wie sie einen Sachverhalt wahrnehmen, wie sie darüber denken, wie sie schlussfolgern. Nur wenn ich mich als Lehrperson in diese Denkweisen versetzen kann, gelingt es mir auch, einen Lernprozess zu moderieren und zu begleiten.

---

133 *„Falls wir nun, wie leider meist, auf diese letzte Fassung [die mathematische Formel] vorpreschen, uns an sie klammern wie an das endlich erreichte Ufer, sie memorieren, statt uns den Weg zu ihr vertraut zu halten, durch Hin- und Zurückfinden, so ist es eine nur gesunde, eine anerkennenswerte Reaktion des Laien, wenn er das Halbverstandene später ganz aus seinem Gedächtnis hinauswirft."* Wagenschein: *Die Sprache im Physikunterricht* in Wagenschein, Martin (1965): *Ursprüngliches Verstehen und exaktes Denken.* Stuttgart: Klett, S. 168 und auch Rumpf, Horst: *Kostbares Befremden – über die anfängliche Nachdenklichkeit bei Wagenschein;* S. 34: „Die Lehre, die wirkliches Verstehen anbahnen will – sie darf keine Einbahnstrasse werden, sie muss buchstäblich auch immer wieder das Zurückfinden üben."
134 Zitiert aus Sambursky, Shmuel (1978): *Der Weg der Physik.* München: dtv 6093, S. 337.

Im Gegensatz zum darlegenden Unterricht besteht das genetische Lehren aber nicht darin, Lösungen zu präsentieren oder Wahrheiten zu lehren, sondern Wege zu Erkenntnissen und Einsichten zu erschließen, welche die Schülerinnen und Schüler selber gehen sollen, und sie dabei zu begleiten. Die Moderation dieses Prozesses ist anspruchsvoll und bedarf einer wohlüberlegten Planung. Lehrstücke sind genau dahingehend durchdacht und geplant.

Das sokratische Gespräch zu Beginn des Lehrstücks *Pascals Barometer* eröffnet den Schülerinnen und Schülern viel Raum zur Freisetzung von Subjektivität. Wie sehe ich das? Wie ist meine Meinung dazu? Welchen Argumenten kann ich am besten folgen? Dass die Schülerinnen und Schüler gerade im Physikunterricht *zu etwas eine Meinung haben dürfen,* überfordert zu Beginn viele, und die leise Aufforderung an mich als Lehrperson ist gegenwärtig, doch endlich *zu sagen, wie es ist.* Genetisch zu lehren und zu lernen, ist oft unbequem und beschwerlich, die Beharrlichkeit den Schülerinnen und Schülern gegenüber, sie den Weg selber gehen zu lassen, aber lohnt sich aber!

Im vorliegenden Lehrstück wird um Wahrheit gerungen, die Schülerinnen und Schüler müssen ihre Erkenntnisse immer wieder hinterfragen und werden durch neue Einsichten verunsichert. Von verschiedenen Seiten her nähern wir uns dem Gipfel der Erkenntnis. Mit der Schlussrunde wird den Schülerinnen und Schülern dieser Erkenntnisweg auf einer Metaebene nochmals bewusst. Sie sehen den beschrittenen Weg vor sich liegen und können ihren Prozess der Erkenntnis reflektieren.

Dass diese individuelle Genese (Individualgenese) so eng an der tatsächlichen Kulturgenese des Unterrichtsgegenstandes geführt werden kann, ist ein Glücksgriff. Das Kulturbewusstsein für unser Denken und unsere physikalischen Konzepte wird unmittelbar. Nicht die Lehrperson weist den Weg sondern die Kulturgeschichte, repräsentiert durch die jeweiligen Wissenschaftler.

4.4.1.3   Dramaturgisch

Die Metapher des Theaters hat sich in der Lehrkunstdidaktik als sehr fruchtbar erwiesen. Viele, wenn auch nicht alle Aspekte der Gestaltung und Inszenierung eines Lehrstücks lassen sich mit diesem Bild verdeutlichen.[135] Im Theater gibt es

---

135 Klafki schreibt: „*[Theodor] Schulze weist durchgehend nach, dass die Ähnlichkeiten, Beziehungen, Parallelen, Analogien zwischen Dramaturgie und (Lehrkunst)-Didaktik erstaunlich zahlreich, theoretisch erhellend und vor allem stimulierend für die Gestalter eines bildenden Unterrichts sein können; zugleich zeigt er aber – im Unterschied zu Hausmann – dass nirgends »Isomorphien« (Gleichförmigkeiten) vorliegen.*" Exempel hochqualifizierter Unterrichtskultur.

den Autor, der ein Thema auswählt und dieses in eine Handlung, in ein Drama
umsetzt, das auf der Bühne aufgeführt werden kann.
Auch ein Lehrstück hat ein zentrales Thema, in unserem Beispiel der Übergang vom *horror vacui* zum Luftdruck. Es geht beim Schreiben eines Lehrstücks
darum, eine *Hauptperson* zu finden, an der das Thema dargestellt wird. Schulze
schreibt:

> „Das Lehrstück braucht einen Protagonisten, einen Helden. Der Held ist jedoch keine Person,
> sondern – ja wie soll ich sagen – ein Phänomen, ein Gebilde, ein Konzept, das wie eine «Figur»
> im Drama agiert, das eine «Entwicklung» durchläuft, das in eine «Krise» gerät, das am Ende in
> einer neuen Gestalt aus den Handlungen und Verwicklungen hervorgeht."[136]

Im Lehrstück *Pascals Barometer* ist es das rätselhafte Wasserglas, das nun eine
Folge von Lernsituationen durchläuft. Berg schreibt:

> „Es verwandelt sich zuerst in einen 12 m langen Plastikschlauch, dann in die Flasche mit dem
> zunächst vollen, dann leeren Luftbauch, und schließlich in eine Kupferkugel, aus zwei Halbku-
> geln, wiederum mit und ohne Luft im Kugelbauch. Und von Guerickes Magdeburger Kupfer-
> kugel kann ich zurückblicken auf Wagenscheins Bierglas: eine spannende, verwickelte und doch
> durchsichtige Entwicklungsgeschichte unserer Luftdruckfigur."[137]

Der Regisseurin und dem Regisseur, die das Drama im Theater inszenieren, entsprechen in der Schule die Lehrpersonen, die das Lehrstück im Unterricht durcharbeiten. Ganz wichtig ist: Die Lehrpersonen sind nicht die Schauspieler! Es geht
nicht darum, den Schülerinnen und Schülern etwas vorzuspielen, eine Show zu
veranstalten. Inszenieren heißt, sich genau zu überlegen, wo die zentralen Stellen
sind, wie sie im Unterricht deutlich gemacht werden können und wo Schwierigkeiten sind, die gelöst werden müssen. Inszenieren ist mehr als Unterrichten, es
bedeutet, sich mit der Sache zu identifizieren. Soweit der Vergleich von Theater
und Unterricht; Schulze fasst es so zusammen:

> „Der tiefere Sinn der Theaterkunst wie der Lehrkunst liegt darin, dass beide zum «Wachstum des
> geistigen Gehalts» und damit zur «Bildung des Menschen» beitragen – jede auf ihre Weise."[138]

Welches sind die Elemente einer dramaturgischen Gestaltung?

136 Schulze, Theodor (1995): *Lehrstück-Dramaturgie.* In Berg, Hans Christoph und Theodor Schulze:
     Lehrkunst. Lehrbuch der Didaktik. Neuwied: Luchterhand, S. 379.
137 Berg, Hans Christoph (1998): *Aeschlimanns Barometer – ein Lehrstück?.* In: Marburger Lehr-
     kunst-Werkstattbriefe, Herbst 1998, S. 28.
138 Schulze Theodor (1995): *Lehrstück-Dramaturgie.* In Berg, Hans Christoph und Theodor Schulze:
     Lehrkunst. Lehrbuch der Didaktik. Neuwied: Luchterhand, S. 383.

Es braucht einen spannenden Anfang, der die Lernenden in die Sache hineinlockt: Warum fließt das Wasser nicht aus dem Glas? Wir stolpern über etwas, das wir eigentlich kennen, wir merken, dass wir es noch nicht verstanden haben, wir geraten ins Nachdenken, es lässt uns nicht mehr los.

Es braucht eine Hauptperson, die uns durch den ganzen Unterricht führt. Im vorliegenden Lehrstück ist es das Wasserglas, das in immer neuer Gestalt auftritt: als Quecksilbersäule auf dem Puy de Dôme, als Kupferkugel in Magdeburg als Reagenzglas unter der Vakuumglocke in Boyles Experiment.

Es braucht einen oder mehrere Höhepunkte, an die man sich erinnert: Der lange Schlauch im Treppenhaus, die Expedition auf den Puy de Dôme, die Magdeburger Halbkugeln.

Es braucht einen einprägsamen Schluss, der das Lehrstück zusammenfasst und auf den Anfang zurückweist: bei Aeschlimann der Blick auf den Puy de Dôme, bei mir Boyles Experiment.

Es braucht eine transparente Gliederung, welche in der Übersicht dargestellt ist.

Aeschlimann und ich haben das Lehrstück auf verschiedenen Stufen inszeniert und deshalb auch unterschiedliche Ziele verfolgt. Während es bei mir ums Erleben des für ein Verstehen von Physik zentralen Prozesses ging, also darum, zu *staunen, Erklärungen zu suchen, Experimente zum Überprüfen der Erklärungen zu erfinden, sie durchzuführen und eine Erkenntnis* zu formulieren, standen bei Aeschlimann das *Erleben und Reflektieren eines Paradigmenwechsels* im Zentrum. Aufgrund der unterschiedlichen Voraussetzungen und Ziele unterscheidet sich der Verlauf des Lehrstücks. Die Elemente sind die gleichen, aber die Entwicklung des Lehrstücks, der rote Faden ist unterschiedlich. Beide Lehrpersonen nehmen auf ihre Weise die Ansprüche an die Dramaturgie ernst und setzen sie entsprechend um. Es gibt nicht *ein bestes Barometer-Lehrstück*, sondern immer nur *die beste Inszenierung im vorgegeben Kontext*. Deshalb sind beide Inszenierungen detailliert beschrieben: Thema mit Variation würde der Musiker sagen.

4.4.2   Kategoriale Bildung

Das Lehrstück wird in diesem Kapitel anhand der Bildungstheorie von Klafki (vgl. Kapitel 1.1.5) hinsichtlich seines Bildungsgehaltes reflektiert.

Fundamentale Erkenntnisse	*Grundfragen und Grundlagen von Mensch und Welt* Übergang von der Vorstellung *horror vacui* zum Konzept des *Luftdrucks* als exemplarischer *Paradigmenwechsel* in den Naturwissenschaften. Mit dem Paradigmenwechsel verbunden ist eine verallgemeinerte Betrachtung von Natur-*Gesetzen* die repräsentativ steht für die „neue nicht-aristotelische" Naturwissenschaft, weg von der Anthropozentrik hin zur globalen Verallgemeinerung.			
Kategoriale Bildung	*Bildung ist gegenseitige Erschließung von Mensch und Welt* Die Bildung der Kategorie *Luftdruck* ist verbunden mit einem veränderten Weltgefühl: „Wir leben am Grunde eines Meeres aus Luft"! Unsere Position in der Welt wird dadurch neu eingeordnet. Die Luft als *schweres Ding*, als gleichsam *lastende wie auch schützende Decke* und Nährboden des Lebens. Dabei wird aber auf die physikalische Eigenschaft der Luft, die sich aus ihrer Schwere ergibt fokussiert. *Der Luftdruck hält alles zusammen!*			
Den vier historischen Bildungstheorien zugeordneten Teilaspekte	*Objekt. Bildung*	*Klassische Bildung*	*Funktionale Bildung*	*Methodische Bildung*
	Bildung der Begriffe Gewichtskraft und Schweredruck Luft hat eine Gewichtskraft, Luft „drückt" Hydrostatisches Paradoxon	Die Kulturgenese der Vorstellungen zum Luftdruck bzw. zum Vakuum (Galilei bis Pascal) Das Barometer als technische Umsetzung der Erkenntnis „Luftdruck".	Paradigmenwechsel nachvollziehen Transfer wissenschaftlicher Paradigmen in den eigenen Alltag Eigene Ansichten aufgeben und Standpunkte wechseln	Beobachten Hypothese formulieren, diskutieren und anpassen Experimentieren Argumentieren Induktive Schlussfolgerungen ziehen
	Materielle Bildung		Formale Bildung	

Tabelle 9:   Kategoriale Bildung im Lehrstück *Pascals Barometer*

Fundamentale Erkenntnis

Im Zentrum steht der Begriff des Luftdrucks. Allerdings wird dieser nicht a priori als Lernziel gesetzt, sondern schält sich als Erkenntnis aus dem unmittelbaren Experiment nach und nach heraus. Dies geschieht (nicht auf Kosten, sondern) in Erweiterung und Ergänzung zum authentisch gewachsenen und intuitiven Alltagsparadigma, dem Konzept *horror vacui*. Im Lehrstück Pascals Barometer wird exemplarisch der Prozess eines Paradigmenwechsels studiert und am eigenen Erkenntnisweg vollzogen. Neben einer fachinhaltlichen Erkenntnis geht es im Lehrstück also auch um eine Erkenntnis auf der Meta-Ebene; der Erkenntnis *wissenschaftlichen Arbeitens* und der *relativen Gültigkeit wissenschaftlicher Paradigmen*. Dabei wird aber das Alltagskonzept *horror vacui* nicht aggressiv verdrängt oder gewaltsam abgeschafft sondern um ein verallgemeinertes Konzept erweitert („*Wir leben am Grunde eines Meeres aus Luft*"). Die Tatsache, dass sich das Konzept *horror vacui* auch nach allgemeiner wissenschaftlicher Anerkennung des Luftdrucks aus der allgemeinen Vorstellung nicht hat verdrängen lassen, zwingt uns zur Diskussion über die Bedeutung wissenschaftlicher Konzepte und über die Frage nach der Legitimität nachzudenken, *überholte Ansichten* in ihrer Alltagstauglichkeit zu würdigen und dieser neben der „wissenschaftlich korrekten Ansicht" ihre Berechtigung zuzugestehen.

Kategoriale Bildung

Das Lehrstück führt die Kategorie des Luftdrucks ein. Die Lernenden erfahren genetisch die Notwendigkeit der Einführung des Begriffs und erschließen ihn sich durch Experimente und durch das Studium der Argumentation verschiedener Wissenschaftler. Es geht nicht nur um eine gegenseitige Erschließung von Mensch (individueller Schüler) und Welt (Natur) sondern auch um die gegenseitige Erschließung von Mensch (individueller Schüler) und der Welt im Sinne der Kultur und der Kulturgeschichte des Unterrichtsgegenstandes. Dieser kulturelle Aufschluss ermöglicht es dem Studierenden die Unterrichtsinhalte als Kulturgut zu erfahren und sich mit seinem Wahrnehmen, Mitdenken und Lernen selbst als Teil darin wiederzufinden; Im weiteren Sinne kann auch der Begriff des *wissenschaftlichen Paradigmas* selber als geschaffene Kategorie verstanden werden. Was bedeuten die im Physikunterricht konstruierten und verwendeten Begriffe? Wie entwickeln und verändern sie sich und welchen Bezug haben sie zu unserem gesellschaftlichen und individuellen Alltag, bzw. welchen Bezug haben wir zu ihnen?

Objektive Bildung *(materielle Wissensinhalte)*

Im Lehrstück werden die elementaren Grundbegriffe der Hydrostatik gebildet. Begriffe wie *Gewichtskraft, Druck, Schweredruck* und als Beispiel davon schließlich *der Luftdruck* sind die zentralen Kategorien, die genetisch entdeckt und entwickelt werden. Die Begriffe werden nicht gelehrt, sondern den Schülerinnen und Schülern über einen Lernprozess erschlossen. Dabei werden die Begriffe in grundlegender Weise aus der experimentellen Erfahrung heraus konstruiert.

Klassische Bildung *(Bildung als Vorgang, Sinngebung, Werte, Leit- und Weltbilder)*

Über die Entwicklung des Begriffs Luftdruck und die Sinngebung dieser Kategorie durch eine intensive Auseinandersetzung mit Beobachtungen und dem Ringen um eine sinngebende Beschreibung der Sachverhalte werden Schülerinnen und Schüler zu einer *neuen Weltansicht* geführt. *Wir leben am Grunde eines Meeres aus Luft!*

Funktionale Bildung *(Beherrschung von Denk- und Handlungsweisen, geistige und körperliche Fähigkeiten und Fertigkeiten)*

Vom kleinen *Vakuum-Kobold*, der im Glas sitzt und das Wasser zurückhält, zum Luftmeer, an dessen Grund wir seine Last spüren, vom unmittelbaren Phänomen (Wasserglas im Waschbecken) zu einem neuen Weltbild; *dieser Paradigmenwechsel, der in einem Reifeprozess vollzogen wird* und der schließlich in Bezug zur persönlichen physikalischen Alltag gesetzt wird, stellt die formale Bildungskomponente dar. Die Schülerinnen und Schüler lernen, ihren Standpunkt zu verändern, aus verschiedenen Blickpunkten zu argumentieren und Paradigmen als solche zu erkennen und gezielt einzusetzen.

Methodische Bildung *(Beherrschen von konkreten Methoden)*

Nachdem der Sachverhalt rund um den Luftdruck geklärt scheint, müssen die Schülerinnen und Schüler am Ende nochmals einen Schritt zurück machen und in einem Rollenspiel aus Sicht der verschiedenen wissenschaftlichen Positionen argumentieren. Dabei begeben sie sich auf eine Metaebene, reflektieren den Lernprozess und erhalten dabei einen Einblick in eine empirisch induktive wissenschaftliche Methodik: Phänomen *beobachten* und *Hypothesen formulieren* (Sokratisches Gespräch), *am Experiment überprüfen* (Wasserglasexperiment), *Hypothesen anpassen* bzw. *verwerfen* (Wasserschlauch, *beschränkte Kraft des Vakuums*, Luftdruckhypothese), *erneut überprüfen* (Experiment *Puy de Dôme*), *eine Theorie formulieren* (Torricelli: „Wir leben am Grunde eines Meeres aus Luft"), die Theorie *verifizieren* bzw. *falsifizieren, Konsequenzen* der neuen Theorie *ausloten* (Experimente mit von Guericke).

4.4.3   Acht Lehrstückkomponenten im Lehrstück Pascals Barometer

Die Methodentrias *(exemplarisch – genetisch – dramaturgisch)* kann in acht Lehrstückkomponenten ausdifferenziert werden (vgl. dazu Kapitel 1.1.6). Diese acht Komponenten werden hier am Beispiel des Lehrstücks Pascals Barometer konkret besprochen.

4.4.3.1   Phänomen

Wagenschein erklärt einleitend zu seinem Wasserglasexperiment der Gruppe aus Lehrerinnen und Lehrern: „Am Anfang brauchen wir ein erstaunliches Phänomen, ein sonderbares" (vgl. Kapitel 4.2.1). Ein Experiment, das die Lehrenden sowie die Lernenden in seinen Bann zieht, das sie fasziniert und motiviert. Das Phänomen bildet gleichsam den Ausgangspunkt, den *roten Faden* durchs Lehrstück und den Rückkehrpunkt. Er wird bis zum Finale geklärt, vernetzt und dient schließlich als sinnstiftendes Symbol für das Lehrstück. Lehrstückunterricht ist manchmal schülerzentriert, an manchen Stellen lehrerzentriert, immer aber gegenstandzentriert, phänomenologisch. Das Phänomen ist Dreh und Angelpunkt des Lehrstücks. Es steht exemplarisch für eine Sternstunde der Menschheit, lässt sich genetisch erschließen und hat selber eine Kulturgenese durchlaufen.

Die Komponente *Phänomen* – Experiment mit dem Wasserglas – ist bei diesem Lehrstück sehr ausgeprägt und kann wie in kaum einem anderen Lehrstück in ihrer Bedeutung erkannt werden. Das Phänomen dient der Eröffnung des Lehrstücks und begleitet die Lernenden als zu klärendes Rätsel durch das ganze Lehrstück. Im Finale tritt das Phänomen wieder zentral in Erscheinung und führt etwas modifiziert (Experiment nach Boyle) zum Abschluss des Stücks. Das Phänomen erschließt den Weg zur Kulturgeschichte des Paradigmas Luftdruck und steht exemplarisch für einen wissenschaftlichen Paradigmenwechsel (von der Vorstellung *horror vacui* zum Luftdruck).

4.4.3.2   Sogfrage

Die Sogfrage ergibt sich idealerweise aus dem Phänomen oder besser aus der geschickten Inszenierung und Exposition des Phänomens. Die Sogfrage, soll ein reizvolles Rätsel ansprechen. Sie soll klärbar erscheinen, also nicht abschrecken, sondern herausfordern. Die Sogfrage muss manchmal herausgearbeitet werden und präsentiert sich nicht auf dem Serviertablett. Bei *Pascals Barometer* scheint die Frage, das Rätsel, vorerst trivial, noch keine Sogfrage. Warum fließt das Wasser nicht aus dem Glas? Nun, das ist ja klar. Was sollte denn sonst dort sein, wenn kein Wasser da ist! Erst durch das Gespräch, durch das Nachfragen, das Raum-Schaffen für Ideen und subjektive Erklärungen wird aus der simplen Frage langsam ein herausforderndes Rätsel. Es kommt oft vor, dass am Ende der ersten Sequenz die Schülerinnen und Schüler die Lehrperson bedrängen, doch bitte mit der Lösung, mit der Antwort herauszurücken. Manche Schülerinnen und Schüler diskutieren noch weit in die Pause oder die nächste Lektion hinein. Das Phänomen mit seiner Sogfrage hat sie in ihren Bann gezogen!

4.4.3.3   Ich-Wir-Balance

Die Ich-Wir-Balance meint das ausgewogene Verhältnis zwischen individuellem Lernerleben bzw. Lernerfolg und dem Lernprozess in der Gemeinschaft, der Klasse, der Lerngruppe. Jede einzelne Schülerin und jeder Schüler durchwandert im Lehrstück einen Erkenntnisweg. Dieser erfolgt nicht geradlinig, sondern er entwickelt sich in der Gruppendynamik der Mit-Wandernden. Gemeinsam geht man Irrwege und kehrt wieder zurück, mal ist der/die Einzelne etwas hinterher, mal voraus. Letztlich soll aber immer die ganze Gruppe mitkommen. Damit dies gelingt, soll die Lehrperson, welche die Rolle der Bergführerin oder des Bergführers hat, sowohl jede einzelne Berggängerin und jeden einzelnen Berggänger, wie auch die Gruppe als Ganze im Auge behalten. Diese Gratwanderung ist eine der Künste, die wir Lehrpersonen beherrschen sollten.

Wir ziehen hier den Kreis noch etwas weiter und sehen in der Ich-Wir-Balance auch die ausgewogene Beziehung zwischen der Individualgenese und der Kulturgenese. Wenn das *Wir* als ein gesellschaftliches oder gar menschheitliches *Wir* verstanden wird, so meint die Ich-Wir-Balance, dass wir den individuellen Erkenntnisprozess und seinen Erfolg in Beziehung setzen zum Erkenntnisprozess der Menschheit am betreffenden Gegenstand. Der individuelle Erkenntnisweg orientiert sich dann am kulturgeschichtlichen. Damit erlangt die individuelle Erkenntnis eine kulturelle Dimension. Die Schülerinnen und Schüler sollen sich mit ihrer privaten Erkenntnis als Teil der kulturtragenden Gesellschaft erkennen und Verantwortung für dieses Kulturgut übernehmen!

4.4.3.4   Dynamische Handlung und Urszene

Die dynamische Handlung entfaltet sich im Lehrstück Pascals Barometer exemplarisch aus dem Wasserglasexperiment heraus. Der Dramaturgie des Lehrstücks wird gelenkt durch das einleitende Experiment und der daraus resultierenden Sogfrage. Diese zeichnet den roten Faden durch das Lehrstück.

Manchmal gelingt es, für den Inhalt, den Gegenstand eines Lehrstücks eine authentische Urszene zu finden, die als solche Knospe an den Anfang des Lehrstücks gesetzt werden muss, woraus sich der restliche Inhalt des Lehrstücks dynamisch entfaltet. Im Lehrstück Pascals Barometer spielt diese Urszene zwar nicht einer der originären Wissenschaftler (z. B. Galilei, Torricelli oder Pascal), sondern Martin Wagenschein; allerdings ein durch und durch mit Kulturgeschichte durchtränkter Martin Wagenschein. Es ist nicht Wagenschein selber, der die Lehrerinnen und Lehrer zum Denken anleitet, es sind Galilei, Torricelli und Pascal, die durch Wagenschein sprechen und handeln. Mit Martin Wagenschein sitzen also die experimentierenden und philosophierenden Wissenschaftler am Rand des Waschbeckens – also haben wir zumindest eine indirekte Urszene.

4.4.3.5 Kategorialer Aufschluss

Wolfgang Klafkis Bildungstheorie führt die zwei klassischen Bildungsstränge, die materielle (inhaltliche) und die formale (methodische) Bildung zu einer Verquickung und nennt sie die *Kategoriale Bildung*. Nicht Inhalte alleine machen Bildung aus, aber genau so wenig nur Methoden und Techniken. Die methodische Bildung soll und kann nur an Inhalten geformt werden und umgekehrt. Der *Kategoriale Aufschluss* meint das wechselseitige Erschließen von Mensch und Welt, also das sich Erschließen von Wissen durch die Bildung von Kategorien (Begriffen) und damit das sich Erschließen-lassen durch die Umwelt.

Welche Begriffe und Kategorien werden denn im vorliegenden Lehrstück gebildet? Es sind die Kategorien *Luftdruck* und *Vakuum*, die in einer gegenseitigen Komplementarität stehen. Das Fassen der *Wirkung* dieser Kategorien, deren Existenz von der Perspektive des Betrachters abhängt (gibt es eine Vakuums-Kraft oder nicht?) schließt den Geist des Lernenden auf für den notwendigen Paradigmenwechsel, der vollzogen werden muss um die Experimente und Phänomene zu verstehen. Gleichsam wird die Welt durch die Bildung der beiden Kategorien *greifbar*, *diskutierbar*, *verstehbar*. Methode und Inhalt werden in diesem Beispiel in wunderbarerweise eins und geben dem Unterricht Bildungsgehalt.

4.4.3.6 Originäre Vorlage

Die Kulturgeschichte des Barometers ist greifbar (z. B. Simonyi 2001 oder Mach 2006).[139] An ihr lassen sich die wesentlichen Stationen der Entwicklung der Luftdruck-Idee nachvollziehen. Nun ist es nötig, in die originären Vorlagen der entscheidenden Denker einzudringen und diese in geeigneter Weise auch den Schülerinnen und Schülern zugänglich zu machen. Die Ideen Galileis zur *Beschränkten Kraft des Vakuums* wurden durch die Übersetzungen der *Discorsi* in

---

139 Simonyi, Karoly (2002): *Kulturgeschichte der Physik, von den Anfängen bis heute.* Frankfurt a. M.: Verlag Harri Deutsch oder Mach, Ernst (2006): *Die Mechanik in ihrer Entwicklung.* Saarbrücken: Edition Classic Verlag Dr. Müller.

der Ostwalds Klassiker-Serie[140] für die Allgemeinheit und auch für den Unterricht zugänglich gemacht. Bei den Briefwechseln von Pascal ist es etwas aufwändiger, die originären Vorlagen für den Unterricht aufzubereiten. Es geht aber gar nicht zwingend darum, die Schülerinnen und Schüler die Originale studieren zu lassen. Es reicht, wenn der Gestus hin zu den Originalen deutlich wird. Es kann u.U. reichen, wenn Galilei als Buch auf dem Tisch liegt oder das Porträt Torricellis an der Wand hängt. Wichtig ist, dass der Bezug zu den Originalen geschaffen und dass transparent wird, wo das Wissen, welches wir im Unterricht studieren, seinen Ursprung hat.

4.4.3.7   Werkschaffende Tätigkeit

Das handlungs- und produktorientierte Lernen soll als Teil des erarbeitenden Unterrichts nicht fehlen. Die Handlungsorientierung ist im Lehrstück Pascals Barometer sehr ausgeprägt. Das zielgerichtete Experimentieren steht während des ganzen Unterrichts im Zentrum. Handelnd soll Erkenntnis gewonnen werden.

Weniger Aufmerksamkeit erhält im Lehrstück die Produktorientierung, zumindest wenn man unter *Produkt* etwas Materielles meint. Zwar sollen die Schülerinnen und Schüler als Reflexion und Verarbeitung des Lernprozesses ein Poster gestalten, auf welchem sie das Lehrstück visualisierend zusammenfassen. Diese komplexe Aufgabe fordert von den Schülerinnen und Schülern in hohem Maß ein produktorientiertes Handeln. Allerdings erscheint diese Tätigkeit im Lehrstück nicht an zentraler Stelle sondern im Nachspiel und verliert dadurch etwas an Gewicht.

4.4.3.8   Grundorientierendes Denkbild

Der Begriff *Denkbild* ist (ähnlich wie der Begriff *Sogfrage*) eine sprachliche Zusammenfassung eines didaktischen Konstrukts. Ein Denkbild soll reflektierend symbolisch den Kern des Lehrstücks zusammenfassen. Im Denkbild soll sich Inhalt, Handlung und Erkenntnisprozess verdichten und manifestieren und komprimiert aufbewahrt werden können. In gewissen Lehrstücken ist das Denkbild offensichtlich oder es erscheint gar im Titel des Lehrstücks. So zum Beispiel beim *Fallgesetz im Brunnenstrahl*, wo der Fallprozess, seine Vermessung und

---

140 Galilei, Galileo (2004): *Discorsi, Unterredungen und mathematische Diskussionen.* Dt. Übersetzung in der Reihe Ostwalds Klassiker der exakten Wissenschaften, Frankfurt a. M.: Verlag Harri Deutsch.

die dabei gewonnene Erkenntnis vom Strahl des Dorfbrunnens in äußerst ästhetischer Weise zusammengefasst wird. Ist es beim Lehrstück Pascals Barometer das Quecksilberbarometer, der experimentierende Périer auf dem Puy de Dôme oder doch einfach das Wasserglasexperiment? Die Autoren sind sich hierüber (noch) nicht vollends im Klaren.

4.4.4   Lehrplanpassung

Lehrstücke sind aufwändig in der Vorbereitung, zeitintensiv in der Durchführung und noch viel aufwändiger in ihrer Komposition, die sich oft über Jahre hinzieht und weiterentwickelt wird. Der Anspruch der Lehrkunst besteht nicht darin, den Unterricht insgesamt abzudecken. Der Lehrkunstunterricht soll das Curriculum bereichern und an einigen Stellen im Lehrplan Inseln fundiert erkenntnisorientierten Unterrichts schaffen. Exemplarisch soll an diesen Stellen im Unterrichtscurriculum fachlich in die Breite wie auch in die Tiefe vorgestoßen und soziokulturell in die Mitte der gesellschaftlichen und individuellen Relevanz gegriffen werden. Auf die Formel gebracht: 10% Lehrstückunterricht, aber bis zu 100% Lehrkunst im Unterricht; denn Lehrkunst hat das Potential zu einer allgemeinen Didaktik, die in alle Unterrichtsmethodik einfließen kann.

Um die Physik in den (Natur-) Wissenschaften, aber vor allem in der Bildung und speziell in der Allgemeinbildung zu positionieren und deren Bedeutung aufzuzeigen, sowie um den Schülerinnen und Schülern einen Einblick und einen Einstieg in die Denk- und Arbeitsweisen der Naturwissenschaften zu ermöglichen, ist es sinnvoll, sehr rasch mit einem Lehrstück zu beginnen. Beginnt der Unterricht in Physik damit, erst mal die Systematik physikalischer Gössen und Einheiten einzuführen, verfehlt man den Charakter der Physik gründlich und verbaut unter Umständen den Zugang zu ihren wahren Anliegen für den Rest der schulischen Ausbildung. Nirgends ist das Physik-Lehrstück besser platziert als zu Beginn des Curriculums.

Die Tabelle 4 zeigt ein Beispiel der Verteilung methodisch unterschiedlicher, größerer Unterrichtssequenzen. Auf der Ebene der Lektionen oder kleinerer Unterrichtseinheiten findet natürlich immer eine dem Lernstoff angepasste Methodenvariation statt. Eingezeichnet sind nur größere zusammenhängende Methoden-Einheiten. Dass der Lehrstückunterricht in diesem Beispiel sich auf die ersten beiden Unterrichtsjahre beschränkt, hängt nur damit zusammen, dass bisher für die Themen der Physik-Oberstufe keine ausgearbeiteten Lehrstücke vorliegen. Lehrstücke können und sollen aber auf allen Stufen eingesetzt werden.

Der gymnasiale Lehrplan im Kanton Bern sieht das Thema Hydrostatik im 9. Schuljahr vor. Das Lehrstück Pascals Barometer passt seht gut dazu. Die im Lehrplan vorgesehenen Themen wie *Gewichtskraft*, Druckbegriff, *Kolbendruck*, *Schweredruck*, hydrostatisches Prinzip und *Luftdruck* werden durch das Lehrstück abgedeckt. Das Schwergewicht liegt dabei allerdings nicht auf der formalen Behandlung, sondern auf der inhaltlichen Auseinandersetzung (auf der Bedeutungsebene) mit diesen Begriffen. Um den Druckbegriff umfassen zu bilden, sollten aber zum Lehrstück folgende Aspekte ergänzt werden:

- Druck als skalare Größe und Druckkraft als senkrecht auf Oberflächen gerichtete Größe
- Prinzip der kommunizierenden Gefäße und hydrostatisches Paradoxon
- Quasi Inkompressibilität von Flüssigkeiten und Pascal'sches (hydrostatisches) Prinzip
- Druckeinheiten (Pascal, Bar, mmHg, Torr, PSI)
- Formalisierung der Erkenntnisse aus dem Lehrstück (insbesondere die formale Verwendung und Anwendung des Drucks, der Dichte und des Schweredrucks in Beispielen).

Die sehr sorgfältige Begriffsbildung im Lehrstück sollte einer nun folgenden Formalisierung der Inhalte ein gutes und tragfähiges Fundament geben. Die inhaltliche Fortsetzung in der Hydrostatik ist dann gegeben durch die Behandlung der Auftriebskraft und des archimedischen Prinzips. Auch hier sind mit der ausführlichen Begriffsbildung des Schweredrucks (hydrostatischer Druck) aus dem Lehrstück die Grundlagen gelegt.

Neben diesen fachinhaltlichen Themen setzen sich die Schülerinnen und Schüler implizit auch mit Wissenschaftsgeschichte und mit den wissenschaftstheoretischen Fragen zur Bildung, Validierung und der Begrenztheit von wissenschaftlichen Paradigmen auseinander. Das Miterleben und Durchdenken eines Paradigmenwechsels relativiert die Absolutheit wissenschaftlicher Konzepte, zeigt deren Dynamik und deren kulturelle Prägung auf. Die Schülerinnen und Schüler lernen ferner auch die Bedeutung und den Einsatz des physikalischen Experimentes innerhalb des Erkenntnisprozesses kennen, vorerst allerdings erst in einer recht eng geführten Art.

4.4.5 Die Bildungsstandards im Lehrstück

In Deutschland hat die Kultusminister-Konferenz für jedes Fach Bildungsstandards für den Mittleren Abschluss (Jahrgangsstufe 10) verabschiedet.[141] Die Lehrkunst und ihre Lehrstücke sollten sich einer Analyse, gemessen an diesen Bildungsstandards, nicht entziehen. Gewisse Lehrstücke lassen sich allerdings nur schwer ins Bild des Fachunterrichts passen und an fachdidaktischen Kriterien messen, da sie in ihrem Ansatz interdisziplinär sind und überfachliche Kompetenzen eine wesentliche, wenn nicht gar die Hauptrolle spielen. Dies gilt aber nicht für das Lehrstück Pascals Barometer. Dieses ist mit seinem Inhalt tief im Fach Physik verankert und lässt sich daher sehr gut durch das Kriterienraster der Bildungsstandards evaluieren. In diesem Kapitel gehe ich nur kurz und ohne Vertiefung darauf ein, wie gut die Bildungsstandards im Lehrstück erfüllt werden. Es wird dabei nur auf ausgeprägte Stärken und deutliche Schwächen eingegangen. Als Übersicht über die Analyse dient das *Kuchendiagramm* (Abbildung 39), in dem die einzelnen Kriterien entsprechend ihrer Stärke im Lehrstück eingefärbt sind (vgl. dazu auch die Tabelle 8).

Im Lehrstück wird eine gründlich naturwissenschaftliche Methodik gepflegt, indem immer ausgehend von Experimenten und Phänomenen Hypothesen formuliert und an anderen Situationen verifiziert werden. Die problem- und erkenntnisorientierte Arbeit im Lehrstück ist dabei sehr ausgeprägt (*F2, F3, F4, E1, E3*). Schwächen zeigt das Lehrstück in der Förderung der Mathematisierung von Zusammenhängen (*E4, E9*). Hier bleibt das Lehrstück vorerst stark auf der Phänomen- und Modellebene. Nur an Stellen, an welchen es sehr hilfreich und unumgänglich ist, werden *mathematische Modelle* herangezogen. Die Mathematik soll den Schülerinnen und Schülern im Lehrstück vorerst nicht die *Sinne vernebeln*. Nachdem der Sachverhalt begriffen und verstanden ist, soll der Schritt in die formale Welt natürlich nicht fehlen. Dieser Schritt ist aber nicht mehr im Lehrstück enthalten. Der Zugang zum Vermessen des Luftdrucks ist aber durch das Lehrstück geebnet, woraus allerdings die Einheit *mmHg* oder *Torr* hervorgeht. Der Zugang zur SI-Einheit *Pascal* geschieht über die Druckdefinition, an welcher aber im Lehrstück nicht prioritär gearbeitet wird. Der formale Druckbegriff selber kommt im Lehrstück ebenfalls *nur im Dienste der Erkenntnisfindung am Problem* vor. Um den Druckbegriff umfassend einzuführen, sind zwingend Ergänzungen zum Lehrstück nötig (vgl. dazu Kapitel 4.4.4).

141 Herausgegeben vom Sekretariat der Ständigen Konferenz der Kultusminister der Länder in der Bundesrepublik Deutschland (2005): *Bildungsstandards im Fach Physik für den Mittleren Abschluss (Jahrgangsstufe 10)*. München, Neuwied: Luchterhand.

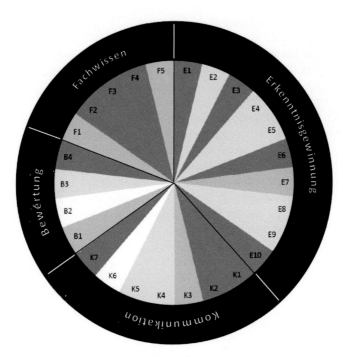

Abbildung 39:   Kuchendiagramm als Übersicht über die Erfüllung der Bildungs-
                  standards der deutschen Kultusministerkonferenz. Der Schlüssel
                  zu den entsprechenden Abkürzungen liefert die Tabelle 8.

Auf der Kommunikationsebene ist die Form des Lehrstücks sehr stark im gegenseitigen Austausch von Einsichten und Erkenntnissen, sowohl in der Umgangssprache wie auch gegen Ende des Lehrstücks mit Fachbegriffen (*K1, K2, K7*).
Eine starke Schülerorientierung, die auf kreatives, anschließend systematisches
und zielgerichtetes Experimentieren ausgelegt ist, kommt nur zu Beginn des Lehrstücks vor. Anschließend weisen die Vertreter der Kulturgeschichte und deren
originäre Vorlagen den Weg. Auch das Messen, systematische Auswerten und
Interpretieren von Daten fehlt im Lehrstück, ebenso die Vertiefung in technische
Anwendungen (*K4, B2*). Zwar kommen hier einige wenige Geräte zum Einsatz
(Vakuumpumpe, einfache Luftdruckpumpe) und am Rande wird das technische
Problem der beschränkten Saughöhe einer Luftpumpe erwähnt.
    Schließlich ist auch die Präsentation der Resultate im Lehrstück kein Schwer-
punkt (*K6*).

Pascals Barometer		Im Lehrstück erfüllt		
		ansatz-weise	einge-hend	gründ-lich
	Die Schülerinnen und Schüler…			
F	*Fachwissen*			
F1	verfügen über ein strukturiertes Basiswissen auf der Grundlage der Basiskonzepte		x	
F2	geben ihre Kenntnisse über physikalische Grundprinzipien, Größenordnungen, Messvorschriften, Naturkonstanten sowie einfache physikalische Gesetze wieder			x
F3	nutzen diese Kenntnisse zur Lösung von Aufgaben und Problemen			x
F4	wenden diese Kenntnisse in verschiedenen Kontexten an			x
F5	ziehen Analogien zum Lösen von Aufgaben und Problemen heran		x	
E	*Erkenntnisgewinnung*			
E1	beschreiben Phänomene und führen sie auf bekannte physikalische Zusammenhänge zurück			x
E2	wählen Daten und Informationen aus verschiedenen Quellen zur Bearbeitung von Aufgaben und Problemen aus, prüfen sie auf Relevanz und ordnen sie	x		
E3	verwenden Analogien und Modellvorstellungen zur Wissensgenerierung			x
E4	wenden einfache Formen der Mathematisierung an	x		
E5	nehmen einfache Idealisierungen vor	x		
E6	stellen an einfachen Beispielen Hypothesen auf			x
E7	führen einfache Experimente nach Anleitung durch und werten sie aus		x	
E8	planen einfache Experimente, führen sie durch und dokumentieren die Ergebnisse	x		
E9	werten gewonnene Daten aus, ggf. auch durch einfache Mathematisierungen	x		
E10	beurteilen die Gültigkeit empirischer Ergebnisse und deren Verallgemeinerung			x

K	Kommunikation				
K1	tauschen sich über physikalische Erkenntnisse und deren Anwendungen unter angemessener Verwendung der Fachsprache und fachtypischer Darstellungen aus				x
K2	unterscheiden zwischen alltagssprachlicher und fachsprachlicher Beschreibung von Phänomenen				x
K3	recherchieren in unterschiedlichen Quellen			x	
K4	beschreiben den Aufbau einfacher technischer Geräte und deren Wirkungsweise	x			
K5	dokumentieren die Ergebnisse ihrer Arbeit	x			
K6	präsentieren die Ergebnisse ihrer Arbeit adressatengerecht				
K7	diskutieren Arbeitsergebnisse und Sachverhalte unter physikalischen Gesichtspunkten				x
B	Bewertung				
B1	zeigen an einfachen Beispielen die Chancen und Grenzen physikalischer Sichtweisen bei inner- und außerfachlichen Kontexten auf		x		
B2	vergleichen und bewerten alternative technische Lösungen auch unter Berücksichtigung physikalischer, ökonomischer, sozialer und ökologischer Aspekte				
B3	nutzen physikalisches Wissen zum Bewerten von Risiken und Sicherheitsmaßnahmen bei Experimenten, im Alltag und bei modernen Technologien	x			
B4	benennen Auswirkungen physikalischer Erkenntnisse in historischen und gesellschaftlichen Zusammenhängen.				x

Tabelle 10: Bildungsstandards Physik der KMK, 2005, angewandt auf das Lehrstück Pascals Barometer

5   Das Fallgesetz nach Galilei

Man kann einen Menschen nichts lehren;
man kann ihm nur helfen, es in sich selbst zu finden.
Galileo Galilei (1564–1642)

Abbildung 40:   Wie fallen die Dinge? Welche Bewegung machen sie?

5.1   Kulturgenese des Fallgesetzes

Das Fallgesetz ist die kinematische Beschreibung des Fallprozesses und seine Ursache wird in einem Teilgebiet der physikalischen Mechanik, der *Dynamik* begründet. Die *Dynamik* hat eine über 2000-jährige Geschichte und diese ist insofern nicht beendet, als dass die Ursache von Masse, einer der wesentlichen physikalischen Größen in der Mechanik, fundamental nicht geklärt ist. Die Zeitspanne, während welcher die wissenschaftliche Gilde sich nunmehr mit den Grundlagen mechanischer Prinzipien und Gesetzmäßigkeiten auseinandergesetzt hat, deckt also die gesamte abendländische Wissenschaftsgeschichte ab. Die Entwicklung der Vorstellungen über die Bewegung von Körpern spielt sich also gleichsam vor dem Hintergrund des Wandels der Weltbilder ab und steht unter anderem auch im Spannungsfeld von politisch-religiösen Machtverhältnissen. Sie ist in komplexer Weise mit religiösen, philosophischen und wissenschaftlichen Paradigmen verquickt. Es besteht hier nicht der Anspruch, die Wissenschaftsgeschichte in ihrer Gesamtheit aufzurollen, sondern die für den Sekundarstufenunterricht und seine Didaktik wesentlichen Aspekte der Entwicklung des Fallgesetzes niederzuschreiben und den Zusammenhang zur Didaktik aufzuzeigen. Dabei stütze ich mich im Wesentlichen auf die ausführlichen Darstellungen der physikalischen Kulturgeschichte durch Simonyi[142] und Mach.[143]

5.1.1 Aristotelische Mechanik

Die enorme Autorität und Lebensdauer der aus heutiger *wissenschaftlicher* Sicht sehr eigentümlichen und schwer nachvollziehbaren Vorstellungen über die Bewegungen von Körpern, wie sie Aristoteles beschreibt, lässt sich nur dadurch verstehen, dass diese nicht losgelöst, sondern in direktem Zusammenhang zu einer umfassenden Vorstellung des Weltgefüges steht. Natürlich gilt dies auch für die heutige Physik und im Speziellen für die mechanische Vorstellung und Beschreibung der Prozesse in der Welt. Wissenschaftliche Erkenntnisse und Paradigmen stehen immer in wechselseitiger Beziehung zu den jeweils vorherrschenden Weltanschauungen (vgl. *Die Wissenschaftlichen Revolutionen*, Kuhn[144]). Eine der wunderbarsten Darstellungen des aristotelisch-ptolemäischen Weltbildes findet sich in der Epoche der Scholastik in Dantes *Göttlicher Komödie*,[145] die in dieser Zeit spielt. Die Welt besteht darin aus zehn verschiedenen himmlischen Sphären, worauf sich der Mond, die Sonne, die verschiedenen Planeten und die Fixsterne verteilen. Im Hintergrund herrscht das allumfassende Ewige. Dante baut seinen *Cosmo Dantesco* auf dem aristotelisch-ptolemäischen Weltbild auf und erweitert dieses zu einer moralisch hierarchischen Welt. Darin entspricht die räumliche Hierarchie der Himmelssphären (die Nähe bzw. Ferne zur göttlichen Sphäre, dem *Primum Mobile)* einer moralischen Hierarchie. Grundsätzlich gibt es in diesem Weltbild zwei verschiedene Welten: die himmlische und die sublunare. In den

---

142 Simonyi, Karoly (2002): *Kulturgeschichte der Physik*. Frankfurt a M.: Verlag Harri Deutsch.
143 Mach, Ernst (2006): *Die Mechanik in ihrer Entwicklung*. Saarbrücken: Edition Classic Verlag Dr. Müller (orig. 1883).
144 Kuhn, Thomas S. (1976): *Die Struktur wissenschaftlicher Revolutionen*. Frankfurt a M.: Suhrkamp.
145 Dantes „Himmlische Komödie" und das damit verbundene Weltbild wird in beeindruckender Weise vom Basler Astronomen Binggeli in Analogie zu modernen astro-physikalischen Konzepten gebracht, vgl. dazu Binggeli, Bruno (2006): *Primum mobile – Dantes Jenseits und die moderne Kosmologie*. Zürich: Ammann Verlag.

beiden Welten gelten nicht die gleichen Gesetzmäßigkeiten (Der Begriff der Naturgesetze wäre hier fehl am Platz, da er erst in der Renaissance entsteht) – auch nicht die gleichen mechanischen Gesetzmäßigkeiten.

Die gottesnächste und vollkommenste geometrische Form im Konzept des Aristoteles ist der Kreis. Die himmlische und vollkommenste Bewegung ist daher kreisförmig. Alle himmlischen Objekte, der Mond, die Sonne, die Planeten und die Sterne bewegen sich ewig auf solchen Kreisbahnen.

Ganz anders verhalten sich Bewegungen in der sublunaren Welt. In dieser gibt es eine strenge Ordnung der vier aristotelischen Elemente Erde, Wasser, Luft und Feuer. Der ureigene und natürliche Ort des Elementes Erde ist *zuunterst* oder *im Zentrum, in der Mitte*. Für die Aristoteliker ist dies im Mittelalter ein wichtiges Argument für die Verteidigung des geozentrischen Weltbildes. Das Element Wasser liegt natürlicherweise über der Erde, die Luft über dem Wasser und zuoberst das Feuer. Bewegungen kommen nun im Bestreben der Elemente zustande, ihren natürlichen Ort zu erlangen. Legt man einen Stein auf die Wasseroberfläche, so strebt er an den Grund des Wassers, gleich wie in der Luft. Luft in Wasser hingegen strebt nach oben, wie auch Feuer in Luft. Die Bewegung bei Aristoteles wird also durch eine *Kraft* verursacht, die in jedem Zustand die Weltordnung wieder herstellen will. Dabei ist auch hier der Begriff *Kraft* nicht gleichzusetzen mit dem heutigen Kraftbegriff, da dieser erst durch Newton die heute gebräuchliche Definition erhält.

Jürgen von Hammel schreibt im Vorwort zu den *Discorsi* von Galilei:[146]

„Schon Aristoteles hatte gesehen, dass die Bewegung von außen, von oben in die Welt eintritt, von einem ersten Bewegten, dem «primum mobile», ausgehend. Von dort wird die Bewegung durch die Fixsternsphäre und die Planetensphäre weiter getragen bis in die Sphäre unter dem Mond, dem sublunaren Weltbereich der vier Elemente, wo die ursprünglich reine Bewegung nun ihre Regelmäßigkeit eingebüßt hat und sich auch nicht mehr auf Kreisen vollzieht. Es gibt in diesem Weltbild ein Oben und ein Unten – und das Oben war gut, weil gottesnah, das Unten befleckt, vergänglich, unrein, gottesfern, nach Aristoteles eine «finstertrübe Stätte»."

Diese der Erstellung der Ordnung dienenden Bewegungen nennt Aristoteles *natürliche Bewegungen*. Daneben gibt es erzwungene (*unnatürliche*) Bewegungen, wie etwa das Werfen eines Steins oder das Ziehen eines Wagens. Dabei wird etwas gegen die natürliche Ordnung bewegt.

Einigen wenigen, sehr oberflächlichen Beobachtungen zufolge schloss Aristoteles ferner, dass schwere Körper schneller fallen als leichte. So fällt beispiels-

---

146 Galilei, Galileo (2004): *Discorsi, Unterredungen und mathematische Diskussionen.* Dt. Übersetzung in der Reihe Ostwalds Klassiker der exakten Wissenschaften, Frankfurt a. M.: Verlag Harri Deutsch, S. IX.

weise eine Feder langsamer als ein Stück Blei. Auch andere – aus heutiger Sicht
eher befremdende – Ansichten wie zum Beispiel die Vorstellung, dass eine Vorwärtsbewegung (z. B. bei einem geworfenen Körper) durch die hinter dem Körper
sich schließenden Luft (da es gemäß Aristoteles kein *Vakuum* geben kann) entstehen würde, führten dazu, dass seine Theorien bereits im Altertum viele Kritiker
hatten. Trotzdem hielt sich die (nicht nur mechanische) aristotelische Naturlehre
über fast 1500 Jahre. Die Begründung dafür liegt sicherlich darin, dass die aristotelischen Erklärungen direkt und unmittelbar einsehbar sind. Sie gehen einher mit
dem *common sense* und genau darin liegen ja auch deren didaktischen Vorzüge.

5.1.2   Anschauen und einfachste Modellbildung mit Aristoteles

Im herkömmlichen Physikunterricht geht es darum, Phänomene zu abstrahieren
und am Modell Naturgesetze herzuleiten, woraus letztlich eine kompakte mathematische Formel resultiert. Bestenfalls wird dann am Experiment das Resultat
verifiziert.

Die Schülerinnen und Schüler können das Abstrahieren lernen und sie haben
sich auch bald an diese Art des *Naturbetrachtens* gewöhnt und akzeptieren die
Formeln, die man ihnen plausibel macht. Oft bleibt unseren Schülerinnen und
Schülern aber fremd, was da überhaupt abstrahiert wird. Es gibt für sie gar keinen
Bezug mehr zum Phänomen, das abstrahiert werden soll. Das Durchschreiten der
Abstraktionsstufen über das Modell zur mathematischen Beziehung wird oft zum
rituellen, zusammenhangslosen Prozess. Das Ziel des Physikunterrichts besteht
allzu oft darin, möglichst effizient und rasch zu formalisieren, um dann Prinzipien auf der formalen Ebene zu erarbeiten. Dabei fehlt aber der Schülerin und
dem Schüler schließlich der Bezug zur realen Welt, zum Phänomen. Die Zeit und
der Raum, die Lernenden das Phänomen wieder entdecken zu lassen, fehlen oft
oder werden nicht bereitgestellt. Nicht selten fehlt vorerst auch das Interesse daran.

Ein wesentliches Prinzip der aristotelischen Naturbetrachtung ist das Anschauen der Natur – nicht zu verwechseln mit dem *Untersuchen* oder *Experimentieren*. Die aristotelische Lehre erhebt die Anschauung und damit die „natürliche
Erscheinung" der Phänomene und Gegenstände zum Dogma. Dies geht so weit,
dass nur der anschaulichen Natur Gültigkeit zugesprochen wird: die menschliche
Anschauung als das Maß aller Dinge! Uns geht es doch im gewöhnlichen Alltag
genau gleich. Auch wenn wir uns an die Schultheorien gewöhnt haben, so ist es
letztlich doch das Kind, das die Muttermilch *saugt,* nicht etwa der Überdruck,
der die Milch *stößt*, nicht die Erde, die sich der Sonne *zu-* und *abwendet*, sondern

die Sonne die *auf-* und *untergeht*. Dürfen wir in der Schule diesen Rückschritt machen? Haben wir nicht längst *begriffen*, dass der Mensch nicht das Maß aller Dinge ist und dass die Natur unabhängig vom Menschen objektiven Gesetz-mäßigkeiten folgt?

Letztlich ist jede menschliche Naturbetrachtung vorerst einmal individuell und damit egozentrisch in dem Sinne, dass die Betrachtung subjektiv erfolgt. Gerade bei Jugendlichen ist es wichtig, dass die Naturbetrachtung vorerst von ihnen, von innen ausgeht. Die Naturbetrachtung muss zuerst *zu eigen* gemacht werde. Bevor ein Phänomen in seinen Erscheinungen nicht wahrgenommen worden ist, ist jede Abstraktion sinn- und zusammenhangslos. Den eigenen Sinnen und Wahrneh-mungen zu vertrauen und sich zu trauen, diese zu interpretieren, muss aber wie-der gelernt werden.

Die aristotelische Theorie ist daher ein wunderbarer Ausgangspunkt, um die Schülerinnen und Schüler für die eigenen Beobachtungen zu sensibilisieren. Wie bewegen sich Luftblasen in einem Wasserrohr? Wie fällt eine Bleikugel im Öl? Fällt der Stein im Öl oder steigt das Öl um den Stein? Erst wenn man sich solche Fragen stellt, bemerkt man, wie treffend das aristotelische Weltbild unsere oberflächliche Wahrnehmung der Umwelt wiedergibt. Oder wie sollen wir etwa erklären, warum der Mond im Gegensatz zu einem Stein nicht auf die Erde fällt?

5.1.3 Galilei

Galileis Arbeiten zur Mechanik sind die Frucht jahrhundertelanger gedanklicher Vorarbeit verschiedener Leute. Zu nennen sind etwa da Vinci, Gardano, Bene-detti und Bruno. Die Arbeiten Galileis weisen der Wissenschaft auch methodisch einen neuen Weg. Das Experiment und damit das Untersuchen von Naturerschei-nungen unter künstlichen (*Labor-*) Bedingungen stehen in Kontrast zur aristote-lischen Anschauung. Die Idee, dem Verhalten der Natur in Experimenten auf den Grund zu gehen, setzt das Paradigma des *Naturgesetzes* voraus, das sich durch re-produzierbare Versuche, Handlungen und Experimente beliebig genau ergründen und offenbar mathematisch abstrakt fassen lässt. Galilei modelliert erstmals Natur-erscheinungen und leitet davon allgemeine Gesetzmäßigkeiten ab. Gleichzeitig rückt er mit seinen Betrachtungen den Menschen aus dem Zentrum. Seine Theo-rien beschreiben Prozesse in hypothetischen, für menschliches Leben völlig unwirtlichen Umgebungen, z. B. den Fallprozess im Vakuum.

Seine klare und strenge Methodik und die damit erlangten Erkenntnisse zur Mechanik erlauben ihm, mit großer Selbstsicherheit mit dem aristotelischen

System zu brechen. Er beschreibt das Fallen als gleichmäßig beschleunigte Bewegung, bei welcher die Geschwindigkeit linear mit der Zeit anwächst und die pro Zeiteinheit zurückgelegten Wegstrecken sich zueinander wie die Folge der ungeraden natürlichen Zahlen verhalten[147]. Für den Physikunterricht ist dieses Beispiel exemplarisch und von fundamentaler Bedeutung für die grundlegende Idee der Mathematisierbarkeit der Natur.[148]

> „Ich behaupte, dass ein schwerer Körper von Natur das Princip in sich birgt, sich gegen das gemeinsame Centrum schwerer Körper zu bewegen, d. h. gegen unseren Erdball, und zwar mit einer stetig und gleichmäßig beschleunigten Bewegung, dergemäß in gleichen Zeiten gleiche Geschwindigkeiten hinzugefügt werden."[149]

Mit einer Mischung aus deduktiver Logik und experimenteller Überprüfung überzeugt Galilei mit Leichtigkeit, dass der Fallprozess im Grunde massenunabhängig verläuft. Verschwindet das widerstehende Medium, in welchem ein Objekt fällt (Vakuum), verschwindet auch jegliche Materialabhängigkeit des Fallprozesses, auch die Massenabhängigkeit.

Aber der Bruch mit der aristotelischen Weltanschauung geht weit tiefer! Galilei sieht keinen Grund dafür, physikalisch zwei verschiedene Weltsysteme zu haben, ein himmlisches und ein sublunares.

Galilei erkennt das *Trägheitsprinzip* bereits in Ansätzen und lehnt die aristotelische Vakuumtheorie im Zusammenhang mit Bewegungen vehement ab. Galilei formuliert ein erstes *Relativitätsprinzip* und erkennt, dass ein *ruhendes Bezugssystem* sich nicht von einem *gleichförmig bewegten Bezugssystem* unterscheiden lässt, oder etwas anders formuliert, dass das physikalische (bei Galilei vorläufig nur das mechanische) Verhalten von Körpern in einem ruhenden und in einem gleichförmig bewegten System sich nicht unterscheiden lassen. Er schreibt:[150]

> „Schließt Euch [...] unter dem Deck eines großen Schiffes ein. Verschafft Euch dort Mücken, Schmetterlinge und ähnliches fliegendes Getier; sorgt auch für ein Gefäß mit Wasser und kleinen Fischen darin; hängt ferner oben einen kleinen Eimer auf, welcher tropfenweise Wasser in ein zweites enghalsiges darunter gestelltes Gefäß träufeln lässt. Beobachtet nun sorgfältig, solange das Schiff stille steht, wie die fliegenden Tierchen mit der nämlichen Geschwindigkeit nach allen

147 Hier schien Galilei eine gewisse Zeit durch seine Überlegungen und Experimente in die Irre geführt, als es annahm, der Geschwindigkeitszuwachs verhalte sich proportional zur zurückgelegten Strecke und nicht zur Zeit.
148 Vgl. Wagenschein, Martin (2009): *Naturphänomene verstehen*. Bern: h.e.p.-Verlag.
149 Galilei, Galileo (2004): *Discorsi, Unterredungen und mathematische Diskussionen*. Dt. Übersetzung in der Reihe Ostwalds Klassiker der exakten Wissenschaften, Frankfurt a. M.: Verlag Harri Deutsch, S. 67.
150 Galilei, Galileo (1982): *Dialog über die beiden hauptsächlichsten Weltsysteme: das Ptolemäische und das Kopernikanische*. Stuttgart: Teubner, S. 197 ff.

Seiten des Zimmers fliegen. Man wird sehen, wie die Fische ohne irgendwelchen Unterschied nach allen Richtungen schwimmen; die fallenden Tropfen werden alle in das untergestellte Gefäß fließen. [...]
Nun lasst das Schiff mit jeder beliebigen Geschwindigkeit sich bewegen: Ihr werdet — wenn nur die Bewegung gleichförmig ist und nicht hier- und dorthin schwankend — bei allen genannten Erscheinungen nicht die geringste Veränderung eintreten sehen. Aus keiner derselben werdet Ihr entnehmen können, ob das Schiff fährt oder stille steht. [...] Die Ursache dieser Übereinstimmung aller Erscheinungen liegt darin, dass die Bewegung des Schiffes allen darin enthaltenen Dingen, auch der Luft, gemeinsam zukommt."

In dieser Erkenntnis steckt implizit das Trägheitsprinzip für die Horizontalbewegung, die Einsicht, dass ein Körper natürlicherweise, d. h. ohne *äußere Einflüsse* in seinem *Bewegungszustand verharrt*. Diese Erkenntnis gehört mitunter zu den größten Leistungen Galileis in der Mechanik. Das erst von Newton in seiner vollen Tragweite beschriebene und verallgemeinerte *Trägheitsprinzip* (1. Newton'sches Kraftaxiom) ist nicht intuitiv und nicht anschaulich! Dass ein Körper natürlicherweise in Ruhe verharrt, wenn er zur Ruhe kommt, ist offensichtlich, dass aber ein Körper sich immer fort mit konstanter Geschwindigkeit weiterbewegt, wenn keine *Kraft* auf ihn einwirkt, ist kaum irgendwo zu beobachten. Diese Erkenntnis ist eine großartige Leistung von Galileis abstraktem Denken und seiner Abkehr vom aristotelischen *Dogma der Anschauung*. Allerdings sieht Galilei im Trägheitsprinzip keine fundamentale Bedeutung, denn für ihn gilt dieses nur für eine *erzwungene Bewegung*, da die horizontale Bewegung auf einer Ebene ja eine *von der Unterlage erzwungene* ist.[151] Die *natürliche Bewegung* ist das gleichförmig beschleunigte Fallen. Galilei hat sich scheinbar keine Gedanken darüber gemacht, dass es einen Raum ohne *Erdbeschleunigung* geben könnte. Die Gravitationskraft ist ihm also eine konstante Rahmenbedingung, in der sich der natürliche Prozess des Fallens abspielt. Das von Newton formulierte Trägheitsprinzip, wonach *ein Körper im Zustand der Ruhe oder der geradlinig gleichförmigen Bewegung verharrt, solang keine Kraft auf diesen einwirkt*, hat Galilei nicht in dieser Deutlichkeit und Allgemeinheit formuliert, da es für ihn diese kräftefreie Situation gar nicht gibt.

Galilei zerlegt durch seine Abstraktionen integrale Naturerscheinungen (und -prozesse) in Teilaspekte. Er fragmentiert Phänomene und isoliert und untersucht sie unter *Laborbedingungen* in spezifischen Experimenten. Damit gelingt ihm der Schritt weg von der subjektiven hin zu einer objektiven, deduktiven Wissenschaft.

---

151 Jürgen Hammel in: Galilei, Galileo (2004): *Discorsi, Unterredungen und mathematische Diskussionen.* Dt. Übersetzung in der Reihe Ostwalds Klassiker der exakten Wissenschaften, Frankfurt a. M.: Verlag Harri Deutsch, Einleitung S. LIII.

Die experimentelle Präzision, die Galilei erreichte, lässt uns staunen in Anbetracht der messtechnisch bescheidenen Mittel, die ihm zur Verfügung standen. Vor allem eine genaue Zeitmessung fehlte ihm, was ihn die Wasseruhr erfinden ließ. Diese besteht aus einem Wassergefäß, aus welchem in praktisch konstantem Strom Wasser ausfließt, sobald ein Hahn geöffnet wird. Die Zeiten werden nun gemessen, indem die Masse des ausgeflossenen Wassers bestimmt wird. Massen konnte er bereits sehr präzise bestimmen. Thomas Bührke beschreibt in seinem Buch *Sternstunden der Physik,*[152] wie Galilei regelmäßige Zeitintervalle vermessen hat, indem er in seiner Kammer einen Gehilfen, mit einer Laute ausgerüstet, eine florentinische Kantate hat singen lassen, die sich in rhythmischem Einklang mit den von einer Kugel überrollten Darmseiten, die mit Glöckchen versehen waren, befand. Die Musik als Taktgeber und sein Gehör als sehr sensibler Taktmesser reichten nach dieser Quelle für die Genauigkeit seiner Messungen wohl aus. Sinnigerweise hatte Galilei ein sehr musikalisches Umfeld. Sein Vater, Vincenzo Galilei (1520-1591) und sein Bruder Michelangelo Galilei (1575-1631) waren berühmte Lautenmusiker. Der Historikers Drake hat mit seinen Studien belegt, dass Galilei in seinen Experimenten mit Musik gearbeitet hat.[153] Drake gibt aber auch Folgendes zu bedenken:

„[…] In the sixteenth century, music and mechanics were more obviously closely related sciences than they are today […]."[154]

Ein weiteres wichtiges Prinzip, das Galilei in den *Discorsi* anwendet und beschreibt, ist das Unabhängigkeitsprinzip: die Tatsache, dass die Fallbewegung sich anderen Bewegungen unverändert überlagert.

Bei allen Errungenschaften Galileis, auf die hier nicht weiter eingegangen wird, bleibt die Ursache des Fallens im Dunkeln. Wie oben zitiert, erscheint ihm die Tatsache klar, dass Körper sich gegen das Zentrum anderer *schwerer Körper* hin bewegen. Den Begriff der *Masse* differenziert er aber gegenüber der Gewichtskraft nicht aus. Es bleibt Newton vorbehalten, dies zu tun und den quantitativen Zusammenhang zwischen der Fallbeschleunigung und der Masse von Körpern aufzuzeigen. Mach schreibt in *Die Mechanik in ihrer Entwicklung:*[155]

„In der reifen, fruchtbaren Zeit seines Paduaner Aufenthalts lässt Galilei die Frage nach dem <warum> fallen und fragt lieber nach dem <wie> der mannigfaltigen Bewegungen, die der Beobachtung zugänglich sind."

---

152 Bührke, Thomas (1997): *Newtons Apfel – Sternstunden der Physik.* München: Beck'sche Reihe, S. 12.
153 Drake, Stillman (1975): *The role of music in Galileo's experiments.* Scientific American, Vol. 232, No. 6 (Jun), S. 98–104.
154 Ebenda.
155 Mach, Ernst (2006): *Die Mechanik in ihrer Entwicklung.* Saarbrücken: Verlag Dr. Müller, S. 119.

5.1.4 Modellbildung durch Experimentieren

Das Durchschreiten von Abstraktionsstufen, ausgehend vom Phänomen über Modelle bis zur Theorie, bildet die Grundlage moderner Naturwissenschaften. Dabei dient das Experiment an der *Natur* als absolutes Wahrheitskriterium. Jedes Modell und jede Theorie müssen der experimentellen Prüfung standhalten, sofern sie objektiv als gültig erklärt werden sollen. Damit erhält der Mensch prinzipiell ein Instrument, um über objektive Wahrheit (was die Naturgesetze anbelangt) zu entscheiden.

Am Beispiel des Fallprozesses lässt sich das Durchschreiten der Abstraktionsebenen und das Suchen nach der naturwissenschaftlichen Wahrheit exemplarisch zeigen.

In ganz einfachen Beobachtungen, etwa wie sich Luft im Wasser, ein Stein im Wasser oder Feuer in der Luft bewegt, erscheint die aristotelische Theorie über Bewegungen einleuchtend.

Ein erster (vorerst kleiner) Widerspruch zur aristotelischen Theorie taucht auf beim Untersuchen der Fallbewegung unterschiedlich großer Eisenkügelchen in einem ein Meter hohen, mit Glyzerin gefüllten Zylinder. Der Unterschied der Fallgeschwindigkeit der Kügelchen ist nicht proportional zu deren Größe (Masse). Zwar legen große (schwere) Kügelchen die Fallstrecke schneller zurück als die kleinen (leichteren), aber nicht in den gleichen Proportionen, wie die Massen zueinander stehen.

Galilei folgend verschwindet nun der Unterschied der Fallzeit der Kügelchen in immer dünner werdenden Medien (Wasser, Öl, Luft) immer mehr. In Luft kann mit den im Schulzimmer vorliegenden Messinstrumenten über eine Fallstrecke von einem Meter schon kein Unterschied mehr festgestellt werden. Daraus ist zu schließen, dass der Unterschied der Fallbewegung etwas mit dem widerstehenden Medium zu tun haben muss.

Das Experiment mit dem Fallrohr scheint den Durchbruch im Ringen um die Frage nach der Massen-, Form- und Gegenstandsabhängigkeit des Fallens zu bringen.

Zuerst lassen wir die Feder und das Bleistück im offenen Rohr fallen. Alles entspricht unserer Erfahrung: Die Feder schwebt gemächlich nach unten, während das Bleistück im Spurt das Rohr durchmisst. Jetzt wird das Ventil am Glasrohr an die Vakuumpumpe gehängt und evakuiert. Nach einer Minute schließe ich das Ventil. Im Glasrohr befindet sich nun eine von uns abgetrennte Welt, ein Raum ohne (oder besser mit sehr wenig) Luft, ein lebensfeindlicher, unwirtlicher Ort und tatsächlich: In diesem Raum durcheilt die Feder das Rohr in der exakt gleichen Zeit wie die Bleikugel!

Was aber sollen wir nun daraus lernen? Was hat denn diese in diesem Glasrohr eingeschlossene Welt mit der unseren zu tun? Was berechtigt uns, die Gesetzmäßigkeiten, die wir in dieser *künstlichen Natur* beobachten, als *wahr* zu
betrachten?

Vorsichtig öffnen wir das Ventil und schaffen wieder die Verbindung zu *unserer realen* Welt. Dies erfolgt mit einem lauten Zischen. Die Schülerinnen und
Schüler haben keine Bange, den Flaschengeist herauszulassen, das Vakuum zu
befreien. Im Rohr herrschen jetzt wieder Normalbedingungen. Wir prüfen gebannt,
ob sich unsere vertrauten Gegebenheiten wieder eingestellt haben und stellen
beruhigt fest, dass sich die Feder die Zeit zum Fallen wieder nimmt.

Ist Physik Zauberei? Nein, das Gegenteil soll sie sein! Sie soll uns über die
Naturphänomene aufklären. Die Resultate, die wir im Experiment unter Laborbedingungen erarbeiten, müssen mit den Erfahrungen in unserem Alltag in Beziehung gebracht werden. Die Resultate müssen in unseren Alltag implementiert
werden. Ansonsten müssen wir Physiklehrpersonen uns vorwerfen lassen, Physik
habe nichts mit dem Alltag unserer Schülerinnen und Schüler zu tun und sei
daher nutzlos.

5.1.5 Newton

Während Galilei sich um das *Wie* des Fallprozesses gekümmert hat, findet Newton
die Ursache für den Fallprozess in der Wechselwirkung von Massen. Dass Materie (bzw. Masse) eine anziehende Kraft auf andere Materie ausübt, ist einmal
mehr nicht *anschaulich*. Diese *Gravitationskraft* ist in *menschlichen* Maßstäben
gemessen eine unvorstellbar kleine Kraft, die sich nur bei verhältnismäßig riesigen Massen bemerkbar macht. Die Gravitationskraft zwischen zwei handlichen
Körpern ist daher ohne spezielle Messgeräte auch nicht beobachtbar.

Newton erkennt, dass die Kraft, die alles gegen die Erde hin zieht, eine überall wirkende Kraft ist bzw. dass sie quadratisch mit dem Abstand zur Erde (oder
irgendeinem Schwerkraftzentrum) abnimmt. Auch wenn es demzufolge nirgends
einen gravitationsfreien Raum gibt, so wird die Gravitation an gewissen Orten im
Universum doch sehr schwach oder kann sich theoretisch durch die Überlagerung von Gravitationsfeldern gar aufheben. Die noch bei Galilei als *natürliche
Bewegung* aufgefasste beschleunigte Fallbewegung erscheint nun als Folge der
Gravitationskraft, die auf einen Körper wirkt. Im Prinzip kann man sich aber
einen kräftefreien Raum vorstellen, in dem ein Körper *natürlicherweise* ruht,
bzw. sich mit gleichbleibender Geschwindigkeit bewegt, was je nach Wahl des

Bezugssystems in Bezug auf die Mechanik – gemäß dem Galilei'schen Relativitätsprinzip – das Gleiche ist. Diese Erkenntnis führt zur Formulierung des Trägheitssatzes: „*Ein Körper bleibt im Zustand der Ruhe oder der geradlinig gleichförmigen Bewegung, solange keine Kraft auf ihn einwirkt.*"

Damit erlangt aber auch der Begriff *Kraft* selber immer deutlichere Konturen.
Kraft ist ganz allgemein als die Ursache für die Beschleunigung eines massiven
Körpers zu verstehen und umgekehrt ist dessen Beschleunigung immer die Folge
einer auf ihn einwirkenden resultierenden Kraft. Damit wird auch der Begriff
Masse erst recht fassbar: Die Masse *m* ist der Proportionalitätsfaktor zwischen
Ursache (Kraft *F*) und deren Wirkung (Beschleunigung *a*).

$$F = m \cdot a$$

Newton erkennt ferner die Ortsabhängigkeit der Wirkung der Masse im Gravitationsfeld, also deren Schwere (vgl. unten). Eine Unterscheidung der Begriffe
Gewicht und *Masse* drängt sich daher auf!

Diese Betrachtungen führen aber zu zwei völlig unterschiedlichen Qualitäten
des Massebegriffs. Einerseits ist die Masse die Ursache für Gravitationskräfte
und umgekehrt die Eigenschaft eines Körpers, selber auf Gravitationskräfte zu
reagieren. Diese Eigenschaft nennt Newton die *Schwere* der Masse (*gravitas*).
Andererseits braucht es scheinbar Kraft, Massen zu beschleunigen (unabhängig
von der Gravitation), d. h. ihren Bewegungszustand zu ändern (Trägheitssatz).
Diese Eigenschaft nennt Newton die *Trägheit* der Masse (*inertia*).

Dass die *Trägheit* der Masse und die *Schwere* der Masse einander proportional sind, ist intuitiv nachvollziehbar. Ein Körper, der doppelt so stark auf Gravitation reagiert, also doppelt so *schwer* ist als ein zweiter Körper, der widersetzt
sich einer bestimmten Beschleunigung auch doppelt so stark, ist also doppelt so
träge. Daraus folgt aber unmittelbar die Massenunabhängigkeit der Fallbewegung:
Um einen Körper der Masse 5 kg aus seiner Ruhelage mit 9.81 m/s^2 zu beschleunigen, braucht es fünfmal mehr Kraft, als das Gleiche mit einem Körper der
Masse 1 kg zu tun. Aber die Gravitation wirkt auf den Körper mit der Masse 5 kg
eben auch fünfmal stärker als auf den Körper mit der Masse 1 kg! Das ist der
Grund, warum tatsächlich beide mit einer Beschleunigung von 9.81 m/s^2 fallen.

Überraschend und in der klassischen Physik ein unerklärtes Rätsel bleibt die
Tatsache, dass die Träge und die Schwere einer Masse nicht nur proportional
zueinander sind, sondern dass deren Proportionalitätsfaktor gleich 1 ist!

$$m_{\text{träge}} / m_{\text{schwer}} = 1$$

Diese Eigenart der Eigenschaften der Masse kann in der klassischen Physik theoretisch nicht begründet werden und ist deshalb eine empirische Erkenntnis. Immer präzisere Experimente haben in der Geschichte der Mechanik diesen Befund mit immer höherer Präzision bestätigt.

Mit der Newton'schen Mechanik wurde die Unterscheidung einer *himmlischen* und einer *irdischen*, *sublunaren* Mechanik endgültig hinfällig. Die Kreis- bzw. Ellipsenbahnen, welche die Himmelskörper begehen, erscheinen als Bewegungen, die durch ein labiles Gleichgewicht aus Gravitationskraft (aufgrund ihrer schweren Masse) und Fliehkraft (aufgrund ihrer trägen Masse) stabil bleiben.

Die Newton'sche mechanische Theorie war derart erfolgreich in ihrer Übereinstimmung mit den empirischen Daten und experimentellen Beobachtungen, dass es schwer vorstellbar war, dass diese nicht die endgültige Wahrheit über die mechanische Funktionsweise unserer Welt beschreiben sollte. Es bedurfte eines frischen und unabhängigen Freigeistes, der sich erfrechte, aufgrund neuer empirischer Daten die Newton'sche Physik in ihren Grundfesten anzuzweifeln.

5.1.6   Abstrakte Konzepte

Die Newton'sche Mechanik ist die vollendete mechanische Beschreibung der von uns Menschen unmittelbar erlebbaren Naturprozesse. Sie bildet daher auch nach wie vor das Fundament in der Schulphysik. Allerdings sind die Konzepte der Newton'schen Mechanik auch reichlich abstrakt und schwer zu fassen. Dazu gehören (wie schon oben diskutiert) das *Trägheitsprinzip* oder das Konzept der *Fernwirkungskräfte* und die Einführung des *Feldbegriffs*. Auf Letzteres soll hier noch kurz eingegangen werden, da der Umgang damit didaktisch nicht ganz einfach ist.

Die Fernwirkung von Kräften – damit ist die Kraftübertragung ohne direkten materiellen Kontakt zwischen zwei Körpern gemeint – wird von Schülerinnen und Schülern je nach Zusammenhang als *selbstverständlich* oder aber als *Wunder* wahrgenommen. Dass die Erde Gegenstände zu sich hinzieht, ohne irgendeine materielle Verbindung zu diesen zu haben, ist eine derart basale Erfahrung, dass sie nicht mehr bewundert und hinterfragt wird. Die Bewegung eines Eisennagels, der von einem Magneten durch ein Blatt Papier oder gar durch eine Tischplatte hindurch erwirkt werden kann, ist für Schülerinnen und Schüler schon erstaunlicher. Gelingt es allerdings einem Menschen, einen Gegenstand über Distanz ohne direkte Berührung zu bewegen, so gilt dieser als Zauberer oder Trickschwindler. Erst wenn die Situation, in der sich die Erde befindet, den Schülerinnen und Schülern gezielt vor Augen geführt wird, erwacht das Staunen über die Gravitation und deren Fernwirkung von neuem: Die Sonne ist in der Lage, die Erde über eine Distanz von 150 Millionen Kilometern auf ihrer Umlaufbahn zu halten, und dies ohne Seil und Haken! Noch erstaunlicher ist, dass die (potentielle) Kraft, die ausgehend von der Sonne auf irgendeine Masse wirken würde, auch da ist, wenn keine Masse da ist. Dies hat zur Konsequenz, dass eine Masse, die man zuerst vor der Gravitation abschirmen könnte, beim „Heben des Vorhangs" *sofort* die Kraft der Sonne spüren würde! Diese Tatsache führt zur Vorstellung, dass die Gegenwart einer Masse (unabhängig von deren Wirkung auf eine andere Masse) *den Raum selber prägt und verändert*. Das Konzept des (Gravitations-)Feldes wird dieser Vorstellung gerecht. Der Feldbegriff hat sich auch in der Elektrodynamik und in allen modernen Theorien durchgesetzt. Bevor der Feldbegriff in Bezug auf die Gravitation mit Schülerinnen und Schülern diskutiert wird, macht es Sinn, zuerst das elektrische Feld zu behandeln. Dies bringt mehrere Vorteile: Die elektrische Kraft ist sehr viel stärker als die Gravitationskraft und kann in Experimenten sehr anschaulich inszeniert und quantitativ vermessen werden. In vielen Experimenten lässt sich die Fernwirkung der elektrischen Kraft (Coulomb-Kraft) eindrücklich demonstrieren und untersuchen. Elektrische (wie auch magnetische) Felder lassen sich mit experimentellen Tricks sichtbar machen.

Nota bene hat Newton selber in seinen früheren Jahren die Fernwirkung der Gravitation abgelehnt, wie aus Briefen an Bentley hervorgeht. Ernst Mach schreibt:

„Dass die Gravitation der Materie wesentlich und anerschaffen sein sollte, so dass ein Körper auf den andern ohne Vermittlung durch den leeren Raum wirken könnte, erschien ihm [Newton] absurd. Ob aber dieses vermittelnde Agens materiell oder immateriell (geistig?) sei, darüber will er sich nicht entscheiden. Newton hat also ebenso wie frühere und spätere Forscher das Bedürfnis nach einer Erklärung, etwa durch Berührungswirkungen, gefühlt."[156]

5.1.7 Paradigmenwechsel und vollständige Trennung von erfahrbarer und theoretischer Physik

Gegen Ende des 19. Jahrhunderts standen sich zwei gewichtige umfassende und in sich konsistente physikalische Theoriengebäude gegenüber: Die Newton'sche Mechanik und die Maxwell'sche Elektrodynamik. Drei Prinzipien, die sich aus

156 Mach, Ernst (2006): *Die Mechanik in ihrer Entwicklung*. Saarbrücken: Edition Classic Verlag Dr. Müller, S. 184.

diesen zwei Theoriegebäuden ergeben bzw. nach welchen diese gebaut sind, lassen sich bei genauerem Hinschauen nicht vereinbaren:

• *Galileis Relativitätsprinzip (G):* Nach diesem Prinzip gilt in allen ruhenden und gleichförmig bewegten Systemen (Inertialsystemen) die gleiche (mechanische) Physik.

• *Newton'sche Vorstellung von Raum und Zeit (N):* Der Raum und die Zeit bilden in der Newton'schen Physik das *Bühnenbild*, wovor sich die physikalischen Prozesse abspielen. Die beiden Größen werden unabhängig vom Betrachter gleich bemessen und sind physikalisch konstant und homogen. Das Universum ist flach, der Raum nicht gekrümmt, also euklidisch und lässt sich am besten durch ein kartesisches oder ein polares Koordinatensystem aufspannen und abmessen. Die Zeit lässt sich am Ablauf von Prozessen erkennen und durch das Abzählen exakt periodischer Vorgänge messen.

• *Maxwells Lichtgeschwindigkeit als Naturkonstante (M):* In der Elektrodynamik taucht die Vakuums-Lichtgeschwindigkeit bei der Beschreibung der Kräfte, die ausgehend von Magnetfeldern auf bewegte Ladungen wirken, als Produkt zweier Naturkonstanten auf und ist damit selber eine Naturkonstante:

$$c = \sqrt{\frac{1}{\varepsilon_0 \cdot \mu_0}}$$

mit c der Lichtgeschwindigkeit, ε_0 der elektrischen und μ_0 der magnetischen Feldkonstanten.

Dass die drei Prämissen oder Prinzipien G, N, und M unvereinbar sind, zeigt sich in folgendem Beispiel:

Ich sitze als Passagier in einem Schnellzug in einem Abteil und bin in Fahrtrichtung gerichtet. Bei mir trage ich eine Taschenlampe. Der Zug fahre 80 km/h gegenüber dem Bahngeleise mit konstanter Geschwindigkeit. Mein Zugsabteil ist somit als Inertialsystem zu betrachten. Alle physikalischen Gesetze sollten also bei mir genau gleich gelten wie in jedem anderen Inertialsystem auch (G). Da die Lichtgeschwindigkeit c eine Naturkonstante ist, sollte diese in meinem System den gleichen Wert besitzen wie in jedem anderen System auch (M). Tatsächlich kann ich mich im Prinzip mit einem Maßstab und einer Stoppuhr davon überzeugen, dass sich in meinem System der Lichtstrahl meiner Taschenlampe mit c (Lichtgeschwindigkeit) von mir wegbewegt.

Ein Beobachter dieser Situation, der neben dem Zug am Bahndamm steht, sieht nun den Zug mit 80 km/h vorbeifahren. Da das Licht sich aber mir gegen-über mit c von mir (im Zug sitzend) davon bewegt, sollte sich das Licht für den Beobachter am Bahndamm mit **c + 80 km/h bewegen.** Diese Addition der Ge-schwindigkeiten gilt jedenfalls dann, wenn davon ausgegangen wird, dass Raum und Zeit aus allen Beobachtungswarten gleich bemessen werden (N).

Dies führt aber offensichtlich zu dem Widerspruch, dass die Lichtgeschwin-digkeit nicht *in allen Bezugssystemen den gleichen Wert besitzt und damit keine Naturkonstante sein kann!* Eine oder mehrere der Prämissen G, M oder N müssen demzufolge falsch sein.

Erstaunlicherweise erwies sich die Newton'sche Vorstellung von Raum und Zeit (*N*) als falsch! Ausgerechnet jenes Prinzip, das der menschlichen Anschau-ung am nächsten liegt und im Alltag am offensichtlichsten zuzutreffen scheint.

Die Einführung der allgemeinen Relativitätstheorie geht einher mit einer kom-pletten Abwendung der physikalischen Naturbeschreibung von der menschlichen Anschauung. Damit entziehen sich die physikalischen Zusammenhänge der Natur in ihren Grundzügen immer mehr der allgemeinen Zugänglichkeit. Umfangreiche Studien sind nötig, um die Grundlagen der allgemeinen Relativitätstheorie zu verstehen, und deren Konsequenzen liegen gänzlich außerhalb des Erfahrungs-bereichs der Menschen.

Die klassische Physik und auch deren Mechanik bleiben in der Relativitäts-theorie als Spezialfall enthalten und behalten für unsere alltäglichen Probleme als gute Näherung Gültigkeit. Das philosophische Grundverständnis über das Wesen von Bewegungen von Körpern in unserer Welt hat sich damit jedoch abermals grundlegend verändert: Einstein erhebt den *freien Fall* wieder zur *natürlichen Bewegung* und greift damit auf Galilei zurück! Die *Gravitationskraft* wird damit zur *Scheinkraft* bzw. zur Trägheitskraft, die daher kommt, dass ein Körper am freien Fallen gehindert wird. Das freie Fallen entspricht in der allgemeinen Relativitätstheorie der Bewegung eines Körpers entlang einer Geodäten in der *Raumzeit*, einer Geraden im Sinne der direktesten Verbindung zwischen zwei Raumzeitereignissen. Das Newton'sche Trägheitsprinzip gilt damit nicht mehr bzw. muss dahingehend erweitert werden, dass *ein Körper, der keinen nicht-gravitativen Kräften ausgesetzt ist, sich entlang einer Geodäten in der Raumzeit bewegt.* Im Gegenzug erhält die in der Newton'schen Mechanik geisterhafte und unerklärbare Tatsache der Äquivalenz von träger und schwerer Masse eine zen-trale Bedeutung. Dieses Äquivalenzprinzip liegt der allgemeinen Relativitäts-theorie als fundamentales Axiom zugrunde.

Wie aber lässt sich nun das Weg-Zeit-Diagramm eines frei fallenden Körpers aus Sicht der allgemeinen Relativitätstheorie verstehen? Wie erklärt diese die Bewegung eines im Gravitationsfeld fallenden Körpers? Gehen wir davon aus, dass die Rahmenbedingungen einer Bewegung eines Steins, der von A nach B gelangen soll, vorgegeben sind. Oder wir behaupten, dass wir im Experiment festgestellt haben, dass ein Stein für den Weg zwischen zwei Orten A und B mit der Distanz 10 m eine Zeit von 1 s gebraucht hat. (Diese Messgrößen haben wir Experimentatoren z. B. im Schulhaus gemessen). Ein zentrales Prinzip der allgemeinen Relativitätstheorie ist, dass in einem Inertialsystem die Eigenzeit immer maximal ist. Unter dem Begriff *Eigenzeit* versteht man die Zeit, die mit einer in Bezug auf ein System ruhenden Uhr gemessen wird. Z. B. zeigt meine Armband Uhr immer *meine Eigenzeit* an, da die Uhr bezüglich mir immer im Ruhen ist, solange ich sie am Handgelenk trage. Der Begriff Eigenzeit ist deshalb nötig, weil in der Relativitätstheorie die Zeit keine absolute, vom Betrachter unabhängige Größe (wie in der Newton'schen Mechanik) darstellt (vgl. weiter oben). Grundsätzlich gilt: *Bewegte Uhren laufen langsamer* und *Uhren, die der Gravitation ausgesetzt sind laufen umso langsamer, je stärker das Gravitationsfeld ist.*

Maximale Eigenzeit in einem System bedeutet nichts anderes, als dass das System keinen resultierenden Kräften ausgesetzt ist, also ein Inertialsystem darstellt.

Stellen wir uns nun den Stein vor, den wir aus 10 m Höhe fallen lassen. Wie wird er die 10 m zurücklegen? Welche Bewegung macht er? *Wenn er frei fällt, wird er sich so bewegen, dass seine Eigenzeit maximal ist.* Aus unserer Warte verändert sich der Gang der Uhr des Steins aus zwei Gründen. Erstens herrscht beim Stein oben (10 m über Grund) weniger Gravitation als unten, was die Uhr auf dem Stein oben schneller laufen lässt als unten (eine Konsequenz der allgemeinen Relativitätstheorie) und zweitens wird die Uhr auf dem Stein, sobald dieser sich uns gegenüber bewegt, langsamer laufen, da bewegte Uhren verlangsamt laufen (eine Konsequenz aus der speziellen Relativitätstheorie). Damit die Uhr auf dem Stein nun möglichst rasch läuft (weil die Eigenzeit ja maximal werden soll), könnte man zuerst meinen, müsste der Stein möglichst lange *oben* verweilen, da in seiner Höhe die Uhren ja rascher laufen. Allerdings müsste er dann, um in der Sekunde doch noch den Weg von 10 m zurückzulegen, stark beschleunigen und mit sehr großer Geschwindigkeit runterfallen, was seine Uhr dann aber beträchtlich verlangsamen würde. Der Stein muss also ein *Optimum* finden zwischen „langem Verweilen in großer Höhe" und dem Erreichen von

„nicht allzu großer Geschwindigkeit"! Es gibt mathematische Methoden, um solche Optimierungsrechnungen durchzuführen (Variationsrechnung). Das optimale Verhalten des Steins, um in einer Sekunde die 10 m zurückzulegen und dabei seine Eigenzeit zu maximieren, ist die des bekannten *freien Fallens*![157]

Aus der Sicht des Steins sieht die ganze Bewegung freilich ganz anders aus: Er bewegt sich nämlich gar nicht durch den Raum, sondern nur durch die Zeit! Er sitzt auf seiner Weltlinie (vgl. Abbildung 41).

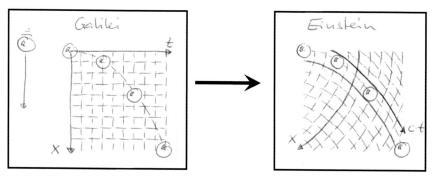

Abbildung 41: Der Fallprozess im Galilei'schen (links) und im Einstein'schen (rechts) Weltbild

Seine Bewegung beschreibt eine *Gerade* (eine gleichförmige Bewegung und keine beschleunigte!) in der Raumzeit! Die Raumzeit allerdings ist durch die Gravitation (durch die Wirkung der Masse) der Erde gekrümmt. Gravitation ist demzufolge keine Kraft mehr, welche die Gravitations*beschleunigung* hervorruft (wie noch bei Newton), sondern eine Raumzeitverkrümmung.

Auf den Punkt bringt es Fischbacher in einem Vortrag über allgemeine Relativitätstheorie:[158]

---

157 Interessant an dieser Tatsache ist, dass sich hier das *Prinzip der kleinsten Wirkung*, das ich in Kapitel 6 eingehend diskutiere, wiederfindet, nur dass in der Formulierung der allgemeinen Relativitätstheorie das Prinzip in der Optimierung der Zeitdehnung zum Ausdruck kommt! Die Erkenntnis, dass das Prinzip der kleinsten Wirkung, das in der klassischen Mechanik entdeckt wurde, die grosse relativistische Revolution überlebt hat, weist auf die tiefere Bedeutung dieses Prinzips hin.
158 Im Internet: [11].

„[...] Genauso gut wie er [ein Physiker] zuvor die auf alle Körper wirkende Beschleunigung nach unten einer "Schwerkraft" genannten Kraft, die mit der Masse eines Körpers zunimmt, hat zuschreiben können, kann er dies auch jetzt tun! Auch wenn Newton hier von einer Trägheits-Scheinkraft sprechen würde. Umgekehrt kann sich unser Physiker auch auf den Standpunkt stellen, dass die Erdlinge ja alle doof sind, weil sie so überheblich sind, ihren nicht-kräftefreien Standpunkt über die natürliche Bewegung eines Körpers – den freien Fall – zu stellen. Wir befinden uns auf der Erde nicht in einem Inertialsystem, weil wir ja Kräfte – eben die „nach unten gerichtete Schwerkraft" – spüren. Die richtigere Beschreibung ist aber eigentlich, dass wir gerne frei fallen würden, dies aber nicht können, weil uns der Boden mit Erdbeschleunigung nach oben drückt. Und diesen Druck, den der Boden auf uns ausübt, spüren wir ganz deutlich. Erst recht, wenn er uns nach einem Fall vom Dach sehr schnell entgegenkommt. Wenn diese "Alltags-Schwere" eigentlich kein Effekt der Gravitation ist, sondern vielmehr nur eine Scheinkraft, die wir genauso billig kriegen könnten, wenn wir uns in eine Rakete einsperren ließen, die mit $9.81 \, m/s^2$ nach oben beschleunigt, dann muss es wohl als wahres Wunder der Schwerkraft angesehen werden, dass die Gegenstände nicht nur hier nach unten, sondern in Australien nach oben fallen, oder, anders gesehen, dass die Erde nicht wahnsinnig schnell wächst, wo doch der Boden immer gleich rasch nach oben beschleunigt. Und genau das ist eines dieser Wunder, die auftauchen, wenn wir uns Effekte auf physikalischen Skalen ansehen, die vergleichbar mit den von einem gravitierenden System mitgebrachten Skalen sind."

5.1.8   Übersicht über die Genese des Fallgesetzes

In einer Übersicht soll nun die Entwicklung der Vorstellung vom Fallprozess von Aristoteles bis Einstein zusammengefasst werden. Darin ist der Weg von der anthropozentrischen Anschauung bei Aristoteles (Bewegungen als Folge der Weltordnung aus Sicht des Menschen) über eine geozentrische Verallgemeinerung bei Galilei und Newton (Bewegung als Folge der *Erdanziehung*) hin zu einer universellen und auch sehr abstrakten und anschauungsfeindlichen Formulierung der Ursache von Bewegungen durch Einsteins allgemeine Relativitätstheorie (*„Alles bewegt sich immer mit Lichtgeschwindigkeit durch die Raumzeit"* oder *„Jede freie Bewegung beschreibt eine Geodäte in der Raumzeit"*) zu verfolgen.

Aristoteles Jedes Element (Erde, Wasser, Luft und Feuer) hat seinen eigenen Ort im sublunaren Weltsystem. Natürliche Bewegungen entstehen durch das Streben der Elemente zu ihrem natürlichen Ort. → **Geozentrisches Weltsystem** → **Himmlische und sublunare "Physik"**	Element ist an seinem „natürlichen Ort" im sublunaren Weltsystem →Ruhe	Element begibt sich an seinen „natürlichen Ort" im Weltsystem
Galilei Galilei kennt keinen gravitationsfreien Raum und daher ist die Fallbewegung die natürliche Bewegung aller schweren Körper. → **freier Fall = gleichförmig beschleunigte Bewegung** → **Relativitätsprinzip**	„Erzwungene" Ruhe	Natürliche Bewegung schwerer Körper
Newton Gravitation ist die Kraft, die zwischen schweren Massen wirkt. Kräfte bewirken Beschleunigungen. Massen verhalten sich träge gegenüber Änderungen ihres Bewegungszustandes. → **Unterscheidung träger und schwerer Masse** → **Trägheitsprinzip** → **Gravitationsgesetz**	Kräftefreier Zustand → Ruhe oder gleichförmige Bewegung (Trägheitssatz)	Beschleunigte Bewegung durch resultierende Kraft.
Einstein Massen erzeugen eine Raumzeitkrümmung. Körper bewegen sich entlang von Geodäten in der Raumzeit, solange keine (nichtgravitative) Kräfte auf sie einwirken. Die scheinbar beschleunigte Bewegung eines fallenden Körpers ergibt sich aus Sicht eines Erdbewohners aufgrund der Eigenzeitmaximierung des fallenden Körpers. → **Äquivalenzprinzip** → **Raumzeitkrümmung** → **maximale Eigenzeit**	Beschleunigte Bewegung in der Raumzeit → Gravitationskraft als Scheinkraft	Kräftefreie Bewegung, Geodäte in der Raumzeit, Maximierung der Eigenzeit.

Tabelle 11:   Übersicht über die Entwicklung der Erklärung des Fallprozess'

5.2   Lehrstückkomposition

5.2.1   Die Wagenschein Vorlage

„Am Anfang mögen etwa solche Fragen stehen: Man möchte wissen, wie der geworfene Stein fliegt. Und wie die geschossene Kugel. Wie lang sie sich ihres Abschusses erinnert, der Richtung, die ihr das Rohr gewiesen hat."[159]

Abbildung 42:   Fallgesetz im Brunnenstrahl; Illustration in Wagenscheins Beschreibung des Lehrstücks

Warum greift Wagenschein zum Phänomen des Brunnenstrahls, um das Fallgesetz zu lehren? Warum geht er von der bereits reichlich komplizierten, überlagerten Bewegung der geradlinig gleichförmigen und der gleichförmig beschleunigten Bewegung aus? Warum stellt er nicht den freien Fall als Phänomen ins Zentrum des Unterrichts?

Sich vor den Brunnenstrahl zu stellen, diesen zu betrachten und zu bewundern, ist kein didaktischer Kunstgriff, sondern eine absolut natürliche Angelegenheit. Die Ästhetik des Brunnens in seiner Gesamterscheinung, des sprudelnden Wassers eingeschlossen, prägt (heute zumindest noch in ländlichen Gegenden)

---

159   Der Anfang des Aufsatzes „Das Fallgesetz im Brunnenstrahl" in: Wagenschein, Martin (1953): *Natur physikalisch gesehen*. Frankfurt a. M.: Diesterweg.

das Ortsbild eines Dorfes oder die Hauptgasse eines historischen Städtchens. Der Brunnen als ein Symbol für das Leben und als Ort der sozialen Kontakte in einer Dorfgemeinschaft ist uns (zumindest in ländlichen Gegenden) ein präsentes Alltagsphänomen. Es ist typisch für Wagenschein, dass er nicht von vornherein ein „einfaches" oder gar „vereinfachtes" Phänomen zum Unterrichtsgegenstand macht. Unterricht soll aus dem Alltag heraus entstehen, und da ist man konfrontiert mit der Komplexität und der Schönheit der ganzheitlichen Wirklichkeit.

Im Brunnenstrahl sieht Wagenschein ein im wahrsten Sinne des Wortes anschauliches Beispiel für die Mathematisierbarkeit der Natur und gleichsam der Ästhetik der Naturgesetze. Der Brunnen mit seinem glitzernden wohlgeformten Wasserstrahl soll den Schülerinnen und Schülern als *Denkbild* in Erinnerung bleiben. Ein Bild, woran sich die ganze Mathematik und Physik, die sich darin manifestiert, wieder und wieder erschließen lässt, sobald der Geist der Schülerinnen und Schüler einmal für diese erschlossen worden ist – ganz nach Klafki, der schreibt:

> „Bildung ist kategoriale Bildung in dem Doppelsinn, dass sich dem Menschen eine Wirklichkeit kategorial erschlossen hat und dass eben damit er selbst – dank der kategorialen Einsichten, Erfahrungen und Erlebnisse – für diese Wirklichkeit erschlossen worden ist."

Wenige Unterrichtsgegenstände eignen sich als einprägsames Gesamtbild der erschlossenen Inhalte für die vorliegende Thematik so gut wie der Brunnenstrahl.

Wagenschein greift wissenschaftshistorisch auf die deskriptiv analytische Physik von Galilei zurück. Was für Gesetzmäßigkeiten stecken in der Form des Wasserstrahls? Die eingangs gestellten Fragen zielen auf das *Wie* der Bewegung ab und vorerst weniger auf das *Warum*! Genau so ist auch Galilei vorgegangen. Seine Aufmerksamkeit galt in erster Linie der *Beschreibung* der Fall- oder Wurfbewegung. Der *Vierte Tag* in den *Discorsi* von Galilei widmet sich der *Wurfbewegung*. Bezugnehmend auf die Geometrie der Kegelschnitte, erarbeitet in den Schriften des Apollonius, leitet Galilei die Geometrie der Wurfbewegung her.

Der Brunnenstrahl erzeugt ein Standbild der Wurfbewegung. Das kontinuierlich *geworfene* und gleichsam *fallende* Wasser zeichnet die Gesamtheit der Bewegung in den Raum. In aller Ruhe und Besonnenheit lässt sie sich studieren, was uns beim Fallen von Körpern sonst nicht gelingt, verläuft der Prozess doch für unser Wahrnehmungsvermögen – ohne Hilfsmittel – zu rasch. Dafür müssen sich die Schülerinnen und Schüler zuerst davon überzeugen, dass die *Wasserteilchen*, die den Wasserstrahl zusammensetzen, sich gleich verhalten wie ein unabhängiger geworfener Tropfen Wasser oder ein Stein. Um sich dies zu vergegenwärtigen, muss der Wasserstrahl immer mal wieder unterbrochen, *zerhackt* und *zerstückelt* werden. Mehr oder weniger direkt lässt sich der Wasserstrahl auch vermessen und die Mathematisierbarkeit der Natur am Beispiel der Wasserparabel erkennen, erfahren und ergründen. Diese Dramaturgie, die den Naturwissenschaften tief innewohnende Grundhaltung der Natur gegenüber im Unterricht selber zu entdecken, macht das Lehrstück zu einem Meisterstück der Didaktik. Ausgehend von der ansprechenden Ästhetik der Anschauung über das genaue Beschreiben und Beobachten schließlich zur Entdeckung der Mathematik und ihrer Schönheit zu gelangen, ist eine Lernerfahrung, die prägend sein kann für die Grundhaltung der Schülerinnen und Schüler den Naturwissenschaften und der Natur im allgemeinen gegenüber.

Noch fast entscheidender ist aber, das analytische Herangehen an die Betrachtung des Phänomens bewusst als Methode der Naturwissenschaften zu lehren und am Ende des Unterrichts den Zuwachs an Erkenntnis als Bereicherung zu vergegenwärtigen, weil wir jetzt das gesamte Phänomen in seiner Ästhetik wahrnehmen können. Ich verstehe hier Wagenschein mit seinem Titel *„Das Fallgesetz als ein für die Mathematisierbarkeit gewisser natürlicher Abläufe <exemplarisches Thema>"*[160] so, dass die Natur mathematisierbar ist, und nicht, wie Galilei behauptet, dass die Mathematik *einzig die Sprache* der Natur sei. Es geht in diesem Lehrstück um eine Begegnung der Mathematik mit der sinnlichen Ästhetik oder anders formuliert um die Gegenüberstellung der *sinnlichen und geistigen Ästhetik*!

5.2.2   Wegweisertexte

Selten ist ein historisches Werk so zugänglich und leicht verständlich wie die Abhandlungen Galileis. Sowohl der Dialogo wie die für dieses Lehrstück verwendeten Discorsi sind heute ins Deutsche übersetzt im Handel zu erwerben. Die Sprache Galileis in diesen Schriften ist die Sprache des Volkes. Er will seine Auseinandersetzungen und seine Erkenntnisse einer breiten Öffentlichkeit zugänglich machen. Wagenschein mahnt auch die Lehrerinnen und Lehrer dazu, Galilei zu lesen und meint damit, dass die Lehrerinnen und Lehrer sich von den Galilei'schen Themen inspirieren lassen sollen[161]. Der Wagenscheintext ist damit der wichtigste Wegweiser für die Entstehung dieses Lehrstücks, zumal Wagenschein darin selber vormacht und beschreibt, wie er Galilei interpretiert und ihn in den Unterricht bringen würde. Im Lehrstück *Fallgesetz nach Galilei* gehe ich noch einen Schritt weiter und greife direkt auf die (übersetzten) Originaltexte zurück.

---

160 Wagenschein, Martin (1988): *Naturphänomene sehen und verstehen.* Stuttgart: Klett-Verlag, S. 202.
161 Ebenda: *„Es ist gut, wenn der Lehrer Galilei gelesen hat. (Da ich erst mit fünfzig Jahren dazu kam, bin ich um so mehr überzeugt, dass jeder Physiklehrer es schon in seiner Ausbildungszeit tun sollte.)"*

Die Schülerinnen und Schüler sollen Galilei lesen, interpretieren und inszenieren. Damit ist der Galilei Text nicht nur Wegweisertext sondern wird zum Lehrmittel.

5.2.3 Lehridee

Auf die Frage, welche Jahreszeit mir am besten gefalle, antworte ich spontan mit *Herbst*. Mit dem Herbst verbinde ich Beschauliches, Ruhiges, Malerisches und natürlich Sinnliches. Er ist weniger überschwänglich als der Frühling, weniger überblendend. Im goldenen Abendlicht sehe ich mich, auf der Terrasse sitzend, den farbigen Jura beschauend die Ernte des letztjährigen Twanners[162] genießen. Wenn ich es mir etwas genauer überlege, so ist es aber weniger eine Jahreszeit selber, die mir besonders gefällt, als vielmehr das Wunder der *Wechsel* der Jahreszeiten, die Verwandlung der Landschaften und damit der Gefühlswelt der Menschen.

Vor meinem Arbeitszimmer fallen wieder die gelben Blätter des von Goethe in einem Gedicht umschriebenen Ginkos. Die Flugbahn jedes einzelnen Blattes ist einzigartig und vor allem einmalig. Einige Blätter versuchen die wenigen Sekunden Flug, die ihnen in ihrem Dasein vergönnt sind, so akrobatisch als möglich zu verlängern, andere stürzen sich auf kürzestem Wege der Erde und der Verwesung entgegen. Wie fällt so ein Blatt? Wie weiß es, wohin es fallen soll? Wie weiß es, in welcher Richtung sich der Erdboden befindet? Plötzlich sehe ich mich als staunenden Newton unter dem Apfelbaum liegen. Aha, ja genau, das ist ja das Verblüffende, darüber hat Newton so gestaunt! Was um alles in der Welt bringt den Apfel dazu, zur Erde hin zu fallen? Ja, ja natürlich, die Erde selbst, aber wie?

Irgendetwas Unfassbares schafft Ordnung auf dieser Erde, schafft ein Oben und ein Unten, lässt die Bäume nach oben wachsen (auch wenn sie einem steilen Hang entsprossen sind) und ihre Früchte nach unten fallen, lässt eine Kerzenflamme nach oben züngeln und das Wasser nach unten strömen, lässt die Gasblasen in meinem Bier nach oben steigen.

Wer macht sich darüber heute noch Gedanken, wen haben diese Fragen beschäftigt, wer hat erklärt, warum die Wolken nicht fallen?

Dieser laue Herbstabend mit seinen fallenden Blätter initiiert die *Lehridee* des vorliegenden Lehrstücks: Was gibt unserer Umwelt ein Oben und ein Unten, wie geschieht das und warum? Einiges davon wollen wir in diesem Lehrstück gemeinsam mit Aristoteles und Galilei ergründen, anderes werden wir nicht klären, bloß differenzierter befragen können.

---

162 Vorzüglicher Weisswein vom Bielersee in der Schweiz.

5.2.4   Lehrstückgestalt

Dramaturgische Gliederung	Thematische Gliederung (Akte)	Zeitliche Gliederung (Lektionen)
Ouvertüre	**Auf dem Schulhausdach** *Einleitende Beobachtungen zum Fallen* Eröffnung, Exposition des Phänomens WIR (KLASSE)	L1
	Anschauen mit Aristoteles *Lehrgespräch mit Aristoteles* Entwicklung des Phänomens ARISTOTELES	L2
1. Akt	**Galilei erhebt Einspruch** *Studium der Discorsi* Galilei greift die Aristotelik an GALILEI	L3
	Experimentieren mit Galilei *Schüler- und Demo-Experimente* Ergründen des Fallprozesses GALILEI	L4 / L5
	Die Mathematisierbarkeit der Natur – Das Naturgesetz *Messen, Auswerten und Interpretieren* Im Fallgesetz steckt die Folge der ungeraden Zahlen WAGENSCHEIN	L8 / L9
2. Akt	**Das Fallgesetz im Brunnenstrahl** *Demo-Experimente* Physik, Mathematik und Ästhetik; Unabhängigkeitsprinzip WAGENSCHEIN	L10 / L11
3. Akt	**Ausblick ins Universum** *Lehrer -Schülergespräche* Die universelle Verallgemeinerung des Fallgesetzes EINSTEIN	L12
Finale	**Der andere Blick** Zurück auf dem Schulhausdach mit Aristoteles, Galilei und Einstein ARISTOTELES, GALILEI, EINSTEIN	L13

Tabelle 12:   Übersicht über das Lehrstück Fallgesetz nach Galilei

5.2.4.1   Auf dem Schulhausdach

Das Lehrstück beginnt auf dem Dach des Schulhauses, von welchem (unter entsprechenden Sicherheitsvorkehrungen) Gegenstände „fallen gelassen" werden. Aber nicht alle Gegenstände *fallen* in dem Sinne, wie wir den Begriff *fallen* üblicherweise brauchen. Wie fallen ein Stein, ein Fussball, ein Blatt Papier, ein Luft- und ein Heliumballon? Warum fallen sie unterschiedlich? Was bedeutet *fallen* und was ist die Ursache davon? Die Schülerinnen und Schüler haben hier die Gelegenheit sich mit ihren Vorstellungen auseinanderzusetzen, diese in Worte zu fassen und darüber nachzudenken. Die Ausformulierung der Alltagsvorstellung ist eine sehr wichtige Voraussetzung für die weitere Auseinandersetzung mit dem Phänomen des Fallens. Die Schülerinnen und Schüler sollen ihre eigenen Ideen, Vorstellungen und Theorien auch schriftlich festhalten.

5.2.4.2   Anschauen mit Aristoteles

Zurück im Schulzimmer tauschen wir nochmals die eigenen Theorien zum Fallen von Gegenständen aus. Viel Halbrichtiges und viel Halbverstandenes wird dabei genannt und vorerst unkommentiert stehen gelassen.

Auf dem Tisch in der Mitte des Klassenzimmers stehen ein Aquarium, daneben eine Kerze und ein Luftballon, im Aquarium liegt ein Stein. Die Dinge repräsentieren die vier aristotelischen Elemente Erde, Wasser, Luft und Feuer. Aristoteles war einer der ersten großen Naturforscher, der eine umfassende Theorie über die Bewegung von Dingen, auch über deren Fallen, aufgestellt hat. Wir wollen seinen Erklärungen folgen. Die Schülerinnen und Schüler lesen zu zweit szenisch ein didaktisch aufbereitetes Lehrgespräch zwischen Aristoteles und seinem Schüler. Jedes Element hat in der Welt seinen Platz: Die Erde zuunterst oder besser in der Mitte des Universums, das Wasser darüber, dann die Luft und zuoberst (zuäußerst) das Feuer. Bewegungen kommen nach Aristoteles dadurch zustande, dass die Elemente sich ordnen wollen, d. h. sich an ihren natürlichen Ort hin bewegen wollen oder müssen; Die Erde unter das Wasser, die Luft über das Wasser und auch das Feuer strebt in der Luft nach oben. Oben und Unten ist durch die hierarchische Anordnung der vier Elemente gegeben.

5.2.4.3 Experimentieren mit Galilei

Die Theorie des Aristoteles ist sehr anschaulich und in mancher Beziehung übereinstimmend mit den Beobachtungen und Beschreibungen der Schülerinnen und Schüler der Bewegungen der Gegenstände beim „fallen" vom Schulhausdach. Einige Widersprüche gibt es aber möglicherweise doch. Einer, der vehemente Einwände gegen die Aristotelische Theorie vorgebracht hatte war Galileo Galilei. Galilei wirft Aristoteles vor, seine Behauptungen nicht überprüft zu haben, d. h. nicht experimentiert zu haben:

> „Zunächst zweifle ich sehr daran, dass Aristoteles je experimentell nachgesehen hat, ob…"[163]

Was heute ein plausibles Argument ist bedeutet Wissenschaftsgeschichtlich einen Paradigmenwechsel. Wir lesen bei Galilei nach, wie er seine Kritik begründet und bauen sie Experimente die er vorschlägt nach: In einen großen Glaszylinder, gefüllt mit Glyzerin, lassen wir kleinere und größere Eisenkügelchen fallen. Zuerst wird nur die Art des Fallens beobachtet, dann auch darüber diskutiert, ob und warum die größeren oder die kleineren Kügelchen schneller fallen.

Offensichtlich wird die Massenabhängigkeit des Fallens. Galilei behauptet aber Dinge würden im Prinzip alle gleich schnell Fallen, d. h. völlig unabhängig ihrer Eigenschaften. Auch diese Behauptung wird eingehend untersucht, zuerst mit rein logischer Argumentation und dann experimentell. Diese Sequenz gipfelt im Experiment mit dem Fallrohr, in welchem unter evakuierten Bedingungen eine Feder und ein Bleikorn genau gleich fallen! An diesem Experiment prallen die *Aristotelik* und die *Galileik* (*Galilean Purification*) aufeinander. Aristoteles hätte experimentelle Befunde unter derart unrealen (lebensfeindlichen) Bedingungen niemals gelten lassen. Galilei seinerseits befreit die Realität von „störenden Effekten" um zu den fundamentalen Gesetzmäßigkeiten der Natur vorzudringen.

5.2.4.4 Die Mathematisierbarkeit der Natur – Das Naturgesetz

Offenbar unterliegen Prozesse in der Natur Gesetzmäßigkeiten, die objektiv und reproduzierbar sind. Noch mehr: Diese lassen sich gemäß Galilei mathematisch beschreiben; so auch das Fallgesetz. Auf den Spuren Galileis versuchen wir diese Gesetzmäßigkeit mit seinen Experimenten (Fallrinne) herauszufinden. Wir entdecken dabei die Fallstrecke als quadratische Funktion der Zeit und erkennen im

---

163 Discorsi, S. 56.

Verhältnis der Streckenzunahme pro Zeiteinheit die Reihe der ungeraden Zahlen. Diese Zusammenhänge werden nun auch grafisch festgehalten.

5.2.4.5   Die Mathematisierbarkeit der Natur – Das Naturgesetz

Am Anfang des 2. Aktes steht das Phänomen *Brunnenstrahl* (oder die *Flugbahn eines Balls*)[164] im Mittelpunkt. Wie verläuft die Bewegung des Wassers? Was für eine Kurve beschreibt der Wasserstrahl (oder jener der geworfenen Bälle)? Es ist nicht einfach, vom bloßen hinschauen eine genaue Antwort darauf zu finden. Schon gar nicht bei den geworfenen Bällen. Können wir die Flugbahn des Wassers oder der Bälle irgendwie festhalten? In einem Demonstrationsexperiment wird ein künstlicher Brunnenstrahl im Schulzimmer an die Wand projiziert.

Mit diesem Trick gelingt es, den Verlauf des Wasserstrahls festzuhalten, d. h. abzuzeichnen. Auf Packpapier, das vorher an die Wand geklebt wurde wird die Schattenprojektion aufgezeichnet. Anschließend versuchen die Schülerinnen und Schüler den Verlauf des einfachsten Wasserstrahls, jenem, der aus einem horizontal gehaltenen Schlauch spritzt, zu vermessen. Dabei hilft ihnen, dass sie bereits die Bewegungen an der schiefen Ebene vermessen und aufgezeichnet haben. Rasch merken die Schülerinnen und Schüler, dass es sich auch hier um eine Parabel handelt, nur dass die horizontale Achse nun eine Strecke und keine Zeit bedeutet. In der Vertikalen nimmt die Strecke mit jeder Einheit der Horizontalen quadratisch zu. Wir haben es offensichtlich in der Vertikalen mit dem bekannten Fallprozess zu tun, wenn wir annehmen können, dass in der Horizontalen sich das Wasser immer mit gleicher Geschwindigkeit bewegt. (Darüber, ob das so ist, wird zuerst gründlich diskutiert!)

Der Fallprozess findet offenbar vollkommen unabhängig von der Vorwärts-Bewegung des Wassers statt! Wir diskutieren auch hier ausgiebig die Konsequenzen.

Diese Erkenntnis, dass die beiden Bewegungen unabhängig voneinander stattfinden und dabei die Gesamtheit der Bewegung in seine Einzelteile zerlegt werden kann, ist vorläufig ein Gipfel des Erfolges der *Galilean Purification* (vgl. Kapitel 1.2.1) und ein Sieg über die Aristotelik – allerdings mit dem Preis, dass uns die Tatsache völlig fremd und irreal erscheint. Galilei selber zeigt sich darüber erstaunt und lässt das durch den seinen Protagonisten Sagredo ausdrücken:

---

164 An dieser Stelle gibt es Varianten in der Durchführung. Streng nach Wagenschein beginnt man hier mit dem Phänomen des Brunnenstrahls. Falls aber gerade kein schöner Dorfbrunnen vor dem Schulhaus steht kann dieser Akt auch mit dem Werfen von Bällen eingeleitet werden.

„Wahrlich, diese Betrachtung ist neu, geistvoll und schlagend; sie stützt sich auf eine Annahme, auf diese nämlich, dass die Transversalbewegung sich gleichförmig erhalte, und dass ebenso gleichzeitig die natürlich beschleunigte Bewegung sich behaupte, proportional den Quadraten der Zeiten, und dass solche Bewegungen sich zwar mengen, aber nicht stören, ändern und hindern, so dass schließlich bei fortgesetzter Bewegung die Wurflinie nicht entarte."[165]

5.2.4.6   Ausblick ins Universum

Die Physik hat sich im 20 Jahrhundert grundlegend verändert und vor dieser Veränderung blieb auch die Theorie über das Fallen von Körpern nicht verschont. Die Relativitätstheorie hat die klassische Erklärung der Gravitationskraft abgeschafft und beschreibt diese als Konsequenz der Raumzeitkrümmung. Es ist nicht möglich, im Rahmen der Mittelschulphysik diese Erklärungen zu verstehen und schon gar nicht, sich diese genetisch zu erschließen. Über Analogien wollen wir aber einigen Gedanken der Allgemeinen Relativitätstheorie zu Bewegungen in einem Gravitationsfeld folgen, dies allerdings stark geführt in Lehrer-Schülergesprächen. Dabei hilft uns indirekt Einstein, dessen Theorien bei Epstein[166] ohne eine einzige Formel und mit vielen handfesten Bastelarbeiten nachvollzogen werden können. Dieser Ausblick beleuchtet die Tragweite des Themas und entfaltet es durch die ganze menschliche Kulturgeschichte.

5.2.4.7   Der andere Blick

Wir kehren zurück aufs Schulhausdach. Alle Gegenstände aus der Ouvertüre sind wieder dabei. Wir lassen sie aber vorerst noch nicht Fallen. Jetzt stehen wir wieder im Alltag bei unserer eigenen Erfahrung und Beobachtung. Was bringen uns die Theorien über das Fallen? Wie verändern sie unsere Wahrnehmung und unseren Alltag? Was hat sich verändert? Es ist hier wichtig, dass die Schülerinnen und Schüler das Gelernte mit ihrem Alltag in Beziehung setzen. Aristoteles, Galilei und Einstein sind mit uns auf dem Dach. Schülerinnen und Schüler haben je eine Rolle eingenommen. Sie sollen nun nochmals ihre Erklärung zum Fallen von Gegenständen abgeben. Ohne diese in ihrer Alltagstauglichkeit, in ihrer Wissenschaftlichkeit oder in ihrer Allgemeinheit zu werten, lassen wir die Theorien so stehen und schauen den Dingen nochmals beim Fallen zu – allerdings jetzt mit ganz anderem Blick.

---

165 Discorsi, S. 222.
166 Epstein, Lewis-Carroll (1985): Relativity Visualized. Insight Press, San Francisco.

5.2.4.8 Vergleich des Lehrstücks Fallgesetz nach Galilei mit Wagenscheins Fallgesetz im Brunnenstrahl

Im Unterschied zum Lehrstück *Das Fallgesetz im Brunnenstrahl* nach Wagenschein orientiert sich das vorliegende Lehrstück unmittelbar an den Schriften Galileis selber, insbesondere an den *Discorsi*.

Wagenschein setzt in der Wahl des Denkbildes und des Ursprungsphänomens seines Lehrstücks (der Brunnenstrahl als wunderschönes Alltagsbeispiel der Wurfparabel) die Mathematisierbarkeit der Natur ins Zentrum. Mit dem Vermessen des Brunnenstrahls offenbart er den Lernenden feinfühlig ein dem Fallprozess innewohnendes Zahlengesetz, *die Folge der ungeraden Zahlen*.

Das Lehrstück *Das Fallgesetz nach Galilei* steht dem ursprünglichen Wagenscheinlehrstück im ersten Blick bezüglich der Ästhetik des Ausgangsphänomens deutlich nach. Es beschränkt sich darauf, vom reinen Fallprozess auszugehen. Nicht der Wurf, sondern das reine Fallen steht im Zentrum. Dafür wird der Diskurs um den Fallprozess sehr direkt und authentisch nach Galilei geführt. Seine didaktisierte wissenschaftliche Abhandlung über den Fallprozess in den *Discorsi* dient dem Lehrstück als direkte Vorlage.

Das Ziel des Lehrstücks *Fallgesetz nach Galilei* ist daher etwas anders angelegt als beim Lehrstück *Das Fallgesetz im Brunnenstrahl*. Es ist *physikalischer*, da es darum geht, den Prozess *des Fallens an sich* ins Zentrum zu rücken, während bei Wagenschein die mathematische Form des Brunnenstrahls im Vordergrund steht.

Die Studierenden werden vorerst in die Betrachterrolle gebracht. Sie sollen die *„natürliche Bewegung schwerer Körper"*[167] in unserer Umgebung studieren. Dabei muss manch einer mit seinem Vorwissen aufräumen: Vom Schulhausdach lassen wir Steine, Bälle, Federn, luftgefüllte und heliumgefüllte Ballone *fallen*. Der beobachtete Fallprozess bei den verschiedenen Gegenständen ist bei den meisten nicht vereinbar mit dem möglicherweise vorhandenen Schulwissen, nach welchem alle Körper gleich schnell fallen. Vielmehr erscheint anfangs die aristotelische Theorie einleuchtend. Jedes Element hat auf der Erde seinen Platz; das Feste unten (am Boden) das Flüssige obendrauf und das Gasförmige oben und das Feuer zuoberst. Und, je schwerer oder leichter etwas ist, umso heftiger strebt es zu seinem natürlichen Ort hin, also nach *unten* oder *oben*. Dieses Jahrhunderte lang gültige Weltbild beschreibt auch heute noch unsere Beobachtungen der fallenden Gegenstände vom Dach des Schulhauses weit besser als das abstrakte

---

167 Galilei nennt das was wir heute oft mit *freiem Fall* bezeichnen, die *Natürliche Bewegung schwerer Körper* (z. B. Discorsi, S. 148).

$$s = \frac{gt^2}{2} \qquad \text{oder besser} \qquad t = \sqrt{\frac{2s}{g}},$$

wonach alle Körper für die gleiche Strecke die gleiche Fallzeit haben.

Der Zugang zur Art der Bewegung fallender Körper findet also in einem ersten Schritt über die Auseinandersetzung mit der Massenabhängigkeit des Fallens oder besser über die Gegenüberstellung der aristotelischen und der Galilei'schen Theorie des Fallens statt.

Nachdem die aristotelische Theorie studiert und vorläufig zur Beschreibung unserer Beobachtungen für doch ganz treffend erklärt worden ist, setzen wir uns mit den Einwänden Galileis auseinander. Galilei führt sowohl ein Gedankenexperiment wie reale Experimente ins Feld, welche die aristotelische Theorie frontal angreifen.

Das Gedankenexperiment, in welchem Galilei die aristotelische Theorie scheinbar dadurch ad absurdum führt, dass er in Gedanken einen schweren und einen leichten Körper aneinander bindet, ist streng logisch nicht wirklich ein Beweis für deren Versagen. Es müssen daher die realen Experimente folgen. Dabei werden ungleich schwere Körper in immer dünneren Flüssigkeiten fallengelassen, bis schließlich – und das ist dramaturgisch ein Höhepunkt im Lehrstück – zwei ungleich schwere Körper im *„widerstandslosen" Vakuum* fallengelassen werden.

Ist die Erkenntnis der prinzipiellen Massenunabhängigkeit des *freien* Fallens gewonnen, können wir uns der Art der Bewegung, der Kinematik des freien Falls zuwenden. Wir bedienen uns dazu der ursprünglichen Fallrinne Galileis. Sie ist in unserem Labor dadurch modernisiert, dass statt einer rollenden Kugel ein Luftkissenschlitten einer Schiene entlang gleitet. Damit fällt der Übergang vom freien Fallen zum schiefen Gleiten etwas einfacher. Es ist aber immer noch schwierig genug, den Studierenden plausibel zu machen, dass es sich hier im Prinzip um die gleiche Bewegung wie beim freien Fallen handelt. Die Auswertung der Messdaten erfolgt dann ganz analog zum Lehrstück nach Wagenschein mit dem Vorteil, dass über die Messung an der Fallrinne direkt ein Weg-Zeit-Diagramm erstellt werden kann.

Obwohl damit das Lehrstück Wagenscheins in das Lehrstück *Fallgesetz nach Galilei* integriert wurde, ist das vorliegende Lehrstück von ganz anderem Charakter. Die eingangs erwähnte Betonung der Ästhetik geht in der Kombination der Lehrstücke weitgehend verloren, weil das Phänomen Brunnenstrahl nicht die gleiche Zentralität hat. Auch die Dramaturgie wird nicht mehr durch den glitzernden und geheimnisvollen Brunnenstrahl getragen. Das Vorliegende Lehrstück ist daher kein Ersatz und keine Erweiterung des Wagenschein-Lehrstücks, sondern ist ein *anderes* Lehrstück.

5.2.4.9 Reflexion in Bezug auf die These der Arbeit

Ähnlich wie beim Lehrstück *Pascals Barometer* kommen am Ende alle Vertreter der drei Wissenschaftsepochen nochmals zusammen. Das Eingangsphänomen wird nochmals fokussiert, jetzt aber je durch die Brillen der drei Wissenschaftler. Wie sieht es Aristoteles, wie Galilei und wie Einstein? Was haben die drei einander zu sagen? Die Fallbewegung wird bei allen dreien hinsichtlich eines anderen Bezugssystems beschrieben. Bei Aristoteles ist die Referenz das ruhende Zentrum der Welt, die Erde, bei Galilei ist es der ruhende Äther im Raum und bei Einstein die Bewegung des Lichtes, die das Koordinatensystem aufspannt. Die Schritte der Verallgemeinerung und der zunehmenden Abstraktion sind bei diesem Lehrstück sehr deutlich sichtbar. Die klassische, Galilei'sche Beschreibung des Fallprozesses wird durch die Einstein'sche Verallgemeinerung relativiert. Die klassische Physik verliert damit ihre Dominanz gegenüber der Aristotelik, womit diese in ein neues Licht rückt. Einsteins Relativitätstheorie deckt auf, dass es keinen *ruhenden Pol* im Universum gibt. Damit wird es plötzlich legitim, irgendeinen Standpunkt im Universum einzunehmen und von dort aus blickend Prozesse zu beschreiben, z. B. auch den anthropozentrischen. Das bedeutet aber nicht, dass Beliebigkeit herrscht, und jeder „sich die Welt so machen kann, wie sie ihm gefällt". Einsteins Theorie sagt, dass nicht der Raum und die Zeit die Größen sind, an denen Prozessen alle in gleicher Weise gemessen werden können, sondern dass die Lichtgeschwindigkeit und der Lichtweg im Vakuum in jedem Bezugssystem der absolute Maßstab sind. In dieser Entwicklung der Vorstellung über Fallbewegungen spielt aber der Schritt von der Aristotelik zur Galileik methodisch eine entscheidende Rolle. Galilei entdeckt die Mathematik als Sprache der Natur und schält mit seinen Experimenten und Abstraktionen das erste Mal in der Wissenschaftsgeschichte in bestechender Klarheit *Naturgesetze* heraus.

5.3 Lehrstückinszenierung

5.3.1 Vorbemerkungen

Vor der Inszenierung des vorliegenden Lehrstücks habe ich mich intensiv mit der Wagenschein-Vorlage *Das Fallgesetz im Brunnenstrahl* befasst. Dieses habe ich dann auch nach der Vorlage von Hartmut Klein in den Schuljahren 07/08 und 08/09 zwei Mal im Unterricht durchgeführt. Das Lehrstück *Das Fallgesetz nach*

Galilei ist aus diesen Inszenierungen heraus gewachsen. Ob es sich um ein neues Lehrstück handelt oder ob es eine Weiterentwicklung vom *Das Fallgesetz im Brunnenstrahl* ist bleibt Interpretationssache. Zuerst habe ich nur einzelne Sequenzen im Unterricht ausprobiert. Nach und nach sind diese Sequenzen zu einer Dramaturgie zusammengewachsen. Die hier beschriebene Inszenierung fand im Schuljahr 09/10 mit der Klasse 3MNa statt.

Die erste Lektion beginnt in einem normalen Klassenzimmer. Vorerst deutet nicht allzu viel auf eine besondere Unterrichtseinheit hin. Die Lektion hält sich im üblichen Rahmen.

5.3.2   Sogfrage

> *„Wir wollen uns in nächster Zeit mit der natürlichen Bewegung schwerer Körper auseinandersetzen. "*

So beginnen wir.

Nun, wie bewegt sich denn eigentlich ein schwerer Körper? Ich schreibe die Frage groß an die Wandtafel:

> „Wie bewegt sich ein schwerer Körper natürlicherweise?"

Dazu halte ich einen Gewichtsstein in der Hand.

Was für eine Frage! Natürlich fällt er gegen den Boden!

„Zum Erdzentrum hin" korrigiert rasch ein Schüler, der offenbar schon etwas mehr „weiß".

Um die Studierenden etwas anzuregen, steige ich auf einen Stuhl und lasse ein Stück Knetmasse, zu einer Kugel geformt, fallen. Die Knetmasse klatscht auf den Boden. Ich wiederhole das simple Experiment mehrere Male. Die Studierenden werden etwas unruhig. Worum geht's eigentlich?

Ich fordere sie auf: *„Beschreibt mir, wie die Knetmasse fällt!"*

In den folgenden drei Minuten sprudelt aus den Studierenden alles heraus, was jemals im Verlaufe ihrer Schulkarriere in ihre Köpfe getrichtert worden ist:

> *„Die Erdanziehungskraft bewegt die Knetmasse", „Die Knetmasse wird beschleunigt", „...nur am Anfang, dann nicht mehr, wegen dem Luftwiderstand", „alles fällt mit 9.81".*

Ich: *„Fällt denn alles gleich?"*

„Nein, ein Blatt Papier nicht!", „Doch, es kommt nicht auf das Gewicht an – im Vakuum!", „...aber auf die Form! Ein großes Blatt Papier fällt sicher nicht gleich wie eine Bleikugel, auch im Vakuum nicht ..." Viele haben schon mal etwas über das Fallen von Gegenständen in der Schule gelernt. Die wenigsten haben je etwas über diesen komplizierten Prozess selber erfahren, selber erkannt! Warum eigentlich nicht? Die Antwort liegt auf der Hand. Das Fallen geht meist zu rasch und das Fallen ist zu wenig interessant. Fallen ist Alltag und bereits als Kleinkind lernen wir damit umzugehen. Die Kunst im Umgang mit der Schwere beherrschen wir alle bestens. Den Zauber, der in diesem eigenartigen Prozess steckt, der, ausgelöst durch die Erde, durch unsichtbare Hand selbst auf große Distanz auf alle Gegenstände wirkt, nimmt niemand wahr.

5.3.3   *Zurück zum Phänomen*

Nun gut, wir lassen vorläufig das Durcheinander an Meinungen, vermeintlichem Wissen und Bruchstücken von Lehrsätzen im Unterrichtszimmer zurück und versammeln uns vor dem 30 m hohen Schulhaus. Als Vorbereitung habe ich eine Fläche von etwa 5 m^2 mit Absperrband markiert. Hier draußen wollen wir nun verschiedenen Gegenständen etwas mehr Zeit geben, um zu fallen. Ich lasse die Studierenden sich um den abgesperrten Bereich versammeln und begebe mich selber auf das Dach des Gebäudes. Die Studierenden haben den Auftrag zu beobachten und zu versuchen, eine Rangliste der fallenden Gegenstände bezüglich ihrer Fallzeit zu machen (ohne Stoppuhren).

Vom Dach des Gebäudes lasse ich nun nacheinander folgende Gegenstände fallen: Einen Ballon gefüllt mit Sand, einen Ballon (gleicher Größe) gefüllt mit Wasser, einen Ballon (gleicher Größe) gefüllt mit Luft, einen Ballon (gleicher Größe) gefüllt mit Helium, ferner eine große Rabenfeder (oder ein Blatt Papier) und einen Tennisball.

Für die Schülerinnen und Schüler ist es ein Wiederentdecken längst vertrauter und in ihren Alltag integrierter Vorgänge. Vor dem Hintergrund der Fragestellung *„Wie fallen Körper?"* erscheinen die Vorgänge aber in neuem Licht. Tatsächlich fällt nicht alles gleich, einiges schwebt fast und der Heliumballon steigt.

Schlussbemerkung zur ersten Lektion:

Die Studierenden haben nun zumindest einmal mit eignen Augen und bewusst wahrgenommen, dass Gegenstände unterschiedlich fallen, ja, einige sogar nach oben *„fallen"!*

5.3.4   Wir lernen von den Alten – Die Lehre des Aristoteles

Zu Beginn der drauffolgenden Lektion stehen auf dem Tisch im Schulzimmer eine brennende Kerze und ein Becken mit Wasser. Ebenfalls liegen ein Stein und ein mit Luft gefüllter Ballon bereit.

Abbildung 43:   Aristoteles (384-322 v. Chr.)

„Zwei Personen, die sich in der Wissenschaftsgeschichte intensiv mit Bewegungen und vor allem auch mit dem Fallen beschäftigt haben, sind der Grieche Aristoteles (384-322 v. Chr.) und fast 2000 Jahre später der Italiener Galileo Galilei (1564-1642)."
    Nachdem wir draußen beobachtet haben, wie schwere (oder auch leichte) Körper sich bewegen, studieren wir die Erklärungen, die uns Aristoteles dazu liefert.
    Hier sei angemerkt, dass wir bereits gegen die Philosophie des Aristoteles gehandelt haben, indem wir überhaupt *experimentiert* haben, d. h. etwas aktiv fallengelassen, die Natur *nachgespielt* haben. Aristoteles hätte es abgelehnt, irgendwelche Schlüsse aus einem Laborexperiment zu ziehen, da die *nachinszenierte Natur* sich nicht so zu verhalten braucht wie die *echten natürlichen Prozesse*. Wir verzichten im Unterricht vorläufig darauf, diese doch ganz wesentliche Tatsache zu reflektieren und geben uns dem Studium der aristotelischen Beschreibung der Bewegung hin: Aristoteles unterscheidet grundsätzlich zwischen den *himmlischen* und den *irdischen* Bewegungen.

In der Einführung in Galileis *Discorsi* schreibt Von Hammel:

„Schon Aristoteles hatte gesehen, dass die Bewegung von außen, von oben in die Welt eintritt, von einem ersten Bewegten, dem „primum mobile", ausgehend. Von dort wird die Bewegung durch die Fixsternsphäre und die Planetensphäre weiter getragen bis in die Sphäre unter dem Mond, dem sublunaren Weltbereich der vier Elemente (Erde, Wasser, Luft und Feuer), wo die ursprünglich reine Bewegung nun ihre Regelmäßigkeit eingebüßt hat und sich auch nicht mehr auf Kreisen vollzieht. Es gibt in diesem Weltbild ein Oben und ein Unten -- und das Oben war gut, weil gottesnah, das Unten befleckt, vergänglich, unrein, gottesfern, nach Aristoteles eine „finstertrübe Stätte".[168]

Die himmlischen Bewegungen erfolgen demnach harmonisch, nach einer *ewigen Ordnung*. Die Gestirne bewegen sich von selbst gleichförmig auf idealen Kreisbahnen. Die irdischen Bewegungen hingegen erfolgen nicht auf regelmäßigen, *göttlichen* Bahnen und müssen eine Ursache haben. Aristoteles schreibt in seiner Physikvorlesung:[169]

„Zuerst nun wollen wir über die Ortsbewegung sprechen; sie ist die elementarste Form der Bewegung. Alles was sich vom einen Ort zum anderen bewegt, bewegt sich entweder durch sich selbst oder durch etwas anderes. Was sich nun durch sich selbst bewegt, bei dem ist klar, dass das Bewegte und das Bewegende beisammen sein werden. Denn in solchen Dingen befindet sich der erste Bewegungsanstoß in ihnen selbst, so dass es kein Drittes geben kann, das dazwischen läge. Bei allem, was als durch ein Anderes in Bewegung gesetzt wird, kann es nur vier Möglichkeiten geben. Es gibt nämlich vier Arten, wie etwas durch ein Anderes bewegt werden kann: Ziehen, Stoßen, Tragen, Drehen. Alle ortsbezogenen Bewegungen im Raum lassen sich auf diese vier zurückführen." (Aristoteles, Physik 243a)

In einem anderen Lehrmittel findet sich der folgende fiktive Dialog zwischen einem Schüler und Aristoteles:[170]

Schüler: Wie kommt man zu Erkenntnis über die Natur?
Aristoteles: Die Prinzipien der Natur sind in unseren Beobachtungen nicht direkt zu erkennen. Wir kommen zu den Prinzipien nur durch genaue Analyse unserer Beobachtungen.
Schüler: Welches sind die Prinzipien, nach denen Bewegungen ablaufen?
Aristoteles: Offensichtlich gibt es Körper in Ruhe und Körper, die sich bewegen. Ohne äußeres Zutun bleiben Körper in Ruhe.
Schüler: Warum bewegen sich Körper?
Aristoteles: Es gibt zwei Bewegungsarten und dementsprechend zwei verschiedene Ursachen. Einmal gibt es natürliche Bewegung.
Schüler: Was versteht man darunter?

168 Von Hammel, Jürgen in: Galilei, Galileo (2004): *Discorsi, Unterredungen und mathematische Diskussionen*. Dt. Übersetzung in der Reihe Ostwalds Klassiker der exakten Wissenschaften, Frankfurt a. M.: Verlag Harri Deutsch, S. IX.
169 Zit. in: Sexl, Roman, Ivo Raab und Ernst Streeruwitz (2009): *Mechanik und Wärmelehre*. Band 1. Sauerländer, S. 35.
170 CVK (1999): *Physik Oberstufe Band 1*. Berlin: Cornelsen.

Aristoteles: Ein Stein, den man loslässt, fällt nach unten. Die von der Flamme erwärmte Luft steigt dagegen nach oben. Alle Körper besitzen einen natürlichen Ort, zu dem sie hinstreben. Schwere Körper streben nach unten, leichte nach oben.

Schüler: Welches ist die zweite Bewegungsart?

Aristoteles: Du kannst einen Stein hochheben. Die Bewegung des Steins erfolgt dann entgegengesetzt zu seiner natürlichen Bewegung. Damit ein Stein eine solche erzwungene Bewegung ausführt, muss etwas da sein, was den Stein bewegt. Sobald dem Stein keine Bewegung mehr aufgezwungen wird, bleibt er in Ruhe, oder er führt eine natürliche Bewegung aus. Auch ein Ochsenkarren bleibt stehen, sobald der Ochse nicht mehr zieht.

Schüler: Aber man kann einen kleinen Stein hochwerfen. Der Stein bewegt sich noch nach oben, wenn er die werfende Hand schon verlassen hat.

Aristoteles: Damit sprichst du ein Problem an. Es könnte sein, dass die Luft vom Stein verdrängt wird, in einem Wirbel um den Körper herumströmt und ihn dann weiter nach oben stößt.

Schüler: Und wie ist es mit den Bewegungen der Himmelskörper?

Aristoteles: Für diese gelten andere Gesetze, denn die Bewegungen der Himmelkörper dauern ewig.

Abbildung 44:   Weltbild nach Aristoteles.

In unserer Lektion wird der Dialog oben szenisch dargestellt. Zur Veranschaulichung der Theorie hängt in Großformat (A0) das aristotelische Weltbild (Abbildung 44) an der Wand. Auf dem Tisch vor uns stehen nun die vier Grundelemente *Feuer*, *Luft*, *Erde* und *Wasser* bereit. Für das Feuer die Kerze, für das Wasser ein Becken gefüllt mit Wasser, für die Luft ein aufgeblasener Luftballon und für die Erde ein Stein. Damit wollen wir uns die aristotelische Theorie der Bewegungen nochmals vor Augen führen. Wir studieren und diskutieren anhand der vorliegenden Vertreter der vier Grundelemente deren *natürlichen Bewegungen* relativ zueinander. Feuer steigt relativ zu Luft nach oben, die Kerzenflamme strebt nach oben. Der Luftballon steigt ins Wasserbecken getaucht nach oben, also liegt der *natürliche Ort* von Luft oberhalb von Wasser. Und schließlich sinkt der Stein im Wasserbecken auf den Grund womit klar ist, dass der Ort des Elementes Erde (Stein) im Vergleich zu den anderen Elementen zuunterst liegt.

Die aristotelische Theorie führt natürlich noch viel weiter. Im Moment soll aber nur ein Aspekt noch etwas beleuchtet werden, weil er in der kommenden Lektion zentral wird: Strebt nun ein großer Stein heftiger gegen seinen *natürlichen Ort* als ein kleiner? Oder anders gefragt, fällt ein großer Stein nun rascher als ein kleiner? Ohne lange zu diskutieren, vertrauen wir (nach der überzeugenden Beschreibung der Bewegungen verschiedener Elemente) auf die Antwort des großen Gelehrten und lesen bei Aristoteles nach. Aus seinen Texten erhalten wir drei Antworten:

- Körper fallen proportional zu ihrer Schwere
- Ein gegebener Körper fällt umgekehrt proportional zur Dichte des ihn umgebenden Mediums
- Daraus schließt Aristoteles auf die Nichtexistenz des Vakuums, da in immer dünner werdenden Medien ein Körper immer schneller fällt, er im Vakuum sich also instantan verschieben müsste, was Aristoteles für unmöglich hält.

Am Ende der Lektion bekommen die Studierenden den Auftrag die aristotelische Theorie auf einem Poster darzustellen und festzuhalten.

Schlussbemerkungen zur zweiten Lektion:

Die aristotelische Beschreibung der Ursachen von Bewegung entspricht so präzise der intuitiven Vorstellung von Bewegung, dass es noch heute schwer fällt, sich von dieser Theorie wieder abzuwenden. Aristoteles erklärt damit auch die scheinbare Zauberkraft, mit der ein Stein ohne ersichtliche Einwirkung (Verbindung) gegen die Erde hin gezogen wird: Er gehört naturgemäß dorthin!

5.3.5   Authentizität im Unterricht – Galilei erhebt Einspruch!

Bevor die nächste Lektion beginnt, eine theoretische Vorbemerkung: 2000 Jahre
nach Aristoteles versucht Galilei, die dazumal immer noch beste Naturbeschreibung zu widerlegen. Eine eindrückliche Art, mit der er das gemacht hat ist, dass
er die aristotelische Methode, das induktive Philosophieren (das Gedankenexperiment), selber ad absurdum führt. Er schlägt letztlich Aristoteles mit seinen
eigenen Mitteln, aber dazu später mehr.

Bühnenbild:
Das Lehrstück findet in einem mittelalterlichen Ambiente statt. Im Hin-
tergrund wird barocke Lautenmusik (von Michelangelo Galilei, Bruder des
Galileo) gespielt. Einige Experimentiergeräte (Fallzylinder, ev. Fallrinne)
vervollständigen das Bühnenbild. Ferner steht etwas abseits ein Tisch mit drei
Stühlen, auf welchem die Discorsi liegen. Das Bühnenbild soll die Authen-
tizität des Kontextes oder die Umgebung, in welcher Wissen enthüllt und
Erkenntnis gewonnen wurde vergegenwärtigen. Dies ist eines der Grund-
konzepte der Lehrkunst und ein Mittel, den Bildungsprozess zu intensivieren.

Wir fassen nochmals die wesentlichen Aussagen der aristotelischen Lehre bezogen auf die Fallbewegung zusammen. Alles passt zusammen. Aber: 2000 Jahre,
nachdem Aristoteles diese Theorie gelehrt hat erhebt einer Einspruch. Das Porträt von Galilei wird eingeblendet. Ich erzähle kurz etwas über das Leben von
Galileo Galilei.

Was für einen Einwand hat Galilei gegen die Theorie des Aristoteles? Ich
stelle den Studierenden das Werk *Discorsi* vor. Dabei erläutere ich die Idee des
Werks, nämlich dass Galilei in diesem Buch seine Lehre als Dialog, als Streitgespräch zwischen den drei Laien *Sagredo*, *Salviati* und *Simplicio* inszeniert.
Dabei kommt *Sagredo* die Rolle des Moderators im Gespräch zwischen *Salviati*
als dem Herausforderer und Simplicio als dem Verteidiger der eingebürgerten
aristotelisch-ptolemäischen Weltsicht zu.

Ich verteile den Studierenden immer paarweise einen Auszug aus den *Dis-*
corsi. Sie erhalten den Auftrag, den Auszug mehrmals zu lesen und ihn als
Dialog, als Streitgespräch zu inszenieren.

Bemerkungen zur Verwendung der „Discorsi" im Unterricht:
Galilei entpuppt sich in seinem Werk „Discorsi" nicht nur als genialer Wissenschaftler und scharfer Denker, sondern auch als feinfühliger Didaktiker. Anders als andere Gelehrte beschränkt er sich nicht auf das Niederschreiben seiner Erkenntnis. Er inszeniert seine Erkenntnisfindung in einem Gespräch zwischen interessierten Menschen. Er macht aus seiner naturwissenschaftlichen Arbeit ein literarisches Werk. Indem er didaktisch geschickt kritische Laien miteinander diskutieren lässt, öffnet er seine Wissenschaft einem breiten Publikum. Kaum an einer anderen Stelle in der Wissenschaftsgeschichte sind die originalen Inhalte eines Werkes derart direkt für den Physikunterricht verwendbar wie hier.

Die Arbeit mit den „Discorsi" Galileis im Physikunterricht ermöglicht einen direkten Einblick in die Denk- und Arbeitsweise eines Wissenschaftlers, der nicht nur den Grundstein für die Mechanik sondern ganz allgemein für die moderne experimentelle Wissenschaft gelegt hat. Die Authentizität des Wissens ist unmittelbar. Es lässt sich direkt nach dem Vorbild und den Anweisungen des Meisters arbeiten und denken. Die „Discorsi" liefern eine didaktische Vorlage, die direkt nachinszeniert werden kann.

Abbildung 45: Titelseite der „Discorsi".

„[...]
Salviati: Ohne viel Versuche können wir durch eine kurze und bündige Schlussfolgerung nach-
weisen, wie unmöglich es sei, dass ein größeres Gewicht sich schneller bewege als ein kleineres,
wenn beide aus gleichem Stoff bestehen; und überhaupt alle jene Körper, von denen Aristoteles
spricht. Denn sagt mir, Herr Simplicio, gebt ihr zu, dass jeder fallende Körper eine von Natur
ihm zukommende Geschwindigkeit habe; so dass, wenn dieselbe vermehrt oder vermindert werden soll, eine Kraft angewandt werden muss oder ein Hemmnis?
Simplicio: Unzweifelhaft hat ein Körper in einem gewissen Mittel eine von Natur bestimmte Geschwindigkeit, die nur mit einem neuen Antrieb vermehrt oder durch ein Hindernis vermindert
werden kann.
Salviati: Wenn wir zwei Körper haben, deren natürliche Geschwindigkeit verschieden ist, so ist
es klar, dass, wenn wir den langsameren mit dem geschwinderen vereinigen, dieser letztere von
jenem verzögert werden müsste, und der langsamere müsste vom schnelleren beschleunigt
werden. Seid ihr hierin mit mir einverstanden?"

Wir vergegenwärtigen uns, was Galilei hier schreibt, indem wir uns eine Skizze
machen.

Grosser Körper fällt schneller als   Verbinden der beiden Körper   Fällt dieser Körper nun
kleiner Körper   schneller oder weniger
                                                                               schnell?

Abbildung 46:   Skizze zum Gedankenexperiment von Galilei.

Wir lesen weiter:

Simplicio: Mir scheint die Konsequenz völlig richtig.
Salviati: Aber wenn dieses richtig ist und wenn es wahr wäre, dass ein großer Stein sich z. B. mit
8 Maaß Geschwindigkeit bewegt, und ein kleinerer Stein mit 4 Maaß, so würden beide vereinigt
eine Geschwindigkeit von weniger als 8 Maaß haben müssen; [...]"

Und jetzt folgt die entscheidende Schlussfolgerung. Einige Schülerinnen und Schüler haben die Konsequenz dieser Argumentation schon erfasst. „Das ist ja absurd!"

„[...] aber die beiden Steine zusammen sind doch grösser, als jener Stein war, der 8 Maaß Geschwindigkeit hatte; mithin würde sich nun der größere langsamer bewegen, als der kleinere; was
gegen Eure Voraussetzung wäre. Ihr seht also, wie aus der Annahme, ein größerer Körper habe
eine größere Geschwindigkeit, als ein kleinerer Körper, ich Euch weiter folgern lassen konnte,
dass ein größerer Körper langsamer sich bewege als ein kleinerer.
Simplicio: Eure Herleitung ist wirklich vortrefflich: und doch ist es mir schwer, zu glauben, dass
ein Bleikorn so schnell wie eine Kanonenkugel fallen sollte."

In einer Klasse hat es sich ergeben, dass wir den Text nicht nur gelesen, sondern auch noch szenisch dargestellt haben (Abbildung 47). Dies gibt dem Text noch mehr Nachhall, es bleibt etwas mehr Zeit, um den Text zu verdauen.

Abbildung 47: Zwei Schüler inszenieren die Schlüsselstelle in den Discorsi, in der Salviati die aristotelische Lehre des Fallens ad absurdum führt.

Was wir hier gelesen und gesehen haben, ist eine typische Form des *Widerspruchsbeweises* (*reductio ad absurdum*). Ich fordere die Schülerinnen und Schüler dazu auf, die Textstelle nochmals für sich zu lesen und dann im Team möglichst kompakt die Argumentationskette aufzuschreiben.

Mit dem Philosophielehrer im Haus habe ich vorgängig versucht die Textstelle in eine philosophisch abstrakte Form mit Prämissen und Konklusionen zu bringen. Diese lege ich den Schülerinnen und Schülern als Zusammenfassung vor.

Reductio ad absurdum

(P1) *Wenn A schwerer ist als B, fällt A schneller als B (Prinzip des Aristoteles).*
(P2) *Wenn C aus der Verbindung von A mit B besteht, ist C schwerer als A
und schwerer als B.*
(P3) *Wenn A in Verbindung mit B fällt, wird A von B gebremst und fällt langsamer als allein.*

(K1) *Wenn A in Verbindung mit B fällt, also den Körper C bildet, fällt C schneller
als Körper A alleine und schneller als Körper B alleine (aus P1 und P2).*
(K2) *Wenn A in Verbindung mit B fällt, also den Körper C bildet, fällt C
langsamer als Körper A alleine (aus P2 und P3).*

*K1 und K2 widersprechen sich. Daher muss mindestens eine der Prämissen
falsch sein.*

Galilei behauptet, dass die Prämisse 1 (Aristoteles) falsch sei. Er trifft damit die
Aristoteliker empfindlich, indem er die Lehre des Aristoteles mit ihren eigenen
Mitteln schlägt, mit der logischen Induktion.

Allerdings ist diese Widerlegung nicht zwingend. Es könnten auch die Prämissen 2 oder 3 falsch sein. Insbesondere die Prämisse 2 scheint zumindest dis-
kussionswürdig. Wenn Körper B den Körper A bremst, könnte man auch argumentieren, dass er den Körper A zurückhält, also *leichter* macht. Damit ist Körper C
leichter als Körper A und damit ist Konklusion anders und das Argument gültig.
Allerdings kann die Prämisse 2 nur als richtig oder falsch erklärt werden, wenn
Prämisse 1 als richtig oder falsch erklärt wird. Prämisse 1 und Prämisse 2 sind
daher nicht unabhängig voneinander.

Die Aufgabe für die Studierenden lautet nun, in der Person des Aristoteles das
Gedankenexperiment Galileis anzugreifen. Folgende Einwände könnten erhoben
werden:

- Die Konklusion enthält eine Veränderung der Situation, dadurch dass ein
„massenloses" Seil dazu kommt. Dies beeinflusst das Resultat, die Konklusion ist so nicht gültig.
- Im Argument wird nicht auf das widerstehende Medium eingegangen, in
welchem der Gegenstand fällt. Dieses hat aber ganz sicher einen Einfluss
auf das Fallen des Gegenstandes, was z. B. beim *Fallen* eines Eisstücks in
Luft im Vergleich zum *Fallen* (oder aber eben dem *Nicht-Fallen*) eines
Eisstücks in Wasser eindeutig zum Ausdruck kommt!

Wir lesen hier auch noch das Ende der Sequenz:

„Salviati: Sagt nur, ein Sandkorn so schnell wie ein Mühlstein. Ihr werdet, Herr Simplicio, nicht, wie andere, das Gespräch von der Hauptfrage ablenken und Euch an einen Ausspruch anklammern, bei welchem ich um Haaresbreite von der Wirklichkeit abweiche, indem Ihr unter diesem Haar den Fehler eines anderen von der Dicke eines Ankertaus verbergen wolltet. Aristoteles sagt: Ein Eisenstab von 100 Pfund kommt, von einer Höhe von 100 Ellen herabfallend, in einer Zeit an, in welcher ein einpfündiger Stab, frei herabfallend, nur 1 Elle zurückgelegt hat: ich behaupte, beide kommen bei 100 Ellen Fall gleichzeitig an: Ihr findet, dass hierbei der größere um 2 Zoll vorauseilt, so dass, wenn der größere an der Erde ankommt, der kleinere noch einen Weg von 2 Zoll Größe zurückzulegen hat: Ihr wollt jetzt mit diesen 2 Zoll die 99 Ellen des aristotelischen Fehlers hinwegschmuggeln und nur von meiner kleinen Abweichung reden, den gewaltigen Irrtum des Aristoteles aber verschweigen. Aristoteles sagt, dass Körper von verschiedenem Gewicht in ein und demselben Mittel sich mit Geschwindigkeiten bewegen, die ihren Gewichten proportional sind, und gibt ein Beispiel von Körpern, bei denen man den reinen, absoluten Effekt des Gewichts wahrnehmen kann, unter Vernachlässigung des Einflusses, den die Gestalt, die kleinsten Momente haben, Dinge, die stark vom Medium beeinflusst werden, so dass die reine Wirkung der Schwere getrübt wird: wie z. B. Gold, der spezifisch schwerste Körper, als sehr dünnes Blatt in der Luft flattert; desgleichen in der Form eines sehr feinen Pulvers. Wollt ihr nun den allgemeinen Satz erfassen, so zeigt, dass derselbe für alle Körper richtig sei und dass ein Stein von 20 Pfund Gewicht 10 mal schneller falle als einer von 2 Pfund: das behaupte ich, ist eben falsch, und mögen beide von 50 oder 100 Ellen herabfallen, sie kommen stets in demselben Augenblicke an. [...]"

Die zweite Sequenz endet mit der disharmonischen Spannung zwischen Aristoteles und Galilei. Wichtig ist, dass wir die Hauptfrage nicht aus den Augen verlieren. Worum geht es eigentlich? Ist das Fallen eines Körpers größen-, massen-, *schwere*abhängig oder nicht? Wie soll es weitergehen?

Die Experimente standen bisher als Dekorationsmaterial im Unterrichtszimmer. Ich lese zum Schluss der Stunde nochmals einen Ausschnitt aus den *Discorsi*, in welchem Galilei Aristoteles bloßstellt, indem er ihm vorwirft, dass er seine Behauptungen bezüglich des Fallens sicher nicht überprüft habe:

„Salviati: Zunächst zweifle ich sehr daran, dass Aristoteles je experimentell nachgesehen habe, ob zwei Steine, von denen einer 10 mal so großes Gewicht hat, als der andere, wenn man sie in ein und demselben Augenblick fallen ließe, z. B. 100 Ellen hoch herab, so verschieden in ihrer Bewegung sein sollten, dass bei der Ankunft des größeren der kleinere erst 10 Ellen zurückgelegt hätte. Simplicio: Man sieht's aus Ihrer Darstellung, dass Ihr darüber experimentiert habt, sonst würdet Ihr nicht reden vom Nachsehen. [...]"[171]

In der kommenden Lektion soll also experimentiert werden! Mit dieser Vorschau soll die Spannung in der Dramaturgie des Lehrstücks erhalten bleiben.

---

171 Galilei, Galileo (2004): *Discorsi, Unterredungen und mathematische Diskussionen.* Dt. Übersetzung in der Reihe Ostwalds Klassiker der exakten Wissenschaften, Frankfurt a. M.: Verlag Harri Deutsch, S. 57.

Wegweisertext:

Mit „Wegweisertext" werden in der Lehrkunst Texte bezeichnet, die auf „Stern-stunden" in der kultur- oder wissenschaftshistorischen Genese hinweisen. Sie rechtfertigen unter anderem eine vertiefte Auseinandersetzung mit dem Thema im Unterricht auch wenn dieses schon mal aus dem üblichen Curriculum des gymnasialen Lehrstoffs ausschert. Das aus den Discorsi inszenierte Gespräch enthält ein Gedankenexperiment, welches der Philosoph Karl Popper als eines der wichtigsten in der Wissen-schaftsgeschichte und als exemplarisch für eine ganze Anzahl wichtiger Ge-dankenexperimente in der Wissenschaftsgeschichte bezeichnet, ein typischer „Wegweisertext":

„Eines der wichtigsten Gedankenexperimente in der Geschichte der Naturphi-losophie und zugleich einer der einfachsten und genialsten Gedankengänge, den die Geschichte des rationalen Nachdenkens über unser Universum kennt, ist in der Kritik Galileis an der aristotelischen Theorie der Bewegung enthal-ten. Galilei widerlegt damit die Annahme des Aristoteles, dass die natürliche Geschwindigkeit eines schweren Körpers grösser ist als die eines leichteren. „Wenn wir zwei bewegte Körper annehmen", argumentiert Galileis Sprecher, „deren natürliche Geschwindigkeiten ungleich sind, dann gilt offensichtlich: wenn wir sie zusammenbinden, den langsamen und den schnelleren, dann wird der letztere durch den langsameren etwas verzögert und der langsamere durch den schnelleren etwas beschleunigt werden". Nimmt man daher an, „ein großer Stein bewege sich beispielsweise mit einer Geschwindigkeit von acht Schritten und ein kleinerer mit einer Geschwindigkeit von vier, dann wird nach ihrer Verbindung die Geschwindigkeit des zusammengesetzten Systems weniger als acht Schritte sein. Aber die zwei Steine bilden verbunden einen größeren Stein, als der erste war, der sich mit einer Geschwindigkeit von acht Schritten be-wegte. Daher wird sich der zusammengesetzte Körper (obwohl er schwerer ist als der erste Körper alleine) dennoch langsamer bewegen als der erste allein, was deiner Annahme widerspricht." Und da dies die aristotelische Annahme ist, die der Ausgangspunkt der Überlegung war, ist diese Annahme nunmehr widerlegt: es wurde gezeigt, dass sie absurd ist. Ich sehe in Galileis Gedan-kenexperiment ein Musterbeispiel für den besten Gebrauch, den man von Gedankenexperimenten machen kann. "[172]

---

172 Popper Karl (2007): *Logik der Forschung.* von: Herbert Keuth (Hrsg.), Berlin: Akademie Verlag GmbH, 3. Auflage, neuer Anhang S. 397 f.

Dramaturgie:

Die Dramaturgie des Lehrstücks liegt in der Gegenüberstellung der aristotelischen und der Galilei'schen Theorien über das Fallen schwerer Körper. Die Studierenden lernen vorerst die aristotelische Theorie als sehr treffende und anschauliche Beschreibung der Fallprozesse kennen. Die Betrachtung eines alltäglichen Phänomens, dem Fallen, unter einem konkreten Gesichtspunkt („Wie schnell fallen Körper?") konfrontiert die Studierenden zuerst mit der Situation, dass ihr vermeintliches Schulwissen (falls bereits ein solches „abrufbar" ist) nicht mit der Alltagserfahrung (Beobachtung) zusammenpasst. Allzu oft stelle ich im Unterricht fest, dass dies die Studierenden gar nicht sonderlich stört. Sollte denn Schulwissen überhaupt etwas mit Realität zu tun haben? Gerade im Fach Physik begibt man sich im Unterricht häufig rasch und weit von der Realität weg, indem Denkmodelle im Vordergrund stehen. Der Bezug zur realen Situation wird häufig krass vernachlässigt oder wird von der Laborsituation derart dominiert, dass es zur Selbstverständlichkeit wird, dass Schulwissen und Erfahrungs- oder Alltagswissen nicht zusammenpassen! Dies baut einen ersten Spannungsbogen auf. Die „Entspannung" erfolgt vorübergehend im Studium der aristotelischen Theorie. Diese sehr anschauliche plausible Beschreibung der Gegebenheiten befriedigt vorläufig die klärungsbedürftigen Differenzen zwischen unserem „Schulwissen" und der Realität. Das Gedankenexperiment von Galilei soll die Studierenden in eine Erkenntniskrise stürzen. Irgendetwas geht mit der Logik nicht auf. Wo liegt das Problem? Wir versuchen die Theorie zu retten, indem ein Gegenangriff auf das Gedankenexperiment erfolgt. Die Annahmen für das Gedankenexperiment sind nicht gültig! Lässt sich die aristotelische Theorie retten? Galilei gibt sich aber nicht geschlagen und fährt neues Geschütz auf. Eine Reihe von diesmal realen Experimenten soll die Entscheidung bringen. Immer mehr Hinweise deuten darauf hin, dass Galileis Ansichten obsiegen. Zumindest kann vorläufig widerlegt werden, dass sich die Fallgeschwindigkeit proportional zu der Schwere der Körper und umgekehrt proportional zu der Dichte der widerstehenden Medien verhält. Die Dramaturgie gipfelt in einem Experiment, das Galilei selber nicht durchführen konnte, von dessen Ausgang er aber überzeugt war – dem Fallrohr. Dabei fallen in einem evakuierten Rohr eine Feder und ein Bleistück die gleiche Strecke in gleicher Zeit!! Zum Schluss schreiben die Studierenden dem Galilei die Resultate des Experimentes, das er leider nicht selber hat miterleben können.

5.3.6   Die Experimente

Ich versammle die Schülerinnen und Schüler im Halbkreis um mich herum. Auf dem Tisch zwischen den Schülerinnen und Schülern und mir steht ein 80 cm hohes Glasgefäß, in dem sich Glyzerin, eine dichte, zähe Flüssigkeit, befindet. Daneben liegen in einem alten Holzkistchen, nach der Größe sortiert, kleine Bleikügelchen von 0.5 bis 2.5 mm Durchmesser. Eine Pinzette liegt bereit, um die kleinen Kugeln ohne große Mühe zu greifen.

1. Experiment

Wir lassen vorerst einmal eines der größten und notabene auch schwersten Kügelchen in die Flüssigkeitssäule gleiten. Die Kugel segelt gemächlich durch die Flüssigkeit. Der Anblick ist faszinierend und die Vorstellung überzeugend, dass wir hier eine *Verlangsamung* des Fallens in der Luft gefunden haben. Das Fallen hat sich verlangsamt, da die Kugel in einem dichteren Medium fällt. Die Bewegung lässt sich so wunderbar studieren. Was für eine Bewegung macht der fallende Körper? Wir beobachten und stellen vorläufig fest, dass die Kugel offenbar nach kurzer Zeit mit gleich bleibender Geschwindigkeit fällt.

Aber wie soll dann die Kugel hier aus dem Stillstand auf die eben beobachtete Geschwindigkeit kommen, wenn sie immer gleichförmig fällt? Nun, daraus folgt unweigerlich die Antwort, dass es sich hier zumindest in der Anfangsphase der Bewegung um eine beschleunigte Bewegung handeln muss. Das Medium, in welchem sich der Körper bewegt scheint der Beschleunigung des Körpers mit einer Gegenkraft zu begegnen, die letztlich zu einem Kräftegleichgewicht und damit zu einer gleichförmigen Bewegung führt.

Aber bei welchen Bedingungen stellt sich dieses Gleichgewicht ein? Diese Frage erläutert Galilei in den *Discorsi*

> „[...] und dieser Bewegung setzt das Medium, auch wenn es flüssig , nachgiebig und ruhig ist, einen Widerstand entgegen, der je nach Umständen grösser oder kleiner ist, und zwar umso grösser, je geschwinder das Medium sich öffnen muss, um den Körper hindurch zu lassen, welch' letzterer daher, von Natur beschleunigt fallend, einen stets wachsenden Widerstand erfährt."[173]

Wir gehen im Moment nicht weiter auf diese Tatsache ein und widmen uns der nahe liegenden nächsten Frage: Wie fallen die kleineren bzw. größeren Kügelchen?

---

173 Galilei, Galileo (2004): *Discorsi, Unterredungen und mathematische Diskussionen.* Dt. Übersetzung in der Reihe Ostwalds Klassiker der exakten Wissenschaften, Frankfurt a. M.: Verlag Harri Deutsch, S.67.

2. Experiment

Über die Frage, ob nun kleinere Kugeln schneller oder weniger schnell fallen, stellen wir vorerst Vermutungen an. Die Studierenden haben folgende Vermutungen:

- Die Kugeln fallen nicht gleich schnell!
- Die große fällt schneller, da sie schwerer ist!
- Nein, die kleine fällt schneller, weil sie weniger Widerstand hat!

Trotzdem die Schülerinnen und Schüler bereits das Fallen unterschiedlich schwerer Gegenstände beobachtet haben, als wir solche vom Dach des Schulhauses fallengelassen haben, sind sie sich über den Ausgang des Experimentes nicht sicher. Offenbar ist das Experiment mit dem Glyzeringlas für sie nicht die gleiche Situation wie das Experiment der fallenden Körper vom Schulhausdach. Alles ist kleiner, das Fallen findet im Labor statt, das widerstehende Medium ist eine Flüssigkeit und kein Gas. Die Schülerinnen und Schüler sind sich darüber einig, dass die Kugeln unterschiedlich schnell fallen, sie sind sich aber überhaupt nicht darüber einig, welche die schnellere sein wird. Wetten werden abgeschlossen.

Das Resultat ist eindeutig. Die große, schwere gewinnt das Rennen!

Wir halten fest:

- Je schwerer die Kugeln, desto schneller fallen sie im Glyzerin

Offensichtlich fallen schwere Objekte schneller als leichte! Aristoteles triumphiert!

Abbildung 48:   Experimentieren mit fallenden Kügelchen in Glyzerin; Klasse 3MNa, 2009.

3. Experiment

Ich erinnere die Studierenden an Galilei, der Aristoteles vorwirft, dass dieser bei seiner Behauptung, dass *doppelt so schwere Körper doppelt so schnell fallen würden*, nicht nachgeschaut habe, ob das wirklich so ist. Dann machen wir es halt!
Dazu benötigen wir eine Stoppuhr. Hatte denn Galilei bereits eine Stoppuhr? Natürlich nicht! Wie hat er denn die Zeit gemessen?
In dieser Sequenz folgt ein Exkurs in die damalige Ausstattung des Arbeitsraums von Galilei. Was gab es da alles? Es helfen uns dabei Bilder und Texte von der Homepage des Deutschen Museums, München:[174]

„Experimente und Instrumente als Inszenierung
So viel wir von Galilei wissen, so wenig wissen wir, welche physikalischen Experimente er wirklich und wie genau durchgeführt hat. Dass er überhaupt genaue Versuche durchgeführt hat, darüber gab es noch bis vor 50 Jahren einige Zweifel. Allerdings hat er Instrumente konstruiert und von vielen Experimenten berichtet. Wir besitzen jedoch nur ein einziges (Manuskript-)Blatt von ihm, wo er Messwerte mit berechneten Werten eines Experiments beschreibt. Es ist das Blatt 116v, in dem er einen – recht – genauen Fallversuch, wohl mit einer Art Sprungschanze, beschreibt. Von diesem Blatt, das erst in den 1970er Jahren untersucht wurde, wussten die Verantwortlichen im Deutschen Museum nichts, als sie 1956 beschlossen, zu Ehren des großen Physikers und seiner Experimente einen eigenen Raum einzurichten, in dem man «das Arbeitsmilieu Galileis dem im Hauptraum stehenden Besucher auf einer Art Bühne vorführe». Niemand hatte (und hat) genauere Vorstellungen, wie der Arbeitsraum Galileis je aussah, insofern war es schon gewagt, solch ein «Milieu» dann 1959 wirklich zu inszenieren.
Rekonstruktionen der Fallversuche Galileis (an der 6 m langen schiefen Ebene, wie in seinem mechanischen Hauptwerk beschrieben), der Pendelversuche, des von ihm – nach der holländischen Erfindung – konstruierten Fernrohrs zusammen mit einigen Originalen der Zeit, wie Waag-Uhr, Armillarsphäre, Schreibtisch und Stühle, wurden mit dem warmen Interieur eines lichtdurchfluteten Renaissanceraums zusammenkomponiert. Aber diese Inszenierung wirkt auch noch heute, vielleicht gerade heute.

---

174 www.deutsches-museum.de (01.01.13) oder Fischer, Klaus (1983): *Galileo Galilei.* München: C. H. Beck.

Fallgesetz und die schiefe Ebene
Das berühmteste Experiment Galileis aus diesem Raum sollten wir noch ein
wenig erläutern: Die lange schiefe Ebene führt Galilei erst am Ende seiner aus-
führlichen theoretischen Herleitungen zum freien Fall (in seinem mechani-
schen Hauptwerk 1638) an: Nun müsse auch noch ein Versuch beweisen, dass
alles stimmt, was more geometrico hergeleitet wurde. Wie schon gesagt, das
beweist nicht, dass nicht doch Experimente am Anfang der Entdeckungskette
standen. In seinen Veröffentlichungen musste Galilei sich sehr geometrisch
exakt geben; Experimente zählten noch nicht wesentlich als Argumentationen.
Im Experiment ließ Galilei Kugeln diese schiefe Ebene (in einer mit Perga-
ment ausgekleideten Rinne) hinunterrollen, bei verschiedener Neigung und von
verschiedenen Punkten dieser Bahn. Und immer fand er (laut Veröffentlichung:
nie mit einer merklichen Abweichung – das kann selbstverständlich nicht stim-
men), dass die zurückgelegten Wege proportional zum Quadrat der Zeiten wa-
ren. Die Zeiten von ein paar Sekunden maß er übrigens mit einem Wasser-
gefäß, aus dem ein feiner Wasserstrahl (bei Loslassen der Kugel: Öffnung auf,
bei Kugelaufprall am Ende: Öffnung zu) auslief. Das ausgelaufene Wasser
wurde gewogen – siehe die Balkenwaage auf dem Tisch. Übrigens war diese
«Uhr» wohl feiner ausgeführt, als der große Eimer mit Korken im Boden und
Auslaufgefäß – wie im Hintergrund des Raumes rekonstruiert – vermuten lässt.
Versuche im Deutschen Museum mit einem Wassergefäß von etwa 2 l Inhalt,
das einen schmalen Auslauf hat, ergaben die Genauigkeit einer Stoppuhr mit
1/10 s. "

Abbildung 49:   Nachbildung von Galileis Labor im Deutschen Museum in
                 München.

In den *Discorsi* beschreibt Galilei selber das Fallrinnenexperiment:[175]

„Auf einem Lineale, oder sagen wir auf einem Holzbrette von 12 Ellen Länge, bei einer halben Elle Breite und drei Zoll Dicke, war auf dieser letzten schmalen Seite eine Rinne von etwas mehr als einem Zoll Breite eingegraben. Dieselbe war sehr gerade gezogen, und um die Fläche recht glatt zu haben, war inwendig ein sehr glattes und reines Pergament aufgeklebt; in dieser Rinne ließ man eine sehr harte völlig runde und glattpolierte Messingkugel laufen. Nach Aufstellung des Brettes wurde dasselbe einerseits gehoben, bald eine, bald zwei Ellen hoch; dann ließ man die Kugel durch den Kanal fallen und verzeichnete in sogleich beschreibender Weise die Fallzeit für die ganze Strecke: häufig wiederholten wir den einzelnen Versuch, zur genaueren Ermittlung der Zeit, und fanden gar keine Unterschiede, auch nicht einmal von einem Zehnteil eines Puls-schlages. Darauf ließen wir die Kugel nur durch ein Viertel der Strecke laufen, und fanden stets genau die halbe Fallzeit gegen früher. Dann wählten wir andere Strecken, und verglichen die gemessene Fallzeit mit der zuletzt erhaltenen und mit denen von ⅔ oder ¾ oder irgend anderen Bruchtheilen; bei wohl hundertfacher Wiederholung fanden wir stets, dass die Strecken sich verhielten wie die Quadrate der Zeiten: und dieses zwar für jedwede Neigung der Ebene, d. h. des Kanales, in dem die Kugel lief. Hierbei fanden wir außerdem, dass auch die bei verschiedenen Neigungen beobachteten Fallzeiten sich genau so zueinander verhielten, wie weiter unten unser Autor dasselbe andeutet und beweist. Zur Ausmessung der Zeit stellten wir einen Eimer voll Wasser auf, in dessen Boden ein enger Kanal angebracht war, durch den ein reiner Wasserstrahl sich ergoss, der mit einem kleinen Becher aufgefangen wurde, während einer jeden beobachteten Fallzeit: das dieser Art aufgesammelte Wasser wurde auf einer sehr genauen Waage gewogen; aus den Differenzen der Wägungen erhielten wir die Verhältnisse der Gewichte und die Verhält-nisse der Zeiten, und zwar mit solcher Genauigkeit, dass die zahlreichen Beobachtungen niemals merklich [di un notable momento] voneinander abwichen."

Abbildung 50:   Darstellung des Experimentes mit der Fallrinne (unbekannter Künstler, Quelle: www.leifi.physik.de).

175 Galilei, Galileo (2004): *Discorsi, Unterredungen und mathematische Diskussionen.* Dt. Überset-zung in der Reihe Ostwalds Klassiker der exakten Wissenschaften, Frankfurt a. M.: Verlag Harri Deutsch, S. 162.

Einen letzten, sehr interessanten Textausschnitt lese ich den Studierenden vor. Darin beschreibt Thomas Bührke in seinem Buch *Sternstunden der Physik,*[176] wie Galilei regelmäßige Zeitintervalle vermessen hat, indem er in seiner Kammer hat Leute musizieren oder einen kleinen Chor singen lassen. Die Musik als Taktgeber und sein Gehör als sehr sensibler Taktmesser reichen nach dieser Quelle für die Genauigkeit seiner Messungen wohl aus. Sinnigerweise hatte Galilei ein sehr musikalisches Umfeld. Sein Vater, Vincenzo Galilei (1520–1591), und sein Bruder, Michelangelo Galilei (1575–1631), waren berühmte barocke Lautenmusiker.

Se non e vero, e ben trovato
Die Rekonstruktion der Arbeitsbedingungen Galileis wird hier etwas eigenmächtig ausgeschmückt erweitert. Es ist nirgends nachzulesen, dass Galilei – falls er den Takt tatsächlich in der beschriebenen Art gemessen hat – gerade die Musik seiner Verwandten verwendet hat. Auch wollen wir Acht geben, dass wir nicht zu stark ein romantisch kitschiges Bild des Arbeitens Galileis zeichnen, wofür es keinerlei Grundlagen gibt, und womöglich gar die korrekte wissenschaftliche Arbeitsweise Galileis in ein fragwürdiges Licht stellt. Dass Galilei in seinen Experimenten mit Musik gearbeitet hat, scheint seit den Publikationen des Historikers Stillman Drake[177] aber belegt. Drake gibt auch Folgendes zu bedenken: „[...] In the sixteenth century, music and mechanics were more obviously closely related sciences than they are today [...]."[178] Dass an dieser Stelle die Musik im Lehrstück mit einbezogen wird, dient auch der dramaturgisch-theatralischen Ausschmückung der Szene und soll den Studierenden gegenüber auch klar so dargestellt werden. Se non e vero, e ben trovato! Dieser Spruch gilt übrigens im Zusammenhang mit Galilei noch für andere Situationen und Ereignisse, so z. B. für die Experimenten am schiefen Turm von Pisa oder für Galileis Widerrufung der Widerrufung seiner Lehre vor der römischen Inquisition: „eppur si muove" (Und sie bewegt sich doch"). Die Lehrkunst nimmt sich in gewissen Situationen die Freiheit, einen historischen Sachverhalt zu didaktischen oder methodischen Zwecken in der Art zu ergänzen, wie er hätte geschehen oder aussehen können, sofern nichts Genaueres bekannt ist. Wie oben erwähnt, ist dies legitim, solange den Studierenden gegenüber dies auch so kommuniziert wird, und immer klar ist, an welcher Stelle der Pfad der gesicherten Tatsachen verlassen wird.

176 Bührke, Thomas (1997): *Newtons Apfel – Sternstunden der Physik.* München: Beck'sche Reihe.
177 Z. B. Drake, Stillman (1975): *The role of music in Galieo's experiments.* Scientific American, Vol. 232, No. 6 (Jun), 98-104.
178 Ebenda.

Ich weise hier auf die am Anfang der Lektion abgespielte Lautenmusik hin und spiele sie erneut ab. Wir versuchen nun, die Lautenmusik als Taktgeberin zu verwenden, um unsere Messungen durchzuführen.

Eine weitere interessante Studie, die sich zum Ziel gemacht hat, die Arbeitsbedingungen Galileis nachzubauen, ist ein Text von Riess, Heering und Nawrath *Reconstructing Galileo's Inclined Plane Experiments for Teaching Purposes*[179].

Nachdem wir uns mit den Arbeitsmethoden Galileis vertraut gemacht haben, versuchen wir es selber. Im Hintergrund spielt die Lautenmusik von Galileis Bruder und wir versuchen damit, Fallzeitunterschiede zu bestimmen. Wir schummeln hier natürlich. Denn, indem wir immer wieder die gleiche Musikpassage abspielen verwenden wir in Tat und Wahrheit die Taktgenauigkeit des Abspielgerätes und nicht des Musiker.

Wir vermessen so die Fallzeit aller unterschiedlich schweren Eisenkügelchen und erlangen trotz der bescheidenen Zeitmessung eindeutige Resultate: Die Fallzeit der Kugeln ist in ein und demselben Medium nicht umgekehrt proportional zu den Gewichten! Eine doppelt so schwere Kugel fällt zwar schneller, aber nicht doppelt so schnell! Eine genauere Aussage lässt unsere Zeitmessung nicht zu. Aber wir haben damit bereits die aristotelische Behauptung widerlegt.

4. Experiment:

Wiederum lesen wir zuerst in den *Discorsi,* was Galilei als nächstes tut. Er greift nun die zweite These des Aristoteles an, in dem er untersucht, ob die Fallzeit ein und desselben Körpers sich proportional zur Dichte des Mediums verhält.

Wir versuchen es mit dem gleichen Experiment, indem wir das Kügelchen in verschieden widerstehende Medien fallen lassen. Dazu stellen wir drei gleich hohe Standzylinder nebeneinander, einen gefüllt mit Glyzerin (1261 kg/m^3), einen mit Wasser (998 kg/m^3) und einen mit Brennsprit (805 kg/m^3). Wir stellen fest, dass die Kugeln zwar umso schneller fallen, je dünner das Medium ist, worin sie sich bewegen. Allerdings ist dieser Zusammenhang nicht proportional!

Der negative Ausgang des 4. Experiments ist nun ein schwerer Rückschlag für die aristotelische Theorie, die mit der Behauptung argumentiert, dass sich die Fallgeschwindigkeit von Körpern umgekehrt proportional zum widerstehenden Medium verhält, dass es folglich im unendlich dünnen Medium, dem Vakuum, eine instantane Bewegung (unendlich große Geschwindigkeit) geben müsste, was Aristoteles als unmöglich bezeichnet, und damit das Vakuum als inexistent postuliert.

---

179 Reiss, Falk et al. (2005): *Physics Education/History and Philosophy of Science*. University of Oldenburg.

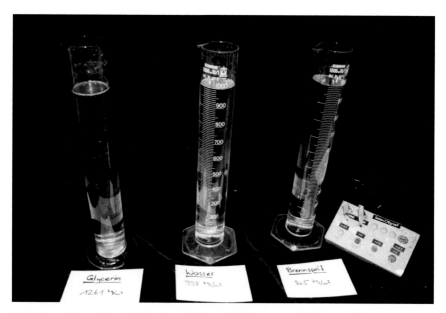

Abbildung 51:   Standzylinder mit Flüssigkeiten verschiedener Dichten. Verhält sich die Fallzeit der Kügelchen umgekehrt proportional zu den Dichten der Medien?

Wir lesen nun in den *Discorsi* die Galilei'sche Schlussfolgerung aus den gemachten Experimenten.[180]

„[…]
Salviati:
Aber abgesehen von all solchen Überlegungen, wie kommt es, dass die allerhäufigsten und aller handlichsten Phänomene von Euch übersehen worden sind, habt ihr nicht beachtet, wie zwei Körper sich im Wasser verschieden, etwa im Verhältnis 1:100 bewegen, während beim Fallen in der Luft keinen Hundertstel Unterschied des Betrages bemerkt wird? Wie etwa ein Marmorei 10 mal schneller als ein Hühnerei in Wasser niederfällt; während beim Fall beider aus 20 Ellen Höhe durch die Luft das Marmorei keine 4 Finger breit jenes übertrifft; […]"

Wir überspringen hier ein wenig und gelangen zur Zuspitzung der Behauptung Galileis (*Discorsi,* S.65 Mitte):

180 Galilei, Galileo (2004): *Discorsi, Unterredungen und mathematische Diskussionen.* Dt. Übersetzung in der Reihe Ostwalds Klassiker der exakten Wissenschaften, Frankfurt a. M.: Verlag Harri Deutsch, S. 61.

„[…]
Salviati: […] kehren wir nach dieser Abschweifung zu unserem Problem zurück. Wir sahen, dass die Differenz der Geschwindigkeiten verschiedener Körper von verschiedenem (spezifischem) Gewicht im Allgemeinen grösser war, in den stärker widerstehenden Medien: aber im Quecksilber sinkt Gold nicht nur schneller als Blei, sondern Gold allein sinkt überhaupt, während alle anderen Metalle und Steine emporsteigen und schwimmen; andererseits aber fallen Gold, Blei, Kupfer, Porphyr und andere schwere Körper mit fast unmerklicher Verschiedenheit in Luft; Gold von 100 Ellen Höhe kaum vier Fingerbreit früher als Kupfer: *Angesichts dessen glaube ich, dass, wenn man den Widerstand der Luft ganz aufhöbe, alle Körper ganz gleich schnell fallen würden.*
Simplicio: Das ist eine gewagte Behauptung, Herr Salviati. Ich meinerseits werde nie glauben, dass in ein und demselben Vacuum, wenn es in demselben eine Bewegung giebt, eine Wollenflocke ebenso schnell wie Blei fallen werde. […]“

Die Behauptung Salviati-Galileis tönt wagemutig, aber plausibel. Um diese Behauptung besser zu verstehen, nehmen wir nochmals unsere drei Standzylinder und nehmen einen vierten dazu, der nur mit Luft gefüllt ist. Jetzt lassen wir immer ein schweres (großes) und ein leichtes (kleines) Kügelchen gleichzeitig in den Standzylinder fallen und beobachten die Unterschiede in der Fallzeit der beiden Kügelchen. Immer noch fällt das große (schwere) schneller als das kleine (leichte). Doch mit abnehmender Dichte des Mediums verschwindet der Unterschied immer mehr. Schon bei Wasser ist der Unterschied nur mit größter experimenteller Präzision festzustellen, bei Brennsprit ist die Ungenauigkeit beim Loslassen der Kügelchen schon zu dominant und bei Luft ist schon gar kein Unterschied mehr festzustellen. Allerdings gibt es den – auch in Luft – immer noch deutlich, wenn wir zwei grundverschiedene Gegenstände nehmen z. B. eine Feder und ein Stück Blei. Galilei behauptet aber, dass bei fehlendem Medium der Fallprozess *völlig unabhängig* vom Objekt vonstattengehen soll!

5. Experiment

Galilei war seinerzeit nicht in der Lage, ein gutes Vakuum zu erzeugen und aufrecht zu erhalten. Wir allerdings haben in unserer Sammlung ein Rohr, in welchem wir zwar auch kein sehr gutes Vakuum erzeugen können, aber zumindest einen Raum mit sehr wenig Luft drin, also mit einem sehr dünnen Medium: das berühmte Fallrohr!

Wir erreichen damit einen ersten Höhepunkt in der Dramaturgie. Das Experiment mit dem Fallrohr wird darüber entscheiden, ob Galilei tatsächlich Recht gehabt hat. Falls die Feder und die Bleikugel im Fallrohr tatsächlich gleich schnell fallen, dann ist es also nicht wahr, dass schwere Körper grundsätzlich schneller fallen als leichte. Dann würden aber auch ein Tropfen Wasser oder ein mit Luft gefüllter Ballon gleich schnell fallen, womit die aristotelische Erklärung der Bewegung hinfällig würde.

Abbildung 52:   Das Fallrohr.

Die Schülerinnen und Schüler sind nun genügend gespannt, so dass das Experiment die volle Aufmerksamkeit hat.

Das Fallrohr ist in seiner Erscheinung schlicht. Es ist etwa einen Meter lang, besteht vollkommen aus Glas, ist auf der einen Seite fest verschlossen und auf der anderen mit einem Ventil versehen, welches das Evakuieren der Luft im Rohr ermöglicht. Im Rohr drin befinden sich ein Bleistück und eine Vogelfeder.

Die Schülerinnen und Schüler versammeln sich so um das Rohr, dass alle das Rohr samt Inhalt sehr gut sehen können. Dann drehe ich das Rohr in die Vertikale. Das Bleistück fällt sofort runter, während die Feder – wie wir das kennen – in einer Schwebebewegung hinterher segelt. Ich wiederhole das mehrere Male.

Neben uns steht auch die Vakuumpumpe, die ich nun an das Ventil anschließe. Ich evakuiere rund eine Minute. Die Schülerinnen und Schüler weichen etwas zurück. *Kann das Glas nicht zerspringen? Kann man da ein richtiges, absolutes Vakuum erzeugen?*

Von außen betrachtet, kann man im Glas keine Veränderung feststellen. Alles sieht gleich aus. Allerdings würden wir da drin sofort sterben; nicht nur wegen des fehlenden Sauerstoffs: Der fehlende Außendruck würde uns zerplatzen lassen!

Der Feder und dem Bleistück geschehen allerdings nichts. Die Luft im Rohr ist jetzt weitgehend evakuiert, d. h. es befindet sich nun nur noch sehr wenig Luft im Innern, es gibt also praktisch kein widerstehendes Medium mehr.

Ich schließe das Ventil und entkopple das Rohr von der Pumpe. Die Spannung steigt. Ich halte das Rohr vor die Köpfe der Schülerinnen und Schüler und drehe es. Es ist sehr ungewohnt, zu sehen, wie nun die Vogelfeder genauso schnell fällt wie das Bleistück. Wiederum muss ich das mehrere Male wiederholen, um wirklich festzustellen, dass es nicht *Zufall* oder eine einmalige Angelegenheit ist: Es ist reproduzierbar!

Was hätte wohl Aristoteles geantwortet!?! – Ja, was hätte er wohl gesagt? Aristoteles hätte das Experiment wohl nicht gelten lassen. Welche Bedeutung haben Ereignisse, die in einer vollkommen künstlichen, lebensfeindlichen, für unser Leben absolut irrelevanten, weil nicht existierenden, Umgebung stattfinden? Was helfen uns Erkenntnisse über Prozesse in *einer anderen Welt*?

Genau in diesem Moment wird der Unterschied zwischen der aristotelischen und der Galilei'schen Weltsicht klar. Galilei ist am *Prinzipiellen*, am *Fundamentalen*, *Grundlegenden* interessiert, Aristoteles an dem *für unsere Lebenswelt Relevanten*!

Langsam öffne ich das Ventil wieder, das uns von dieser eigenartigen Welt getrennt hat. Mit einem lauten Zischen strömt wieder Luft ins Rohr. Die Feder wirbelt wild umher. Nun ist im Rohr wieder unsere gewohnte Umgebung, der Rohrinhalt gehört wieder zu *unserer Welt*. Wir vergewissern uns, dass jetzt auch unsere Alltagserfahrung wieder stimmt: Die Vogelfeder schwebt langsam nach unten, während das Bleistück runterrast. Aristoteles wäre erleichtert!

Wir lassen Galilei die Situation zusammenfassen. Er erklärt abschließend, warum nun in widerstehenden Medien die großen und schweren Körper trotzdem schneller fallen als die kleinen, leichten:

> „[…] und dieser Bewegung setzt das Medium, auch wenn es flüssig , nachgiebig und ruhig ist, einen Widerstand entgegen, der je nach Umständen grösser oder kleiner ist, und zwar umso grösser, je geschwinder das Medium sich öffnen muss, um den Körper hindurch zu lassen, welch' letzterer daher, von Natur beschleunigt fallend, einen stets wachsenden Widerstand erfährt. […]"[181]

Die Unterrichtssequenz schließt, indem die Schülerinnen und Schüler die Erkenntnisse aus den Experimenten zuhanden von Aristoteles zusammenfassen. Sie sollen in der Person Galileis einen Brief an Aristoteles schreiben, in welchem sie diesem die neuen Erkenntnisse darlegen.

---

181 Galilei, Galileo (2004): *Discorsi, Unterredungen und mathematische Diskussionen*. Dt. Übersetzung in der Reihe Ostwalds Klassiker der exakten Wissenschaften, Frankfurt a. M.: Verlag Harri Deutsch, S. 67.

Sternstunde der Menschheit:
Im Zentrum des Lehrstücks steht ein spektakulärer Paradigmenwechsel hin von
der aristotelischen Vorstellung einer Bewegung, motiviert vom natürlichen Ort
eines Gegenstandes hin zu einer abstrakten, der Anschauung fernen Theorie des
Fallens, die auf eine unsichtbare auf Distanz wirkende Kraft zurückzuführen ist.
Der Paradigmenwechsel, den Galilei bei der Betrachtung eines derart alltäg-
lichen Vorgangs wie dem „Fallen" vornimmt, hat enorme Konsequenzen zur
Folge, denn ein ganzes Weltbild hängt an der in Frage gestellten Theorie des
Aristoteles. Ein Weltbild, eine Naturbetrachtung, die sich über 2000 Jahre ge-
halten hat. Vieles erinnert an den Paradigmenwechsel, den die Relativitätstheo-
rie oder die Quantentheorie gebracht haben – weg von der Anschaulichkeit, hin
zu abstrakten Schlussfolgerungen, die sich aus logischen Schlüssen aufgrund
von Beobachtungen aus Experimenten ergeben. Dazu hatte Galilei noch mit der
Anerkennung einer neuen wissenschaftlichen Methode zu kämpfen, dem Experi-
mentieren an sich. Dieses „Eingreifen in natürliche Vorgänge", das Ableiten
von Erkenntnis und das Führen von Beweisen aufgrund von „künstlich erwirk-
ten Bedingungen und Gegebenheiten" lassen die Aristoteliker nicht gelten.
Galilei leitet eine neue Art des wissenschaftlichen Denkens und Forschens ein.
Eine wissenschaftliche Theorie soll die Natur nicht mehr nur beschreiben und
abbilden, sondern rekonstruieren – und zwar „aus idealisierten Einzelfaktoren,
die, jeder für sich, so in der Natur nicht vorgefunden werden können",[182] *wäh-*
rend die aristotelische Theorie bislang eine Beschreibung der Natur geliefert
hatte, die für in der Praxis beobachtbaren Vorgänge intuitiv nachvollziehbar war.
Sich in solcher Vehemenz und Deutlichkeit gegen die übermächtige Lehre des
Aristoteles unter wohlweislicher Voraussehung der Konsequenzen aufzulehnen,
bedarf eines Mutes, der sich nur aus innerster Überzeugung und tiefer Er-
kenntnis schöpfen lässt.
Neben der wissenschaftlichen Leistung, die für sich als Sternstunde der Mensch-
heit bezeichnet werden darf, verdient die Niederschrift seiner Erkenntnis beson-
dere Beachtung. Nicht einer intellektuellen Elite will Galilei seine Erkenntnis
vorbehalten, nein, er schreibt seine Erkenntnis für das Volk. In Italienisch und
in einem Diskurs zwischen Laien inszeniert er seine Erkenntnisfindung. Alle
möglichen aristotelischen Einwände und Argumentationen nimmt er vorweg
und entkräftet mit scharfsinnigen Argumenten alle Einwände gegen sein
Theoriegebäude.

---

182 zit. aus einem Artikel von Kühne, Ulrich (2007): *Praxis der Naturwissenschaften – Physik.* 5/56
     Jg. 2007 S.5.

5.3.7   Mathematisierbarkeit der Natur – Vermessen der Fallbewegung

Martin Wagenschein zieht in seiner Abhandlung über den freien Fall (*„Das Fallgesetz als ein für die Mathematisierbarkeit gewisser natürlicher Abläufe exemplarisches Thema"*[183]) diesen als Exempel heran, um zu zeigen, wie (mit den Worten Heisenbergs)

> „[...] die Mathematik auf die Gebilde unserer Erfahrung passt [...]"[184]

und dies, wie Wagenschein betont,

> „[...] nicht nur streng geregelt, sondern besonders einfach geregelt [...]"![185]

Die verblüffende Einfachheit des Gesetzes, nach welchem die Natur Dinge fallen lässt, hat Galilei überwältigt.

> „Man sieht also, [...] dass [...] die in gleichen Zeiten durchlaufenen Wege sich wie die ungeraden Zahlen 1, 3, 5 [...] verhalten [...]."[186]

Diese Erkenntnis mit Schülerinnen und Schülern neu zu entdecken und zu hoffen, dass sie ob der Merkwürdigkeit der Einfachheit, nach welcher unsere Natur funktioniert, wie Heisenberg staunen und erregt sein mögen, ist sicher erstrebenswert.

Da uns Galilei jetzt eindrücklich davon überzeugt hat, dass Körper prinzipiell unabhängig von ihrer Masse, Dichte, Form und Farbe fallen, wollen wir nun auch noch etwas genauer wissen, welche Bewegung diese Körper denn machen. In den Texten, die wir von Galilei gelesen haben, haben wir an verschiedenen Stellen bereits vorweggenommen, dass es sich um eine *gleichförmig beschleunigte Bewegung* handelt. Was das genau zu bedeuten hat, wollen wir am Experiment erkennen. Dazu bedienen wir uns der Galilei'schen Fallrinne in etwas modernerer Ausführung. Sie besteht aus einer 5m langen Luftkissenbahn mit einem Metallschlitten, der praktisch reibungsfrei auf dem Luftkissen gleiten kann. Daran lässt sich nun die Bewegung des Schlittens vermessen.

---

183 Wagenschein, Martin (1988): *Naturphänomene sehen und verstehen*. Stuttgart: Klett-Verlag, S. 204–206.
184 Ebenda.
185 Ebenda.
186 Ebenda.

Obwohl wir bereits wissen, dass Galilei offenbar die Bewegung der rollenden Kugel auf seiner schiefen Ebene als dem freien Fall „gleichartig" angesehen hat, ist es in keiner Weise evident einzusehen, dass das so ist!

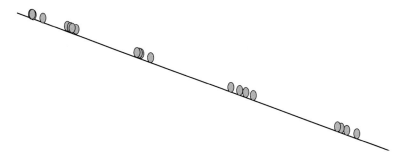

Abbildung 53:   Schematische Darstellung der Messresultate an der schiefen Ebene.

Gemeinsam diskutieren wir, was denn eine schiefe Unterlage am freien Fallen eines Gegenstandes ändert. Mit etwas Hilfe und Überzeugungsarbeit gelingt es (Wobei hier in keiner Weise der Anspruch an genetisch erarbeitetes Erkennen besteht!) die Einsicht zu gewinnen, dass in beiden Fällen beschleunigte Bewegungen entstehen, also Bewegungen, bei denen die Geschwindigkeit stetig zunimmt, wobei auf der schiefen Ebene die Bewegung zusätzlich in konstanter Art in horizontaler Richtung abgelenkt wird. Noch etwas komplizierter wird es, wenn wir auch noch über den Einfluss des Rollens der Kugel bei Galilei auf die Art der Bewegung befinden müssen. Da es aber bei unserem Experiment um einen gleitenden Schlitten handelt, können wir diese Überlegung aufschieben.
    In Gruppen aufgeteilt versuchen wir nun, die Bewegung unseres Schlittens an der schiefen Luftkissenbahn zu vermessen. Ab hier läuft der Unterricht entsprechend der Wagenschein-Vorlage, wie er sie in den Naturphänomenen beschreibt:[187] Neben der Luftkissenbahn steht ein Metronom, das den Takt vorgibt. Die Schülerinnen und Schüler haben sich rund um die Luftkissenbahn verteilt. Wir haben uns vorgenommen, nach immer gleichen Zeitintervallen zu markieren, wo sich der Schlitten befindet. Die Orte werden mit kleinen Klebern markiert: Die Orte werden nun in Einheitsabständen vermessen. Dazu wählen wir den

---

187 Wagenschein, Martin (1988): *Naturphänomene sehen und verstehen.* Stuttgart: Klett-Verlag, S. 204–206.

Mittelwert der zurückgelegten Wegstrecken der Kugeln nach einem Zeitintervall als Einheitslänge. Wir erhalten folgende Resultate (Beispiel der Messungen einer Gruppe):

	Messung 1	Messung 2	Messung 3	Messung 4	Mittelwert
Zeit [Einheitsintervall]	Weg [Einheitslänge]	Weg [Einheitslänge]	Weg [Einheitslänge]	Weg [Einheitslänge]	Weg [Einheitslänge]
1	0.89	0.93	1.19	0.99	1
2	3.8	3.75	4.2	4.12	3.96
3	8.4	8.6	8.85	9.3	8.78
4	14.8	15.2	16.2	16.3	15.63
5	22.3	23.0	23.9	26.3	23.88

Tabelle 13:   Beispiel von Resultaten der Vermessung der Bewegung an der schiefen Ebene

Die Zahlen selber sind unübersichtlich und wir suchen eine Möglichkeit, die Daten zu visualisieren. Dazu schlage ich den Schülerinnen und Schülern vor, die Werte in einem Weg-Zeit-Diagramm aufzuzeichnen. Sowas haben wir schon früher als praktisches Hilfsmittel zur Darstellung von Bewegungen kennengelernt.

In den gleichen Gruppen, welche die Messungen durchführten, erhalten die Schülerinnen und Schüler ferner den Auftrag, die Zahlenreihe zu untersuchen. Gibt es eine Regelmäßigkeit, gar eine Gesetzmäßigkeit in der Zahlenreihe?

Die Zahlenfolge wird rasch als die Folge der Quadratzahlen entdeckt; 1-4-9-16-25- …. Die Strecke verhält sich zur Zeit quadratisch! In der Diskussion folgt auch noch eine andere Formulierung: Der Streckenzuwachs in gleichen Zeitintervallen entspricht ungeraden Vielfachen der Einheitsstrecke: 1-3-5-7-9- …. Die Folge der ungeraden Zahlen steckt im Verhalten des Schlittens!

Was bedeutet das? Kennt die Natur die ungeraden Zahlen? Kennt sie die Quadratzahlen? Eine Schülerin fragt: *„Kann die Natur Mathematik?"*

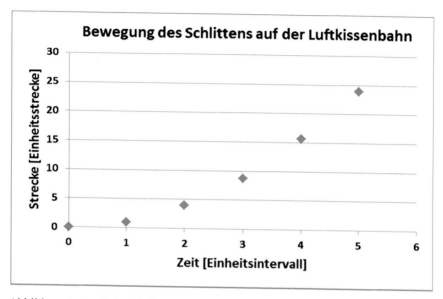

Abbildung 54:   Beispiel einer Auswertung der Daten am Computer.

Wir zeichnen im Plenum die schematische Darstellung der Messresultate nochmals und ergänzen sie mit der gewonnenen Erkenntnis:

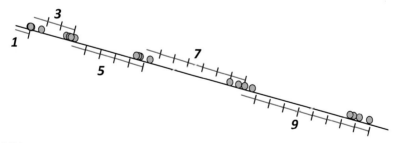

Abbildung 55:   Schematische Darstellung der Messresultate an der schiefen Ebene, ergänzt.

Es folgt schließlich die mathematische Abstraktion der Erkenntnis: Die Strecken verhalten sich zu den Anzahl Zeiteinheiten im Quadrat:

$$s \sim t^2$$

Mit dieser Erkenntnis kehren wir zurück zum effektiven Fallprozess. Gemäß unseren Annahmen bewegt sich eine fallende Kugel im Prinzip gleich wie der Schlitten auf der Luftkissenbahn, nur schneller bzw. *sie gewinnt schneller an Fahrt*, wie ein Schüler es ausdrückt.

Um zu einer mathematischen Gleichung zu kommen, brauchen wir eine Proportionalitätskonstante, welche die Maßeinheit der Strecke (Meter) mit der Maßeinheit der Zeit (Sekunden) in eine Zahlenbeziehung zueinander bringt. Wir machen das wiederum experimentell: An einem Stativ ist eine Vorrichtung befestigt, in der sich eine Kugel einspannen lässt. Beim Lösen dieser Haltevorrichtung wird automatisch eine Stoppuhr gestartet. Beim Auftreffen am Boden fällt die Kugel auf ein Plättchen, welches einen Impuls zum Stoppen der Uhr gibt. Damit lässt sich die Fallzeit der Kugel recht genau messen. Wenn wir nun noch mit einem Doppelmeter die Fallstrecke bestimmen, dann haben wir alles, um das Verhältnis zwischen der Strecke und dem Quadrat der Zeit zu bestimmen:

$$\frac{s}{t^2} = k$$

Zum Schluss dieser Sequenz wollen wir unsere abstrakten Erkenntnisse mit der Sinneswelt in Beziehung bringen. Wie schon mehrfach festgestellt, ist es kaum möglich, die beschleunigte Bewegung einer fallenden Kugel mit den Augen mitzuverfolgen, sie geht zu schnell. Viel feiner sind da unser Gehör und insbesondere unser Empfinden für Regelmäßigkeiten in Taktschlägen. Mit sogenannten Fallschnüren lässt sich das wunderbar demonstrieren. Fallschnüre sind feine Fäden, an welchen in bestimmten Abständen kleine Bleikügelchen befestigt sind. Bei der einen Fallschnur sind die Bleikügelchen in regelmäßigen Abständen befestigt (vgl. Abbildung 56 Schnur (B)). Wird die Fallschnur senkrecht über dem Boden ausgestreckt und fallengelassen, ist deutlich zu hören, dass die Kugeln nicht in gleichen Intervallen zu Boden fallen. Es ergibt ein *Crescendo*! Wie also müssten die Kügelchen angeordnet sein, dass die Kügelchen in gleichen Zeitintervallen zu Boden fallen?

Diese Aufgabe zu lösen, müssten die Schülerinnen und Schüler nun selber in der Lage sein. Leider ist es viel zu aufwändig, sie selber eine entsprechende Fallschnur basteln zu lassen. Dies liegt vor allem an dem Festknoten der Kügelchen am richtigen Ort, was eine sehr mühsame Arbeit ist. Wenn man allerdings sehr Wert darauf legt, kann das mit wenig Materialaufwand gemacht werden (Fischerfaden und Metall- oder Holzkügelchen mit Loch).

Abbildung 56:   Fallschnüre.

Wir verwenden im Unterricht vorgefertigte Fallschnüre: Die Lösung der Aufgabe liegt also bereit. Mit geschlossenen Augen konzentrieren sich die Schülerinnen und Schüler auf das Geknatter der fallenden Kügelchen, die nun deutlich
hörbar *kein Crescendo* mehr erzeugen!
Damit haben wir die beschleunigte Bewegung des freien Falls zwar nicht gesehen, aber dafür eindeutig gehört!

5.3.8   Den Fallprozess festhalten!

Schon im Fallgeräusch der Fallschnüre liegt eine gewisse sinnliche Ästhetik. Als
Augenmenschen wäre es aber für uns doch schön, die Regelmäßigkeit im Fallprozess auch sehen zu können.
Dazu nehmen wir nochmals die erstellte Grafik, das Weg-Zeit-Diagramm, zur
Hand. Was haben wir da dargestellt? Es zeigt die Position des Schlittens zu verschiedenen Zeiten, aber immer im selben Zeitintervall. Das Diagramm würde also
gleich aussehen für die fallende Kugel, nur auf den Kopf gestellt (Abbildung 57):

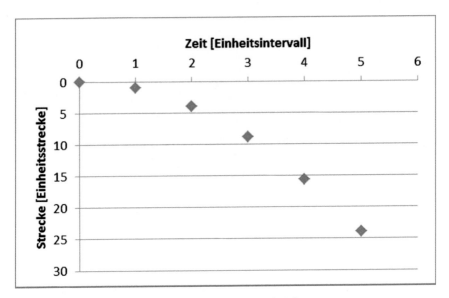

Abbildung 57:   Auf den Kopf gestelltes Weg-Zeit-Diagramm

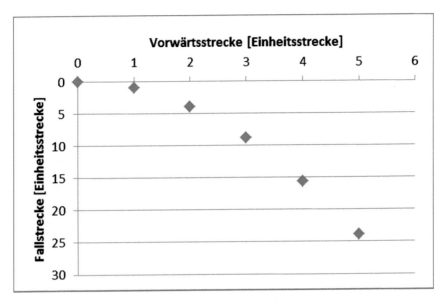

Abbildung 58:   Horizontaler Wurf im Orts-Orts-Diagramm

Wenn ein Gegenstand in jeder Zeiteinheit sich horizontal um denselben Betrag nach rechts bewegen würde, dann wären die dargestellten Punkte im Diagramm der jeweilige Ort im Raum (bzw. hier auf der Fläche). Wenn wir etwas horizontal werfen, dann geschieht genau dies. Einmal geworfen, gibt es in der Vorwärtsrichtung eine gleichförmige Vorwärtsbewegung, nichts, was die Bewegung bremst (vorausgesetzt der Luftwiderstand ist verschwindend klein) oder beschleunigt. Das heißt, in gleichen Zeitabschnitten werden auch gleiche Wegstücke zurückgelegt. Wir können daher die Zeitachse ersetzen durch eine weitere Streckenachse (Abbildung 58). Die Form der Bewegung eines horizontal geworfenen Körpers zeigt uns die *Form der zeitlichen Bewegung des Fallens!*

Wir wollen uns diese Formen anschauen! Ich verteile Tennisbälle und wir verschieben uns ins Freie. Paarweise werfen die Schülerinnen und Schüler Bälle, immer eine/r werfend der/die andere beobachtend.

Zurück im Schulzimmer fordere ich die Schülerinnen und Schüler, auf die beobachtete Flugbahn der Bälle zu skizzieren. Das ist gar nicht so einfach! Eigentlich war die Erwartung, dass jetzt *Kurven* in der Art gezeichnet werden, wie wir sie in den Diagrammen angetroffen haben. Nun haben wir die Bälle aber ja nicht horizontal geworfen und möglicherweise spielt der Luftwiderstand in der realen Umgebung draußen halt doch eine Rolle.

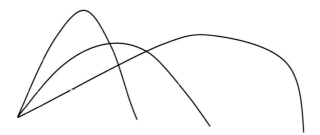

Abbildung 59:   Skizzierte Flugbahnen von Bällen

Die Schülerinnen und Schüler sollen diskutieren, warum sie die Flugbahn gerade so gezeichnet haben. Ist das eine reine Beobachtung oder sind da Überlegungen dahinter?

    L: *Nun, wer erklärt seine Flugbahn?*

Sch: (Schweigen)

    L: *Hat sich beim Skizzieren jemand etwas überlegt?*

    X: *Es ging so schnell ...*

Y: *Der Ball hat so eine Kurve gemacht.*

D: *Es kommt darauf an, wie schnell er losgeworfen wird ... und auf die Richtung.*

L: *Was genau kommt auf die Anfangsgeschwindigkeit und auf die Wurfrichtung an?*

D: *... wie stark die Bahn gekrümmt ist! Wenn man den Ball sehr stark wirft, fliegt er am Anfang gerade aus ... also schon nach oben, aber entlang einer geraden Linie.*

L: *Wie lange?*

D: *... bis die Erdanziehungskraft gleich groß ist wie die Kraft des Balls, also bis alle Kraft aufgebraucht ist!*

L: *Was sagen die anderen dazu?*

Sch: (Schweigen, zustimmendes Nicken).

L: (provozierend) *Und wenn die Kraft des Balls aufgebraucht ist? Fällt er dann gerade zu Boden?*

J: *Nein, dann gibt es einen Bogen, denn es ist ja immer noch etwas Bewegung im Ball vorhanden ... erst allmählich fällt er dann senkrecht zu Boden.*

L: *Ballistiker im Mittelalter haben sich intensiv mit der Flugbahn von Kanonenkugeln auseinandergesetzt.*

Ich konfrontiere die Schülerinnen und Schüler mit solchen Vorstellungen von Flugbahnen mit der Hilfe von Puchners Illustration von Fluggeschossen (Abbildung 60).

Sofort tauchen Fragen und Einwände auf. *Wann beginnt dann der Bogen? Fliegt die Kugel gleich weit, wenn der Bogen früher beginnt?*

Die Grafiken zum freien Fall haben (glücklicherweise) die Sinne der Schülerinnen und Schüler (noch) nicht getrübt. Der Zusammenhang zwischen den Weg-Zeit-Diagrammen und der Bewegung der Flugbahnen ist noch nicht klar geworden.

Offenbar ist es zu schnell gegangen, um die Bewegung der Bälle zu erfassen; genau wie beim Fallen der Körper zuvor.

L: *Niemand ist sich offenbar so sicher, wie die Kugel (der Ball) jetzt wirklich fliegt. Gut wäre es, wenn wir die Bewegung irgendwie festhalten könnten.*

Wir sammeln Vorschläge, wie die Bewegung verlangsamt oder sichtbar gemacht werden könnte.

- Filmen und in Zeitlupe abspielen
- Etwas werfen, das eine Spur hinterlässt (Rauch)
- Tennismaschine (Maschine, die Tennisbälle spuckt)
- Wasserstrahl (es folgt eine kurze Diskussion, ob dies wohl das selbe ist wie der Flug eines Balls)

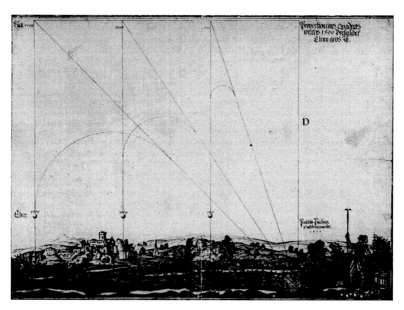

Abbildung 60:   Abbildung von Paulus Puchner zur Flugbahn von Artillerie-
                  geschossen (1577).

5.3.9   *Das Fallgesetz im Brunnenstrahl*

Zu Beginn der nächsten Lektion ist ein Experiment aufgebaut. Es besteht aus
einem Schlauch mit einer Düse und einer Drehmuffe, die an einem Stativ befestigt ist. Das aus dem Schlauch und der Düse fließende Wasser wird in einer Re-
genrinne aufgefangen. Die Düse ist dabei so ausgerichtet, dass der Wasserstrahl
genau horizontal aus dem Schlauch spritzt. Hier haben wir unseren Wurf festgehalten!

Wir wollen ihn nun auf Papier bringen, um ihn zu vermessen! Dies versuchen
wir, indem wir den Wasserstrahl mittels einer Bogenlampe an die Wand projizie-
ren und ihn nachzeichnen. Dies gelingt aus verschiedenen Gründen nicht optimal. Zum einen verzerrt die Projektion mit der Lampe die Situation, andererseits
gelingt es nicht, den Wasserstrahl in perfekt horizontaler Richtung auszurichten.

Abbildung 61:   Nachzeichnen des Wasserstrahls; Klasse 3WRb, Gymnasium Neufeld, 2006.

Abbildung 62:   Vermessen des Wasserstrahls; Klasse 3WRb, Gymnasium Neufeld, 2006.

Der Auftrag lautet zu bestimmen, wie weit das Wasser fällt, wenn es um eine bestimmte Strecke *nach vorne* geflogen ist. Einigen wird plötzlich bewusst, dass die Aufgabe ähnlich ist wie das Vermessen des freien Falls in einer der vorangehenden Lektionen.

Wir unterbrechen und diskutieren, inwiefern wir hier das Gleiche haben wie beim freien Fall. Das Wasser fliegt nach vorne, aber fällt zugleich! Es fällt gleich wie die Kugel, nur dass es noch nach vorne fliegt! Dass das Nach-Vorne-Fliegen das Fallen nicht stört, ist hier noch nicht gezeigt. Aber offensichtlich kommt dieselbe Kurve heraus wie bei der Darstellung des freien Falls. Längst haben die Schülerinnen und Schüler den Begriff dafür gefunden, den sie eben auch in der Mathematik „durchgenommen" haben: Wir haben eine Parabel vor uns.

Nun ist es Zeit, dass wir uns vor einen Brunnen stellen und in loser Erzählung versuchen zusammenzufassen, was wir alles erkannt haben. Leider sind die Dorfbrunnen mit noch genügend starkem Wasserstrahl rar geworden. Das Wassersparen hat Einzug gehalten und man muss suchen, um noch ein schönes Objekt zu finden. Zum Glück gibt es in der Stadt Bern noch einige davon, aber auch da hat der Spardruck Einzug gehalten und man erkennt, dass Wasser ein kostbares Gut ist.

Abbildung 63:   Wasserstrahl aus Berner Brunnen.

5.3.10   Von Aristoteles über Galilei und Newton zu Einstein

Das Lehrstück wird abgerundet, indem wir den Schülerinnen und Schülern zeigen, dass wir auf dem Weg der Erkenntnisfindung in der Geschichte der Physik des Fallens erst die ersten fünf Minuten einer zweistündigen Wanderung gegangen sind. Der gegenwärtige Kenntnisstand der Klasse zum Fallprozess soll in Bezug zum gegenwärtigen Wissensstand der Menschheit gestellt werden. In der Mittelschule bleibt der Physikunterricht ja in aller Regel bei der physikalischen Klassik (hier der Galilei-Newton'schen Mechanik) stehen. Die Einordnung dieses Wissens in die Genese des aktuellen Kulturgutes ist absolut notwendig, um ihm die angemessene Stellung im wissenschaftlichen Gesamtgefüge zuzuweisen. Auch wenn dies normalerweise nicht sehr umfassend möglich ist, da die Weiterentwicklung des physikalischen Wissens sofort sehr abstrakt und mit einem anspruchsvollen mathematischen Formalismus verknüpft ist, so soll doch wenigstens ein Zugang zu den Ideen und Konzepten moderner Theorien geschaffen werden.

Dies soll in einer Weise den Schülerinnen und Schülern nahegebracht werden, die nicht demotiviert, sondern wiederum neue Fragen aufwirft und zum Denken anregt.

5.3.10.1 Das Äquivalenzprinzip

Ich beginne dabei mit der Inszenierung, welche Schülerinnen und Schülern die Besonderheit, ja auf den ersten Blick schon fast die Absurdität der Aussage, die im Lehrstück bisher erarbeitet worden ist nochmals vergegenwärtigt: die prinzipielle Massenunabhängigkeit des Fallens.

Ich stehe vor versammelter Klasse auf einem Stuhl, die Arme nach beiden Seiten ausgestreckt, damit auch alle genau hinsehen können. Auf der Handfläche der rechten Hand steht ein 1 kg-Massenstück, auf der Handfläche der linken Hand ein 5 kg-Massenstück. (Zugegeben, lange halte ich das so nicht aus …)

„In meiner rechten Hand halte ich ein Massenstück, welchem ich mit einer Kraft von 10 Newton entgegenhalten muss, damit es nicht gegen den Boden fällt. Es wird also mit einer Kraft von 10 Newton gegen die Erde gezogen. Dies ist ja die eigentliche Ursache für das Fallen des Körpers! Diese muss ich aufheben.

Nun, in meiner linken Hand hat es ein Massenstück, an welchem die Erde mit der fünffachen Kraft zieht. Ich muss mit 50 Newton entgegenhalten, damit dieses nicht zu Boden fällt.

Also rechts zieht eine Kraft von 10 N nach unten, links eine solche von 50 N, dem Fünffachen. Nun soll gemäß Galilei, obwohl an der einen Masse das Fünffache an Kraft zieht, diese genau gleich, insbesondere genau gleich *schnell* fallen wie die 1 kg-Masse."

Die Schülerinnen und Schüler werden so in das Äquivalenzprinzip eingeführt. Wir diskutieren, dass die Masse neben der Eigenschaft der *Schwere*, also der Eigenschaft, *auf Gravitationskraft zu reagieren,* noch eine zweite Eigenschaft besitzt, nämlich diejenige, *gegenüber Bewegungsänderungen Widerstand zu leisten,* die *Trägheit.* Trägheit und Schwere erscheinen in der klassischen Mechanik als zwei unabhängige Eigenschaften der Masse. Meine Demonstration vor der Klasse bringt allerdings deutlich zum Ausdruck, dass offenbar die Eigenschaft der *Schwere* und die Eigenschaft der *Trägheit* proportional zueinander sein müssen. Das löst die scheinbare paradoxe Situation auf, dass die Masse an der die Erde mit fünfmal größerer Kraft zieht, trotzdem nicht schneller fällt als die andere. Die Lösung ist, dass zwar die Erde mit fünfmal größerer Kraft an der einen Masse zieht, es aber auch fünfmal mehr Kraft braucht, um diese Masse aus ihrem Ruhezustand zu bewegen! Daher fallen alle Körper unabhängig von ihrer Masse! Hier könnte bei Bedarf noch weiter gegangen werden: Man könnte zeigen, dass die Trägheit und die Schwere der Masse nicht nur proportional zueinander sind, sondern, dass sie quantitativ gleich sind, also dass bei einem Körper das Verhältnis einer horizontal beschleunigenden Kraft zur erzielten Beschleunigung

$$\frac{F_B}{a}$$

und die im Gravitationsfeld erzeugte Gewichtskraft zur erzielten Beschleunigung

$$\frac{F_g}{a}$$

für diesen Körper das gleiche Resultat ergibt:

$$m_t = \frac{F_B}{a} = \frac{F_g}{a} = m_s$$

oder

$$\frac{m_t}{m_s} = 1$$

Diese experimentell in der Geschichte der Physik immer und immer wieder über-
prüfte Tatsache kann in der klassischen Physik nicht erklärt werden und bleibt
bis zu Einsteins Relativitätstheorie ein Rätsel.

Einstein nimmt diesen Befund nicht als „erstaunliche Erscheinung", sondern
setzt sie als Axiom an den Anfang seiner Relativitätstheorie. Die Äquivalenz von
Trägheit und Schwere ist sein Ausgangspunkt. Das führt zu folgender fundamentalen Feststellung: Es kann aufgrund des mechanischen Verhaltens von Körpern
grundsätzlich nicht unterschieden werden, ob sie aufgrund der Gravitation oder
aufgrund einer anderen äußeren Kraft beschleunigt werden.

Im Klassenzimmer auf dem Boden stehend registrieren wir: Schwere Massen
lenken Federpendel aus, Bälle fliegen Parabeln, die Waage schlägt beim Drauf-
stehen aus. *Genau* die gleichen Effekte sind sichtbar, wenn ein Klassenzimmer
im All (weit weg von etwelchen Gravitationseinflüssen) von einer Rakete mit
derselben Beschleunigung vorwärtsbeschleunigt wird!

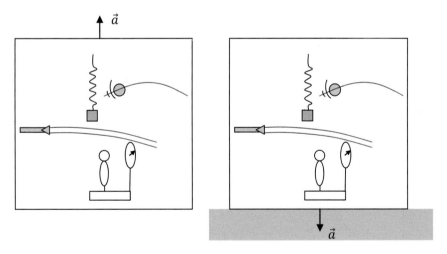

Abbildung 64:   Weg-beschleunigtes Klassenzimmer (links) und im Gravitations-
                 feld stehendes Klassenzimmer (rechts).

Dass auch das Licht eine Parabel beschreibt, wenn sich das System, in dem die
Taschenlampe ruht sich beschleunigt bewegt, ist nicht erstaunlich. Es tut es aus
demselben Grund wie der Ball. Sobald es aus der Taschenlampe kommt, bleibt
es in vertikaler Richtung gegenüber dem Klassenzimmer und all seinen festen

Gegenständen zurück. Eine kühne Behauptung ist nun, dass die beiden Situationen nicht nur bezüglich der mechanischen Vorgänge, sondern bezüglicher aller physikalischer Vorgänge (also auch der Bewegung des Lichtes) identisch seien. Einstein geht in der allgemeinen Relativitätstheorie davon aus, dass das so ist,[188] d. h., dass sich *in keiner Weise* unterscheiden lässt, ob die Effekte durch eine Vorwärtsbeschleunigung des Systems oder durch Gravitation verursacht werden!

5.3.10.2 Warum reicht die Newton'sche Mechanik nicht mehr aus?

Diese Unterrichtssequenz dient unter anderem dazu, diese längst verstanden geglaubten Inhalte als Gegenstand moderner Forschung ins Bewusstsein der Schülerinnen und Schüler zu rufen. Es ist nicht das Ziel, im Unterricht etwas über *allgemeine Relativitätstheorie* oder über den Ursprung der Masse von Elementarteilchen in *Higgs-Feldern* zu vermitteln. Es ist verlockend, als Lehrperson im Unterricht in Vorträgen der eigenen Faszination an moderner Forschung freien Lauf zu lassen und ins Erzählen zu geraten. Für die Schülerinnen und Schüler wird die Lektion dann zur Märchenstunde, was durchaus einen Reiz haben mag, aber nicht mehr allzu viel mit Physikunterricht zu tun hat. Beweggründe für diese kurze Unterrichtssequenz gibt es deren zwei: Erstens sollen die Schülerinnen und Schüler merken, dass wir uns im Lehrstück nicht mit vormodernen Fragestellungen auseinandergesetzt haben, welche heute bedeutungslos oder trivial sind. Das Rätsel um die Beschreibung der Fallbewegung scheint zwar seit Einstein geklärt. Deren Ursache, die Gravitationskraft, konnte allerdings bis heute nicht in die Theorie der anderen bekannten Kräfte integriert werden. Auch die Frage nach dem Ursprung der Masse ist ungeklärt. Zweitens soll den Schülerinnen und Schülern gezeigt werden, warum die Newton'sche Mechanik zur Beschreibung der Fallbewegung nicht ausreicht. Letztlich geht es also nur darum, den Schülerinnen und Schülern durch das Öffnen eines Fensters einen Blick auf ganz neue Weltansichten zu vermitteln, ohne Anspruch darauf, abrufbares Wissen zu generieren.

Wenn der einfache Fallprozess in einem Weg-Zeit-Diagramm dargestellt wird, so präsentiert er sich näherungsweise[189] als Parabel; allerdings nur in einem recht-

---

188 1919 hatte eine Expedition in Afrika anlässlich einer Sonnenfinsternis einen Stern beobachten können, der eigentlich zum Zeitpunkt der Sonnenfinsternis aus Sicht der Erde genau hinter der Sonne hätte stehen müssen. Die Tatsache, dass der Stern beobachtet werden konnte war der Beweis dafür, dass sein Licht durch die Gravitation der Sonne in Richtung Erde abgelenkt wurde. Dieses Experiment war einer der ersten „Beweise" für die Gültigkeit der allgemeinen Relativitätstheorie und der Tatsache, dass Licht der Gravitation unterliegt bzw. dass Gravitation den Raum krümmt!

winkligen (Euklid'schen) Koordinatensystem, worin die Ortsachse eine Gerade darstellt bzw. der Raum durch rechtwinklig zueinander stehende Koordinaten aufgespannt wird. Warum aber soll die Welt so sein, dass die *Rechtwinkligkeit* gegenüber anderen Raumgeometrien bevorzugt wird? Ist der Raum unserer Welt „rechtwinklig" bzw. flach oder euklidisch, wie die Mathematiker sagen? Können wir das überhaupt beantworten? Woran sollen wir das denn erkennen?

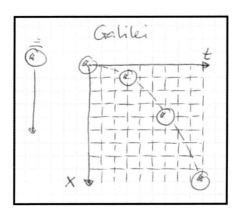

Abbildung 65:   Weg-Zeit-Diagramm des Fallprozesses nach Galilei in einem Euklid'schen Raum.

Das Verhalten von Licht hat sich in der Geschichte der Physik als das Maß aller Dinge entpuppt. Die Lichtgeschwindigkeit zeigt sich in allen unbeschleunigten Bezugssystemen als universelle Konstante. Aber nicht nur die Geschwindigkeit, sondern auch die Ausbreitungsrichtung des Lichts wird als *absolut geradlinig* postuliert.

Nun gibt es allerdings Situationen, in welchen sich das Licht scheinbar nicht geradlinig ausbreitet, nämlich in beschleunigten Bezugssystemen (vgl. Abbildung 67). Allerdings spielt es offenbar keine Rolle, ob die Beschleunigung durch Gra-

---

189 Da wir es nun etwas genauer nehmen wollen, müssen wir vorsichtig sein im Formulieren. Dass ein Gegenstand im Weg-Zeit-Diagramm eine Parabel beschreibt, bedingt, dass er eine gleichförmig beschleunigte Bewegung macht, dass seine Beschleunigung also konstant ist. Dies ist auf der Erde näherungsweise erfüllt – aber das tut er eben nur näherungsweise. Genau genommen ändert sich die Beschleunigung des Gegenstandes, da das Gravitationsfeld der Erde nur in erster Näherung homogen ist. In zweiter Näherung wird es radial nach innen stärker und noch genauer ist es wegen der unregelmässigen Form und der Massenverteilung in der Erde sehr kompliziert.

vitation oder durch eine Veränderung der Geschwindigkeit hervorgerufen wird. Gravitation ist aber eine Kraft, die unendlich weit wirkt, wodurch prinzipiell im ganzen Universum nirgends ein beschleunigungsfreier Raum anzutreffen ist! Einstein stellt sich nun auf den Standpunkt, dass jedes Bezugssystem „das Recht hat", sich selber als Referenzsystem zu nehmen. Allerdings müssen dann dort alle Naturgesetze gelten, wie in jedem anderen auch. Insbesondere muss gelten, dass das Licht sich mit Lichtgeschwindigkeit und geradlinig ausbreitet. Der Weg des Lichtes ist damit als die absolute Geradlinigkeit zu deuten! Wenn das Licht in Abbildung 67 aber eine gerade Linie beschreibt, dann muss dort der Raum *an sich* gekrümmt sein!

Einen gekrümmten Raum können wir uns nicht vorstellen. Das hängt damit zusammen, dass man etwas immer „in eine Dimension höher hinein" krümmt. Eine Linie wird in die zweite Dimension hinein gekrümmt, eine Fläche wird in den Raum gekrümmt; und der Raum in die vierte Dimension, die uns sinnlich nicht zugänglich ist und wofür wir auch keine Vorstellung haben. Es macht daher Sinn, wenn wir uns unsere Betrachtung eine Dimension tiefer vorstellen.

Was heißt denn eigentlich *gerade*. Mit *gerade* ist die kürzeste Verbindung zweier Punkte gemeint. Auf einer gekrümmten Fläche sind die kürzesten Verbindungen auch krumm! Die Kugeloberfläche ist gekrümmt. Die kürzeste Verbindung zwischen Zürich und New York ist eine Geodäte, ein Teil eines Großkreises um die Erde. Diese Linie ist in die dritte Dimension hinein gekrümmt. Projiziert man die Linie auf eine Fläche mit rechtwinkligen Koordinaten, dann ist die Linie krumm und trotzdem die kürzeste Verbindung zwischen den beiden Orten.

Auf einer Fläche, die gekrümmt ist wie die Erde (Man spricht von einer positiven Krümmung), gilt eine andere Geometrie, als wir sie von der Ebene kennen. Im Gegensatz zur Euklid'schen Geometrie wird sie *sphärische* Geometrie genannt. So gilt in der sphärischen Geometrie beispielsweise, dass die Winkelsumme im Dreieck nicht 180° sondern immer grösser als 180° ist. Wir stellen uns vor, dass wir vom Nordpol einem Längengrad entlang zum Äquator wandern. Dort angekommen drehen wir uns um 90° und wandern nach Osten. Wir wandern um einen Viertel der Erde und wenden uns wieder um 90° in Richtung Norden. Wir folgen abermals dem Längengrad und gelangen zurück zum Nordpol. Wir haben ein Dreieck beschritten in dem Sinn, dass wir drei gerade Strecken gelaufen sind. Dabei haben wir aber *drei* 90°-Winkel, also einen 270°-Winkel eingeschlossen – ein Dreieck mit einer Winkelsumme von 270°. Wir könnten auch immer geradeaus gehen und am Ende wieder am selben Ort ankommen, wo wir gestartet sind. So könnten wir uns auch den Raum geformt denken: So, dass ein Lichtstrahl, der sich geradlinig geradeaus bewegt, plötzlich von hinten wieder am selben Ort auftaucht!

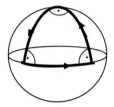

Abbildung 66:   Das Dreieck auf der Sphäre mit einer Winkelsumme von 270°.

Wenn nun der Lichtweg ein Maß für die absolute Geradlinigkeit darstellt und der Lichtstrahl im Gravitationsfeld offenbar gekrümmt wird, dann muss die Schlussfolgerung sein, dass nicht der Lichtstrahl sondern der Raum in dem sich der Lichtstrahl bewegt gekrümmt wird! Die Gravitation bekommt dadurch eine neue Interpretation. Gravitation ist nicht eine Fernwirkungskraft zwischen Massen, sondern eine Raumverkrümmung, die von Massen bewirkt wird. Die Vorstellung, dass Licht von einem massereichen Körper *angezogen* wird, ist daher nicht korrekt (Licht hat ja gar keine Masse, um in der klassischen Newton'schen Gravitation eine Kraft zu erfahren). Stattdessen breitet sich das Licht weiterhin unbeeindruckt von der Masse z. B. eines Sterns geradlinig im Raum aus; allerdings ist der Raum, in welchem es sich bewegt, gekrümmt!

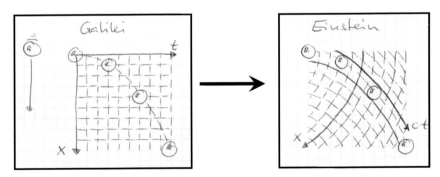

Abbildung 67:   Der Fallprozess im Galilei'schen (links) und im Einstein'schen (rechts) Weltbild.

Die geradlinige und gleichförmige Bewegung einer fallenden Kugel lässt sich dadurch erhalten, dass die Koordinatenachsen der Raumzeit im Weg-Zeit-Diagramm entsprechend gekrümmt werden.

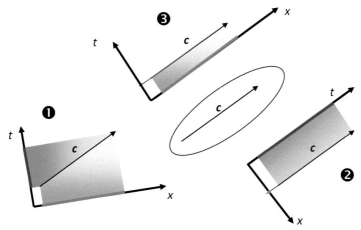

Abbildung 68: Der Bewegungsvektor c in verschiedenen Koordinatensystemen gemessen; ❶ aus einem beliebigen, wobei sich das Objekt durch den Raum bewegt und bei ihm Zeit verstreicht, ❷ aus einem Bezugssystem, das sich mit dem Objekt mitbewegt; dann seht das das Objekt still und die ganze Raumzeitbewegung wird auf die Zeitachse projiziert, und ❸ aus einem Bezugssystem, das sich gegenüber dem Objekt mit Lichtgeschwindigkeit bewegt (oder umgekehrt), wobei die ganze Raumzeitbewegung sich auf den Raum projiziert, mit der Konsequenz, dass keine Zeit verstreicht.

Da in der Allgemeinen Relativitätstheorie Raum und Zeit nicht unabhängig voneinander sind, können sie zu *einer* physikalischen Größe, der *Raumzeit,* zusammengeführt werden. Das Grundgesetz bezüglich Bewegungen durch die Raumzeit ist nun, dass *alles* sich *immer* mit Lichtgeschwindigkeit durch die Raumzeit bewegt (vgl. Abbildung 68). Durch die Raumzeit bewegen bedeutet, sich durch den Raum und/oder durch die Zeit zu bewegen. Messen wir unsere Bewegung durch die Raumzeit an einem mit uns mitgeführten Messsystem, dann bewegen wir uns diesem gegenüber räumlich nicht. Wir bewegen uns demzufolge mit Lichtgeschwindigkeit durch die Zeit! Beurteilen wir mit unserem Messsystem die Bewegung eines sich mit Lichtgeschwindigkeit an uns vorbeibewegenden Objekts, dann bewegt es sich mit Lichtgeschwindigkeit durch den Raum und kann sich daher nicht mehr durch die Zeit bewegen – seine Uhren stehen still!

   Es gibt potentiell immer ein Bezugssystem, von welchem aus die Geschwindigkeit eines Systems mit Lichtgeschwindigkeit bemessen wird.

5.3.11   *Zurück auf dem Schulhausdach*

Wie finden wir von dieser faszinierenden, aber doch ziemlich weit vom *Mesokosmos* entfernten Welt wieder zurück in unseren Alltag? Es ist zwingend nötig, dass wir auf dem Boden unserer Realität landen und daher zurück zum alltäglichen Fallen kommen.

Wir steigen daher abermals auf das Schulhausdach. Jede Schülerin und jeder Schüler hat nun einen Gegenstand mit hoch gebracht, den sie fallen lassen wollen. Bevor sie ihn fallen lassen, erklärten sie sich gegenseitig, wie der Gegenstand fallen wird und warum er so fällt. Bei welchem Gegenstand ist der Luftwiderstand für die Fallbewegung entscheidend, bei welchem Gegenstand ist er vernachlässigbar? Wo nimmt gar die Auftriebskraft gegenüber der Gewichtskraft überhand? Wir sind damit wieder mit der Realität konfrontiert, in welcher die Gegenstände nicht alle gleich fallen. Wir können uns vor Augen führen, unter welchen Umständen die bei der Analyse der Physik des Fallens gemachten Vereinfachungen und Annahmen in der Realität zulässig sind und unter welchen nicht. Die Schülerinnen und Schüler erhalten so einen Bezug zwischen Theorie und Realität. Sie sollen dabei erkennen, dass es sich beim Fallen in der Vakuumröhre um das gleiche Fallen wie bei jenem vom Schulhausdach handelt, nur dass die Umgebungsbedingungen sich verändert haben.

Fehlt diese *Rückführung* vom Labor in den Alltag, muss man sich als Physiklehrer nicht wundern, wenn die Schülerinnen und Schüler nicht begreifen, was die Physik mit der Realität zu tun haben soll, wenn sie diese Disziplin eher mit dem Auswendiglernen von Vokabeln als mit der Beschreibung von Natur in Verbindung bringen und ihr daher wenig Lebensnotwendigkeit und Alltagsrelevanz abgewinnen können.

5.4   Diskurs

5.4.1   *Methodentrias*

5.4.1.1   Exemplarisch

Die *Discorsi* Galileis verkörpern einen historischen Schritt in der Wissenschaftsgeschichte. Der Übergang von der Aristotelik zur klassischen Physik vollzieht sich ausgehend von der konsequenten Kritik Galileis an den Schriften des Aristoteles, sei es in Bezug auf die Vorstellungen über den leeren Raum oder in Bezug auf die Bewegung von Körpern. Das Lehrstück *Fallgesetz nach Galilei* setzt sich ganz direkt mit den Texten Galileis auseinander und versucht, den Gedankengang Galileis nachzuvollziehen, der zum Bruch mit der Aristotelik führt. Dieser Schritt oder Schnitt ist in der Wissenschaftsgeschichte von tragender Bedeutung. Das ganze philosophische Gebäude von Bacon, Leibniz bis Kant baut auf dieser grundlegend neuen analytischen Betrachtungsweise der Natur auf. Die Idee und der Begriff des Naturgesetzes werden mit der Galilei'schen Naturbetrachtung erst geschaffen. Insofern ist der Inhalt des Lehrstücks eine der großen Sternstunden der Menschheit und steht als herausragendes Exempel für die in der Folge einsetzende rational-analytische Naturwissenschaft.

Das Lehrstück ist aber auch hinsichtlich vieler anderer Aspekte exemplarisch. Die Methodik des physikalischen Experiments wird im Lehrstück genetisch entwickelt und studiert. Dabei wird das Beobachten und das Wahrnehmen kritisch hinterfragt und geschult. Die Schülerinnen und Schüler lernen das Beobachten als Ausgangspunkt der Abstraktion kennen.

5.4.1.2 Dramaturgisch

Das Phänomen des Fallens ist nicht von vornherein ein Phänomen, das Faszination auslöst. Zu alltäglich erscheint es, dass Dinge fallen (vgl. auch Kapitel 5.3.2). Das Drama ergibt sich durch die Konfrontation zweier Weltbilder, durch die harsche Kritik Galileis an Aristoteles. Die Inszenierung dieser Begegnung ist daher ein für die Dramaturgie zentraler Akt im Lehrstück. Allerdings müssen wir diese Inszenierung nicht selber komponieren. Galilei hat das selber gemacht und es reicht, diese in den *Discorsi* nachzulesen. Das Gespräch zwischen *Sagredo*, *Salviati* und *Simplicio* bringt die Schülerinnen und Schüler unmittelbar in den philosophischen Diskurs über die Art der Fallbewegung. Das Lehrstück unterstützt diese vorgezeichnete Dramaturgie, indem die Argumentation Galileis auf Prämissen und Konklusion verdichtet und konzentriert wird. Gleichsam wird die Argumentationskette durch eine Reihe von Experimenten begleitet, die schließlich im Experiment mit dem Fallrohr gipfelt. Tatsächlich: Die Bleikugel und die Feder fallen gleich schnell!

In diesem dramaturgischen Höhepunkt verdichtet sich der Disput zwischen der modernen Galilei'schen Naturwissenschaft und der alten aristotelischen Naturphilosophie. Galilei behauptet, dass im Raum ohne widerstehendes Medium ein Körper völlig unabhängig seiner Eigenschaften falle. Wie würde Aristoteles hier reagieren? Was würde er ihm entgegnen? Was entgegnen wir Galilei?

Welche Relevanz hat denn für uns die Beobachtung des Verhaltens von Gegenständen in einer völlig fremden, künstlich erzeugten Umgebung, dem evakuierten Raum? Ist es zulässig aus Experimenten in dieser lebensfeindlichen Welt Rückschlüsse auf unsere natürliche Umgebung zu machen? Plötzlich ist Galilei in Frage gestellt. Diese dramaturgische Wende bzw. dieses Hin und Her ist gleichsam anstrengend wie herausfordernd aber auch motivierend. Wir erleben hier die kopernikanische Wende hautnah mit!

Im Lehrstück folgt eine ausführliche Phase der Verarbeitung dieses Paradigmenwechsels. Einen weiteren Höhepunkt erreichen wir bei der Erkenntnis, dass die Fallbewegung eines Wasserstrahls genau die selbe Fallbewegung ist, wie jene eines Steins. Nicht nur unabhängig der Eigenschaften von Körpern, sondern auch unabhängig anderer Bewegungen, welche die Dinge auch noch machen (Vorwärts-, Steig- und Drehbewegungen) fallen Körper alle gleich (Unabhängigkeitsprinzip)!

Das Finale des Lehrstücks führt uns zurück zum Anfang. Wie fallen nun Körper wirklich? War alles umsonst, da das Gelernte sowieso nur in unnatürlichen Umgebungen anwendbar ist, die wir in unserm Alltag nie antreffen? Dies wirft nochmals die zentrale Frage auf, was für ein Anliegen und für eine Bedeutung die Naturwissenschaften eigentlich haben.

5.4.1.3   Genetisch

Das Lehrstück ist ausgesprochen genetisch angelegt. An kaum einer Stelle wird den Schülerinnen und Schülern etwas instruierend gelehrt. Die Erkenntniswege werden alle selber begangen und erklettert; manchmal unter der Anleitung Galileis. Da aber der Ausgang des Lehrstücks nicht klar ist, ist auch nicht klar, ob Galilei denn wirklich Recht behalten wird. Die Schülerinnen und Schüler sind so gezwungen, selber mitzudenken und selber dafür zu sorgen, dass jeder Erkenntnisschritt auch wirklich in die richtige Richtung geht.

5.4.2   *Acht Lehrstückkomponenten im LS Fallgesetz nach Galilei*

5.4.2.1   Phänomen

Das Phänomen ist in diesem Lehrstück einerseits unmittelbarer, andererseits aber abstrakter als bei *Pascals Barometer* oder beim *Fallgesetz im Brunnenstrahl*; es

geht um das Fallen oder um den Fallprozess. Vorerst scheint klar, was damit gemeint ist. Ein Stein fällt, ein Ball fällt, alles fällt zu Boden. Wir können es beobachten und immer wieder wiederholen. Das Phänomen ist damit sehr präsent und
unmittelbar. Fällt alles? Nein. Ein mit Helium gefüllter Ballon fliegt nach oben,
eine Luftblase im Wasser steigt nach oben, Holz schwimmt auf dem Wasser!
Das Phänomen muss möglicherweise weiter *als das Fallen* von Körpern gefasst
werden. Viel eher geht es um *die natürliche Bewegung schwerer Körper*. Dies
allerdings fordert einige Erklärungen! Was heißt *natürliche Bewegung*, was bedeutet *schwere Körper*? Diese verallgemeinerte abstrakte Formulierung des Phänomens geht auf die Beschreibung Galileis zurück, der die Unterscheidung von
Aristoteles zwischen *natürlichen* und *erzwungenen* Bewegungen um den Begriff
der *schweren* Körper erweitert. Vorerst ist nicht klar, was damit gemeint ist und
das soll anfänglich auch so bleiben. Erst mit der Auseinandersetzung mit den verschiedenen Weltbildern wird die Abgrenzung des Phänomens deutlich. Möglicherweise liegt hier ein Schwachpunkt im Lehrstück. Das Lehrstück *Fallgesetz
im Brunnenstrahl* hat ein einprägsames, eindrückliches, an- und beschauliches
Phänomen, woran sich alle Denkvorgänge und Handlungen des Lehrstücks
orientieren und das sich gar als *Denkbild* eignet.

5.4.2.2   Sogfrage

Auch die Sogfrage braucht etwas Geburtshilfe. Das Phänomen ist ein derart all-
tägliches und das Leben prägendes Phänomen, dass seine verblüffende Wirkweise
nicht auf den ersten Anhieb ins Auge fällt. *Warum fallen Körper, bzw. woher
weiß ein Körper, wohin er fallen soll, woher hat der Körper Kenntnis von der
Richtung, in welcher die Erde liegt, auf der er zu liegen kommen will?* Oder wie
Wagenschein es formuliert: *Will oder muss der Körper fallen?* Ist die Sensibilität
für diese Fragestellung erreicht, entwickelt die Frage eine große Dynamik und
einen starkes Bedürfnis, mehr darüber zu erfahren und das Phänomen zu ergründen, denn die Fernwirkung von Kräften wie die der Gravitation, der Lorenz- oder
der Coulomb-Kraft erscheint uns immer als etwas Sonderbares. Menschen, die in
der Lage sind, auf Gegenstände auf Distanz und ohne materielle Verbindung Kräfte auszuüben, werden üblicherweise als Magier und Hexer verehrt oder geächtet!
    Wie gelingt es also der Erde, die Bewegung eines schweren Körpers zu be-
einflussen? Und wie bewegt sich der Körper durch die Beeinflussung der Erde?
    Diese Fragen haben ein starkes Potential, einen in ihren Bann zu ziehen.
Allerdings müssen dazu die Fragen inszeniert werden. Auf einem Stuhl stehend

und ein Gewichtsstück in den Händen haltend, kann dies gut gelingen: *Was geschieht wenn ich das Gewichtsstück loslasse? Woher weiß das Gewichtsstück,
wohin es fallen soll? Woher weiß es, wo die Erde sich befindet?*

5.4.2.3   Ich-Wir-Balance

Die Ich-Wir-Waage neigt in diesem Lehrstück etwas hin zum Ich. Zwar werden
ähnlich wie in vielen Lehrstücken Erkenntniswege in der Auseinandersetzung in
der Gruppe erkundet und es wird im Diskurs und in der gemeinsamen Auseinandersetzung mit den Experimenten um „Wahrheit" gerungen. Ganz wesentlich ist
hier aber auch die persönliche Auseinandersetzung mit dem Fallprozess und das
persönliche und private Erlebnis im Zusammenhang mit der Entdeckung der Faszination an der Fernwirkungskraft Gravitation. Auch das Erlebnis des Experimentes mit dem Fallrohr soll jede/r für sich selbst auskosten und staunend erfahren.
Dafür hat die Lehrperson zu sorgen. Sie muss das Experiment entsprechend inszenieren. Schädlich sind hier gruppendynamische Überheblichkeiten gegenüber
scheinbar Belanglosem und Selbstverständlichem, um in der Gruppe zu imponie-
ren: *„Ist ja klar!"*, *„Schon lange gewusst"*, *„Kenn ich alles schon"*, *„Hab ich ja
schon längst gesagt!"*

Wie schon beim Lehrstück *Pascals Barometer* und wie das der Kernaussage
dieser Arbeit entspricht, liegt ein Schwerpunkt auf dem Ich-Gesellschafts- bzw.
dem Ich-Kultur-Bezug. Durch meine private Erkenntnis zum Fallprozess und
zum Fallgesetz und seiner Kulturgenese habe ich Teil am kulturellen Erbe unserer abendländischen Gesellschaft.

5.4.2.4   Dynamische Handlung und Urszene

Diese Komponente ist im Lehrstück sehr ausgeprägt. Die Galilei'sche Urszene
ist nicht der Fallprozess vom schiefen Turm, der scheinbar ins Reich der Anekdoten gehört, sondern Galilei in seinem Arbeitszimmer, experimentierend an der
Fallrinne, im Hintergrund durch barocke Lautenklänge begleitet. Letzteres ist
wohl auch nicht authentisch, spielt aber auf die Bedeutung der Musik im Experiment Galileis an sowie auf das musikalische Umfeld in Galileis Familie. Die
Musik hat nicht nur in der Familiengeschichte Galileis eine zentrale Stellung,
auch in seinen Experimenten scheint Galilei mit Musik gearbeitet zu haben. Dies
natürlich nicht zur Unterhaltung: Ein Problem Galileis war die genaue Messung

der Zeit und der Zeitintervalle. Um größere Zeitintervalle zu messen, hatte Galilei eine Art Wasseruhr entwickelt, ein Gerät, aus welchem regelmäßig Wasser ausfloss. Über die ausgeflossene Wassermenge konnte er die Zeit recht genau bestimmen. Für kurze Zeitintervalle war aber diese Messmethode scheinbar zu ungenau. Das Musikgehör und vor allem das musikalische Taktempfinden des Menschen sind sehr präzise. Indem Galilei an der Fallrinne in regelmäßigen bzw. in ganz bestimmten Abständen Glöckchen oder andere akustische Quellen angebracht hatte, konnte er sehr gut hören, ob sich eine Kugel gleichförmig, gleichmäßig oder ungleichmäßig beschleunigt bewegte.[190] Offenbar soll er auch mit einem Kammerorchester gearbeitet haben, das in seinem Labor musizierte und ihm so erleichterte, einen regelmäßigen Takt zu haben.

Diese Laborsituation ist die wahre Urszene. Sie kann mit Musik, Experimentiergegenständen und Bildern inszeniert werden.

5.4.2.5 Kategorialer Aufschluss

Im Lehrstück werden die Begriffe *gleichförmig beschleunigte Bewegung, Gravitation* und *Fallgesetz* gebildet. Alle drei Begriffe sind komplex und werden im Lehrstück durch behutsames Beobachten, Beschreiben und Analysieren von Bewegungen gebildet. Die *gleichförmig beschleunigte Bewegung* umfasst einerseits den Begriff der *Beschleunigung* und andererseits den Begriff der *Gleichförmigkeit*. Bei der Fallbewegung ist die Erkenntnis, dass die Bewegung eine gleichförmig beschleunigte ist, in keiner Weise evident. Erst durch genaues Vermessen der Bewegung an der Fallrinne gelangt man zu dieser Einsicht, wobei sich immer die Frage nach der Genauigkeit der Messresultate stellt.

Der Begriff *Gravitation* (Gravitationskraft) ist sehr viel abstrakter. Die Kraft wirkt ohne Übertragungsmedium von Körper zu Körper. Ihre Wirkung zeigt sich uns nur bei riesigen Gebilden, wie Himmelskörpern (Planeten, Sternen, Trabanten). Zwischen allen anderen Körpern unseres täglichen Lebens ist sie verschwindend klein und für uns unbemerkbar.

Die Entdeckung, dass hinter der Fallbewegung eine mathematische Gesetzmäßigkeit steckt, ist exemplarisch für die Kategorie der *Mathematisierbarkeit der Natur*. Bei einer geschickten Lehrdramaturgie entdecken die Schülerinnen und Schüler, dass in der Bewegung des beschleunigten Körpers die Folge der ungeraden Zahlen steckt! Kennt die Natur Mathematik? Mit dieser verblüffenden Fest-

---

190 Drake, Stillman (1978): *Galileo at Work. His Scientific Biography.* New York: Dover Phoenix Edition, S. 88ff.

stellung gelangen wir zum Begriff des *Naturgesetzes* oder hier des *Fallgesetzes*. Die Natur verhält sich offenbar nach Gesetzmäßigkeiten, die sich mathematisch beschreiben lassen. Die Mathematik als Sprache der Natur? Nicht nur das: Die Mathematik auch als Quelle der Ästhetik! Dies kommt vor allem im Lehrstück *Fallgesetz im Brunnenstrahl* noch deutlicher zum Ausdruck.

5.4.2.6   Originäre Vorlage

Sowohl die Schriften des Aristoteles wie jene Einsteins sind für die Schülerinnen und Schüler in der Rohform kaum zu verarbeiten. Im Unterricht dürfen und sollen sie aber allemal aufliegen! Sehr direkt werden dafür die *Discorsi* verwendet. Die Inszenierung der Gegenüberstellung der Galilei'schen Überlegungen und der aristotelischen Theorie wird unbearbeitet den *Discorsi* entnommen. Galilei liefert hier eine didaktisch bestens aufbereitete Vorlage. Dies gilt auch für die Experimentierreihe mit den immer dünner werdenden Medien, in welchen ein Gegenstand fallengelassen wird. (Auch wenn hier nicht sicher ist, ob Galilei diese Experimente wirklich durchgeführt hat oder ob er diese nur beschreibt.) Auch die Darstellung der experimentellen Situation Galileis soll möglichst originär vorliegen wie die Fallrinne oder Bilder davon (z. B. Abbildungen zur Arbeitssituation Galileis, vgl. Abbildung 49).

Werkschaffende Tätigkeit

Die werkschaffende Tätigkeit kommt im Lehrstück deutlich zu kurz. Es gibt keine Möglichkeit werkschaffend tätig zu sein, jedenfalls nicht im herkömmlichen Sinn. In bestimmten Sequenzen sind die Schülerinnen und Schüler sehr wohl schaffend. Dies ist besonders gut auf der Abbildung 61 und der Abbildung 62 zu sehen. Allerdings arbeiten sie da handfest an der Auswertung der experimentell erhobenen Flugbahn des Wassers. Diese Tätigkeit ist nicht im Sinne der *Poiesis werk*schaffend, wo am Ende des Prozesses ein physisch greifbares *Werk* geschaffen ist. Die Schülerinnen und Schüler konstruieren und schaffen „nur" geistig.

5.4.2.7   Grundorientierendes Denkbild

Ein starkes Denkbild hat das Lehrstück *Fallgesetz im Brunnenstrahl*, wo Wagenschein das *Denkbild* als graphisches Bild festhält. Die Kinder (hier nur Knaben, was in einer späteren Darstellung der gleichen Situation korrigiert wurde) vermessen den Brunnenstrahl. Das Wasser, das beim ersten Betrachten des Strahls zwar einen schön regelmäßig anmutenden und ästhetisch ansprechenden Bogen macht, wird vorerst kaum mit Mathematik und mit Gesetzmäßigkeiten in Verbindung gebracht. Im Verlaufe des Lehrstücks wird das Bild aber zu einem Symbol für die *Mathematisierbarkeit der Natur*. Das hier gefundene Denkbild manifestiert, vergegenwärtigt und vergegenständlicht kulturelle Mitte und Verankerung, fachliche und naturphilosophische Tiefe sowie fachübergreifende Breite von exemplarischer Bedeutung. Das hier geschaffene Denkbild hat das Potential, sich als lebenslanges Symbol für das exemplarische Lernen am Phänomen festzusetzen.

Abbildung 69:   Originales Titelbild des Lehrstücks Fallgesetz im Brunnenstrahl nach Wagenschein

5.4.3   *Kategoriale Bildung*

Das Lehrstück wird in diesem Kapitel anhand der Bildungstheorie von Klafki (vgl. Kapitel 1.1.5) hinsichtlich seines Bildungsgehaltes reflektiert.

Fundamentale Erkenntnisse	*Grundfragen und Grundlagen von Mensch und Welt* Die Grundlage des Lehrstücks liegt in der Frage nach der Ursache und der Art von natürlichen (Fall-) Bewegungen. Wie und warum fällt ein Stein, eine Feder, ein Luftballon? Dabei entdecken die Schülerinnen und Schüler die Galilei'sche Art der Reduktion von Naturphänomenen auf *das Wesentliche* (*Galilean Purification*, vgl. Kapitel 1.2.1), um daran Erkenntnisse über die fundamentalen Gesetze der Natur zu erlangen. Gleichzeitig entdecken sie beispielhaft die Mathematisierbarkeit der Natur.			
Kategoriale Bildung	*Bildung ist gegenseitige Erschließung von Mensch und Welt* Gebildet wird der Begriff *Fallgesetz* und zwar exemplarisch für *Naturgesetze* überhaupt. Das heißt: Die Schülerinnen und Schüler müssen sich hier erstmals auf der metakognitiven Ebene für *Naturgesetze* erschließen lassen und das Konzept kritisch diskutieren. Das *Fallen* wird in seiner reinen Form als beschleunigte Bewegung erkannt. In der Zusammensetzung mit der *geradlinigen Vorwärtsbewegung* lernen die Schülerinnen und Schüler die Form der Wurfparabel kennen, die sich im Brunnenstrahl manifestiert.			
Den vier historischen Bildungstheorien zugeordnete Teilaspekte	*Objektive Bildung* Bilden der Begriffe *Fallgesetz*, *beschleunigte Bewegung* und *geradlinige Bewegung* sowie der *Wurfparabel*. Im zweiten Teil des Lehrstücks steht das *Unabhängigkeitspr inzip* im Zentrum.	*Klassische Bildung* Vom Dogma der aristotelischen Anschauung zur Galilei'schen Bereinigung. Das Fallgesetz ergibt sich aus der radikalen *Befreiung* realer Fallbewegungen von überflüssigem Ballast.	*Funktionale Bildung* Entdeckung der *neuen wissenschaftlichen Methodik* Galileis. Galileis *wissenschaftliche* Revolution argumentativ nachvollziehen, *re-generieren*. Eigene Ansichten aufgeben und Standpunkte wechseln	*Methodische Bildung* Beobachten, beschreiben Hypothese formulieren, diskutieren und anpassen Experimentieren Logisch argumentieren Induktive Schlussfolgerungen ziehen
	Materielle Bildung		Formale Bildung	

Tabelle 14:   Kategoriale Bildung im Lehrstück *Fallgesetz nach Galilei*

Fundamentale Erkenntnis

Mehrere Erkenntnisse in diesem Lehrstück sind für die naturwissenschaftliche Bildung fundamental. Erstens entdecken, erfahren und erkennen die Schülerinnen und Schüler die Mathematisierbarkeit natürlicher Prozesse. Auf dem Weg dazu werden sie von Galilei selber in die klassische naturwissenschaftliche Methodik eingeführt – und zwar lehrt Galilei diese Methodik genetisch, indem er die Leserinnen und Leser der *Discorsi* zuerst mit den Widersprüchen konfrontiert, die der aristotelischen

Argumentation innewohnen. Dabei lernen die Schülerinnen und Schüler auch die Macht der logisch induktiven Methodik der Galilei'schen Naturwissenschaft kennen.

Materiell ist eine der fundamentalen Erkenntnisse das Prinzip der unabhängigen Überlagerungen verschiedener Bewegungen (*Unabhängigkeitsprinzip*). Beim lotrechten, horizontalen und schließlich beim schiefen Wurf überlagern sich *künstliche*, vom Werfer initiierte Bewegungen mit der *natürlichen* Fallbewegung. Diese verschiedenen Bewegungen überlagern sich ohne gegenseitige *Störung* zu einem *Wurf*.

Kategoriale Bildung

Das Lehrstück führt in den Begriff des Fallgesetzes ein. Darin sind eigentlich zwei Kategorien enthalten. Erstens die Kategorie des Fallens: Was bedeutet „Fallen"? Wie kommt der Fallprozess zustande? „Fällt" ein Heliumballon auch, wenn er sich nach oben bewegt? Was gibt der Welt überhaupt ein Oben und ein Unten? Zweitens das Fallgesetz als Gesetz: Physikalische Prozesse lassen sich mathematisieren und als strenge Gesetze beschreiben.

Im Zusammenhang mit dem Fallprozess werden weiter die Kategorien Geschwindigkeit, Beschleunigung (beschleunigte Bewegung und gleichförmige Bewegung) und Luftwiderstand gebildet.

Schließlich wird in der Überlagerung der Fallbewegung mit einer gleichförmigen Vorwärtsbewegung die Kategorie der *Würfe (lotrechter, horizontaler und schiefer Wurf)* geschaffen.

Objektive Bildung *(materielle Wissensinhalte)*

Materiell erarbeitet das Lehrstück die Grundlage der kinematischen Mechanik, es werden also die Kategorien *Beschleunigung, Geschwindigkeit* und *Luftwiderstand* in Form mathematischer Gesetze aufeinander bezogen. Ein zentraler Wissensinhalt ist das Unabhängigkeitsprinzip, das die Unabhängigkeit der beiden überlagerten Bewegungen erklärt. Die Schülerinnen und Schüler lernen die Wurfbahn als mathematische Parabel kennen und finden in der Form der Parabel die Folge der ungeraden Zahlen. Damit erlangen sie auch einen Einblick in den Zusammenhang zwischen Form (Ästhetik) und Zahl.

Klassische Bildung *(Bildung als Vorgang, Sinngebung, Werte, Leit- und Weltbilder)*

Im Lehrstück wird viel Gewicht auf den Prozess von der Alltagsvorstellung des Fallprozesses zur Galilei'schen Betrachtungsweise (*Galilean Purification*) gelegt. Die Schülerinnen und Schüler lernen dabei *die* klassische wissenschaftliche Methodik schlechthin nicht nur kennen, sondern *sehen sie ein*. Diese Einsicht bildet die Brücke zwischen der alltäglichen anschauungsgestützten Wahrnehmung physikalischer Prozesse und den wissenschaftlichen Paradigmen, worin gerade im vorliegenden Beispiel eine besonders große Diskrepanz vorliegt. Die Diskrepanz birgt die Gefahr, dass die Schülerinnen und Schüler zwischen der physikalischen Beschreibung des Fallprozesses und der eigenen Wahrnehmung einen Bruch erleben. Sie reflektieren diesen Bruch jedoch metakognitiv, wodurch das Verhältnis von formaler wissenschaftlicher Beschreibung und alltäglicher Wahrnehmung geklärt wird, was eine zentrale Voraussetzung für das Verständnis der Naturwissenschaften ist!

Durch den Blickpunkt der modernen Beschreibung des Fallprozesses als gleichförmige Bewegung in der Raumzeit entwickelt sich die im „Normalunterricht" dominante klassische wissenschaftliche Methodik noch weiter und positioniert diese als bestmögliche innerhalb des abgesteckten wissenschaftlichen Rahmens. Die moderne Methodik verbannt nun nicht nur die menschlichen Sinne, sondern geht einen Schritt weiter und tut dies auch mit der menschlichen Vorstellung. Die moderne Methodik ist eine konsequente Fortsetzung der *Galilean Purification,* durch die experimentelle Befunde unabhängig von den Konsequenzen für die Anschaulichkeit streng zu einer neuen Theorie zusammengefügt werden (vgl. Spezielle und Allgemeine Relativitätstheorie, Quantentheorie). Die klassische Galilei'sche Methodik verliert damit ihre absolute und oft in autoritärer Weise aufgedrängte Bedeutung und erscheint als Zwischenschritt in der kulturellen Entwicklung der Wissenschaft.

Funktionale Bildung *(Beherrschen von Denk- und Handlungsweisen, geistigen und körperlichen Fähigkeiten und Fertigkeiten)*

Die Schülerinnen und Schüler lernen, zwischen verschiedene Denkweisen zu unterscheiden, und sind in der Lage, *intuitives Wissen* von *wissenschaftlichem Wissen* zu unterscheiden und differenziert einzusetzen. Sie lernen aber auch, *analytisch zu denken*, komplexe Prozesse zu zerlegen und die Einzelaspekte zu benennen und gesondert zu betrachten. Sie lernen, Experimente zu entwickeln, die sich eignen, um Hypothesen zu testen, und sie lernen, aus Messergebnissen Schlüsse zu ziehen. Dies alles sind Techniken der klassischen naturwissenschaftlichen Methodik.

Methodische Bildung *(Beherrschen von konkreten Methoden)*

Die oben zusammengefassten funktionalen Aspekte ergeben die klassische experimentelle naturwissenschaftliche Methodik, welche die Schülerinnen und Schüler beispielhaft kennenlernen. Vom Beobachten, Hypothesenformulieren über das

Entwerfen und Durchführen von Experimenten bis zum Festhalten, Auswerten und Interpretieren von Messwerten ist der ganze Prozess im Lehrstück enthalten. Dazu kommt die Methodik des Recherchierens in historischen Dokumenten. Wie hat es Galilei gemacht? Was waren seine Argumente und Überlegungen? Wie stehen wir mit unseren Erfahrungen dazu? Was können wir aus den Überlegungen Galileis verwenden, um unsere Probleme zu lösen?

Neben der experimentellen Methode lernen die Schülerinnen und Schüler die induktive Methodik kennen, d. h. sie lernen, aus experimentellen Befunden eine Theorie zu bilden.

Besonders am Gedankenexperiment Galileis, in dem er die Theorie des masseabhängigen Fallprozesses von Aristoteles in Frage stellt, lernen die Schülerinnen und Schüler die Methodik des Widerspruchsbeweises kennen (*reductio ad absurdum*).

5.4.4 Lehrplanpassung

Der Inhalt des Lehrstücks *Fallgesetz nach Galilei* ist im gymnasialen Lehrplan des Kantons Bern im 10. Schuljahr vorgesehen. Es handelt sich um Inhalte der *Kinematik (Bewegungslehre)* und im Zusammenhang mit der Einführung der Eigenschaften der Masse (*Trägheit* und *Schwere*) um Inhalte der *Dynamik*. Beides wird in der Regel zu Beginn der *Mechanik* unterrichtet. Im Rahmen der Kinematik kommen die Schülerinnen und Schüler im Normalunterricht erstmals deutlich mit mathematischen Modellen in Kontakt. Da sie im Mathematikunterricht, lernen mit quadratischen Gleichungen umzugehen, bietet sich die Kinematik an, die abstrakten mathematischen Beziehungen mit „Inhalt" zu füllen. Oft erleben die Schülerinnen und Schüler die Kinematik leider als sehr unzugänglich, besonders dann, wenn das Schwergewicht auf die Anwendung und Behandlung mathematischer Gleichungen und nicht auf den physikalischen Gehalt der Kinematik gelegt wird.

Das Lehrstück deckt den Inhalt des Lehrplans bis auf wenige Ausnahmen sehr gut ab. Die Begriffe *Geschwindigkeit, Beschleunigung, geradlinig gleichförmige* Bewegung und *beschleunigte Bewegung* werden aus dem Zusammenhang heraus gebildet (nicht mit *Definitionen* eingeführt). Im Zentrum steht dabei der *freie Fall*. Im zweiten Teil werden die Bewegungstypen dann zu den *Würfen* zusammengesetzt, wobei der *horizontale Wurf* auch quantitativ behandelt wird. Besonderes Gewicht wird auf das Verständnis des *Unabhängigkeitsprinzips* gelegt. Vergleicht man die Inhalte des Lehrstücks mit dem systematischen Aufbau

der Kinematik, dann stellt man fest, dass folgende Themen im Lehrstück keine
explizite Aufmerksamkeit erfahren bzw. fehlen und im Nachgang ergänzt oder
vertieft werden müssen:

- Momentangeschwindigkeit
- Addition von Geschwindigkeiten
- Vektorielle Überlagerung von Geschwindigkeiten
- Geschwindigkeit-Zeit-Diagramme
- Lotrechter Wurf quantitativ
- Schiefer Wurf quantitativ
- Kreisbewegung

Im 10. Schuljahr nicht vorgesehen ist eine vertiefte Diskussion über die Vorstellung des freien Falls aus Sicht der modernen Physik (*der Relativitätstheorie*).
Hier werden im Lehrstück neue Wege erprobt, indem versucht wird, die *ganze*
historische Entwicklung des Fallbegriffs im Überblick darzustellen. Dies wird
selbstverständlich ausschließlich qualitativ gemacht und ohne Anspruch auf Vollständigkeit oder auf ein genetisches Lehren.

5.4.5   Die Bildungsstandards im Lehrstück

Im Lehrstück *Fallgesetz nach Galilei* liegt ein Schwergewicht auf der Mathematisierbarkeit physikalischer Prozesse. Darin unterscheidet sich das Lehrstück
wesentlich vom Lehrstück *Pascals Barometer*, in welchem die qualitative physikalische Erkenntnis deutlich im Vordergrund steht. Sorgfältig wird aber darauf
geachtet, dass die Mathematisierung die qualitativen Erkenntnisse nicht substi-
tuiert, sondern dass ein Bezug, eine Brücke zwischen den Beobachtungen, den
qualitativen Beschreibungen und der Formalisierung gebaut wird (*E9, E10*). Genau dies zeichnet das Lehrstück aus. So erfüllt das Lehrstück im Bereich der *Erkenntnisgewinnung* die Bildungsstandard sehr gut. Im Bereich *Fachwissen* geht
das Lehrstück exemplarisch vor. Die Massenunabhängigkeit des Fallens, der Fallprozess als beschleunigte Bewegung und das Unabhängigkeitsprinzip sind zentrale fachliche Konzepte und Zusammenhänge, die den Schülerinnen und Schülern ein fundiertes Basiswissen in der Kinematik geben. Schwächer ist das
Lehrstück im Bereich der Ergebnissicherung, dem Wissenstransfer und der Anwendung des Wissens in Aufgaben (Bereich *Bewertung, B1, B2, B3*). Es wird
davon ausgegangen, dass diese Teile außerhalb des Lehrstücks durch Übungsstunden, Anwendungen und/oder individuellen Vertiefungen ergänzt werden.

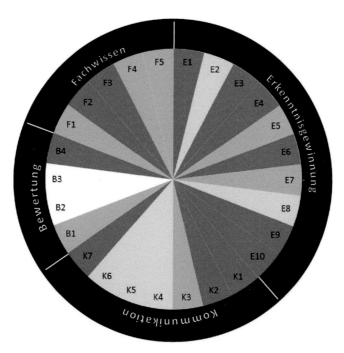

Abbildung 70: Kuchendiagramm als Übersicht über die Erfüllung der Bildungsstandards der deutschen Kultusministerkonferenz. Der Schlüssel
zu den entsprechenden Abkürzungen liefert die Tabelle 15.

Im Lehrstück *Fallgesetz nach Galilei* liegt ein Schwergewicht auf der Mathematisierbarkeit physikalischer Prozesse. Darin unterscheidet sich das Lehrstück
wesentlich vom Lehrstück *Pascals Barometer*, in welchem die qualitative physikalische Erkenntnis deutlich im Vordergrund steht. Sorgfältig wird aber darauf
geachtet, dass die Mathematisierung die qualitativen Erkenntnisse nicht substi-
tuiert, sondern dass ein Bezug, eine Brücke zwischen den Beobachtungen, den
qualitativen Beschreibungen und der Formalisierung gebaut wird (*E9, E10*). Genau dies zeichnet das Lehrstück aus. So erfüllt das Lehrstück im Bereich der
Erkenntnisgewinnung die Bildungsstandard sehr gut. Im Bereich *Fachwissen* geht
das Lehrstück exemplarisch vor. Die Massenunabhängigkeit des Fallens, der
Fallprozess als beschleunigte Bewegung und das Unabhängigkeitsprinzip sind
zentrale fachliche Konzepte und Zusammenhänge, die den Schülerinnen und
Schülern ein fundiertes Basiswissen in der Kinematik geben. Schwächer ist das

Fallgesetz nach Galilei		Im Lehrstück erfüllt		
		ansatz-weise	einge-hend	gründ-lich
	Die Schülerinnen und Schüler…			
F	*Fachwissen*			
F1	verfügen über ein strukturiertes Basiswissen auf der Grundlage der Basiskonzepte		x	
F2	geben ihre Kenntnisse über physikalische Grundprinzipien, Größenordnungen, Messvorschriften, Naturkonstanten sowie einfache physikalische Gesetze wieder			x
F3	nutzen diese Kenntnisse zur Lösung von Aufgaben und Problemen			x
F4	wenden diese Kenntnisse in verschiedenen Kontexten an		x	
F5	ziehen Analogien zum Lösen von Aufgaben und Problemen heran		x	
E	*Erkenntnisgewinnung*			
E1	beschreiben Phänomene und führen sie auf bekannte physikalische Zusammenhänge zurück			x
E2	wählen Daten und Informationen aus verschiedenen Quellen zur Bearbeitung von Aufgaben und Problemen aus, prüfen sie auf Relevanz und ordnen sie	x		
E3	verwenden Analogien und Modellvorstellungen zur Wissensgenerierung			x
E4	wenden einfache Formen der Mathematisierung an			x
E5	nehmen einfache Idealisierungen vor		x	
E6	stellen an einfachen Beispielen Hypothesen auf			x
E7	führen einfache Experimente nach Anleitung durch und werten sie aus		x	
E8	planen einfache Experimente, führen sie durch und dokumentieren die Ergebnisse	x		
E9	werten gewonnene Daten aus, ggf. auch durch einfache Mathematisierungen			x

E10	beurteilen die Gültigkeit empirischer Ergebnisse und deren Verallgemeinerung			x
K	*Kommunikation*			
K1	tauschen sich über physikalische Erkenntnisse und deren Anwendungen unter angemessener Verwendung der Fachsprache und fachtypischer Darstellungen aus			x
K2	unterscheiden zwischen alltagssprachlicher und fachsprachlicher Beschreibung von Phänomenen			x
K3	recherchieren in unterschiedlichen Quellen		x	
K4	beschreiben den Aufbau einfacher technischer Geräte und deren Wirkungsweise	x		
K5	dokumentieren die Ergebnisse ihrer Arbeit	x		
K6	präsentieren die Ergebnisse ihrer Arbeit adressatengerecht	x		
K7	diskutieren Arbeitsergebnisse und Sachverhalte unter physikalischen Gesichtspunkten			x
B	*Bewertung*			
B1	zeigen an einfachen Beispielen die Chancen und Grenzen physikalischer Sichtweisen bei inner- und außerfachlichen Kontexten auf		x	
B2	vergleichen und bewerten alternative technische Lösungen auch unter Berücksichtigung physikalischer, ökonomischer, sozialer und ökologischer Aspekte			
B3	nutzen physikalisches Wissen zum Bewerten von Risiken und Sicherheitsmaßnahmen bei Experimenten, im Alltag und bei modernen Technologien			
B4	benennen Auswirkungen physikalischer Erkenntnisse in historischen und gesellschaftlichen Zusammenhängen.			x

Tabelle 15:   Bildungsstandards Physik der KMK, 2005, angewandt auf das Lehrstück Fallgesetz nach Galilei

Lehrstück im Bereich der Ergebnissicherung, dem Wissenstransfer und der Anwendung des Wissens in Aufgaben (Bereich *Bewertung, B1, B2, B3*). Es wird davon ausgegangen, dass diese Teile außerhalb des Lehrstücks durch Übungsstunden, Anwendungen und/oder individuellen Vertiefungen ergänzt werden.

6 Die Spiegeloptik

„Der Erkenntnis Fackel entzündet sich stets
an dem Licht der errungenen Wahrheit."
Lukrez (etwa 97 v. Chr. - 55 v. Chr.)

Abbildung 71:   Welchen Weg nimmt das Licht?

6.1   Kulturgenese der Optik

Die Frage nach der Natur des Lichtes vertieft zu beantworten und gleichzeitig die kulturgenetische Entwicklung zur heutigen Vorstellung davon aufzuzeigen, würde den Rahmen dieses Kapitels sprengen. Es soll hier nur oberflächlich auf die Eigenschaften von Licht eingegangen werden. Der Fokus soll auf der Frage nach der Ausbreitung des Lichtes liegen. Brecht lässt in seinem Werk *Leben des Galilei* seinen Helden klagen, dass er bereit wäre sich in ein tiefes Kellerloch zu sperren, wenn er dadurch erfahren könnte, was Licht ist.

„[...]
Galilei: Ich denke manchmal: ich ließe mich zehn Klafter unter der Erde in einen Kerker einsperren, zu dem kein Licht mehr dringt, wenn ich dafür erführe, was das ist: Licht.
[...]"[191]

Anders als bei der Kulturgeschichte der Bewegungslehre oder jener des Luftdrucks
lag der Entwicklung der Vorstellung über das Licht und deren Ausbreitung keine
alles dominierende autoritäre aristotelische Lehre „im Wege". Die Entwicklung
verlief daher ungezwungener, freier und weniger dogmatisch. Allerdings wurde
der Optik, eben gerade deshalb auch weniger „*weltanschauliche Relevanz*"[192] beigemessen; sie galt beispielsweise neben der Mechanik eher als Randgebiet.

6.1.1   Die Bilderlehre des Lukrez

Bei sehr vielen Philosophen sind Theorien über das Licht zu finden. Wobei man
sagen muss, dass die meisten sich eher mit dem *Sehen* als mit dem *Licht* befassen.
Epikur, Empedokles, Hyparch u. a. waren der Ansicht, dass das Sehen ähnlich
auch dem Tasten ein aktiver, vom Auge ausgehender Prozess sei, wobei das Auge
sich *tastend* durch die Welt bewege. Die altertümliche Vorstellung des Sehens
hängt stark mit den erkenntnisphilosophischen Theorien der großen griechischen
Denker Platon und Aristoteles zusammen. Dass Wahrnehmen sich als Begegnung
von Subjekt und Objekt verstehen lässt, gilt ihnen auch für das Sehen, das *opti-
sche* Wahrnehmen. Nach Platon

„gelangt beim Sehprozess die Sehkraft des Auges erst durch die Einwirkung einer Farbe zur
Wirklichkeit. Umgekehrt existiert ein Objekt nur dadurch, dass es durch seine Farbe wahrnehmbar wird".[193]

Damit widersprach Platon der Theorie der reinen Sehstrahlen, die die Welt er-
tasten, und bevorzugte die Vorstellung einer *Wechselwirkung* zwischen den vom
Subjekt ausgesandten Sehstrahlen und dem vom Objekt ausgesandten *Licht* (Syn-
augie[194]). Die Auseinandersetzung der griechischen Philosophen drehte sich
stark um die Fragen:

---

191 Brecht, Bertolt (1967): *Leben des Galilei in: Gesammelte Werke 3.* Frankfurt a.M.: Suhrkamp
     Verlag, S. 1298.
192 Simonyi, Karoly (2001): *Kulturgeschichte der Physik.* Frankfurt a. M.: Verlag Harri Deutsch, S. 276.
193 Im Internet [12].
194 Wilde, Emil (1838): *Geschichte der Optik: vom Ursprunge dieser Wissenschaft bis auf die ge-
     genwärtige Zeit, Band 1.* Universität Lausanne.

- Ist das Sehen ein aktiver Prozess, d. h. gibt das Auge etwas ab (Euklid, Hyparch, Ptolemäus), das mit dem vom gesehenen Objekt Abgestrahlte wechselwirkt?
- Strahlt das gesehene Objekt aktiv etwas ab oder gibt es zumindest dem zurückgeworfenen Licht Informationen über sich mit (Platon)?
- Ist Licht eine von Objekten abgestrahlte Substanz (Atome) (Lukrez) oder ist Licht eher eine Art Zustand, der durch die Objekte erzeugt wird (Aristoteles)?

Sehr deutlich kommen diese Überlegungen in der *Bilderlehre des Lukrez*[195] zum Ausdruck:

Erstens entsenden die Dinge gar oft, wie der Augenschein lehrt,
Körper, die teils zerfließen und so sich im Raume verbreiten,
Wie sich der Rauch aus dem Holze, die Glut aus dem Feuer entwickelt,
Teils auch mehr sich verdichten und fester verweben, wie manchmal
Ihrem Puppengewand die Zikaden im Sommer entschlüpfen
Und wie das Kalb beim Akt der Geburt sich löst von der Hornhaut
Oder auch so wie sich ähnlich die schlüpfrige Schlange am Dornstrauch
Ihrer Hülle entledigt. So sehen wir öfter an Hecken
Prangen von Schlangenleibern die flatternden Siegestrophäen.
Steht nun dies so fest, so kann auch ein dünneres Abbild
Aus den Dingen entsteigen der Oberfläche der Körper.
Denn was wäre der Grund, dass solcherlei Hüllen sich eher
Sondern als dünnere Häutchen? Dafür fehlt jede Erklärung,
Namentlich finden sich doch auf der äußeren Fläche der Körper
Viele Atome, die just in der früheren Ordnung verbleiben
Und sich die Form und Gestalt, sobald sie sich sondern, bewahren.
Und das geschieht umso schneller, je weniger Hinderung eintritt,
Wo nur wenige sind in der vordersten Linie gelagert.
Denn wir sehen ja deutlich, wie viel da sprudelt und aufschießt
Nicht nur vom Innersten her aus der Tiefe, wie früher gesagt ward,
Sondern vom Äußeren auch, wie sogar die Farbe sich ablöst.
Überall kommt dies vor bei den gelblichen, roten und blauen
Segeln, die über die weiten Theatergebäude verbreiten
Mittelst der Masten und Sparren die flimmernden Wogen der Farbe.
Denn sie durchfluten die Sitze dort unten, das Ganze der Bühne,
Wie auch den stattlichen Kreis der Herren und Damen im Festschmuck:
All dies zwingen sie so in gefärbtem Licht zu erstrahlen.
Und je enger die Mauern den Raum des Theaters umzirkeln,
Umso wärmerer Reiz durchströmet das Innere; alles
Glänzt im selbigen Ton, da die Tageshelle gedämpft ist.
Wie von der Oberfläche die linnenen Segel die Farbe
Senden, so muss es auch sonst dünnhäutige Bilder von allem

---

195 Diels, Hermann (1924): *Lukrez – Über die Natur der Dinge.* deutsche Übersetzung von *de rerum natura* (55. v. Chr.),. Im Internet: [7].

Geben, da hier wie dort die oberste Schicht sich verflüchtigt.
Damit haben wir jetzt ganz sichere Spuren der Formen,
Die aus dem feinsten Gespinste bestehend wohl allerwärts fliegen,
Die wir jedoch nicht einzeln, sobald sie sich lösen, erblicken.
Jeder Geruch, Rauch, Glut und andere ähnliche Dinge
Quellen zudem nur vereinzelt hervor aus der Mitte der Stoffe,
Weil sie im Innern erzeugt beim Weg aus der Tiefe sich spalten
Wegen der Krümmung der Bahn und weil auch die Öffnung nicht grade,
Wo sie nach ihrer Entstehung den Ausgang suchen, hinausführt.
Wird hingegen ein Häutchen der oberflächlichen Farbe
Abgeschleudert, so kann, so dünn es ist, nichts es zerreißen;
Denn dies steht schon bereit und lagert in vorderster Reihe.“

Auch wenn Aristoteles mit seinen Betrachtungen zum Wesen des Sehens, des
Lichts und der Farben nicht die gleiche Autorität hatte wie mit anderen Theorien,
so war er doch auch in diesem Gebiet seiner Zeit weit voraus. Aristoteles betrachtete Licht weder als *Ding* noch als *Abstrahlung* von Gegenständen, sondern
eher als Zustand, der sich aus dem Zusammenspiel von transparenten Medien
und dem Element Feuer ergibt:

Abbildung 72:   Die Darstellung zeigt, wie Archimedes von Syrakus römische
                 Schiffe mit Hilfe von Parabolspiegeln in Brand gesetzt haben soll.
                 Kupferstich auf dem Titelblatt der lateinischen Ausgabe des The-
                 saurus opticus. Quelle: Bayerische Staatsbibliothek München.

„Das Licht ist der <actus> des Durchsichtigen, insofern es durchsichtig ist; worin es aber nur <potentia> ist, da kann auch Finsternis sein. Es ist weder Körper, wie das Empedokles behauptet hat, noch der Ausfluss eines Körpers, sondern es ist die Anwesenheit des Feuers, oder eines Anderen der Art in dem Durchsichtigen."[196]

6.1.2 *Galilei und die Lichtgeschwindigkeit*

In der Frage, ob Licht eine endliche Geschwindigkeit habe oder nicht, manifestieren sich die Haltungen über die Natur des Lichtes ebenfalls. Ist Licht etwas, das *sich ausbreitet*, also einen Weg zurückzulegen hat und dazu Zeit braucht (z. B. Empedokles)? Oder ist Licht eher ein Zustand (hell/dunkel), der eng mit der Existenz von Objekten, zu welchen ihre *Abstrahlung* gehört, zu tun hat (z. B. Aristoteles), womit Licht entweder *ist* oder *nicht ist* und sich nicht „ausbreitet" bzw. eine unendliche Ausbreitungsgeschwindigkeit hat? In der folgenden Tabelle ist eine Übersicht über die Ansicht zur Lichtgeschwindigkeit der diesbezüglich wichtigsten Naturforscher der Physikgeschichte gegeben.[197]

Erst mit der Methode von Olav Rømer, der im 17. Jahrhundert die Jupiter-Mond-Revolutionen vermessen und festgestellt hat, dass das Auftauchen der Monde hinter dem Jupiter sich verzögert, wenn die Erde sich auf ihrer Umlaufbahn auf der dem Jupiter gegenüberliegenden Seite befindet, ist es gelungen, die unfassbar große Geschwindigkeit des Lichts festzustellen. Damit wurde eine entscheidende Frage über die Natur des Lichts und des Sehens geklärt.

Über die Bewegung des Lichts hat sich auch Galilei Gedanken gemacht. Wie auch bei der Mechanik hat ihn beim Licht eher das *Wie* als das *Warum* interessiert. In den *Discorsi* beschreibt Galilei ein Experiment zur Bestimmung der Lichtgeschwindigkeit,[198] von der man bis zu dieser Zeit immer noch nicht sicher war, ob diese überhaupt einen endlichen Wert besitze oder ob die Lichtausbreitung instantan erfolge, d. h. dass Licht einfach sei und sich nicht zeitlich ausbreite. Galilei schien dies allerdings sehr unwahrscheinlich und er schlug ein Experiment vor, um die Geschwindigkeit der Lichtausbreitung zu messen. Dazu brauchte er drei Experimentatoren, wovon zwei sich auf einem Hügel und ein dritter auf einem Hügel in vielleicht zwei Kilometer Entfernung aufstellten. Auf beiden Hügeln gab es eine Laterne, deren Licht man wahlweise abdecken konnte.

196 Wilde, Emil (1838): *Geschichte der Optik: vom Ursprunge dieser Wissenschaft bis auf die gegenwärtige Zeit, Band 1*. Universität Lausanne, S.7.
197 Im Internet: [13].
198 Galilei, Galileo (2004): *Discorsi, Unterredungen und mathematische Diskussionen*. Dt. Übersetzung in der Reihe Ostwalds Klassiker der exakten Wissenschaften, Frankfurt a. M.: Verlag Harri Deutsch, S. 39/40.

Jahr	Naturforscher	Lichtgeschwindigkeit
ca. 450 v. Chr.	Empedokles	*endlich*
ca. 350 v. Chr.	Aristoteles	*unendlich*
ca. 100	Heron von Alexandria	*unendlich*
ca. 1000	Alhazen	*endlich*
ca. 1350	Sayana	*endlich*
ca. 1600	Keppler	*unendlich*
ca. 1620	Descartes	*unendlich/endlich*[199]
ca. 1620	Galilei	*endlich* mindestens mehrere km/s
1676-78	Rømer	*endlich* 213'000 km/s
1728	Bradley	*endlich* 301'000 km/s
1849	Fizeau	*endlich* 315'000 km/s
1851	Foucault	*endlich* 298'000 ± 500 km/s
1926	Michelson	*endlich* 299'796 ± 4 km/s
heute	Definition der CGPM	*Definition des Meters über die Lichtgeschwindigkeit, daher exakt:* 299'792.458 km/s

Tabelle 16:   Entwicklung der Vorstellung über die Geschwindigkeit des Lichts

Der erste Experimentator hatte nun die Aufgabe, die Abdeckung der Laterne auf Kommando des zweiten unmittelbar bei ihm stehenden Experimentators zu entfernen. Sobald der dritte Experimentator in zwei Kilometer Entfernung das Licht der ersten Laterne erblickte, sollte dieser das Lichtsignal mit seiner Laterne erwidern. Dabei sollten die ersten beiden Experimentatoren feststellen, welche Zeit verstreicht zwischen dem Moment des Aussendens des Lichtsignals und der Feststellung der Erwiderung des Signals aus der Entfernung. Natürlich war Galilei

---

199 Descartes Haltung zur Geschwindigkeit des Lichtes ist widersprüchlich. Aus philosophischen Überlegungen spricht er dem Licht eine unendliche Geschwindigkeit zu. Andererseits war Descartes der erste, der die Brechung in Zusammenhang mit verschiedenen Ausbreitungsgeschwindigkeiten des Lichtes in den verschiedenen Medien gebracht hatte.

klar, dass die Reaktionszeit der Experimentatoren gegenüber der Zeit, die das
Licht für die zurückzulegende Wegstrecke braucht, nicht zu vernachlässigen ist.
Er wollte aber feststellen, ab welcher Distanz sich neben der Zeitverzögerung
durch die Reaktionszeit der Beteiligten eine zusätzliche Verzögerung bemerkbar
machen würde, um diese wenn möglich auch noch zu messen. Aber je weiter er
die Experimentatoren auch auseinander aufstellte, immer maß er als Verzögerung
die mittlere Reaktionszeit seiner Helfer. Es gelang ihm so also nicht, die Lichtgeschwindigkeit zu bestimmen, allerdings konnte er damit eine Minimalgeschwin-
digkeit für das Licht angeben! Waren die Experimentatoren beispielsweise in fünf
Kilometer Entfernung aufgestellt und betrug die Messgenauigkeit aufgrund der
Reaktionszeit der Experimentatoren im Mittel eine Zehntelsekunde, dann musste
die Lichtgeschwindigkeit mindestens 10 km in 1/10 s, also mindestens 100 km/s
betragen, eine damals unvorstellbar große Geschwindigkeit, grösser als jede andere bekannte Geschwindigkeit.

6.1.3   Licht im 17. Jahrhundert[200]

Das Wissen über das Licht hat sich von den Griechen bis ins 17. Jahrhundert nur
unwesentlich weiterentwickelt. Ptolemäus hatte bereits viel zur Lichtausbreitung
geschrieben. Alhazen (ein arabischer Physiker, ca. 965 – 1040) und später Francis
Bacon (1561 – 1626) haben die Lichtbrechung qualitativ bereits klar beschrieben.
Aber erst mit der Entdeckung des Fernrohrs und der medizinischen Fortschritte,
die es ermöglichten, die Physiologie des Auges zu untersuchen, gelangen weitere
bedeutende Fortschritte im Bereich der Optik. Dabei war Kepler führend. Er hat
die Totalreflexion entdeckt und bei der Brechung festgestellt, dass Einfalls- und
Ausfallswinkel nicht proportional zueinander sind, bis zu einem Winkel von 30°
die Proportionalität allerdings als gute Näherung gilt. Auch der Begriff des
Brennpunkts stammt von ihm.
    René Descartes (1596 – 1650) hat als erster die Brechung in den Zusammen-
hang mit der Veränderung der Lichtgeschwindigkeit gebracht. Fällt ein Lichtstrahl aus der Luft unter einem Einfallswinkel gegenüber dem Lot von grösser
als 0° ein, so wird der Lichtstrahl zum Lot hin gebrochen.

---

200 Als Quelle dient hier durchwegs Simonyi (2001).

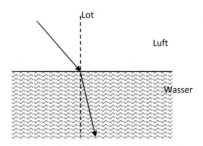

Abbildung 73:   Qualitative Beschreibung der Lichtbrechung

Bei der Herleitung seiner Theorie ging Descartes davon aus, dass sich die horizontale Ausbreitungsgeschwindigkeit des Lichts nicht ändern würde und die Richtungsänderung nur daher zustande kommt, weil die Senkrechtkomponente sich
ändert. Das führt aber nur zum beobachteten Resultat, wenn die Ausbreitungsgeschwindigkeit des Lichts im (hier) Wasser grösser ist als in Luft.

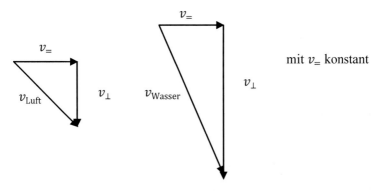

Abbildung 74:   Descartes Theorie zur Brechung des Lichtes

Selbst Newton war dieser Auffassung, begründete diese allerdings mit seiner
Korpuskeltheorie des Lichtes.
   Descartes' Theorie zur Natur des Lichts ist komplex. Für Descartes ist Licht
„das Ergebnis eines Drucks, der aus einer Drehbewegung eines stofflichen Mediums resultiert."[201]

201 Simonyi, Karoly (2001): *Kulturgeschichte der Physik*. Frankfurt a. M.: Verlag Harri Deutsch, S. 276.

Der geradlinigen Lichtausbreitung in homogenem Medium, dem Reflexionsgesetz und der Lichtbrechung liegt eine fundamentale Gesetzmäßigkeit zugrunde,
die später als allgemeines Naturgesetz formuliert wurde: das *Prinzip der kleinsten
Wirkung* oder auch *Extremalprinzip* genannt. In der Optik wurde es im 17. Jahrhundert durch Pierre Fermat (1601 – 1665) entdeckt und von Maupertuis (1698 –
1759) später auf die gesamte Mechanik angewendet. Das Extremalprinzip in Bezug auf die Lichtausbreitung besagt, dass das Licht sich zwischen zwei Punkten
immer so ausbreitet, dass die Zeit, die es dazu braucht, minimal ist. Von Weizsäcker[202] bringt diese Ansicht in den Zusammenhang mit dem zur selben Zeit
von Leibniz (1646–1716) formulierten Gedanken der *Theodizee*, worin dieser die
wirkliche Welt als die beste der möglichen Welten bezeichnet. Das Licht wählt
aus allen *möglichen Lichtwegen* immer den *optimalen* (hier schnellsten). Dass es
sich hierbei nicht nur um eine Analogie handelt zeigt, dass Leibniz das Extremalprinzip der Physik als

„entscheidende Konsequenz des optimalen Charakters der wirklichen Welt auffasst. In der besten
möglichen Welt müssen Extremalprinzipien gelten, und dass solche Prinzipien wirklich gelten
bestätigt, dass sie die beste ist."[203]

6.1.4 Huygens und Newton

Huygens und Newton waren Zeitgenossen und in ihrer Zeit die wohl bedeutends-
ten Physiker. „Kein anderer Naturphilosoph erreichte ihr Niveau auch nur annähernd".[204] Als solche waren sie auch in der Gesellschaft anerkannt und wurden
als Autoritäten gewürdigt. In beider Lebenswerk findet sich unter anderem ein
umfassendes Werk zur Optik.[205] Für Newton war Huygens einer jener wenigen
Zeitgenossen, welche er auf gleicher Augenhöhe sah, und er lieferte sich mit ihm
einen heftigen wissenschaftlichen Disput über die Natur des Lichts. Newton war
ein überzeugter Vertreter der Korpuskeltheorie, wonach Licht aus einem Strom
feiner, kleiner Teilchen besteht. Huygens seinerseits war der Überzeugung, dass
Licht ähnlich einer Schallwelle eine Störung in einem Medium sei und sich daher
wellenartig ausbreitete.

202 von Weizsäcker, Carl Friedrich (1990): *Zum Weltbild der Physik*. Stuttgart: S. Hirzel-Verlag, 13.
Auflage, S. 161.
203 Ebenda, S. 163.
204 Westfall, Richard (1996): *Isaac Newton*. Heidelberg, Berlin, Oxford: Spektrum Akademischer
Verlag, S. 90.
205 Newton, Isaac (1704): *Opticks or a treatise of the reflections, refractions, inflections and colours of
light*. Und Huygens, Christiaan (1690): *Treité de la Lumière*.

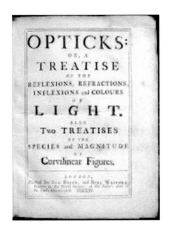

Abbil-   Erstausgabe von Newtons
dung 75: "Opticks or a treatise of
          the reflections, refractions,
          inflections and colours of
          light", 1704.

Abbil-   Erstausgabe von Huygens
dung 76: „Traité de la Lumière"
          1690.

Allerdings vertrat auch Huygens eine Art Teilchentheorie, worin das Trägermedium der Welle, ein feinstofflicher Äther, aus eng aneinanderliegenden Teilchen
besteht, durch welche sich die *Licht-Störung* in Form einer longitudinalen Welle
fortpflanzt – gleich wie beim Schall die Luftteilchen für die Ausbreitung der
Schallwelle zuständig sind. Damit griff Huygens auf die kartesianische Auffassung zurück, wonach jeder Wechselwirkung eine mechanische Berührung zugrunde liege. Diese mechanische Fortpflanzung des Lichtimpulses beinhaltet eine
endliche Lichtgeschwindigkeit. Allerdings betrachtete Huygens die Lichtausbreitung nicht als periodische oder gar harmonische Störung des „Äthers", sondern
als beliebige Pulse. Die Autorität Newtons bewirkte, dass sich die Wellentheorie
Huygens nicht recht durchzusetzen vermochte. Es dauerte über hundert Jahre
und bedurfte weiterer wegweisender Entdeckungen rund um das Licht, bis die
Wellentheorie Huygens Überhand gewann.

Im folgenden 18. Jahrhundert (paradoxerweise häufig als das *siècle des lumi-
ères* bezeichnet, was sich allerdings auf den aufklärerischen Geist des Denkens
bezog) verfiel die Theorie über das Licht in einen Schlummerzustand und erlebte
gar einen Rückschritt, indem Newtons Korpuskeltheorie in dilettantischer Vereinfachung als Erklärung für die Natur des Lichts akzeptiert wurde. Erst mit
Thomas Young kehrte zu Beginn des 19. Jahrhunderts neues Leben in die

Theorie des Lichtes. Dieser griff Huygens Wellenmodell des Lichtes neu auf und verfeinerte dieses dahingehend, dass er das Licht als periodische Wellenzüge beschreibt, womit er der Erklärung von Interferenzerscheinungen den Weg ebnete. Die mit der Newton'schen Korpuskeltheorie sehr kompliziert erklärten Phänomene, z. B. die Newton'schen Ringe, waren plötzlich sehr einfach zu beschreiben. Der Schritt zur Bestimmung der Wellenlänge dieser Lichtwellen war nur noch ein kleiner und es war der Franzose Ernest Fresnel, dem mit einem Interferometer die Bestimmung der Wellenlänge des Lichtes gelang. Fresnel schrieb 1822: *„La lumière n'est qu'un certain mode de vibration d'un fluide universel."*[206]

6.1.5   Goethes Farbenlehre

Hier taucht erstmals die ernüchternde wissenschaftliche Formulierung auf, dass Licht *„nichts als"* eine Vibration eines bestimmten Mediums sei (was sich später noch als falsch herausstellen würde). Johann Wolfgang Goethe war in seiner Auffassung, was die Natur sei, auf einer ganz anderen Linie als der schnell voranschreitende, äußerst erfolgreiche Reduktionismus des *Mainstreams* der Naturwissenschaft. Im folgenden Zitat greift Goethe Newtons Farbentheorie stellvertretend für diese Entwicklung heftig an:[207]

„Die Newtonische [den Ursprung der Farben betreffende] Meinung, erscheint bei ruhiger gerader Ansicht schon dergestalt paradox, dergestalt einer aus unmittelbarer Anschauung der Natur entstehenden Überzeugung widersprechend, dass man kaum glauben sollte, sie habe in dem besten Kopfe seines Jahrhunderts entspringen, sich ausbilden, ihn durchs ganze Leben beschäftigen und sich in trefflichen Köpfen der Nachzeit gleichfalls befestigen können. Fast möchte man durch ein solches Beispiel niedergeschlagen behaupten, dass wir zum Irrthum geboren seien; aber es ist eigentlich die große hervorbringende und aufbauende Kraft des Menschen, die sich hier thätig erweist. Denn ebenso wie er der Natur ganze Gebirgslager abdringt um sich nach eigenen Ideen Paläste zu errichten, Wälder umschlägt um seine Bauten auszuzimmern und zu bedachen, ebenso macht sich der Physiker über alle Erscheinungen, sammelt Erfahrungen, zimmert und schraubt sie durch künstliche Versuche zusammen und so steht zuletzt auch ein Gebäude zur Ehre da seines Baumeisters; nur begegnen wir der kühnen Behauptung, das sei nun auch noch Natur, wenigstens mit einem stillen Lächeln, einem leisen Kopfschütteln. Kommt es doch dem Architekten nicht in den Sinn, seine Paläste für Gebirgslager und Wälder auszugeben. [...] Ein künstliches zusammenstudiertes, verschränktes, die Augen und das Urtheil überraschendes, grundwahres Hokus Pokus sind die ganzen zwei ersten Bücher der Newtonschen Optik, als in welchen seine Lehre am umständlichsten ausgeführt ist."

---

206 Simonyi, Karoly (2001): *Kulturgeschichte der Physik.* Frankfurt a. M.: Verlag Harri Deutsch, S. 350.
207 Goethe, Johann Wolfgang (1959): *Die Schriften zur Naturwissenschaft.* Bearbeitet von D. Kuhn und K.L. Wolf, Weimar, Bd. 6: *Zur Farbenlehre.* S.118 und 140, zit. in Simonyi, S. 281.

Goethe vergleicht Newtons Farbenlehre mit einem Gebäude, einer Burg, die aufgrund immer neuer mit der bestehenden Theorie unvereinbarer Erkenntnisse umständlich ausgebaut und weiterentwickelt werden musste, mit Zinnen, Türmen, verwinkelten Gängen und Zimmern, so dass das Gebäude letztlich unbewohnbar wurde. Goethe sieht seine Aufgabe darin, Giebel und Dach dieser Burg abzutragen,

> „damit die Sonne doch endlich einmal in das alte Ratten- und Eulennest hineinscheine und dem Auge des verwunderten Wanderers offenbare jene labyrinthisch unzusammenhängende Bauart, das enge Nothdürftige, das zufällig Aufgedrungene, das absichtlich Gekünstelte, das kümmerlich Geflickte."[208]

Goethe entwirft eine umfassende und ganzheitliche Farbenlehre, die den physikalischen Aspekten des Lichtes und der Farben den psychologischen (physiologischen) Aspekt der Licht- und Farbwahrnehmung hinzufügt und zu einer Gesamtheit verbindet. Er widersetzt sich damit der analytischen Zerlegung des Phänomens. Für Goethe gibt es Farben nicht unabhängig vom Betrachter. Farben sind gleichsam physikalische, physiologische und psychologische Erscheinungen. Die Farben entstehen im Auge!

Deutlich wird diese Verschränkung von physikalischer Einwirkung und physiologischer Wahrnehmung in folgendem Zitat:

> „DasAuge hat sein Dasein dem Licht zu danken. Aus gleichgültigen tierischen Hülfsorganen ruft sich das Licht ein Organ hervor, das seinesgleichen werde, und so bildet sich das Auge am Lichte fürs Licht, damit das innere Licht dem äußeren entgegentrete. "[209]

Goethe greift damit auf die Aristotelik zurück oder wie er selber sagt[210] auf „die alte ionische Schule" und zitiert gleich sinngemäß die Worte „eines alten Mystikers" (Es handelt sich um Plotin):

> „Wär'nicht das Auge sonnenhaft,
> Wie könnten wir das Licht erblicken?
> Lebt' nicht in uns des Gottes eigne Kraft,
> Wie könnt' Göttliches uns entzücken?"[211]

Aus der Sicht des physikalischen Weltbildes Newtons ist Goethes Haltung ein Rückfall aus der Reinigung der Naturwissenschaften von der Subjektivität der

---

208 Goethe, Johann Wolfgang (1858): *Sämtliche Werke in vierzig Bänden*. Siebenunddreissigster Band. Stuttgart und Augsburg: J.G. Cotta, XVII.
209 *Ebenda*, S.4.
210 *Ebenda*.
211 *Ebenda*, S.5.

menschlichen Anschauung zurück in die diffuse Vermengung von Philosophie, Psychologie und Naturwissenschaft.

Goethe sah sich gezwungen, Newton mit einer eigenen naturwissenschaftlichen Interpretation des Lichtes und der Farben zu begegnen. Goethe erklärt darin die Farben als Grenzerscheinung im Übergang vom Hellen zum Dunkeln, wobei die Farbe Gelb jene am nächsten beim Hellen und die Farbe Blau jene am nächsten beim Dunkeln ist. Mit seiner Theorie kann er allerdings wichtige Befunde wie die Mischung aller Lichtfarben zu weiß nicht erklären. Goethe scheitert mit seiner naturwissenschaftlichen Theorie des Lichtes und der Farben. Seine Arbeiten und Erkenntnisse zur psychologischen Wirkung von Farben hingegen haben heute noch große Bedeutung. Auch seine Grundhaltung, aus der eine große Skepsis der analytischen Methode der Naturwissenschaften gegenüber spricht, hat heute wieder seine Bedeutung. Die analytische Methode in den Naturwissenschaften selber hat heute zwar kaum mehr Kritiker. Hingegen wird die vorbehaltslose Übertragung dieser Methoden in andere Gebiete wie etwa in die Pädagogik und Didaktik (Piaget, Aebli, auch der strenge Konstruktivismus), oder auch in die Psychologie (Freud) auch heute immer wieder (oder vielleicht sogar immer mehr) kritisiert.[212]

6.1.6   Maxwell und der Elektromagnetismus

Mitte des 19. Jahrhunderts gelang eine der großen Vereinheitlichungen von Theorien in der Geschichte der Physik. U. a. aufgrund von Versuchen Ørsteds erkannte man die Ursache magnetischer Phänomene in der Existenz eines elektrischen Stroms. Dieser Zusammenschluss der Elektrizitätslehre und des Magnetismus verdichtete sich in den von Maxwell zwischen 1861 und 1864 formulierten vier Gleichungen des Elektromagnetismus (Maxwell-Gleichungen), welche den Zusammenhang zwischen elektrischen und magnetischen Feldern abschließend und konsistent beschreiben. Elektrische und magnetische Felder können sich gemäß dieser Theorie als elektromagnetische Störung durch den Raum wellenartig fortpflanzen. Aus Maxwells Theorie lässt sich auch die Ausbreitungsgeschwindigkeit solcher elektromagnetischen Wellen bestimmen. 1864 äußerte Maxwell den Gedanken:[213]

---

212 Die Kritik gegenüber einer rein „naturwissenschaftlichen Methodik" in der Pädagogik liegt im Übrigen auch dieser Arbeit und – so würde ich behaupten – auch der Lehrkunst im Allgemeinen zu Grunde.

213 Maxwell, James Clark (1865): *A Dynamical Theory of the Electromagnetic Field*. 1864 eingereicht und dann veröffentlicht in: *Philosophical Transactions of the Royal Society of London*, S. 459-512, zitiert in [14].

„This velocity is so nearly that of light, that it seems we have strong reason to conclude that light itself (including radiant heat, and other radiations if any) is an electromagnetic disturbance in the form of waves propagated through the electromagnetic field according to electromagnetic laws."

Nachdem diese Vermutung u. a. durch Experimente von Hertz bestätigt worden war, umfasste die Vereinheitlichung also nicht nur die Elektrizitätslehre und den Magnetismus, sondern schloss auch die Optik mit ein: *Licht als elektromagnetische Welle!*

Das Problem des Lichts schien gelöst. Die Klärung einer letzten Frage im Zusammenhang mit dem Licht schien nur eine Frage der Zeit zu sein: Was ist das Trägermedium der elektromagnetischen Wellen, woraus besteht dieser sogenannte *Äther?*

Der Erfolg des Maxwell'schen Elektromagnetismus löste eine allgemeine Euphorie in der Gemeinschaft der Wissenschaftler aus, die nicht wenige dazu veranlasste zu glauben, dass die Grundlagen der Physik bald alle erschöpfend entdeckt seien und das Ende der theoretischen Grundlagenphysik in Sichtweite sei.

6.1.7   Photonen und die Relativitätstheorie

In der Zwischenzeit hatte sich auf der experimentellen Seite im Zusammenhang mit dem Licht einiges getan. Die Lichtspektren von Gasen wurden untersucht und vermessen (Fraunhofer), Hertz entdeckte den photoelektrischen Effekt und Michelson und Morley machten ihr berühmtes Experiment auf der Suche nach Variationen in der Lichtgeschwindigkeit im Zusammenhang mit der Bewegung gegenüber dem *Äther.* Um 1900 entdeckte Max Planck die Quantisierung der Energie der Hohlraumstrahlung eines schwarzen Körpers. Er war seinen eigenen Entdeckungen gegenüber sehr skeptisch und wollte seine Berechnungen nur als vorläufige Erklärung für die experimentell beobachteten Resultate sehen.

Ein anderer verfolgte einen radikaleren Weg, und zwar in zwei verschiedene Richtungen: Albert Einstein. Als Lenard um 1900 den von Hertz entdeckten photoelektrischen Effekt erklären wollte, stieß er auf unüberwindbare Schwierigkeiten im Zusammenhang mit dem Wellenmodell des Lichts. Es war ihm unerklärlich, warum die Energie der durch Licht aus dem Metall geschlagenen Elektronen nicht von der Intensität des Lichtes abhängig ist. Einstein, dem die Ergebnisse der Planck'schen Untersuchungen zur Schwarzkörperstrahlung bekannt waren, nahm die Idee der Energiequantelung auf und wendete sie auch bei der Klärung des photoelektrischen Effekts an – mit großem Erfolg! Er konnte das Phänomen widerspruchsfrei lösen, allerdings aufgrund einer sehr eigenartigen Voraussetzung, nämlich jener, dass er Licht nicht als Welle, sondern als diskrete Energie-pakete betrachtete. Er nannte sie *Lichtquanten*! Damit war Newtons Korpuskel-theorie zurück!

Wie aber vertrug sich die Interpretation der Erscheinung des Lichts beim pho-toelektrischen Effekt mit den Beugungs- und Interferenzexperimenten Youngs, die so eindeutig auf die Welleneigenschaft des Lichtes hinweisen und zudem theoretisch bestens von der Theorie der Elektrodynamik erklärt werden. Die Welt der Physik stand vor einem großen Problem!

Auch auf dem anderen Weg, auf dem Einstein die Welt der Physik auf den Kopf stellte, stand die Frage um das Wesen des Lichts im Zentrum: Das Mi-chelson-Morley-Experiment, das 1881 von Michelson in Potsdam und sechs Jahre später von Morley in Cleveland zum Aufspüren des Äthers durchgeführt wurde, schlug insofern fehl, als dass die beiden keinen Unterschied in der Lichtge-schwindigkeit feststellen konnten, wenn sich eine Lichtquelle gegen, mit oder quer zum Äther bewegte. Oder einfacher ausgedrückt: Unabhängig von der Be-wegung der Lichtquelle wurde für die Lichtgeschwindigkeit immer ein und der-selbe Wert gemessen. Wie aber war das möglich? Auch hier ging Einstein einen gewagten aber konsequenten Weg. Wenn keine Bewegung gegenüber diesem Phantom *Äther* festgestellt werden kann, dann gibt es dieses offensichtlich nicht! Er nahm die Resultate der Experimente ernst und legte seiner Theorie eine in allen inertialen Bezugssystemen konstante Lichtgeschwindigkeit zugrunde. Die Konsequenzen aus dieser Voraussetzung sind aber fatal: Sie bedeuten nichts we-niger als eine komplette Aufgabe der Axiome der Newton'schen Mechanik, die eine unabhängige und universelle Existenz von Raum und Zeit als *Bühnenbild* für die Physik postulierten.[214]

Kombiniert man die Resultate der speziellen Relativitätstheorie und die Er-kenntnisse Einsteins aus dem Photoeffekt, so ergeben sich für das Lichtteilchen sonderbare Eigenschaften: *Das Photon* (Dieser Begriff wurde 1926 vom Chemi-ker Lewis eingeführt) ist ein masseloses Teilchen, dass sich immer mit Lichtge-schwindigkeit durch den Raum bewegt. In optischen Medien ist die Gruppen-geschwindigkeit im Vergleich zur Vakuumlichtgeschwindigkeit aufgrund der Wechselwirkung der Photonen mit der Materie (ausgedrückt durch den Bre-chungsindex) verringert, die Phasengeschwindigkeit kann sogar höher als die Vakuumlichtgeschwindigkeit sein. Trotz seiner Masselosigkeit übt es Druck auf Flächen aus, auf welche es auftrifft (Strahlungsdruck). Das Photon altert nicht, es ist zeitlos bzw. seine Zeit läuft unendlich langsam ab.

---

214 Vgl. dazu das wunderbare Buch von Epstein, Lewis Carroll (1985): *Relativity Visualized*. San Francisco: Insight Press.

Die Quanten- und die Relativitätstheorie brachten einen unglaublichen Fortschritt in der quantitativen Beschreibung der Natur – auch jener des Lichts. Was
aber Licht wirklich ist, bleibt damit unfassbarer denn je. In einem Brief an Besso
schrieb Einstein im Jahr 1951:[215]

> „Die ganzen 50 Jahre bewusster Grübelei haben mich der Antwort der Frage ‚Was sind Licht-
> quanten' nicht näher gebracht. Heute glaubt zwar jeder Lump, er wisse es, aber er täuscht sich..."

6.1.8   Welle-Teilchen-Dualismus

In den 20er Jahren des 20. Jahrhunderts postulierte Louis DeBroglie, dass nicht
nur Licht jenes eigenartige Verhalten zeige, dass es je nach Experiment als Teilchen oder als Welle in Erscheinung tritt, sondern dass dies im Prinzip für jedes
Objekt – also auch für Objekte mit Masse – gelte. Beim Versuch, sich ein Bild
von solch dualen Objekten – Welle und Teilchen – zu machen, gelangen wir mit
unserer Vorstellung und unserer sprachlichen Ausdrucksfähigkeit an Grenzen.
Welle und Teilchen haben komplementäre, nicht vereinbare Eigenschaften wie
beispielsweise die Lokalität eines Teilchens gegenüber der räumlichen Ausdehnung einer Welle. Die abstrakte Beschreibung solcher Objekte gelingt hingegen
in der Mathematik sehr gut. Quantenobjekten werden Wellenfunktionen zugeordnet, die je nach Zustand als Wellenpakete beschrieben werden, die aus einer
Überlagerung von Wellen zusammengesetzt sind. Ein Wellenpaket hat die Eigenschaft, dass es sich räumlich einschränken lässt. Damit wird man dem Teilchen-
und dem Wellencharakter eines Objekts gerecht. Allerdings besteht dann immer
noch die Schwierigkeit der physikalischen Deutung dieser Wellenfunktionen.
Die sogenannte Kopenhagener Deutung der Quantentheorie geht davon aus, dass
die physikalischen Messgrößen eines Quantenobjekts (in der Quantentheorie *Ob-
servablen* genannt) keinen eindeutig definierten Zustand haben, solange sie nicht
gemessen werden. Erst durch den Messvorgang manifestiert sich das System in
einem Zustand von verschiedenen möglichen Zuständen. Die Vorhersagbarkeit
dieser Zustände beschränkt sich auf Wahrscheinlichkeitsaussagen.

Was ist nun *Licht* in diesem Weltbild? Licht kann als Strom von Photonen
beschrieben werden in dem Sinne, als dass man auf einem Schirm Photonen, die
von einem Laser ausgesendet werden, einzeln auffangen und detektieren kann.
Die Verteilung der Photonen auf dem Schirm verhält sich aber so, wie wenn die
Photonen in Form einer Welle an die Wand gelangt wären. Die Verteilung der

---

215 Zit. in: [15].

auftreffenden Photonen auf dem Schirm bildet zum Beispiel ein Interferenzmuster, wenn dem Lichtstrahl ein Doppelspalt in den Weg gestellt wird (Abbildung 77) und nicht ein Schattenmuster, das man erwarten würde, wenn Teilchen durch zwei Spalten fliegen würden (Abbildung 78).

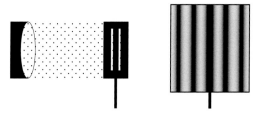

Abbildung 77:   Doppelspaltversuch mit Photonen: Effektives Resultat ist ein Interferenzmuster an der Wand!

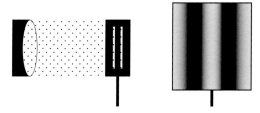

Abbildung 78:   Erwartetes Resultat des Doppelspaltversuchs mit Licht als Teilchen; die Teilchen schwärzen an zwei Stellen den Schirm.

Dieses Experiment macht deutlich, dass man bei Licht weder von einem Teilchenstrom noch von einer Welle sprechen kann, solange man das Licht nicht zur Wechselwirkung mit etwas bringt. Es stellt sich die Frage, ob man bei *Licht an sich* von einem *Phänomen* sprechen kann. Licht wird erst zu einem Phänomen in Wechselwirkung mit Materie. Dies bringt Wagenschein in seinem Aufsatz „Das Licht und die Dinge"[216] auch zum Ausdruck. Licht ist nicht *ein Ding*, sondern nur *eine Möglichkeit, eine Zustandswahrscheinlichkeit*, die sich bei der Wechselwirkung mit Materie in der einen oder anderen Form manifestiert. Im weiteren Sinne erinnert dieser Befund auch wieder an Goethes Vorstellung der Farben oder besser des *Gesehenen* und des Lichts:

---

216 Wagenschein, Martin (2010): *Naturphänomene sehen und verstehen*. Bern: h.e.p.-Verlag, S. 116 f.

„Denn eigentlich unternehmen wir umsonst, das Wesen eines Dinges auszudrücken. Wirkungen werden wir gewahr, und eine vollständige Geschichte dieser Wirkung umfasste wohl allenfalls das Wesen jenes Dinges. Vergebens bemühen wir uns, den Charakter eines Menschen zu schildern; man stelle dagegen seine Handlungen, seine Thaten zusammen, und ein Bild seines Charakters wird uns entgegentreten."[217]

Auch in der modernen Physik bleibt offen, was Licht *ist*. Es ist seine *Wirkung*, die beschrieben, gemessen und vorausgesagt werden kann. Die Frage stellt sich daher erneut: Ist Licht *an sich* ein Phänomen?

6.2   Lehrstückkomposition

6.2.1   *Lehridee: Das Licht und die Dinge*[218]

Ist Licht *an sich* ein Phänomen?

Die Lehridee oder die initiale Beobachtung, die zu diesem Lehrstück geführt hat, stammt von Wagenschein selber. In seinem Aufsatz *Das Licht und die Dinge* beschreibt Martin Wagenschein das Urerlebnis, das ein Alltagsphänomen ist und jederzeit, vorausgesetzt die Sonne scheint in einem Zimmer, aufs Neue beobachtet werden kann. Im sonnendurchfluteten Zimmer sitzt er auf seiner Bettdecke und wirbelt, mit der Hand auf die Bettdecke schlagend, Staub in die lichtdurchflutete Luft des Zimmers. Glitzernd tanzen die Stäubchen durch das Licht – jedenfalls solange die Sonne scheint ... Wagenschein beschreibt, was geschieht, wenn sich eine Wolke vor die Sonne schiebt:

„Eine Wolke trat vor sie [die Sonne], uns alles erlosch. Der starre Balken [der von der Sonne und den Stäubchen erzeugte Lichtbalken im Zimmer] und sein lockeres Sterngetriebe, zugleich mussten sie vergehen. *Denn sie waren gar nicht zweierlei, das sah er jetzt.* Ohne Lichtbalken gab es die Stäubchen nicht zu sehen, und ohne die Sternchen war kein Lichtbalken da. – So also, sagte er sich, ist das Licht: An sich selber ist es nicht zu sehen, nur an den Dingen."

Licht ist so alltäglich und doch so unfassbar.

---

217 Goethe, Johann Wolfgang (1858): *Sämtliche Werke in vierzig Bänden.* Siebenunddreissigster Band. Stuttgart und Augsburg: J.G. Cotta, XIII.
218 Der Aufsatz ist zu lesen in Wagenschein, Martin (2010): *Naturphänomene sehen und verstehen.* Bern: h.e.p.-Verlag, S. 116ff.

6.2.2   Lehrstückgestalt[219]

Dramaturgische Gliederung	Thematische Gliederung (Akte)	Zeitliche Gliederung (Lektionen)
Ouvertüre	**Das Licht und die Dinge** *Beobachten und Diskutieren*	L1
	Was bedeutet „sehen"? Wie breitet sich Licht aus? LUKREZ UND WAGENSCHEIN	L2
1. Akt	**Der Zauber der Spiegelwelt** *Spiel mit Spiegelwelten*	L3
	Entwicklung des Phänomens FERMAT	L4
	Welchen Weg nimmt das Licht *Analyse der Spiegelung* Licht nimmt den kürzesten Weg!? FERMAT	L5
2. Akt	**Die Lichtbrechung** *Schüler- und Demo-Experimente*	L6
	Ergründen der Lichtbrechung: Das Licht nimmt nicht mehr den kürzesten, aber den schnellsten Weg! FERMAT	L7
	Das Naturprinzip: Prinzip der kleinsten Wirkung *Messen Auswerten und Interpretieren*	L8
	Die Natur arbeitet nach dem Prinzip der kleinsten Wirkung FERMAT, LEIPNITZ	L9
3. Akt	**Was ist Licht? Ausblick in die Moderne** *Lehrer-SchülerInnen-Gespräche* Abtauchen in die totale Abstraktion FEYNMAN	L10
Finale	**Gesamtschau** Zurück in der Gegenwart beim Licht und den Dingen LUKREZ, WAGENSCHEIN, FERMAT, FEYNMAN	L11

Tabelle 17:   Übersicht über das Lehrstück Spiegeloptik

---

219 Dieses Kapitel entstand gemeinsam mit Renate Hildebrandt-Günther und ist publiziert in Berg, Hans Christoph (2010): *Werkdimensionen im Bildungsprozess*. Bern: h.e.p.-Verlag, S.211ff.

6.2.2.1   Einleitung: Was macht das Licht?

Man kann das Thema Reflexionsgesetz mit Hilfe des Strahlensatzes einführen, den die Schülerinnen und Schüler der Mittelstufe parallel im Mathematikunterricht lernen, und so schreiben es auch die Physikbücher vor. Aber es sollte anders in den Kopf der Schülerinnen und Schüler gelangen: Die Theorie der Lichtwege soll uns leiten. Die Lichtwegtheorie fasst alle Verstehensbereiche zusammen: die Geradlinigkeit, die Reflexion, die Brechung. Sie wird uns bis zu der Erkenntnis Fermats führen: *Das Licht nimmt immer den schnellsten (nicht unbedingt den kürzesten) Weg*. Und darüber hinaus stellt sich uns vielleicht auch die Frage, die sich der Philosoph Leibniz einst stellte: Woher weiß das Licht eigentlich, welchen Weg es gehen muss? Dieser Weg umfasst mit Erweiterungen alle Teilphänomene des Lichtes bis hin zur Quantenphysik in der Oberstufe. Entscheidender Gesichtspunkt für die Planung ist: Die drei oben genannten Aspekte hängen zusammen und das muss (ein)gesehen und verstanden werden. Der Weg soll dabei mit Irrtümern und Entdeckerfreuden über Staunen, Fragen, sich Nähern und wieder Entfernen gehen. Für die Mittelstufenschülerinnen und -schüler stellt sich dabei zunächst nicht die Frage: *Was ist Licht?* sondern *Was macht das Licht?*

Um sich vorläufig nicht um die Komplikationen kümmern zu müssen, die sich ergeben, wenn wir danach fragen, was denn *Licht* eigentlich *ist*, beschäftigen wir uns in der Mittelstufe mit der Frage danach, was denn das Licht *macht*, was für einen Weg Licht zurücklegt. Wir sprechen von der Ausbreitung von Licht-*Strahlen* und meinen damit eigentlich nichts anderes als die Licht-„Wege", die Spur, die das Licht vermeintlich zieht. Aber auch die Beschränkung auf die Klärung von Lichtwegen entpuppt sich rasch als ebenso beschwerlich, insbesondere, wenn die Frage nach dem *Warum* auftaucht.

Das Licht und seine Ausbreitung ist ein Themenkomplex, der exemplarisch steht für einen *(bildungs-)lebenslangen Begleiter*. Der Begriff des Lichtes transformiert sich, verfeinert und wendet sich immer wieder durch das ganze gymnasiale Physikcurriculum. Von der geometrischen Optik über die Wellenoptik und den Elektromagnetismus hin zur speziellen Relativitätstheorie und der Atom- und Quantentheorie begleitet uns das Licht ständig in immer komplexere und immer weniger anschauliche, abstrakte Konzepte. Das Licht als masseloses, zeitloses Teilchen, gleichsam eine elektromagnetische Störung, die sich autark, ohne Medium fortpflanzen kann, und dies mit der absolut höchst möglichen Geschwindigkeit. Dabei offenbart die Ausbreitung von Licht ein fundamentales Prinzip, auf welches alle Gesetze der Natur hinwirken: Das *Prinzip der kleinsten Wirkung*.

Es wäre eine maßlose Absicht, dem Begriff Licht in einem Lehrstück umfassend gerecht zu werden. Ziel kann es sein, die Schülerinnen und Schüler über die uns unmittelbar zugänglichen Lichtphänomene einen Einstieg in die faszinierende und herausfordernde Wirkungsweise der Naturgesetze zu geben, von denen sich so viele im Phänomen Licht manifestieren. Dazu gehören *der Schattenwurf* und die *geradlinige Ausbreitung von Licht*. Aber auch die Erkenntnis, dass Licht sich mit endlicher, aber unfassbar *hoher Geschwindigkeit ausbreitet*, muss erkannt werden. Dazu eignen sich die historisch gut beschriebenen und auf den ersten Anhieb fast lächerlich erscheinenden Experimente von Galilei (vgl. Kapitel 6.1.2). Zur geradlinigen Ausbreitung von Licht gehört auch das *Phänomen der Reflexion*. Allerdings öffnet sich hier ein neuer Themenkreis, der zwar angesprochen, aber in diesem Rahmen unmöglich vertieft behandelt werden kann: Warum sehen wir etwas *im* Spiegel, warum hat er *eine Tiefe*, warum nehmen wir Bildpunkte *hinter* der Spiegelfläche wahr? Schließlich lässt sich im zurückgelegten Lichtweg bei der Reflexion erkennen, dass das Licht immer den *schnellsten Weg* nimmt. Dass das prinzipiell immer gilt und dass das nicht immer der *kürzeste Weg* ist, zeigt sich dann aber erst im Phänomen der Lichtbrechung.

Das Lehrstück hat gesamthaft eher beschreibenden als klärenden Charakter. Es erschließt den Schülerinnen und Schülern wunderbar die Phänomene Schattenwurf, Reflexion und Lichtbrechung und wirft dabei viele Fragen auf, die anregen und Lust auf mehr machen, die aber erst viel später (wenn überhaupt) befriedigend geklärt werden können.

6.2.2.2 Das Phänomen: Die vier Schattenhände

Am Anfang steht die Exposition des Phänomens. Der Schatten als Spiel eignet sich wunderbar als ästhetischer Einstieg in das Thema Licht und Schatten. Dazu bedarf es einer Lampe, die ihr Licht im abgedunkelten Physikraum auf einen Spiegel wirft, der auf einem Arbeitstisch liegt. Dieser reflektiert das Licht, sodass ein Lichtfleck in der Form des Spiegels an der Zimmerdecke erscheint. Die Lehrperson steht mit dem Rücken zur Lerngruppe am Pult. Ohne Ankündigung erscheinen zwei Schattenhände im hellen Flecken an der Zimmerdecke. *„Ja, natürlich, die beiden Hände der Lehrperson werden gespiegelt, ganz einfach."* Auf einmal aber verdoppeln sich die Schattenhände. Das Spiel mit den Händen ist vorläufig unsystematisch. In einer ersten Phase braucht es keine Erklärungen. Das Schattenspiel, allen bekannt, wird durch den Spiegel auf dem Pult in einer einfachen und faszinierenden Art erweitert. Erst jetzt, nach gesättigter Spielfreude, folgt eine genauere Betrachtung der Vorgänge. *Was geschieht, wenn die Hände über, was wenn sie unter die beleuchtende Lampe gehalten werden? Sind die Hände von unten beleuchtet? Welcher Schatten ist groß, welcher kleiner?* Die Schülerinnen und Schüler stolpern staunend und nachmachend zur ersten Erkenntnis: Die vier Schattenhände entstehen dadurch, dass jede der beiden Hände zweimal beleuchtet wird: *einmal von der Lichtquelle direkt, zum zweiten Mal durch die gespiegelte Lampe, die sich offensichtlich wie eine reale Lichtquelle verhält.*

Viele Fragen bleiben offen, sie müssen offen bleiben; das Phänomen entfaltet seine Sogkraft. Warum sind die Schatten unterschiedlich groß? Wie und warum verändert sich die Helligkeit der Schatten? Vom Erkennen einer Gesetzmäßigkeit sind wir noch weit entfernt.

6.2.2.3 Die Variation: Kerze, Kanne, Spiegel

Jetzt wird das Phänomen variiert. Die Versuchsanordnung scheint neu. Sie erfolgt ohne große Ankündigung oder Erklärung. Der Spiegel wird hochkant gestellt, von vorne beleuchtet durch eine brennende Kerze. Zwischen ihr und dem Spiegel steht eine von der Lichtquelle beleuchtete undurchsichtige Kanne. Der Wiedererkennungswert der einzelnen Teile ist offensichtlich: Die Kerze entspricht der Lampe, die Kanne der Hand. Unsere Blickposition hat sich allerdings verändert: Wir schauen nun in den Spiegel und sehen im Spiegel eine Kanne, eine brennende Kerze und Schatten. Beim genaueren Hinschauen entdecken wir immer mehr Schatten, vor dem Spiegel und im Spiegel. Die Situation erscheint uns vorerst unübersichtlich. Was sehen wir? Jetzt muss uns der Bergführer für kurze Zeit am Seil klettern lassen: *Welche Schatten seht Ihr genau? Was ist überhaupt Schatten?* Dazu gibt es zwei Ansichten: 1. Wir schauen von der Lichtquelle aus. 2. Wir stellen uns vor, was eine Ameise von den Lichtquellen sieht, wenn sie die unterschiedlichen Schattenzonen durchquert. Das Ergebnis: Eine Lichtquelle (Kerze) beleuchtet einen Gegenstand (Kanne), beide stehen vor einem Spiegel. „*Die Kanne wirft einen Schatten*" bedeutet: Die Kanne deckt aus Sicht der Ameise die Lichtquelle so ab, dass es einen Ort gibt, von wo aus die Ameise die Lichtquelle nicht mehr sieht. Und im Spiegel: Eine gespiegelte Kerze, also eine real nicht vorhandene Lichtquelle, beleuchtet eine real ebenfalls nicht vorhandene Spiegelkanne. Auch diese wirft einen Schatten! Und noch erstaunlicher: Dieser Schatten *verlässt* den Spiegel und ist auch vor dem Spiegel real vorhanden! Die Ameise könnte es überprüfen! Wie kann etwas Schatten werfen, das real gar nicht da ist?

Aber es geht nicht nur um die beiden beschriebenen Vollschatten, wir haben auch Halbschatten, gespiegelte und reale. Wie viele eigentlich? Die Ameise hat vorübergehend ausgedient. Wir müssen jetzt das Ganze überschauen.

6.2.2.4 Zeichnen und Messen: Schatten festhalten

Spiegel, Kanne, Kerze stehen nicht auf der blanken Tischplatte, sondern auf einem darauf gelegten großen Zeichenkarton. Also zeichnen wir die verschiedenen Schatten auf dem Karton nach. *Physik geht an die Natur heran mit Maß und Zahl*, kommentiert die Lehrperson mehr beiläufig, *also lasst uns zeichnen und später auch messen.* Was habe ich gewonnen, wenn ich die Schattenbereiche gezeichnet habe? Ich kann nachvollziehen, wie sie entstehen und wie die Schattengrenzen verlaufen, zunächst die, die zum Spiegel hinführen. Ich kann erklären, warum sie unterschiedlich hell sind. Ich nähere mich damit der Frage: Welchen Weg nimmt das Licht, damit diese Schatten zustande kommen? Dabei brauchen wir nur das Licht, das auf den Gegenstand zielt. Die Strecke bis zum Gegenstand müssen wir uns zunächst denken, in einem weiteren Arbeitsschritt können wir sie als Verlängerung der Schattengrenzen erkennen und als Denklinien zeichnen. Zum Zeichnen müssen Vereinbarungen getroffen werden: Der Spiegel erscheint als schwarze waagerechte Linie – wir schauen ja gleichsam von oben auf den Tisch –, Kerze und Kanne werden als unterschiedlich große Kreise gezeichnet. Die sichtbaren Schattenbegrenzungen, die zum Spiegel hinführen, werden mit roten durchgezogenen Linien gezeichnet. (Die Lehrperson wird später den Schattenbereich mit roter Kreide nachschraffieren.) Die Denklinien, die zu ihnen von der Kerze aus führen, werden rot gestrichelt. Aber da sind noch die Schatten im Spiegel! Sie werden im gleichen Verfahren gezeichnet, nun allerdings in grüner Farbe. Für die gesamte Lerngruppe ist der Vorgang des Zeichnens nur bedingt einsehbar, da ein, bestenfalls zwei Personen damit beschäftigt sind. Das Recken der Hälse lässt zwar die Spannung steigen, bringt aber nur einen Teilerfolg. Die Zeichnung muss für alle sichtbar gemacht werden. So wird der Zeichenkarton an der Tafel befestigt. Die Lehrperson schraffiert die jeweiligen Schattenzonen, erklärt dabei nochmals, wiederholt und beantwortet Fragen, die sich mit Sicherheit einstellen.

6.2.2.5   Weitung: Wo steht die Spiegelkerze?

Jetzt der neue Anstoß – vielleicht als Frage aus der Lerngruppe oder von der Lehrperson gestellt: Wäre es möglich, diese Schatten genauso hinzubekommen auch ohne Spiegel? Wir brauchen eine zweite Kerze und eine zweite Kanne. Die Lehrperson hat vorgesorgt und holt eine zweite Kanne und eine zweite Kerze unter dem Tisch hervor. Das ist kein Zaubertrick, der verblüffen will, sondern Bestätigung für die Schülerinnen und Schüler: Was ich soeben offenbar richtig gedacht habe, hat vor mir jemand genauso gedacht. Ich stehe vielleicht in einer Art Denkkette, das ist gut. Wir haben durch unsere Messungen festgestellt, dass die Spiegelbilder so weit *hinter* dem Spiegel wie die realen Gegenstände davor stehen. Wo müssen wir jetzt genau die zweite Kerze und die zweite Kanne hinstellen? Die Linien, die vor dem Spiegel gezeichnet sind, müssten rückwärts verlängert werden und wo sie sich treffen, muss die zweite Kanne stehen. Die Zeichenpappe kommt wieder auf den Tisch. Der Punkt wird ermittelt. Die zweite Kerze wird angezündet, man muss jetzt sehr genau arbeiten und hin und her-rücken, damit die Linien deckungsgleich sind. Nun stellt die Lehrperson uner-wartet den Spiegel dazwischen. Die Lerngruppe wandert langsam nach erfolgter Aufforderung um den Tisch herum. Eben hat man die gespiegelte Kanne gesehen, jetzt geht sie optisch in die reale zweite Kanne über. Das verblüfft. Das muss wiederholt werden hin und zurück, und variiert, indem der Spiegel, wie ein The-atervorhang langsam gehoben und wieder gesenkt wird! Was haben wir erreicht? Wir haben das Spiegelbild nach einer selbst gefundenen Theorie nachgestellt – und es stimmt!

6.2.2.6   Die Gesetzmäßigkeit: Reflexion des Lichtes

Wie entsteht der Eindruck, das Licht käme direkt von einer zweiten Lichtquelle, direkt vom Spiegelbild also? *Das Licht wird reflektiert!* Die scheinbar selbstver-ständliche Feststellung klärt nichts, eröffnet aber einen weiten Denkraum. Wie spiegelt denn der Spiegel? Welchen Weg nimmt das Licht dabei? Es fällt auf die Spiegeloberfläche und diese wirft es zurück. Einfach so? In alle Himmelsrichtun-gen? Nein, in einem bestimmten Winkel! Und in welchem? Nun braucht man die Tafel. *„Konstruiere den Lichtweg über den Spiegel zum Beobachter"* heißt die Aufgabe. Zunächst wird vermutet: Der kürzeste Weg führt zum Spiegel. Das ist zwar nur ein gesundes Schätzgefühl, stellt die Lehrperson fest, aber das Gefühl ist eine durchaus mögliche Wahrnehmung, die mit der Messung deckungsgleich werden kann. Wo aber trifft der Lichtstrahl, den wir nach der Reflexion sehen können, auf den Spiegel? Es gibt unzählige Möglichkeiten. Haben wir aber nicht in den vorhergehenden Experimenten gesehen, was geschieht? Es sieht aus, als käme der Lichtstrahl von der Spiegelkerze geradlinig aus dem Spiegel. Also besteht die Aufgabe doch bloß darin, die Spiegelkerze an den richtigen Ort hin zu zeichnen! Die Spiegelkerze wird gezeichnet, die direkte Verbindung von der Spiegelkerze zum Auge auch. Und jetzt sehen wir alle, wo auf dem Spiegel der Lichtstrahl reflektiert wird! Aber wie wird er reflektiert, nach welcher Regel? An dieser Stelle ist die Hilfe der Lehrperson nötig. Wir vereinbaren, dass der Winkel zwischen einfallendem Licht und einem senkrecht auf den Spiegelstrich gezeichneten Lot der zu beachtende Winkel ist. Wir nennen ihn Einfallswinkel. Wenn die Winkelgröße gefunden ist, ist das dahinterliegende Naturgesetz gefunden: 1. Licht wird so reflektiert, als käme es vom Spiegelbild der Lichtquelle. 2. Der Einfallswinkel des Lichtes auf den Spiegel ist genauso groß wie der Ausfalls-/Reflexionswinkel.

6.2.2.7 Die Erkenntnis: Der Weg des Lichtes

Ist der Lichtweg ein besonderer Weg? In einem Tafelbild mit Lichtquelle, Spiegel und Beobachter, bei dem Kerze, Kanne, Spiegel noch deutlich vor dem inneren Auge stehen, werden verschiedene Lichtwege zeichnerisch angeboten. Nach eingehender Beobachtung und Diskussion das Ergebnis: Wenn man die Lichtquelle im Spiegel konstruiert und diese mit der Position des Beobachters verbindet, findet man den kürzesten Weg. Das Licht nimmt also immer den kürzesten Weg. Immer? Hier kann ein kleiner Versuch mit dem ‚augentäuschenden Wasser‘, wie Wagenschein es nennt, helfen. Eine Schülerin oder ein Schüler soll wie die Amazonas Indianer einen Fisch fangen. Dazu stellt die Lehrperson eine durchsichtige Wanne mit Wasser auf das Pult. Eine Schülerin oder ein Schüler soll nun, von oben auf das Wasser blickend, durch ein Metallrohr mit einem Glasstab einen Gegenstand (den Fisch) auf dem Boden der Wanne treffen. Sie bzw. er *schießt* mehrere Male daneben, bis die Schülerinnen und Schüler, die die Wanne von vorn beobachten, feststellen, dass der *Indianer* vor den Fisch zielen muss, um ihn zu treffen. Der Pfeil kann sich nicht verbiegen, das Licht offensichtlich schon. Das Wasser verändert also den Lichtweg, er wird *gebrochen*. Dazu das zweite erhellende Beispiel, eine Geschichte von Karl May: Old Shatterhand und ein verfeindeter Häuptling sollen gegeneinander kämpfen. Die Waffen, die ihnen zur Verfügung stehen, befinden sich auf einer Insel am anderen Ende

des ovalen Sees. Wie kommt man am schnellsten an die Waffen? Soll Old
Shatterhand direkt ins Wasser springen und zur Insel schwimmen oder lieber
zum anderen Ende des Sees laufen und die kürzere Strecke schwimmen? Der
Häuptling schwimmt. Old Shatterhand läuft zunächst. Auf diese Weise gelangt er
als erster auf die Insel. Warum? Weil man schneller laufen als schwimmen kann.
Nicht der kürzeste Weg ist entscheidend, sondern der schnellste. So ist es auch
beim Licht. Im Medium Luft ist das zugleich der kürzeste. Wie hatte Fermat
festgestellt (*Fermat'sches Prinzip*): *„Von allen denkbaren Wegen nimmt das Licht
immer den schnellsten"*. Und woher weiß das Licht, welchen Weg es zu nehmen
hat? Mit dieser Frage betreten wir den Bereich der Philosophie und den Diskus-
sionsstand der Oberstufe. Der Philosoph Leibniz, Zeitgenosse Fermats, begründet
es damit, dass Gott *von allen denkbaren Welten die beste geschaffen hat.*

 Diese *integrale Betrachtung* des Verhaltens der Natur ist aus klassisch physikalischer Sicht eine philosophische Spielerei. Der Newton'schen Beschreibung
der Natur unterliegt ein Kausalprinzip, das davon ausgeht, dass in jedem Augenblick die vorherrschenden Kräfte den Verlauf der Welt steuern. So auch beim
Licht. Zu jedem Zeitpunkt, bei jedem Schritt der Lichtausbreitung wirken die
Naturgesetze so, dass der beobachtbare Lichtweg zustande kommt. Das Fermat'sche Prinzip macht bei dieser *differenziellen Betrachtung* der Geschehnisse
letztlich eine Aussage über die Struktur der Naturgesetze. Sie funktionieren so,
dass das Licht schließlich den schnellsten Weg gewählt hat.

6.2.2.8   Ausblick

Im folgenden Teil wird eher orientierend denn erkenntnisorientiert in das moderne
Verständnis von Licht eingeführt. Dabei lernen die Schülerinnen und Schüler das
wichtige Doppelspalt-Experiment kennen, an welchem sich der Wellen-Teilchen-
Dualismus studieren lässt. Dieser Ausblick dient der Einordnung der geometri-
schen Optik in das Gefüge der Wissenschaftsgeschichte und macht transparent,
dass die modernen Konzepte zur Beschreibung von Licht weder Newton noch
Huygens Recht geben, dass diese allerdings auch kein fassbares, für unseren
Verstand greifbares Modell bereitstellen, welches uns die Frage danach, was
Licht wirklich ist, beantworten würde.

6.2.2.9 Licht im Alltag

Im Schulzimmer steht ein Strauß farbiger Tulpen auf dem Tisch. Ihr Licht wird in alle Raumrichtungen durch das Zimmer gestrahlt. Wir bewegen uns durch das Schulzimmer und betrachten den Strauß von allen Seiten. Da sind aber auch immer noch die Kerze und die Kanne auf dem Tisch. Auch diese Gegenstände senden ihre Bilder quer durch den Raum überall hin. Wie ist das möglich, dass diese unzähligen Bilder, die da durch den Raum fliegen sich nicht berühren, beeinflussen und stören? Die Beschreibung von Lukrez über die Entstehung der Bilder hängt noch an der Wandtafel. Die Schülerinnen und Schüler sollen nun Lukrez in eignen Worten schriftlich ihre Meinung über die Lichtausbreitung mitteilen. Damit treten sie in einen Diskurs mit der Wissenschaftsgeschichte. Was heben Fermat und Huygens herausgefunden und welche Erkenntnisse haben die Moderne mit Einstein und Feynman hervorgebracht? Schließlich sollen sie aber auch ihr eigenes Verständnis von Licht abermals ausformulieren. Was nehme ich für meinen Alltag mit von all den Lichttheorien? Wagenschein trifft mit seinem Aufsatz „Das Licht und die Dinge" die Alltagserfahrung genau. Licht wird erst durch die Dinge und Dinge werden erst durch das Licht. Wir lesen den Text abschließend nochmals.

6.2.2.10 Reflexion in Bezug auf die These der Arbeit

Die Quantentheorie lehrt uns, dass sich Zustände von Dingen erst durch Wechselwirkung konkretisieren. Nun wechselwirken in unserer Umwelt Dinge zwar ständig miteinander, mit Strahlung und mit Teilchen. Der Wagenschein Aufsatz „Das Licht und die Dinge" ist aber mindestens eine wunderbare Analogie für das Verhalten der Natur. Unbeobachtet herrscht keine Kenntnis über den Zustand von Dingen, also ist auch keiner konkretisiert oder, wie manche Theorien meinen, liegen alle möglichen in einer Überlagerung vor. Diese sehr abstrakte Diskussion über das Wesen von Dingen und auch von Licht ist schwierig nachzuvollziehen. Aber sie eröffnet im übertragenen Sinne einen uns sehr naheliegenden Zugang zum Erlangen von Wissen und Erkenntnis. Solange wir nicht hinschauen und nichts über eine Begebenheit wissen, ist prinzipiell alles möglich. Im übertragenen Sinne bedeutet das zwar nur, dass für uns privat und individuell, die Sachlange offen und unbestimmt ist, nicht wie in der Quantenphysik, in der das absolut gilt. Ein Zustand *ist* nicht definiert, solange niemand hinschaut.

Im Lehrstück wird Licht zuerst als Lichtstrahl abstrahiert, dann als Welle beschrieben und schließlich als Teilchen „erfahren" (Klicken im Teilchendetektor). Die Unsicherheit über die Wahrheit (Was ist Licht wirklich?) lehrt uns dabei, dass die Wissenschaft je nach Situation ein geeignetes Modell verwendet. Diese Modelle erklären aber immer nur Aspekte der Realität. Licht als Phänomen erfahren wir nur mit unseren eigenen Sinnen. Licht ist nicht „nichts als elektromagnetische Welle", genauso wenig wie Musik nicht „nichts als Luftschwingung" ist. Dieser Prozess hilft, wissenschaftliche Erkenntnis einzuordnen und mit eigener Erfahrung in Beziehung zu bringen.

6.3   Lehrstückinszenierung

6.3.1   Vorbemerkungen

Die Natur des Lichts und seine Ausbreitung ist eine der alltäglichsten und wichtigsten Erscheinungen für uns Menschen. Gleichzeitig ist das Licht physikalisch etwas vom Unfassbarsten. Im Lehrstück kann es nicht um die Natur des Lichtes an sich gehen. Der Fokus liegt auf der Frage nach der Ausbreitung von Licht. Auch das Thema der Lichtfarbe und der Farbigkeit von Stoffen und Oberflächen wird immer mal wieder gestreift, aber nicht vertieft behandelt und bleibt als wunderbare Erscheinung ein reizvolles Geheimnis.

Die Ideen und die Grundlinien der hier dargestellten Unterrichtsskizze stammen größtenteils aus der Unterrichtseinheit *Ein Blick in den Spiegel – Einblick in die Optik*[220] von Roger Erb und Luz Schön. Sie wurden einerseits hinsichtlich der Leitthese dieser Arbeit abgeändert und angepasst und andererseits stärker auf Wagenscheins Aufsatz *Das Licht und die Dinge*[221] aufgebaut.

Nur Fragmente der vorliegenden Unterrichtsskizze wurden von mir im Unterricht bisher tatsächlich umgesetzt. Als zusammenhängendes Lehrstück wartet es auf eine Erstinszenierung.

---

220 Erb, Roger und Lutz Schön (1996): *Ein Blick in den Spiegel – Einblick in die Optik.* aus: Hans E. Fischer (Hrsg.). Handlungs- und kommunikationsorientierter Unterricht in der Sek. II. Bonn : F. Dümmlers Verlag.
221 Wagenschein, Martin (2010): *Naturphänomene sehen und verstehen.* Bern: h.e.p.-Verlag, S. 116 f.

6.3.2   Das Licht und die Dinge – Was sehen wir?

Wir stehen im sonnendurchfluteten Schulzimmer, es ist hell. Ein Strauß farbiger Tulpen steht in der Ecke des Schulzimmers und farbige Ballone liegen herum. *Warum sehen wir? Was genau sehen wir? Warum sehen wir Farben? Was bedeutet überhaupt sehen?*
In einem Gespräch mit der Klasse machen wir uns zu solchen Fragen Gedanken. Wir können nur sehen, wenn Licht da ist. Licht beleuchtet Gegenstände. Es gibt offenbar Lichtquellen und Dinge, die nicht selber Licht erzeugen, dieses aber zurückwerfen. Die meisten Gegenstände werfen das Licht aber nicht nur zurück. Die Form und die Oberfläche der Körper, die das Licht zurückwerfen, das auf sie auftrifft, geben diesem die Information ihres Aussehens mit. So, dass wir also das zurückgeworfene Licht in veränderter Form sehen, geprägt durch den Gegenstand, der es zurückwirft.
Wir studieren die Beschreibungen von Lukrez, der in seinen Schriften *de rerum natura*[222] den Vorgang des Entstehens von Bildern beschreibt. (Der Text ist im Kapitel 6.1.1 abgedruckt)
Sind es also (wie Lukrez es beschreibt) dünne Häutchen, die sich von den Gegenständen lösen, so dass wir diese sehen können?
Unglaublich, wie die rote Tulpe aus *weißem* Licht rotes zaubert und der Stängel ein sattes Grün erzeugt! Das Bild der Tulpe gelangt dann quer durch den Raum in unser Auge. Aber offenbar muss sich das Bild in alle Raumrichtungen verteilen, da wir ja aus allen möglichen Raumrichtungen die Tulpe sehen können! Das Bild der Tulpe füllt also den ganzen Raum! Das trifft aber auch für das Bild des blauen Ballons zu, der vorne auf dem Tisch liegt, und für alle anderen Bilder, die von Gegenständen im Zimmer ausgehen. Die verschiedenen Bilder müssen sich also alle irgendwie durchdringen bei ihrer Ausbreitung im Raum. Der Raum ist also dauernd durchströmt von Bildern, eine dauernde Flut von Informationen bewegt sich ständig, in alle Himmelsrichtungen sich ausbreitend, durch den Raum und dies mit der Geschwindigkeit des Lichts! Wir brauchen unsere Augen nur aus der richtigen Position richtig auszurichten, um ein bestimmtes Bild aufzufangen. Stören sich denn all diese Bilder gegenseitig nicht?
Nur noch verwirrender wird es, wenn wir eine Oberfläche in den Raum stellen, die das Licht *geordnet* zurückwirft, einen Spiegel. Bilder von Gegenständen werden von dieser Fläche nicht einfach *verschluckt* sondern wieder in den Raum

---

222 Diels, Hermann (1924): *Lukrez – Über die Natur der Dinge*. deutsche Übersetzung von *de rerum natura* (55. v. Chr.),. Im Internet: [7].

zurückgeworfen wie ein Ball, der aus dem Spielfeld fliegen will, wieder zurück ins Spiel geworfen wird.

Diese Eingangsgedanken werfen eine Fülle von Fragen auf. Was ist ein Bild? Was macht die Oberfläche eines Gegenstandes mit Licht und was ist ein Spiegel?

6.3.3   Wie breitet sich Licht aus?

Der Raum ist verdunkelt, eine Kerze brennt. Die kleine Kerze reicht aus, um den ganzen Raum mit Licht zu füllen. Wie breitet sich Licht aus? Verströmt es rauchartig im Raum, ergießt es sich einer Flüssigkeit oder einem Gas gleich ins Zimmer? Oder bewegt es sich wie ein Teilchenstrom, von der Kerze in den Raum geworfen? An einer besonderen Lichtquelle können wir die Ausbreitung von Licht studieren. Ein Laser hat die Eigenschaft, dass sein Licht nur in eine Richtung aus seiner Öffnung gelangt, anders als bei der Kerze, bei welcher die Flamme das Licht in alle Richtungen abgibt. Die Schülerinnen und Schüler stellen sich auf einer Seite des Experimentiertischs auf. Der Laser wird senkrecht zur Blickrichtung der Schülerinnen und Schüler gegen die Wand gerichtet. Der Laser wird eingeschaltet. Sofort erscheint ein Lichtpunkt an der Wand. Wie gelangt nun das Licht an die Wand? Es ist ja zwischen dem Laser und der Wand gar nicht zu sehen! Wir erinnern uns nochmals daran, was *sehen* bedeutet. Sehen heißt: Licht gelangt in unser Auge, wo es auf die Netzhaut trifft.

Wir folgen Wagenschein, der uns in den *Naturphänomenen* den Weg zum Erkennen der Natur vom *Licht und den Dingen* weist. Wagenschein beobachtet die Sonnenstäubchen, die im Sonnenlicht tanzen. So blasen auch wir Kreidestaub oder Rauchteilchen in den Laserstrahl. Und plötzlich wird er sichtbar! Wagenschein stellt fest:

> „Ohne den Lichtbalken gab es die Stäubchen nicht zu sehen, und ohne die Sternchen war kein Lichtbalken da. – So also, sagte er sich, ist das Licht: *An sich selber ist es nicht zu sehen, nur an den Dingen; und auch die Dinge sind aus sich selber nicht zu sehen, sondern nur im Licht!*"[223]

Ohne Stäubchen bewegt sich das Laserlicht offenbar geradewegs an die Wand, ohne sich von seiner geraden Bahn abweichend in unser Auge zu bemühen. Wir sehen den Laserstrahl von der Seite nicht, denn sehen bedeutet *Licht ins Auge bekommen*. Erst wenn wir Staubteilchen ins Licht geben, lenken diese das Licht ab und zwar in alle Raumrichtungen, so dass auch ein wenig Licht in unsere

---

223 Wagenschein, Martin: *Naturphänomene sehen und verstehen*. h.e.p.-Verlag, Bern 2010, S. 116 f.

Augen gelangt. Allerdings gelangt immer noch genügend Licht zwischen den
Staubteilchen hindurch, so dass der Strahl bis hinten an die Wand Stäubchen beleuchtet und so die ganze Laserspur sichtbar wird und der Flecken an der Wand
immer noch zu sehen ist.

Wie ein straff gespannter Faden verbindet das Licht die Mündung der Laser-
kanone mit der Wand. Nein, kein Faden könnte so straff gespannt werden, wie das
Laserlicht das vormacht! Der Strahl durchfliegt eine perfekte Gerade, er nimmt
den absolut kürzesten Weg von der Mündung zur Wand. Bewegt sich auch das
Licht einer Kerze so?

Schirmen wir den Schein der Kerze mit einer Kartonschachtel ab, in der ein
Loch herausgeschnitten ist, dann können wir die Ausbreitung eines Teils des
Kerzenlichtes beobachten. Die Kartonschachtel hält das Kerzenlicht überall auf,
außer beim Loch. Das austretende Kerzenlicht erzeugt am parallel zur Schachtel-
wand stehenden Schirm einen kreisrunden Lichtflecken. Dieser wird grösser,
wenn wir den Schirm etwas entfernen und wird kleiner, wenn wir den Schirm
näher ans Loch rücken, allerdings nie kleiner, als das Loch selber.

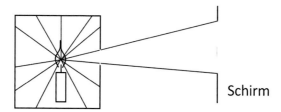

Schirm

Abbildung 79:   Erwartete Schülerskizze (schematisch).

Was bedeutet das? Wie kommt das Licht aus der Schachtel? Und wie gelangt es
an den Schirm? Die Schülerinnen und Schüler fertigen eine Skizze an, in der sie
den Weg des Lichtes von der Schachtel an den Schirm skizzieren.

Offenbar gilt auch für das Kerzenlicht, dass es sich geradlinig ausbreitet!
Wir fassen zusammen:

• Licht breitet sich geradlinig aus, wenn es nicht „gestört" wird.
• Licht sehen wir nur, wenn es in unser Auge fällt.
• Gegenstände sehen wir nur, wenn diese selber Licht erzeugen oder Licht
  von deren Oberfläche in unser Auge gelenkt wird.
• Gegenstände und deren Oberflächen verändert das Licht, das auf sie auf-
  trifft.

6.3.4   *Der Blick in die Spiegelwelt*

Der Raum ist abgedunkelt. Auf dem Tisch liegt ein Spiegel von oben darauf ge-
richtet eine Leselampe. An der Decke des Schulzimmers ergibt sich ein heller
Flecken – das Licht wird gespiegelt. Mit dem Rücken zu den Schülerinnen und
Schülern, so dass sie nicht sehen können, was ich mache, bewege ich langsam eine
meiner Hände in den reflektierten Lichtkegel der Lampe (also oberhalb der Lampe,
Abbildung 80a). Nun bewege ich die Hand langsam von oben nach unten in den
Bereich unterhalb der Lampe. Plötzlich erscheinen an der Decke zwei Schattenhände. Noch verwirrender wird es, wenn die zweite Hand dazu kommt. Ich lasse
die Schülerinnen und Schüler besprechen, wie der Effekt zustande kommt.

Ein Grund für diese Übung ist, dass das Phänomen des Spiegelns für die
meisten keines ist, das besondere Aufmerksamkeit erregt. Jeden Tag tausendfach
gesehen, scheint der Vorgang verstanden und begriffen. Das Spiel mit den Schat-
tenhänden fordert die Schülerinnen und Schüler heraus und lenkt ihre Aufmerksamkeit auf das sonderbare Phänomen der Spiegelwelt. Dabei ist es wichtig, dass
die beiden oben dargestellten Situationen nicht skizziert und gezeichnet werden.
Die Skizzen würden vieles vorwegnehmen. Woher kommt der zweite Schatten?
Es scheint, als ob eine zweite Hand im Spiel wäre. Wo ist sie? Kann die Hand im
Spiegel, also die Spiegelhand, einen Schatten werfen?

a.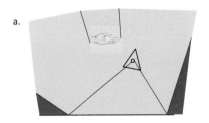   b.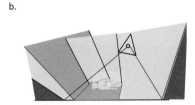

Abbildung 80:   Schematische Darstellung der Spielerei mit Spiegel, Lampe und
                  Händen

Nachdem genügend gespielt wurde, wird eine neue Szenerie aufgebaut (siehe
Abbildung 81): Auf dem Tisch steht eine Kerze und eine Vase, davor aufgestellt
ein Spiegel. Die Kerze und die Vase spiegeln sich in der Glasplatte. Die Glasplatte erzeugt eine Spiegelwelt. Bei genauerem Betrachten ist ersichtlich, dass die
Kerze an der Vase verschiedene Schatten erzeugt. Oder müsste man besser sagen
„die Kerze*n* an *den* Vase*n*?" Die Schatten entstehen nicht nur aufgrund der

Beleuchtung durch die reale Kerze, sondern auch aufgrund der Beleuchtung durch die Spiegelkerze. Auch die Spiegelvase wirft zwei Schatten, je einen wegen der Spiegelkerze und einer wegen der realen Kerze. Am meisten verblüfft aber jenes Übergreifen aus der Spiegelwelt in die reale Welt, wobei der Schatten der Spiegelvase aus dem Spiegel herauskommt und real wird und der Schatten der realen Vase sich in der Spiegelwelt fortsetzt!

Inwiefern ist die Spiegelwelt vergleichbar mit der realen Welt? Ersetzt die Spiegelwelt eine reale Welt? Um diese Fragen zu beantworten, greifen wir auf einige weitere Experimente zurück, die Erb/Schön in ihrer Unterrichtseinheit vorschlagen: *Wo* sind denn die Spiegelgegenstände verglichen mit den realen? Mit Hilfe eines Maßstabes messen wir die Distanz des realen Gegenstandes zum Spiegel. Sofort ist klar, dass die Spiegelkerze gleich weit im Spiegel ist, wie der reale Gegenstand vor dem Spiegel steht.

Abbildung 81:   Abbildung aus Erb/Schön: „Kerze und Spiegelkerze erzeugen an der Vase verschiedene Schatten."

Lässt sich die Spiegelwelt durch eine reale Welt ersetzen? Die Schülerinnen und Schüler erhalten den Auftrag, die Spiegelwelt hinter dem Spiegel nachzubauen. Es braucht dazu eine zweite Kerze und eine zweite Vase. Als Hilfe wird unter der Szenerie die Fläche mit Packpapier ausgelegt, so dass auf dem Tisch die Positionen markiert und vermessen werden können. Nach der Bereitstellung kommt der Test. Die Schülerinnen und Schüler positionieren sich so, dass sie von schräg vorne auf den Spiegel blicken können. Und nun wird „der Vorhang gelüftet" (der Spiegel gehoben)! Verblüffend ist festzustellen, dass die nachgebaute Spiegelwelt die Spiegelwelt (ziemlich) genau ersetzt.

Was nun aber was unterscheidet die Spiegelwelt von der Realität? Erb/Schön schreiben in ihrem Artikel: „Die Spiegelwelt ist nur eine *Sehwelt* und keine *Tastwelt*". Welche Eigenschaften hat sie noch? Die Spiegelwelt ist *spiegelverkehrt*. Was heißt das? Entgegen häufiger Formulierungen ist im Spiegel nicht *links* und *rechts* vertauscht, sondern *hinten* und *vorne*! Ein schönes Bild des Belgischen Surrealisten René Magritte (1898-1967) dient als Illustration: Ist das alles nur eine *Illusion*? Die Betrachtungen führen uns zur Frage zurück, was *Sehen* bedeute.

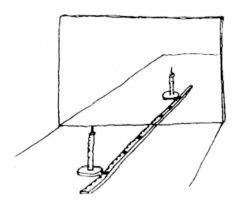

Abbildung 82:   Abbildung aus Erb/Schön: Der Zollstock im Spiegel.

6.3.5   Der kürzeste Weg

Das Licht geht offenbar von der Lampe zum Spiegel und von da in unser Auge. Aber wie? Welchen Weg nimmt das Licht von der Lampe über den Spiegel bis zu unserem Auge?

Wir haben früher gesehen, dass wir nicht unterscheiden können, ob das Licht von der richtigen oder der Spiegelkerze zu uns gelangt. Um den Weg des Lichts nachzuvollziehen, ist es aber einfacher, die Spiegelkerze zu Hilfe zu nehmen. Es ist einfacher zu denken, das Licht komme aus dem Spiegel. In diesem Fall wird es nämlich am Spiegel nicht abgelenkt und beschreibt eine Gerade. Eine Gerade ist die kürzeste Verbindung zwischen zwei Punkten.

Ohne Spiegelwelt ist die Argumentation etwas anders: Das Licht der realen Kerze gelangt an den Spiegel und wird dort reflektiert. Aber wo auf dem Spiegel? Nun, das Licht gelangt ja vom Spiegel in unser Auge auf demselben Weg wie jenes von der Spiegelkerze. Also muss das Licht von der realen Kerze genau dort auf den Spiegel treffen, wo das Licht der Spiegelkerze aus dem Spiegel kommt! Zwischen Kerze und Spiegel aber bewegt sich das Licht auch geradlinig. Damit haben wir den Lichtweg eindeutig konstruiert! Wir können uns beliebig viele andere Wege denken, die das Licht von der Lampe über den Spiegel in unser Auge nehmen könnte (vgl. Abbildung 84). Aber es nimmt genau diesen einen, den Lichtweg.

Wie lange ist denn der effektive Weg von der Lampe zum Spiegel? Er ist genauso lange, wie der Weg von der Spiegellampe bis zu unserem Auge! Dass das so ist, finden die Schülerinnen und Schüler über geometrische Überlegungen selber heraus. Da die Spiegellampe genau gleich weit in der Spiegelwelt hinter dem Spiegel ist wie die reale Lampe in der realen Welt vor dem Spiegel, ist natürlich auch die Distanz von der Spiegellampe zum Spiegelpunkt auf dem Spiegel gleich weit wie die Strecke von der realen Lampe zu diesem Punkt.

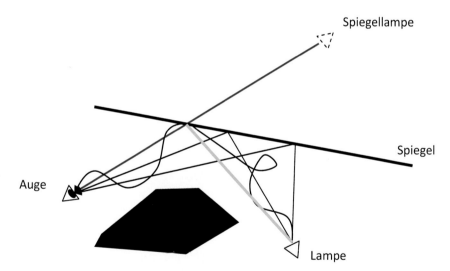

Abbildung 83:   Das Licht gelangt von der Lampe an den Spiegel und von da in unser Auge. Aber welchen Weg nimmt es? Zur Konstruktion des Lichtweges hilft die Spiegellampe.

Ohne Spiegelwelt ist die Argumentation etwas anders: Das Licht der realen Kerze gelangt an den Spiegel und wird dort reflektiert. Aber wo auf dem Spiegel? Nun, das Licht gelangt ja vom Spiegel in unser Auge auf demselben Weg wie jenes von der Spiegelkerze. Also muss das Licht von der realen Kerze genau dort auf den Spiegel treffen, wo das Licht der Spiegelkerze aus dem Spiegel kommt! Zwischen Kerze und Spiegel aber bewegt sich das Licht auch geradlinig. Damit haben wir den Lichtweg eindeutig konstruiert! Wir können uns beliebig viele andere Wege denken, die das Licht von der Lampe über den Spiegel in unser Auge nehmen könnte (vgl. Abbildung 84). Aber es nimmt genau diesen einen, den Lichtweg.

Wie lange ist denn der effektive Weg von der Lampe zum Spiegel? Er ist genauso lange, wie der Weg von der Spiegellampe bis zu unserem Auge! Dass das so ist, finden die Schülerinnen und Schüler über geometrische Überlegungen selber heraus. Da die Spiegellampe genau gleich weit in der Spiegelwelt hinter dem Spiegel ist wie die reale Lampe in der realen Welt vor dem Spiegel, ist natürlich auch die Distanz von der Spiegellampe zum Spiegelpunkt auf dem Spiegel gleich weit wie die Strecke von der realen Lampe zu diesem Punkt.

Die Strecke von der Spiegellampe zum Auge ist aber eine Gerade. Und die Gerade ist die kürzeste Verbindung zwischen zwei Orten. Ist auch der Lichtweg zwischen der realen Lampe und dem Auge die kürzeste Verbindung? Nein, natürlich nicht! Man könnte ja eine direkte Verbindung zwischen Lampe und Auge machen. Nun ist da aber ein optisches Hindernis dazwischen. Das Licht muss also über den Spiegel, soll es ins Auge gelangen. Welches ist denn der kürzeste Weg zwischen Lampe und Spiegel, wenn das Licht die Randbedingung hat, über den Spiegel zu laufen? Also welches ist der kürzeste Weg Lampe – Spiegel – Auge?

Die Schülerinnen und Schüler sollen diese Frage diskutieren. Verschiedene Lichtwege werden gezeichnet und verglichen. Einige haben die Lösung rasch, andere brauchen etwas länger. Der kürzeste Weg ist gerade jener, den das Licht tatsächlich macht! Es kommen Einwände und gerade jenen müssen wir nachgehen: Z. B. wird behauptet, alle Wege Lampe – Spiegel – Auge seien gleich lang. Wir überprüfen die Hypothese mit Hilfe der Spiegelwelt: In Abbildung 84 ist in Situation A nochmals der effektive Lichtweg gezeichnet. Bei Situation B haben wir einen anderen hypothetischen Lichtweg gezeichnet. Würde der Lichtstrahl, wie in Situation B gezeichnet verlaufen, dann würde aber der Lichtstrahl, der aus der Spiegelwelt kommt, einen Knick machen. Jeder *geknickte Weg* ist aber länger als der gerade. Jeder andere Weg, als jener in Situation A ist aber geknickt. Das bedeutet, dass der Lichtweg A tatsächlich der kürzeste ist!

Das Licht nimmt also nicht nur bei direkter Beleuchtung den direktesten Weg, nein, auch wenn das Licht den Umweg über den Spiegel nimmt, nimmt es den kürzesten Weg!

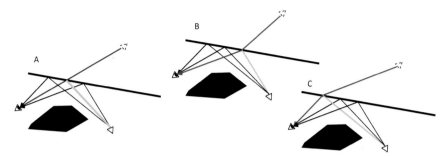

Abbildung 84: Der wahre Lichtweg A ist der kürzeste. Das sieht man daran, dass bei allen anderen denkbaren Lichtwegen das "Spiegellicht" einen Knick machen würde (B und C)!

6.3.6 Lichtbrechung – Dinge sind nicht dort, wo wir sie sehen!

Wir versammeln uns vor einem Aquarium, das mit Wasser gefüllt ist. Am Grund des Aquariums liegt eine kleine Muschel. An einem Stativ außerhalb des Aquariums ist an einem Stativ eine Zielvorrichtung befestigt. Sie besteht aus einem Alu-Rohr, durch welches eine Stativstange geführt werden kann. Ein Schüler hat den Auftrag das Zielfernrohr so auszurichten, dass die Muschel angepeilt wird. Eine Schülerin kontrolliert und bestätigt die Ausrichtung der Zielvorrichtung. Nun wird die „Harpune" – eine Stativstange – durch das Zielfernrohr geschoben. Sie bewegt sich genau in die Richtung der Muschel im Aquarium – jedenfalls solange die Stange außerhalb des Wassers ist! Im Moment des Eintauchens der Harpune ins Wasser geschieht etwas Sonderbares. (Am besten ist es von schräg oberhalb der Wasseroberfläche zu sehen). Die Harpune, die massive Stativstange aus Eisen macht einen Knick nach oben und verfehlt die Muschel! Was ist da geschehen?

Wir wiederholen das Experiment einige Male. Das Resultat bleibt das gleiche. Der Eisenstab verliert seinen Knick beim Herausziehen aus dem Wasser wieder. Natürlich ist es nicht der Stab, der verformt wurde. Aber es sieht so aus, wenn er ins Wasser eintaucht. Was macht uns glauben, dass der Stab geknickt ist?

Einige Schülerinnen und Schüler erinnern sich, dass am und im Wasser immer solche Verzerrungen auftreten. „Wenn ich im Schwimmbad im seichten Wasser stehe, sieht es aus, als ob ich sehr kurze Beine hätte".

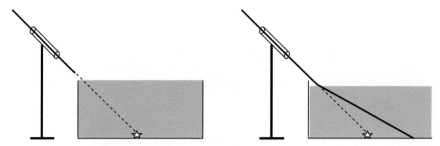

Abbildung 85:   Trotz genauer Ausrichtung des Zielrohrs (links) verfehlt die
                 Harpune die Muschel (rechts).

Anstelle des Eisenstabs befestigen wir am Stativ einen Laserpointer. Am Licht,
von dem wir wissen, dass es sich *unter normalen Umständ*en geradlinig ausbreitet, studieren wir, was das Wasser *mit der Richtung anstellt*! Damit wir den
Lichtstrahl im Wasser sehen können, geben wir einen Tropfen Kaffeerahm ins
Wasser. Dieser streut einen Teil des Lichtes so, dass wir den Strahl von der Seite
beobachten können.

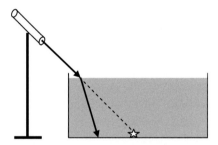

Abbildung 86:   Der Laserstrahl wird in die andere Richtung als der Eisenstab
                 geknickt!

Erstaunt stellen wir fest, dass der Laserstrahl in die andere Richtung geknickt
wird! Was geschieht mit der Richtung des Strahls, wenn der Lichtstrahl aus dem
Wasserkommen und in die Luft übergehen würde?
    Um das zu untersuchen, legen auf den Boden des Aquariums einen Spiegel,
der das Licht reflektiert.

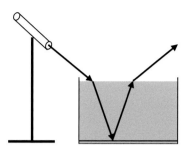

Abbildung 87:   Der Prozess des Abknickens ist symmetrisch, d. h. der Licht-
                 strahl wird beim Eintreten in das Wasser genau gleich stark
                 geknickt, wie er beim Austreten zurückgeknickt wird.

Der Lichtstrahl wird am Spiegel reflektiert und an der Wasseroberfläche erneut
abgelenkt, allerdings diesmal in die andere Richtung. Und zwar wird er um denselben Betrag *zurückgeknickt*, wie er beim Eintritt ins Wasser geknickt wurde.
Das bringt uns zur folgenden Erkenntnis, die wir gemeinsam festhalten:

- Das Licht, das uns aus dem Wasser heraus erreicht, hat an der Wasseroberfläche eine Richtungsänderung gemacht.
- Wir können also nicht davon ausgehen, dass das Licht, das unser Auge aus
  dem Wasser kommend erreicht, geradlinig, auf direktestem Weg zu uns
  gekommen ist.

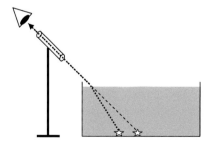

Abbildung 88:   Die Muschel liegt nicht dort, wo wir sie sehen, sondern näher bei
                 uns, weil beim Austreten ihres Bildes dieses in unsere Richtung
                 abgelenkt wird.

Die Schülerinnen und Schüler haben nun die Aufgabe, sich die Sache mit dem Zielfernrohr, der Harpune und der Muschel nochmals zu überlegen. Ich gebe ihnen den Hinweis, dass sie sich überlegen sollen, woher das Licht eigentlich kommt, das die Muschel uns entgegenwirft!

Nach einigem Rätseln und Skizzieren sammeln wir die Skizzen auf einem Tisch. Ich bitte eine Schülerin, uns ihre Erkenntnis zu erklären: „Die Muschel liegt nicht dort, wo wir sie zu sehen glauben, weil das Licht der Muschel beim Austreten geknickt wird und *um die Ecke* zu unserem Auge gelangt!"

Blicken wir von oben in ein Wasserbecken, sehen wir also die Dinge immer zu weit vorne. Das ist auch der Grund, warum der Eisenstab, sobald er ins Wasser eintaucht nach oben geknickt wird. Wir sehen den eingetauchten Teil des Stabes weiter vorne, als er in Wirklichkeit ist!

6.3.7   Das Brechungsgesetz

Ist das nur beim Wasser so? Auf diese Frage bin ich natürlich vorbereitet: An einer *optischen Wand* habe ich einen rechteckigen Glaskörper befestigt, auf den der Wand entlang ein Lichtstrahl gerichtet ist. Wir beobachten daran genau das Gleiche, was wir auch beim Wasser beobachtet haben.

Offenbar gibt es Medien, die Lichtstrahlen ablenken: Wasser, Glas. Eine Schülerin bemerkt entsetzt: „Dann sehen wir ja die Dinge, wenn wir durchs Fenster nach draußen blicken nie dort, wo sie eigentlich sind!!".

Ich beauftrage die Schülerinnen und Schüler, ein *Gesetz über die Lichtablenkung* zu formulieren. Als Auflösung lesen wir in der Kulturgeschichte von Simonyi nach, wie Fermat das beschreibt.

Wie aber lässt sich diese Lichtablenkung verstehen? Was ist schuld daran? Um diese Frage zu klären, müssten wir der Frage nachgehen, was Licht denn eigentlich ist und wie es mit der Wasser- bzw. der Glasoberfläche wechselwirkt. Wir haben aber eingangs beschlossen, diese Frage nicht selber zu klären. Zu weit würde sie uns wegführen von unserer Ausgangsfrage nach dem Weg des Lichts.

6.3.8   Wie ändert sich der Lichtweg?

Johannes Keppler, einer der großen Astronomen im 17. Jahrhundert hat sich intensiv mit dem Phänomen der Brechung auseinandergesetzt. Er hat bereits festgestellt, dass sich bei größerem Einfallswinkel α auch der sogenannte Brechungswinkel β vergrößert. Vor allem aber hat er herausgefunden, dass sich β bei größerem Einfallswinkel α deutlich nicht mehr proportional zu α verhält! Wir wollen hier Johannes Kepplers Erkenntnis nachvollziehen. Dazu zeichnen wir auf einem Blatt Papier die nebenstehende Situation und legen einen halbkreisförmigen Glaskörper auf das Papier.

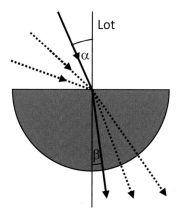

Abbildung 89:   Einrichtung zur Bestimmung des Brechungswinkels β in Abhängigkeit vom Einfallswinkels.

Der Halbkreis hat die Eigenschaft, dass, wenn wir einen Lichtstrahl genau im Zentrum des Kreises auf die Grenzfläche zum Glas treffen lassen, dieser unabhängig von der neuen Richtung den Weg eines Radialstrahls beschreibt und beim Austreten aus dem Glas wieder senkrecht die Trennfläche trifft, dabei jedoch nicht mehr abgelenkt wird: Denn, trifft ein Lichtstrahl senkrecht auf eine Trennfläche, wird er nie gebrochen! Wir können so den Winkel β auch außerhalb des Glaskörpers noch bestimmen.

Mit dieser Einrichtung nehmen wir eine Messreihe auf, indem wir den Winkel α in regelmäßigen Abständen vergrößern und jeweils den entsprechenden *Brechungswinkel β* messen. Die ersten Messpunkte die in einem Diagramm eingetragen werden scheinen sich nicht von einer Geraden wegzubewegen, scheinen sich also proportional zueinander zu verhalten. Ab einem Einfallswinkel von etwa 40° weichen die Messwerte aber deutlich von der Geraden ab.

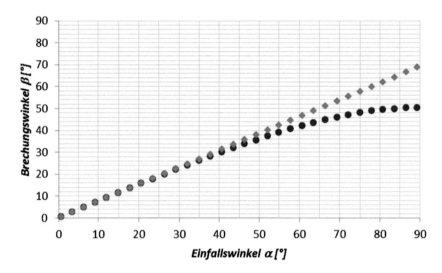

Abbildung 90:   Einfallswinkel α und Brechungswinkel β verhalten sich nicht
                 proportional zueinander.

Warum aber tut das Licht das? Womit hat das zu tun? Ich berichte den Schüle-
rinnen und Schüler in einer Lektion von den unglaublichen Mühen, welche die
Physiker vom 17. bis ins 19. Jahrhundert hatten, um zu verstehen, wie man Licht
am besten beschreiben könnte: als Teilchenstrom, als Welle? Die beiden größten
Kontrahenten in dieser Frage waren Newton und Huygens. Beide fanden die
Begründung für die Lichtablenkung in der Veränderung der Geschwindigkeit des
Lichtes in den Medien Wasser oder Glas. Allerdings behauptete Newton, das
Licht bewege sich in diesen Medien schneller als in Luft, Huygens behauptete
das Gegenteil und mit ihm namhafte Optiker wie Fermat oder Maupertuis. Beide
Lager waren in der Lage, mit ihren Theorien die Lichtbrechung zu begründen,
und die Frage danach, wer Recht behalten würde, entschied sich nicht während
deren Lebenszeit. Huygens sollte recht behalten: Tatsächlich bewegt sich das
Licht in Wasser oder Glas langsamer als in Luft und darin liegt die Begründung
der Lichtablenkung. Wie das genau geht, soll uns vorerst nicht weiter beschäftigen. Dass das Licht in diesen Medien sich aber langsamer fortbewegt, wird in
unserer nächsten Lektion ganz wichtig werden!

6.3.9   *Der kürzeste Weg ist nicht immer der schnellste!*

Zu Beginn der folgenden Stunde stelle ich den Schülerinnen und Schülern ein Rätsel:

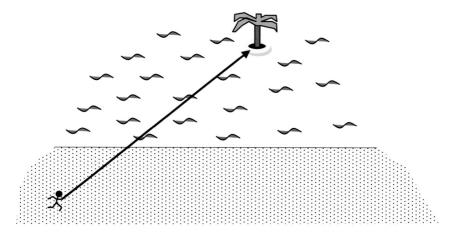

Abbildung 91:   Der Indianer muss möglichst rasch auf die Insel! Welchen Weg wählt er?

„Der Indianer in der Abbildung 91 muss sich vor seinen Verfolgern möglichst schnell auf die Palmeninsel flüchten, um dort an seine Pfeile und seinen Bogen zu kommen. Dabei hat er zuerst noch einige Meter über den Strand bis zum Ufer zurückzulegen, anschließend muss er durch das unruhige Wasser zur Insel schwimmen. Welchen Weg soll er einschlagen, um möglichst rasch auf der Insel zu sein?"

Natürlich kommt der Indianer über Land laufend schneller voran als schwimmend im Wasser. Der Indianer ist also möglicherweise schneller auf der Insel, wenn er den etwas weiteren Weg über den Strand läuft, um dann etwas weniger weit im Wasser schwimmen zu müssen. Sein Weg wäre dann insgesamt etwas länger als die gerade Verbindung, dafür aber kann er länger mit der größeren Geschwindigkeit unterwegs sein. Wir können das an einem Beispiel rechnen (vgl. dazu die Box unten).

(Etwas unglücklich ist, dass die in diesem Kapitel verwendeten Winkelbe-
zeichnungen α und β nicht dem oben eingeführten Einfallswinkel α bzw.
Brechungswinkel β entsprechen!)

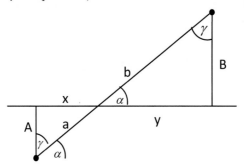

Gegeben sind die folgenden Größen:
- A: der Abstand des Indianers vom Ufer
- B: der Abstand der Insel vom Ufer
- α: der Winkel gegenüber der Uferlinie (Waagrechten), unter welchem der
  Indianer gegen das Ufer rennt.
- v_s: die Geschwindigkeit, die der Indianer im Sand rennt.
- v_w: die Geschwindigkeit, mit welcher der Indianer schwimmt.

Die anderen Größen lassen sich mit einfachen geometrischen Überlegungen
aus den gegebenen Größen ableiten:

$$\gamma = 90° - \alpha$$
$$x = A \cdot \tan(\gamma)$$
$$a = \sqrt{x^2 + A^2} = \sqrt{A^2(\tan^2(\gamma) + 1)} = A\sqrt{\tan^2(\gamma) + 1} = A\frac{\tan(\gamma)}{\sin(\gamma)}$$
$$y = B \cdot \tan(\gamma)$$
$$b = \sqrt{y^2 + B^2} = \sqrt{B^2(\tan^2(\gamma) + 1)} = B\sqrt{\tan^2(\gamma) + 1} = B\frac{\tan(\gamma)}{\sin(\gamma)}$$

Die Zeit t, die der Indianer braucht, um auf die Insel zu gelangen, ergibt sich
aus der Wegstrecke s, die er zurücklegen muss, geteilt durch die
Geschwindigkeit v, mit der er sich bewegt. Da er sich mit zwei verschiedenen
Geschwindigkeiten bewegt (Sand v_s bzw. Wasser v_w), ergibt dies eine
Mischrechnung:

$$t = \frac{s}{v} = \frac{a}{v_s} + \frac{b}{v_w}$$

Wie sieht das jetzt aus, wenn der Indianer nicht auf der direkten Verbindungslinie zur Insel läuft, sondern mit der höheren Geschwindigkeit etwas länger
über den Sand a', dafür sich dann mit der niedrigeren Geschwindigkeit etwas
kürzer durchs Wasser b' bewegt? Um diese Laufzeit zu berechnen, müssen wir
die Länge von a' uns b' kennen, wenn der Indianer um den Winkel β von der
geraden Verbindung abweicht. Auch das können wir wieder mit einfachster
Geometrie beschreiben.

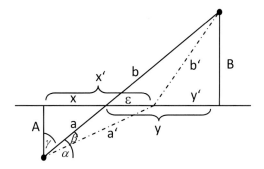

Dazu brauchen wir noch die Hilfsgrössen x', y' und ε :

$$x' = A \cdot \tan(\gamma + \beta)$$
$$\varepsilon = x' - x = A \left(\tan(\gamma + \beta) - \tan(\gamma) \right)$$
$$y' = y - \varepsilon = B \cdot \tan(\gamma) - A \left(\tan(\gamma + \beta) - \tan(\gamma) \right)$$

Mit diesen Hilfsgrössen können wir nun mit dem Satz von Pythagoras a' und
b' berechnen:

$$a' = \sqrt{x'^2 + A^2} = A\sqrt{\tan^2(\gamma + \beta) + 1} = A\frac{\tan(\gamma+\beta)}{\sin(\gamma+\beta)}$$
$$b' = \sqrt{y'^2 + B^2} = \sqrt{(y - \varepsilon)^2 + B^2} = \sqrt{y^2 - 2y\varepsilon + \varepsilon^2 + B^2} = \cdots$$

Dies ergibt einen sehr langen Ausdruck in γ und β, den es hier nicht lohnt
aufzuschreiben. Aus a' und b' können wir nun t' berechnen:

$$t' = \frac{a'}{v_s} + \frac{b'}{v_w}$$

In einem Kalkulationsprogramm (z. B. *Excel*) lässt sich mit diesen Formeln
spielen und „experimentell" herausfinden, untern welchem Winkel β der Indianer laufen muss, damit er die kürzeste Laufzeit zur Insel hat. Das Resultat
der Spielerei mit den Formeln könnte etwa so aussehen:

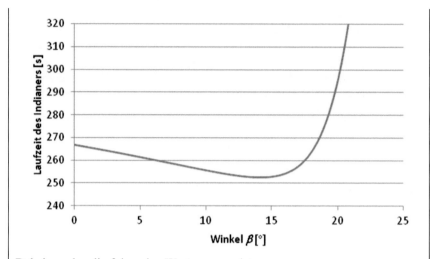

Dabei wurden die folgenden Werte verwendet:

$$v_s = 1.5 \text{ m/s}; \; v_w = 1 \text{ m/s}; \; A = 50 \text{ m}; \; B = 100 \text{ m}; \; \alpha = 30°$$

Der Indianer ist unter diesen Bedingungen am schnellsten, wenn er unter einem Winkel von $\beta = 14.2°$ von der geraden Verbindungslinie zur Insel abweicht.

Die Schülerinnen und Schüler zeichnen die Situation auf einem weißen Blatt Papier auf. Dabei sollen bei allen die Darstellungen *ähnlich* sein, das heißt, dass bei allen die Verhältnisse der Linien zueinander gleich sein müssen: *A muss halb so groß wie B sein und der Winkel α soll 30° betragen* (siehe Abbildung 92).

Bevor die Schülerinnen und Schüler einen Laserpointer erhalten, um selber zu experimentieren, versammeln wir uns um den Tisch und schauen uns die Situation gemeinsam an: Wir legen nun auf die Zeichnung an Stelle des Wassers einen Glaskörper, durch den unsere Insel aber immer noch gut sichtbar ist. Für den Indianer verwenden wir den Lichtstrahl des Laserpointers, der den Weg zur Insel zurücklegen soll. Das Glas wurde so gewählt (bzw. im Beispiel mit dem Indianer wurde darauf geachtet), dass die Geschwindigkeit des Lichts in der Luft ebenfalls 1.5mal *grösser* ist als im Glaskörper, so dass die Bedingungen vergleichbar sind. Wir bewegen den Laserstrahl so übers Papier, dass der sichtbare Laserpunkt langsam dem vorgezeichneten optimalen Weg des Indianers über den Sand folgt und sich langsam dem „Ufer" nähert. Sobald der Laserpunkt an die Grenzfläche zum Glas (bzw. Wasser) gelangt, geschieht etwas Erstaunliches: Der Laserstrahl folgt genau dem vorgezeichneten Weg und nimmt Kurs auf die Insel!

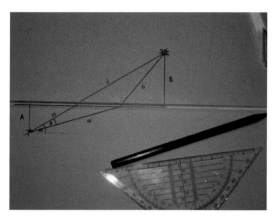

Abbildung 92:   Skizze mit Indianer, Insel und den verschiedenen Wegstrecken.
                 Der obere Teil (jener im „Wasser") ist hinter Glas.

Wie wenn der Laserstrahl wüsste, wo die Insel liegt! Der Lichtstrahl nimmt genau den Weg, den der Indianer im optimalen Fall nimmt. Der Lichtstrahl weiß
offenbar, wo der optimale, das heißt der schnellste Weg durchführt!

Abbildung 93:   Das Laserlicht wird auf den „optimalen Weg" in Richtung Ufer
                 geschickt (links); Das Licht erreicht das „Ufer" (Mitte) und än-
                 dert die Richtung, genau auf die Insel zu (rechts)!

Das müssen wir zuerst etwas verdauen. Geht das nur bei der vom Lehrer vorbe-
reiteten Situation? Die Schülerinnen und Schüler müssen das selber ausprobieren.
Nach einigem Probieren wird unter den Schülerinnen und Schülern heftig diskutiert. „Der Laserstrahl kann ja nicht wissen, wo die Insel ist!", „Der Laserstrahl
kann ja nicht den kürzesten Weg zwischen zwei Orten wählen, er weiß ja vorher
gar nicht, dass nach der Luft dann noch Glas kommen wird!!", „Man kann nur

im Nachhinein sagen, der Laser habe den schnellsten Weg zwischen zwei Orten gewählt, weil er vorher ja gar nicht gewusst hat, wohin er muss und was da noch kommt!"

Wir einigen uns darauf, dass man mit Hilfe des Lasers immerhin den schnellsten Weg zwischen zwei Orten A und B finden kann, indem man ihn so ausrichtet, dass er durch beide Punkte geht. Und die Feststellung bleibt, dass das Licht sich offenbar so bewegt, dass es auch jetzt noch immer den schnellsten Weg zwischen den von ihm besuchten Orten nimmt. Der schnellste Weg ist jetzt aber nicht mehr der geometrisch kürzeste!

6.3.10   Was ändert die Richtung beim Lichtstrahl

Christiaan Huygens und Isaac Newton haben sich im ausgehenden 17. Jahrhundert einen heftigen wissenschaftlichen Disput über die Natur des Lichtes geliefert. Während Newton behauptete, Licht bestehe aus einem Strom von Teilchen, war Huygens der Meinung, dass es sich bei Licht um eine Wellenerscheinung handle. Er hatte dafür ein Modell entwickelt, das die Lichtbrechung gut erklären konnte. Aus diesem Modell lässt sich auch eine Gesetzmäßigkeit ableiten, welche die Richtungsänderung des Lichtes beim Eintritt in ein anderes Medium unter bestimmten Voraussetzungen voraussagen kann.

Bereits René Descartes und unabhängig von ihm auch Willerbord Snell, zwei Physiker und Philosophen hatten um 1630 vermutet, dass diese Lichtablenkung etwas mit der Ausbreitungsgeschwindigkeit des Lichtes in den verschiedenen Medien zu tun haben muss. Die wichtigsten Optiker der folgenden Jahrhunderte haben auf dieser Annahme aufgebaut und diese im Verlaufe der Zeit mit immer besseren Experimenten und Modellen bestätigt. Allerdings war man sich lange nicht einig, ob in Glas oder Wasser die Lichtgeschwindigkeit kleiner oder grösser sei als in Luft. Descartes selber war der Meinung, dass das Licht sich in diesen Medien schneller ausbreite. Der erste, der dem vehement widersprach war Pierre de Fermat, der um 1660 behauptete, das Licht werde in dichteren Medien gebremst! Auch der Holländer Huygens, der Vertreter der Ansicht, dass Licht eine Wellenerscheinung sei, war der Meinung, dass sich in diesen „optisch dichteren Medien", wie er sie nannte, das Licht sich langsamer bewege.

Um Huygens Argumentation zu verstehen, muss man einige Kleinigkeiten über Huygens Wellenmodell wissen: Huygens erachtet die Kreiswelle als elementarste Welle, jene die sich ergibt, wenn ein Stein in eine Wasserfläche fällt.

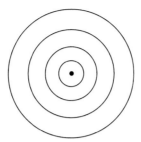

Abbildung 94:   Die Ausbreitung einer Elementarwelle in einem isotropen Me-
                 dium nach Huygens

Eine Wellenfront, wie wir sie am Strand etwa antreffen, ergibt sich nach diesem
Modell aus der Überlagerung vieler nebeneinander erzeugter Elementarwellen
(in der Folge mit *EW* abgekürzt).

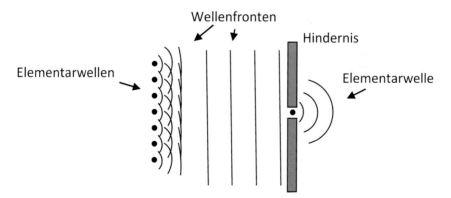

Abbildung 95:   Elementarwellen bilden eine Wellenfront, diese lässt sich wie-
                 der in eine Elementarwelle zerlegen.

Die Wellenfront (ab hier mit *WF* abgekürzt) lässt sich aber auch wieder auf eine
EW reduzieren, wen man z. B. die WF auf ein Hindernis mit einem Durchgang
prallen lässt, wie dies etwa an einer Hafenmole geschieht. Dieses Modell lässt sich
nun sehr erfolgreich zur Begründung der Richtungsänderung eines Lichtstrahls
beim Eindringen in ein Medium mit geringerer Ausbreitungsgeschwindigkeit
verwenden. Dazu müssen wir uns den Lichtstrahl als eine Folge von WF denken.

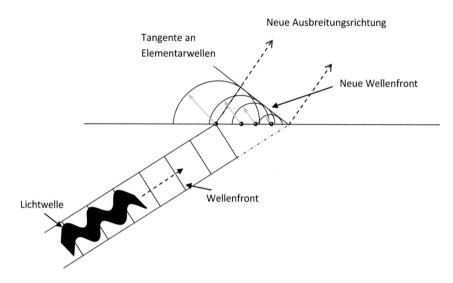

Abbildung 96:   Erklärung der Lichtbrechung nach Huygens.

Die WF eines Lichtstrahls kann man sich senkrecht zur Ausbreitungsrichtung des Lichtstrahls denken. Trifft nun ein Lichtstrahl auf eine Grenzfläche zu einem anderen Medium (hier zu einem optisch dichteren Medium), dann gelangt der äußerste Rand (hier der linke Rand) der WF zuerst ins andere Medium. Da wir uns eine WF als eine Zusammensetzung aus EW denken können, gelangt also von der WF nacheinander eine EW um die andere ins neue Medium. Jene, die als erste ins neue Medium gelangt (jene ganz links) hat sich zum Zeitpunkt, als auch die letzte (jene ganz rechts) ins neue Medium gelangt ist, schon weit ausgebreitet. Da die Ausbreitungsgeschwindigkeit in diesem neuen Medium aber kleiner ist als im vorhergehenden, ist der Radius der so entstandenen EW nicht so groß wie der Weg, den die letzte EW der WF (jene rechte) zum Zeitpunkt der Ankunft der ersten EW (links) noch zurückzulegen hatte! Die Welle im neuen Medium, die durch die erste EW erzeugt wird überlagert sich nun mit allen folgenden EW zu einer neuen WF. Diese entspricht geometrisch der Tangente an alle neuen EW. Der Senkrechten auf diese Tangente entspricht die neue Ausbreitungsrichtung des Lichtstrahls. Diese Situation können wir auch quantitativ geometrisch auswerten. Dazu ergänzen wir die Skizze mit einigen weiteren Bezeichnungen:

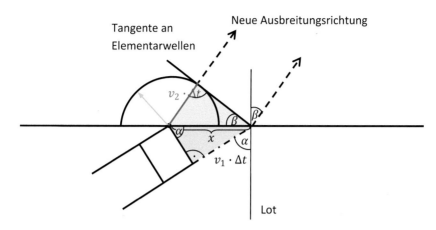

Abbildung 97:   Skizze zur Herleitung des Brechungsgesetzes.

Die Tangente an die entstehenden EW bildet mit der neuen Ausbreitungsrichtung einen rechten Winkel. Das sich ergebende rechtwinklige Dreieck aus der Tangente, dem Kreisradius der ersten EW und der Berührungslinie x des Lichtstrahls an der Grenze zum neuen Medium hat als spitzen Winkel den gleichen Winkel β wie jener zwischen der neuen Ausbreitungsrichtung und dem Lot. β bezeichnet man als Brechungswinkel. Die Gegenkathete zu diesem Winkel bildet der Kreisradius. Dieser ist aber gerade so groß, wie die Welle sich in der Zeit Δt mit der neuen Geschwindigkeit v_2 ausbreiten konnte.

$$\sin(\alpha) = \frac{v_1 \cdot \Delta t}{x} \quad \text{und} \quad \sin(\beta) = \frac{v_2 \cdot \Delta t}{x}$$

Beide Ausdrücke können wir nach x auflösen und einander gleichsetzen.

$$\frac{v_1 \cdot \Delta t}{\sin(\alpha)} = \frac{v_2 \cdot \Delta t}{\sin(\beta)}$$

Dabei können die beiden Zeitintervalle Δt auf beiden Seiten noch gekürzt werden und wir erhalten die heute noch gültige Beziehung zwischen den beiden Winkeln α (Einfallswinkel) und β (Brechungwinkel). Die Sinusse dieser Winkel stehen im gleichen Verhältnis zueinander wie die Ausbreitungsgeschwindigkeiten in den beiden Medien:

$$\frac{\sin(\alpha)}{\sin(\beta)} = \frac{v_1}{v_2}$$

Dieser mathematische Zusammenhang gibt genau den experimentellen Befund wieder, den wir im vorderen Kapitel bei der Untersuchen des Zusammenhangs von Einfallswinkel α und Brechungswinkel β gefunden haben!

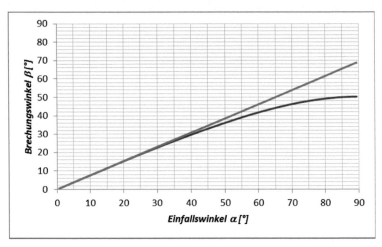

Abbildung 98:   Theoretischer Zusammenhang zwischen Einfallswinkel α und Brechungswinkel β (rote Linie). Die rote Linie ist der erste Viertel einer vollen Sinus-Funktion. Die blaue Linie ist eine lineare Funktion und nur als Orientierungshilfe gedacht.

Mit der gefundenen Gesetzmässigkeit können wir die Lichtablenkung nun perfekt beschreiben und bei bekannten Lichtgeschwindigkeiten in den verschiedenen Medien sogar den Weg des Lichtes voraussagen. Das beruhigt etwas. Ich erinnere aber daran, dass wir nun bloss das sehr eigenartige Verhalten des Lichtes in einer Gesetzmässigkeit beschrieben haben. Wir haben es aber noch nicht erklärt. Die Formel oben führt ja offenbar dazu, dass das Licht immer den *schnellst möglichen Weg* nimmt! Was hat das für eine Bedeutung?

6.3.11   Viele Welten-Theorie und Prinzip der kleinsten Wirkung

Warum hat Gott die Welt so gemacht, wie sie ist? Warum hat Gott es zugelassen, dass es in der Welt so viel Leiden und Elend gibt? Wie kann Gott in Anbetracht all des Leidens auf Erden *gleichzeitig allmächtig* und *gut* sein? Die Beantwortung dieser Fragen und damit die Rechtfertigung Gottes in seinem Handeln nennt man *Theodizee* (wörtl.: *Rechtfertigung Gottes*). Was hat das mit dem Verhalten des Lichtes zu tun?

Nach der Entdeckung Fermats, dass sich das Licht immer extremal verhält (in diesem Zusammenhang: immer den schnellsten Weg wählt), hat man später herausgefunden, dass das für alle physikalischen Prozesse gilt, auch für mechanische. Ein physikalisches System strebt immer ein Energieminimum an, Prozesse laufen immer so ab, dass die sogenannte *Wirkung* minimal ist.

Dabei wird der Begriff *Wirkung*, den wir im Alltag überall verwenden, in der Physik etwas anders gebraucht. Dazu hier ein kleiner Exkurs. Dieser muss mit den Schülerinnenund Schüler nicht zwingend durchgearbeitet werden. Er hilft aber, wenn man sich unter dem abstrakten Begriff *Wirkung* wirklich etwas vorstellen will!

Die Wirkung
Wir kennen den Begriff üblicherweise im Zusammenhang mit einer *Ursache*, die eine *Wirkung* zur Folge hat. In der Physik ist der Begriff Wirkung S als das Produkt aus Arbeit oder Energie E und Zeit Δt definiert.

$$S = E \cdot \Delta t$$

Die Einheit der Grösse ist Joule mal Sekunde (Js). Um die Bedeutung dieser Grösse zu verstehen macht es Sinn, die Wirkung in Abhängigkeit von der Leistung P darzustellen. Die Leistung ist die geleistete Arbeit pro Zeit oder die verbrauchte Energie pro Zeit, also:

$$P = \frac{E}{\Delta t}$$

oder nach der Energie umgestellt

$$E = P \cdot \Delta t,$$

was bedeutet, dass, wenn wir über eine bestimmte Zeit Δt mit einer bestimmten Leistung P arbeiten, wir die entsprechende Energie E brauchen. Wenn wir nun die so geschriebene Energie E in die Gleichung für die Wirkung einsetzen, dann erhalten wir:

$$S = P \cdot \Delta t^2 = \frac{E}{\Delta t} \cdot \Delta t^2$$

Daran lässt sich nun besser erkennen, was mit *Wirkung* gemeint ist. In er letzten Darstellung sieht man, dass die Zeit Δt sowohl in der Leistung P vorkommt wie auch im Faktor Δt^2. Bei gegebener Energie E können wir eine möglichst grosse Wirkung S erzielen, wenn wir dabei den Einsatz der gegebenen Energie E so über eine Zeit Δt verteilen, dass dabei einerseits die Leistung P möglichst gross wird und/oder der Faktor Δt^2 möglichst gross wird. Nun verhalten sich die beiden Faktoren P und Δt^2 aber gerade gegenläufig zueinander, wenn wir die Zeit Δt verändern. Machen wir Δt grösser, so nimmt Δt^2 quadratisch zu, P aber mit $1/\Delta t$ ab. Das bedeutet, dass wir die grösste Wirkung S erhalten, die wir mit einer vorgegebenen Energie E erzeugen können, indem wir die Energie zeitlich optimal verteilt einsetzen, also Δt so gross wählen, dass $E/\Delta t$ nicht zu klein aber und doch Δt^2 möglichst gross wird.

Nun ist es trivial zu sehen, dass bei den vorliegenden gegebenen Rahmenbedingungen die Wirkung maximal wird, wenn die Leistung minimal, das heisst die Zeit, über die die Energie verteilt wird, maximal wird (man kann das eine Δt *ja kürzen!*). Das bedeutet, dass wir die optimale Wirkung erzielen, wenn die Leistung möglichst gering ist. Nun will man in der Praxis allerdings eine minimale Leistung haben, so dass man damit z. B. bei einer Lampe noch ein Buch lesen kann. Das bedeutet, dass zusätzliche Rahmenbedingungen die optimale Wirkung steuern.

In der Natur ist normalerweise nicht (wie im oben dargestellten Beispiel) die Energiemenge als Rahmenbedingung vorgegeben. Die Aufgabe heisst also nicht, mit gegebener Energie die grösste Wirkung herauszuholen, sondern meist ist ein vorgegebener Prozess unter kleinstem Energieaufwand oder präziser eben unter kleinstmöglicher Wirkung (gemeint als *Energieverteilung über die Zeit*) zu gestalten. Und dies ist immer eine *Optimierungsaufgabe*!

Hier ein weiteres Beipiel zum besseren Verständnis:

- *Was macht ein Ball, wenn wir ihn aus 5m Höhe fallen lassen?*
  Er fällt in ziemlich genau einer Sekunde zu Boden!
- *Wie tut er das?*
  Nun, er wird immer schneller dabei; man nennt diese Bewegung *gleichförmig beschleunigt*.
- *Warum tut er das?*
  Weil die Erde ihn mit konstanter Erdbeschleunigung beschleunigt. In jedem Augenblick bestimmt die Erdanziehungskraft den nächsten Schritt seiner Bewegung.

Diese Beschreibung des Prozesses eines fallenden Balls ist uns geläufig. Es gibt *eine Ursache* (Erdanziehungskraft) und *eine Wirkung* (Fallbewegung) – Achtung! Hier ist der Begriff in seiner umgangssprachlichen Bedeutung gebraucht – die durch *ein Naturgesetz* eindeutig miteinander verbunden sind. Man nennt das auch eine *differentielle Betrachtung* des Prozesses.

Maupertuis und später Lagrange haben noch eine andere Beschreibung der Situation vorgeschlagen, die ein verblüffendes Prinzip, das offenbar in den Naturgesetzen steckt, an den Tag legt:

- *Was macht ein Ball, wenn wir ihn aus 5m Höhe fallen lassen?*
  Er fällt in ziemlich genau einer Sekunde zu Boden!
- *Wie tut er das?*
  Nun, er tut es so, dass man, wenn man zu jedem Zeitpunkt die Differenz aus seiner kinetischen und seiner potentiellen Energie nimmt und diese Differenzen über die ganze Fallzeit zusammenzählt, ein Minimum erhält!
- *Wie bitte?*

Zugegeben: Einfacher ist diese Beschreibung nicht! Man nennt diese Beschreibung des Verhaltens eine *integrale Betrachtung*. Wir wollen diese Betrachtungsweise noch etwas besser verstehen. Dazu denken wir uns drei Szenarien aus, wie der Ball fallen könnte um gleichzeitig die beiden Rahmenbedingungen (5 Meter Fallhöhe und eine Sekunde Fallzeit) zu erfüllen.

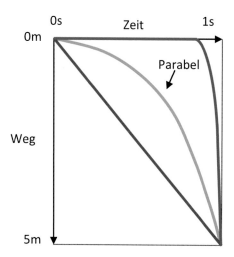

Abbildung 99:   Drei Flugszenarien (vgl. Text).

- *Szenario 1 (rot):* Der Ball fällt von Anfang an mit gleichbleibender Geschwindigkeit nach unten, bis er nach 1 Sekunde unten ankommt.
- *Szenario 2 (blau):* Der Ball bleibt 0.99 Sekunden oben und fällt dann ganz schnell nach unten, damit er auch nach einer Sekunde unten ist.
- *Szenario 3 (grün):* Der Ball fällt so, dass er kontinuierlich immer schneller wird, so dass er nach einer Sekunde gerade unten ist.

Von all diesen Szenarien ist beim dritten die Differenz aus der kinetischen (*T*) und der potentiellen Energie (*V*) über die ganze Fallzeit zusammengezählt minimal! Mathematisch schreibt man das so:

$$\int (T - V)\, dt = min.$$

Die linke Seite der Gleichung heisst *Wirkung*!

Bei Szenario 1 verliert der Ball zu schnell an potentieller Energie *V*. Die sollte aber möglichst lange gross bleiben, um die *Wirkung* klein zu machen. *T* bleibt dabei ja immer gleich.

Bei Szenario 2 bleibt zwar die potentielle Energie *V* sehr lange gross (0.99 Sekunden lang). Aber anschliessend wird auch die Geschwindigkeit und damit die kinetische Energie *T* riesig, damit der Ball noch rechzeitig unten ist! Die *Wirkung* wird damit auch nicht klein.

Szenario 3 ist, warum auch immer, das Optimum, bzw. ergibt beim obigen Ausdruck ein Minimum an *Wirkung*.

Man nennt das *das Prinzip der kleinsten Wirkung.*[224] Es gilt offenbar nicht nur bei einer Kugel, die fällt, sondern bei allen mechanischen Prozessen und auch bei der Bewegung des Lichtes!

Ist es nun richtig zu behaupten, die Kugel verhalte sich so, das die Wirkung minimal wird? Wie kann den die Kugel überhaupt wissen, in welcher Zeit sie unten sein muss? Wir sehen uns mit den gleichen Fragen konfrontiert, die uns schon beim Weg des Lichts beschäftigt haben. Eine klassisch physikalische Argumentation wäre jene, dass weder die Kugel noch das Licht bestimmen können welchen Weg sie in welcher Art zurücklegen *wollen*. Sie tun es *gemäss den Naturgesetzen*, die ihnen das Verhalten vorschreiben. Aber offenbar sind diese Naturgesetze so geschaffen, dass das daraus resultierende Verhalten dieses Extremalprinzip hervorbringt!

---

224 Wunderbar beschrieben wir dieses Prinzip von Richard Feynman in Feynman, Richard, R. Leighton, M. Sands (2001): *Feynman Vorlesungen über Physik, Band II: Elektromagnetismus und Struktur der Materie.* München und Wien: Oldenbourg Verlag, S. 348.

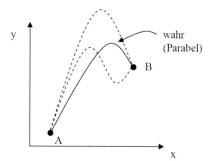

Abbildung 100: Soll ein Ball von A nach B fliegen, so nimmt der Ball den Weg mit der minimalen Wirkung, was einer Parabel entspricht!

Für Gottfried Wilhelm Leibniz hat dieses Prinzip sehr viel mit der Frage der eingangs erwähnten Theodizee zu tun. Nach seiner Ansicht ist die Welt, die Gott geschaffen hat – also die wirkliche Welt – *die beste aller möglichen Welten*. Das äußert sich nach seiner Ansicht in den Naturgesetzen, die gottgeschaffen sind: Das Licht wählt aus allen *möglichen Lichtwegen* immer den *optimalen* (hier den schnellsten). Leibniz betrachtet das Extremalprinzip der Physik als

„entscheidende Konsequenz des optimalen Charakters der wirklichen Welt".

In der

„besten möglichen Welt müssen Extremalprinzipien gelten, und dass solche Prinzipien wirklich gelten, bestätigt, dass sie die beste ist."

6.3.12 *Photonendetektor und das Doppelspaltexperiment*

Wir sitzen in einem Praktikumsraum, der sich sehr gut verdunkeln lässt. Wir sitzen rund um einen Tisch mit einigen eigenartigen Gerätschaften. Da liegt eine Taschenlampe, ein Kasten mit einem Lautsprecher und einem *Detektor*, ein Laser, ein Lichtbild-Plättchen (Dia-Plättchen) mit Stativmaterial. Ich schalte den *Detektor* ein. Ein Rauschen ist zu vernehmen. Ich fordere einen Schüler auf, die Taschenlampe zu nehmen und auf den Detektor zu leuchten. Der Detektor rauscht sehr stark, sobald Licht aus der Taschenlampe auf ihn fällt. Wir versuchen als Nächstes, den Raum so stark wie möglich abzudunkeln. Der Detektor wird leiser oder präziser: Das Knacken im Detektor wird beim genauen Hinhören nicht leiser, sondern es *knackt weniger häufig*! Was knackt denn da überhaupt? Offenbar löst das Licht ein *Knacken* aus. Tick, tick...der Detektor wird vom Licht in diskreter Weise zum Reagieren gebracht. Licht scheint hier ein Strom von Teilchen zu sein!? Ich trage den Schülerinnen und Schüler Einsteins Erklärung zum Photoeffekt vor, allerdings ohne das Experiment, das dazu gehört durchzuführen und vertieft zu diskutieren. Einstein nennt die *Dinge*, die den Detektor zum Knacken bringen, *Lichtquanten*. Später nannten die Physiker diese Dinge *Photonen*. Also besteht Licht ganz offensichtlich doch aus Teilchen? Aber wie verhält sich diese Annahme zu Huygens Beobachtungen und Erklärungen zur Beugung des Lichts?

Wir schauen uns ein weiteres Experiment an, den Doppelspaltversuch. Dabei wird Licht aus einem Laser auf ein Dia-Plättchen geschickt, auf dem zwei Spalten eng nebeneinander liegen. Dahinter steht ein Schirm, auf welchen das Licht nach dem Durchgang durch die Spalten fällt.

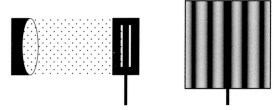

Abbildung 101: Das Doppelspaltexperiment: Teilchen erzeugen ein Wellenmuster!

„Was erwartet ihr, wie das Lichtmuster hinter dem Hindernis Doppelspalt auf dem Schirm aussehen wird?"

Die Schülerinnen und Schüler machen Skizzen und diskutieren zusammen.

Die Mehrheit ist der Meinung, dass sich auf dem Schirm zwei Lichtflecken abbilden werden. Wir machen das Experiment und werden abermals überrascht. Auf dem Schirm erscheinen mehrere Lichtflecken nebeneinander, nach außen hin an Intensität abnehmend.

Nun scheint die Verwirrung komplett. Das Licht scheint hier nicht den *schnellsten Weg* zum Schirm zu nehmen? Das Licht führt uns an der Nase herum. Ich ermutige Klasse dahingehend, dass wir die Erklärung für das vorliegende Verhalten schon erhalten haben. Huygens' Wellenmodell eignet sich hervorragend, um das Resultat des Doppelspaltexperiments zu verstehen. Ich führe dies in einem Lehrervortrag den Schülerinnen und Schülern vor.

Nun bildet sich das Interferenzmuster auf dem Schirm aber auch, wenn das Licht, Lichtteilchen für Lichtteilchen einzeln durch die Spalten an den Schirm geschickt wird.

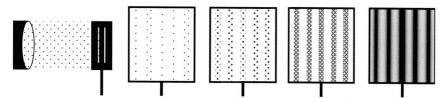

Abbildung 102:   Interferenzmuster bei Photonen, die einzeln auf den Schirm
               auftreffen

Auch wenn wir das Licht scheinbar *im Einzelsprung* auf die Spalten schießen, trifft es an der Wand so auf, als ob es eine Welle wäre. Schließen wir den einen Spalt, bildet sich hinten an der Wand ein einzelner Lichtstreifen. Wie weiß ein Leichtteilchen, das durch den einen Spalt geht, ob der andere Spalt offen ist oder nicht? Die Resultate dieses Experimentes weisen darauf hin, dass wir vor dem Schirm offenbar nicht wissen können, wo das Teilchen ist, welchen Weg es genommen hat, ob durch den einen oder durch den anderen Spalt. In der Gesamtheit verhalten sich alle Teilchen so, als wäre das Muster durch eine interferierende Welle entstanden. Das Lichtteilchen befindet sich vor der Messung an *keinem bestimmten* Ort. Es nimmt auch *keinen bestimmten* Weg, sondern nimmt *alle möglichen Wege gleichzeitig*! Erst beim Messen zwingen wir das Licht, einen bestimmten Weg zu wählen. Wenn wir also nicht messen, ist das Licht nicht ein Teilchen, sondern eine Überlagerung von Zuständen. Man könnte auch sagen, dass viele (alle möglichen) Zustände gleichzeitig existieren. Durch das Messen zerfallen alle anderen Zustände und einer realisiert sich – eine sonderbare Welt!

6.3.13   Finale

Es ist ein heller Sommertag, die Fenster des Schulzimmers sind weit offen. Die Sonne scheint ins Zimmer. Es duftet nach dem Holunderstrauch vor dem Fenster. Die Pflanzen recken sich nach dem Licht, strecken ihm ihre Blätter entgegen. Wie erfahren wir Licht?

Wir versuchen nochmals von vorne unser Wahrnehmen von Licht zu beschreiben: *Für uns Menschen ist Licht ein Zustand. Diesen Zustand können wir verändern, in dem wir die Fensterläden schließen oder öffnen. Es ist hell oder dunkel. Licht erleben wir aber kaum als einen dynamischen Prozess.*

Im Schulzimmer habe ich auf vier Tischen verteilt vier Einrichtungen aufgebaut, welche die Schülerinnen und Schüler aus den vergangenen Lektionen kennen: Auf dem ersten Tisch befindet sich der farbige Tulpenstrauß, auf dem zweiten der Spiegel mit Kanne und Kerze, auf dem dritten das brechende Glas mit Laserpointer und der Skizze mit Indianer und Insel und auf dem vierten schließlich das Doppelspaltexperiment. An diesen vier Experimenten haben wir schrittweise unsere Erkenntnis über die Ausbreitung des Lichtes wachsen lassen. Licht als *wirr durcheinanderfliegende Bilder*; Licht, das uns *Trugbilder, virtuelle Bilder* und *Spiegelwelten* vorgaukelt; Licht, dass *den kürzesten Weg kennt*; Licht, das schließlich *gar nicht einen bestimmten Weg genommen hat, sondern unbeobachtet überall gleichzeitig ist.*

Abbildung 103: Licht durchfluteter Wald (Tyndall-Effekt)

Schließt sich der Kreis? Sind wir mit dem quantentheoretischen Konzept der Überlagerung von Wellenfunktionen wieder am Anfang bei den Tulpenbildern, die wild durcheinanderfliegen, sich durchdringen, aber bestehen bleiben. Auch die Tulpenbilder werden erst zu solchen, wenn sie mit etwas, z. B. mit unseren Augen oder mit einem Projektionsschirm wechselwirken. Wagenschein sagt, Licht manifestiere sich erst in der Wechselwirkung mit dem Ding, die Quantentheorie

auch. Nein, ganz so einfach ist es nicht. Es gibt Analogien, aber die quantenme-
chanische Beschreibung ist viel abstrakter gemeint. Es sind nicht reale Wellen,
die sich überlagern, es sind Wahrscheinlichkeitsfunktionen. Diese interferieren,
können sich auslöschen und verstärken. Wir können hier den Ideen der Quantentheorie nicht weiter folgen, müssen nun aber versuchen, zu unserer alltäglichen
Erfahrung zurückzukehren. Kein Autor beschreibt das Wahrnehmen von Licht
besser als Wagenschein. Wir lesen daher nochmals den Text *Das Licht und die
Dinge*. Dazu hängt im Hintergrund ein Bild eines lichtdurchfluteten Waldes.

In Gruppen halten wir die Stationen des Lehrstücks auf einer langen Poster-
wand fest. Jede Gruppe versucht, die Erkenntnis der jeweiligen Epoche graphisch,
sprachlich und zeichnerisch festzuhalten. Zusammen gibt es ein Riesenleporello.

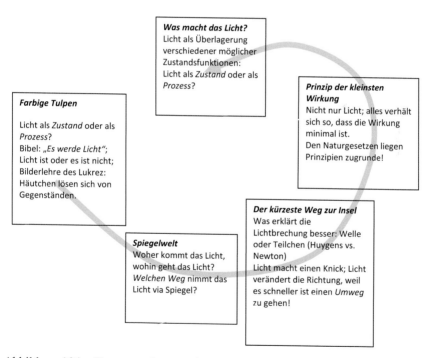

Abbildung 104: Dramaturgie von der antiken zur modernen Vorstellung von
Licht

6.3.14   Ausblick

Die Betrachtungen zum Verhalten von Licht bergen noch sehr viel aufregendere Geheimnisse als jene, die wir im Lehrstück aufgedeckt haben, und es würde sich sehr lohnen hier noch etwas fortzufahren. Allerdings haben wir hier im Rahmen des Lehrstücks den Bogen schon bis an seine Belastungsgrenzen gespannt. Trotzdem möchte ich hier noch andeuten in welche Richtung die Reise weitergehen könnte[225]. Dazu stütze ich mich auf das Buch von Scarani *Physik in Quanten*[226]. Scarani hat darin die Thematik wunderbar didaktisch aufbereitet. Ich deute hier nur einen möglichen weiteren Verlauf des Unterrichts an.

Mit dem Young'schen Doppelspaltexperiment wird das rätselhafte Verhalten des Lichts und der Schwierigkeit der Zuordnung von Licht in die Welt der Teilchen oder Wellen angedeutet. Scarani zeigt in seinem Buch auf, dass das Konzept des Wellen-Teilchen-Dualismus möglicherweise hinderlich ist, um das Verhalten von Licht (und anderen Quantenteilchen) zu verstehen. In einer Reihe von gedanklich sehr simplen experimentellen Anordnungen (die in der Realisation leider sehr kompliziert und in der Schule nicht durchzuführen sind) führt Scarani in die Welt der Interferenzen und dem Prinzip der Ununterscheidbarkeit ein. Dabei geht es darum zu verstehen, dass sich ein Quantenobjekt grundsätzlich nicht zwischen zwei (oder mehreren) Wegen entscheidet, solange diese Wege nach dem Prozess prinzipiell nicht voneinander unterschieden werden können. Das kann daran erkannt werden, dass die verschiedenen Wege der Objekte (auch von Atomen!) miteinander interferieren und sich im Resultat (das heißt am Ort, wo sie am Ende der Wege zu finden sind) als Interferenzmuster zeigen. Wie kann aber *ein einzelnes Objekt* mehrere Wege auf einmal gehen? Diese Experimente geben uns Einblick in die Eigenschaft *der Delokalisierung* von Quantenteilchen, also auch von Licht. Diese – philosophisch zwar schwierig zu interpretierenden – Überlegungen sind Mittelschülerinnen und -schülern zugänglich und es ist zwingend ihnen diese Einblicke zu gewähren, wenn wir den Anspruch haben, ihnen ein aktuelles Bild vom Verständnis der Natur zu geben.

---

225 Dies zum Beispiel im Rahmen eines Ergänzungsfachkurses oder mit Schwerpunktfach-Klassen (in Deutschland sind das Leistungskurse).
226 Scarani, Valerio (2003): *Physik in Quanten*. Paris: Elsevier – Spektrum Akademischer Verlag.

6.4 Diskurs

6.4.1 Methodentrias

6.4.1.1 Exemplarisch

Das Lehrstück beinhaltet gleich mehrere Themen, die für die physikalische Beschreibung der Welt exemplarisch sind. Auf der metakognitiven Ebene lernen die Schülerinnen und Schüler, mit der Ambiguität des Lichtes umzugehen. Ist Licht ein Strom aus Teilchen oder handelt es sich um eine Welle. Offenbar zeigt sich Licht in verschiedenen Situationen einmal als Welle und mal als Teilchenstrom. Diese Tatsache offenbart exemplarisch die Grenzen von physikalischen Modellen. Das Wellenmodell ist in seiner Anwendung genauso beschränkt wie das Teilchenmodell. Im Lehrstück gehen wir der Frage nach dem Wesen des Lichts nicht weiter nach. Die Frage bleibt offen. Die Schülerinnen und Schüler lernen dabei die strenge Haltung der Physik kennen, wonach diese nur eine Aussage über jene Dinge macht, die messbar oder objektiv beschreibbar sind.

Beim Studium der historischen Veränderungen, wie Bewegungen von Körpern und Licht beschrieben werden, stoßen wir auf zwei Betrachtungsweisen: die *differenzielle Betrachtung* und die *integrale Betrachtung*. Die erste Betrachtungsweise ist die uns gängige und bekannte. Es handelt sich um das klassische Ursache-Wirkung-Prinzip. Der (Bewegungs-) Zustand eines Gegenstandes lässt sich mit physikalischen Größen beschreiben. Die *Veränderung* dieses Zustandes ergibt sich aufgrund einer differenziellen Einwirkung einer Ursache, zum Beispiel einer Kraft. Der (Bewegungs-)Zustand ändert sich nun kontinuierlich aufgrund der auf das System einwirkenden Naturgesetze. Solch ein Verhalten wird in der Physik üblicherweise mit Differentialgleichungen beschrieben. Demgegenüber beschreibt die integrale Betrachtung a posteriori, wie sich ein Gegenstand oder das Licht *rückblickend, integral betrachtet* auf Grund der vorgegebenen Rahmenbedingungen verhalten hat. Diese Beschreibung ist philosophisch höchst problematisch, denn sie geht scheinbar davon aus, dass der Gegenstand oder das Licht die Rahmenbedingungen der gegebenen physikalischen Situation analysieren kann und einen Weg wählt, jenen der kleinsten Wirkung. Die leblose Materie vermag aber weder zu analysieren noch zu entscheiden. Warum also diese fremde, *animistische* Beschreibung? Nur in der integralen Beschreibung des physikalischen Verhaltens tritt das Prinzip der kleinsten Wirkung zutage! Es ist hier nötig, zwischen beiden Beschreibungen hin und her zu wechseln. Die integrale Betrachtung macht transparent, welche Eigenschaften in den differenziell formulierten und aufgrund unserer kausalen, deterministischen Philosophie sinnstiftenden Naturgesetzen enthalten sind!

Diese Betrachtungen bereiten eine philosophisch noch deutlich schwierigere Beschreibung der Vorgänge vor, jene, welche die Quantentheorie verwendet. Die Quantentheorie geht davon aus, dass tatsächlich alle möglichen Lichtwege, alle möglichen Bewegungsmuster von Objekten, auch jene, die dem Prinzip der kleinsten Wirkung nicht genügen, als Überlagerungen vorkommen und *real* (damit ist gemeint *Teil der Welt*) sind. Solange kein Beobachter den Weg des Lichtes oder eines Objektes misst und bestimmt, ist keiner der Wege als einzelne Lösung realisiert. Alle möglichen Bewegungszustände überlagern sich zu einer Gesamtheit, wobei die einzelnen möglichen Ausbreitungswege sogar miteinander interferieren! Dabei versagt die Teilchenbeschreibung eines Objekts, denn wie kann ein Teilchen verschiedene Wege, verschiedene Bewegungszustände gleichzeitig einnehmen. Eine Welle (bzw. ein Wellenpaket) hingegen kann das! In einem unbeobachteten System ist also keine einzelne Lösung für das Verhalten eines Teilchens realisiert, sondern alle möglichen Bewegungszustände sind als Überlagerung vorhanden. Was geschieht nun bei einer Beobachtung, bei einer Messung wie in unseren Experimenten? Sobald wir *hinschauen* kollabiert der Wellencharakter des Objektes und es manifestiert sich als Teilchen mit *einem Bewegungszustand* mit der Realisierung *einer Lösung* dafür, wie es den Weg von A nach B überwindet! Alle möglichen Lösungswege besitzen eine bestimmte Wahrscheinlichkeit, realisiert zu werden. Zufällig, gewichtet mit der entsprechenden Wahrscheinlichkeit verdichtet sich nun einer der Lösungswege zu dem für uns beobachtbaren Verhalten. Das Prinzip der kleinsten Wirkung muss dabei dahingehend abgeändert werden, dass jene Lösungswege mit der kleinsten Wirkung *die wahrscheinlichsten sind.*

Einstein hatte zeit seines Lebens Probleme mit der Bedeutung des Zufalls und der Wahrscheinlichkeit in unserer Welt und der Opferung des Kausalitätsprinzips und des Determinismus. Er hatte immer behauptet „*Gott würfelt nicht*".

Wir stoßen mit dem Lehrstück zu den philosophischen Grundfragen der physikalischen Welt vor. Am Exempel *Licht* ist das Extramalprinzip der kleinsten Wirkung am zugänglichsten. Die Schülerinnen und Schüler erleben und erfahren eine vorerst verblüffende Eigenschaft, die in den Naturgesetzen zu stecken scheint. Noch fundamentaler ist die Erkenntnis, dass den Naturgesetzen überhaupt bestimmte Grundprinzipien gemein sind.

6.4.1.2 Dramaturgisch

Die Dramaturgie des Lehrstücks führt die Schülerinnen und Schüler durch die Geschichte der Optik, wobei die Frage nach dem Sehen und damit der Ausbreitung des Lichtes im Zentrum steht. Dazu müssen sich die Schülerinnen und Schüler vorerst bewusst werden, was *Sehen* eigentlich bedeutet und dass die Selbstverständlichkeit der Licht-*Ausbreitung* eine angelernte ist. Nirgends können wir nämlich feststellen, dass Licht sich *ausbreitet*. Es *ist* oder es *ist nicht*!

Das Lehrstück hat eigentlich zwei Eröffnungen. Bei der ersten steht ein Strauß Tulpen im Fokus. Warum sehen wir diese? Was verleiht den Tulpen die Farbe? Wie gelangt das Bild der Tulpen in unsere Augen? Diese Fragen werden im Gespräch entwickelt und sind so trivial wie herausfordernd. Rasch stoßen wir an die Grenzen der *Erklärbarkeit*. Diese Eröffnung weckt weit mehr Fragen als das folgende Lehrstück zu behandeln vermag, aber sie folgt dem Grundgedanken Wagenscheins zum Licht: Keine Dinge ohne Licht und kein Licht ohne Dinge. Untermauert wird diese erste Eröffnung mit dem Experiment des Laserstrahls, der in der Rauchwolke plötzlich sichtbar wird.

Bei der zweiten Eröffnung wird die Thematik etwas eingeschränkt. Im verdunkelten Raum findet ein Schattenspiel mit einem Spiegel statt. Dabei wird die Aufmerksamkeit schon deutlich stärker auf die Frage der Ausbreitung und der Begrenzung von Licht und Schatten gelenkt. In dieser zweiten Eröffnung tritt die Bedeutung geometrischer Techniken hervor: Mit Lineal und Bleistift lassen sich die Schattenwürfe konstruieren, in dem wir die Erkenntnis nutzen, dass sich Licht offenbar geradlinig ausbreitet.

Mehrere Schlüsselszenen bilden im Lehrstück dramaturgische Höhepunkte. Eine erste liegt in der Entdeckung der Spiegelwelt: Kerze und Kanne stehen vor dem Spiegel. Hinter dem Spiegel haben wir achsensymmetrisch die Situation nachgebaut. Alle Schülerinnen und Schüler sitzen vor dem Spiegel und betrachten im Spiegel die Spiegelwelt, während langsam der Spiegel nach oben – gleich dem Vorhang im Theater – gehoben wird. Die Spiegelwelt geht in die achsensymmetrische Nachbildung der Situation über! Diese Szene bringt uns die Bestätigung, dass wir die Spiegelwelt nach den gefundenen Gesetzen modellieren (nachbilden) können. Diese Szene entspricht im Lehrstück *Pascals Barometer* dem Schlussexperiment, bei dem das Wasserglas unter Vakuumglocke ausfließt. Alle wissen, wie es kommen muss, und doch sind alle erstaunt darüber, dass es wirklich so ist!

Die zweite Schlüsselszene liegt im Experiment mit dem Laserlicht, das verblüffenderweise den mühsam errechneten kürzesten Weg zwischen Indianer und Insel scheinbar *mühelos* findet! Wie kann das Licht das!?

Die Dramaturgie des gesamten Stücks ist so angelegt, dass wir nach der Aussicht von den Gipfeln der modernen Theorien und den philosophischen Höhenflügen wieder zu den ursprünglichen Erscheinungsformen des Lichtes zurückkehren: Licht als Zustand, statt Licht als Prozess. Auch hier ist erstaunlich, dass der klassische Physikunterricht (geometrische Optik), ohne zu zögern, mit dieser nicht beobachtbaren abstrakten Beschreibung des prozeduralen Verhaltens von Licht einsetzt: Licht breitet sich aus, beschreibt Wege, die mit Linien darzustellen sind. Das Lehrstück geht hier durch das sorgfältige Ansetzen mit Beobachten und Beschreiben behutsam mit dieser Schwierigkeit um und nimmt diese ernst.

Das Lehrstück endet damit, dass die drei unterschiedlichen Situationen der Lichtausbreitung sich gemeinsam präsentieren mit dem Zweck, den Entdeckungsprozess des Lichtweges und des darin verborgenen Prinzips zu rekapitulieren.

6.4.1.3   Genetisch

Wie bei den anderen hier vorgestellten Lehrstücken folgt die Genese des Unterrichts der Kulturgenese des Unterrichtsgegenstands. Die Schülerinnen und Schüler werden anfänglich angehalten, sich über das *Sehen* und damit auch über den Begriff des *Lichts* Gedanken zu machen. Mit Hilfe des Spiegels und seiner Spiegelwelt werden die Schülerinnen und Schüler mit der grundlegenden Frage nach dem Sehen und der Bildentstehung in unserem Geist konfrontiert. Beantwortet wird sie allerdings nur rein physikalisch, äußerlich. In der Analyse der Lichtwege bei der Spiegelung entdecken wir die rätselhafte Tatsache, dass Licht den kürzesten Weg zwischen zwei Orten wählt. Die Rätselhaftigkeit dieser Beobachtung spitzt sich bei der Untersuchung der Lichtbrechung zu. Das Konzept der *kleinsten Wirkung* ist sehr abstrakt. In diesem Teil des Lehrstücks geht die individuelle Erkenntnisgewinnung etwas verloren. Die Klasse wird da unter enger Führung an das Konzept herangeführt. Über das ganze Lehrstück geblickt kann generell festgestellt werden, dass die Individualgenese enger angeleitet und geführt wird als in den anderen Lehrstücken, was mit der Komplexität – weniger der physikalischen als vielmehr der philosophischen – zu tun hat. Im Grundaufbau werden das Lehrstück und seine Dramaturgie dem Anspruch eines genetischen Lehrgangs dennoch sehr gut gerecht.

6.4.2 Kategoriale Bildung

Wiederum wird das Lehrstück in diesem Kapitel anhand der Bildungstheorie von Klafki (vgl. Kapitel 1.1.5) hinsichtlich seines Bildungsgehaltes reflektiert.

Fundamentale Erkenntnisse	*Grundfragen und Grundlagen von Mensch und Welt* Welches sind die Grundgesetze der Natur und wie erfahren wir sie? Diese Frage stellen wir uns in diesem Lehrstück in Bezug auf die Erscheinung *Licht*. Licht ist für das Leben (nicht nur das menschliche) derart fundamental, grundlegend und in unser Sein und Wirken integriert, dass wir uns seine Bedeutung aktiv in Erinnerung rufen müssen. Was ist Licht, was bewirkt Licht und hier im Speziellen, welchen Weg nimmt das Licht? Dabei entdecken wir eines der grundlegenden Prinzipien der Wirkweise der Naturgesetze; das *Prinzip der kleinsten Wirkung*.			
Kategoriale Bildung	*Bildung ist gegenseitige Erschließung von Mensch und Welt* Licht ist wohl das wichtigste Medium, das uns hilft, die Welt zu erschließen. Wir sind Augenmenschen und die Anschaulichkeit ist uns ein wesentliches (zusammen mit dem Anfassen das wichtigste) Kriterium für Realität. Licht nimmt als Phänomen daher eine besondere Rolle ein, da Licht als Botenstoff für die Übermittlung von Realität nun selber zum Gegenstand wird. Da wir uns damit auf einer Metaebene nicht nur über *Licht*, sondern auch über die Funktion des Lichtes für uns Menschen Gedanken machen müssen, ist auch das *Sehen* an sich eine zu bildende Kategorie.			
Den vier historischen Bildungstheorien zugeordnete Teilaspekte	*Objektive Bildung* Gebildet werden die Begriffe *Licht, Lichtgeschwindigkeit, Reflexion* und *Lichtbrechung*. Der Kern der Erkenntnis liegt in der Erfahrung des *Prinzips der kleinsten Wirkung*.	*Klassische Bildung* Die Entdeckung des Lichts als *Ding* mit endlicher Ausbreitungsgeschwindigkeit, dem sich ein zurückgelegter Weg zuordnen lässt Reflexion und Brechung als Konsequenz des *Prinzips der kleinsten Wirkung* erkennen Entwicklung der Vorstellung von Licht vom Teilchenstrom zur Welle zum Wellenteilchendualismus	*Funktionale Bildung* Erkennen fundamentaler Prinzipien in der Natur Relativität von wissenschaftlichen Modellen erkennen Grenzen der menschlichen (vorstellbaren) Modellbildung erkennen (Wellen-Teilchen-Dualismus)	*Methodische Bildung* Beobachten Hypothesen bilden Experimentieren Begriff der Induktion: Phänomen – Modell – Theorie erkennen
	Materielle Bildung		Formale Bildung	

Tabelle 18: Kategoriale Bildung im Lehrstück *Fermats Spiegeloptik*

Fundamentale Erkenntnisse

Die fundamentale Erkenntnis in diesem Kapitel besteht darin, dass die Ausbreitung von Licht genauen Gesetzmäßigkeiten folgt (Reflexion, Brechung), die sich auf ein fundamentales Prinzip zurückführen lassen. Licht kann als Prozess, als Ausbreitung *von etwas* beschrieben werden. Die Diskussion darüber, was dieses *Etwas* genau ist, hat eine die ganze Kulturgeschichte der Physik überspannende Geschichte, die auf der philosophischen Ebene bis heute nicht befriedigend beantwortet ist (Welle-Teilchen-Dualismus). Die Theorie der Ausbreitung von Licht zeichnet passend zur jeweiligen Erklärung der Charakteristik des Lichts (Teilchen, Welle, Wellenpaket) das jeweils entsprechende Verhalten.

Für unsere Erfahrung wird Licht erst durch die Wechselwirkung mit Materie zum Phänomen, und Dinge werden erst erkennbar durch die Wechselwirkung mit Licht. Damit manifestiert sich das Klafki'sche Prinzip hier auf der Sachebene. *Licht* und *Sehen* ergibt sich aus der gegenseitigen Erschließung (eigentlich Wechselwirkung) von Ding und Licht.

Der Lichtausbreitung liegt das fundamentale Prinzip der kleinsten Wirkung zugrunde. Diesem Prinzip genügen die Gesetzmäßigkeit Reflexion und Beugung, welche Lichtausbreitung beschreiben.

An der uns vertrauten und doch *mysteriösen Spiegelwelt* lassen sich Aspekte dieser Ausbreitung studieren (Geradlinigkeit der Ausbreitung, Symmetrie als Konsequenz der kürzesten Wegstrecke, Reflexionsgesetz, Brechungsgesetz).

Kategoriale Bildung

Die folgenden Kategorien werden im Lehrstück gebildet:

- *Licht*: Wie schon erwähnt liegt allerdings der Schwerpunkt der Bildung dieses Begriff auf dem Verhalten von Licht und weniger auf der Charakteristik von Licht selber. Diese wird eher informierend in ihrer geschichtlichen Entwicklung aufgezeigt. Damit wird die Kategorie Licht zwar angelegt, aber nicht abschließend geformt.
- *Das Sehen*: Diese Kategorie wird von Grund auf aufgebaut, wobei die eigenen Erfahrungen und subjektiven Konzepte zum Sehen mit historischen verglichen werden. Schließlich wird klar, dass *Sehen* bedeutet, dass wir mit unseren Augen Licht auffangen, das entweder von einer Lichtquelle direkt oder durch Gegenstände bzw. irgendwelche Medien gestreut wird. Mit diesem Modell des *Sehens* wird auch klar, dass wir Gegenstände nur visuell erkennen und unterscheiden können, weil sie entsprechend ihrer Oberflä-

cheneigenschaften Licht (je nach Wellenlängen des Lichts selektiv) streuen, absorbieren und/oder reflektieren und das Licht damit Informationen über den Gegenstand in unser Auge transportiert.

Auch die folgenden Begriffe können als Kategorien interpretiert werden:

- *Reflexion* (gehört zur übergeordneten Kategorie der *Lichtablenkung*): Die Reflexion wird als das geordnete Zurückwerfen von Licht durch eine Oberfläche erfahren. Mit *geordnet* ist gemeint, dass der Weg jedes einzelnen *Lichtstrahls*, der auf eine Oberfläche gelangt, nach einer bestimmten Gesetzmäßigkeit fortgesetzt wird und diese Fortsetzung folglich vorausgesagt werden kann.
- *Beugung* (gehört zur übergeordneten Kategorie der *Lichtablenkung*): Die Beugung ist die Lichtablenkung, die das Licht beim Übergang von einem in ein anderes Medium erfährt. Auch diese Wegänderung folgt ganz bestimmten Gesetzmäßigkeiten.
- *Lichtgeschwindigkeit*: Man könnte diesen Begriff auch als Eigenschaft des Begriffs Licht und nicht als eigene Kategorie sehen. Da aber später die Lichtgeschwindigkeit als eine der grundlegendsten Größen überhaupt erkannt wird, muss hier schon speziell darauf hingewiesen werden, dass die Lichtgeschwindigkeit nicht einfach eine Beschreibung des Bewegungszustandes des Subjekts *Licht* ist, sondern eine eigenständige Bedeutung hat. Trotzdem wird die Lichtgeschwindigkeit vorläufig schlicht als sehr, sehr große Geschwindigkeit eingeführt, deren Endlichkeit allerdings zu faszinierenden Konsequenzen in Bezug auf das Sehen führt (z. B. dass wir prinzipiell *nichts in seinem gegenwärtigen Zustand* sehen können und damit *die Gegenwart* zu einem philosophisch problematischen Begriff wird!).

Eigentlich wird auch noch der abstrakte Begriff der *Wirkung* eingeführt. Allerdings kann hier nicht mit gutem Gewissen behauptet werden, dass dieser als *Kategorie* im Klafki'schen Sinne *erschlossen* wird. Er erscheint als komplett abstrakte Größe, die einzig dazu dient, daran das Konzept der kleinsten Wirkung zu studieren.

Objektive Bildung (materielle Wissensinhalte)

Die Schülerinnen und Schüler

- lernen, dass Licht sich in homogenem Medium geradlinig ausbreitet.
- lernen das Reflexionsgesetz kennen, das besagt, dass der Einfallswinkel und der Reflexionswinkel einander gleich sind.

- lernen qualitativ das Brechungsgesetz kennen, das besagt, dass der Lichtweg sich beim Eindringen in ein optisch dichtes Medium (Medium mit verringerter Ausbreitungsgeschwindigkeit des Lichts) zum Lot auf die Trennfläche hin bricht bzw. von diesem weg, falls das Medium optisch dünner ist.
- erkennen im Verhalten von Licht das Prinzip der kleinsten Wirkung und kennen dafür auch noch andere Beispiele.

Klassische Bildung (Bildung als Vorgang, Sinngebung, Werte, Leit- und Weltbilder)

Die Schülerinnen und Schüler erkennen in der Ausbreitung von Licht vorerst verschiedene Gesetzmäßigkeiten (Geradlinigkeit, Reflexion und Brechung). Im Verlauf des Unterrichts gelangen sie zur Erkenntnis, dass den verschiedenen Gesetzmäßigkeiten ein tiefgründigeres Prinzip gemeinsam ist und dass dieses nicht nur in der Optik, sondern auch in der physikalischen Mechanik gilt. Dieser Prozess ist exemplarisch für das weitere Vordringen zu tieferen Wahrheiten und Zusammenhängen in den Naturwissenschaften, wie sie auch in der heutigen modernen Forschung immer noch gesucht werden. Der Blick hinter die Kulissen wirft Fragen nach der Beschaffenheit und der Funktionsweise der Natur und ihrer Gesetze auf sowie nach der Gültigkeit und dem Ursprung dieser Mechanismen. Ist da eine *höhere Intelligenz* dafür verantwortlich *oder* ergeben sich diese Gesetzmäßigkeiten *evolutiv* von selbst *oder* handelt es sich hier um *ein Resultat des Zufalls oder* erleben wir hier einfach eine *Realisation einer Welt neben einer unendlichen Zahl von parallel existierenden Welten*? Solche Fragen nach der modernen Vorstellung der Welt sind in Anbetracht der experimentellen Resultate aktuellster Forschung[227] gerade im Zusammenhang mit dem Verhalten von Licht höchst aktuell.

Funktionale Bildung (Beherrschung von Denk- und Handlungsweisen, geistige und körperliche Fähigkeiten und Fertigkeiten)

Ähnlich wie in den anderen Lehrstücken geht es auch hier darum, zwischen verschiedenen Ansichten und Betrachtungsweisen hin und her springen zu können. „Ist die Spiegelwelt nun real oder warum kommt da ein Schatten *aus dem Spiegel*?" Von der Welt *im Spiegel* gelangen wir zur Welt der *Reflexion*. Vom Licht als *Zustand* zum Licht als *Prozess*, vom Licht als *Wellenerscheinung* zum Licht als *Teilchen*. Gerade im Zusammenhang mit dem Wellen-Teilchen-Dualismus ist

---

227 Vgl. dazu beispielsweise das Buch von Valerio Scarani, der dort einen didaktisch sehr durchdachten Zugang zum Thema der Physik der Interferenz und Ununterscheidbarkeit von Quantenobjekten schafft. Darin sehe ich im Übrigen eine mögliche Fortsetzung dieses Lehrstücks zum Licht: Scarani, Valerio (2003): *Physik in Quanten*. Paris: Elsevier – Spektrum Akademischer Verlag.

von den Schülerinnen und Schülern *Ambiguitätstoleranz* gefordert. Wir haben keine abschließende Erklärung für das Verhalten von Licht und das wird mit zunehmendem Wissen über das Licht nicht besser! In diesem Zusammenhang lernen die Schülerinnen und Schüler, wie die naturwissenschaftliche Methodik unabhängig von philosophischer Interpretation versucht, *Tatsachen (experimentelle Befunde) zu beschreiben („Schließlich und endlich ist die Physik nur eine Beschreibung und keine Erklärung."[228])*. Von den Schülerinnen und Schülern wird schließlich eine komplexe Denk- und Interpretationsleistung gefordert, um das *Prinzip der kleinsten Wirkung* zu verstehen.

Methodische Bildung (Beherrschen von konkreten Methoden)

Die Schülerinnen und Schüler lernen, sich zwischen verschiedenen Abstraktionsebenen zu bewegen und die darin gewonnenen Erkenntnisse zu transferieren. Ausgeprägt ist in diesem Lehrstück der Umgang mit Modellen (Licht als Strahl, als Welle, als Teilchen). Dabei lernen sie nicht nur, in Modellen zu denken, sondern erkennen Modelle als Hilfsmittel, das Grenzen hat. Im Zusammenhang mit Reflexionen lernen die Schülerinnen und Schüler, Schatten von Gegenständen zu konstruieren und zwar auch solche, die aufgrund reflektierten Lichts entstehen. Mittels der Theorie der Strahlensätze können die Schülerinnen und Schüler auch Größen und Distanzen von Schatten berechnen. In einfacher Weise werden Prozesse mathematisiert, berechnet und mit experimentellen Befunden verglichen (z. B. den Brechungswinkel des Lichtes beim Eintreten ins Glas).

6.4.3   Acht Lehrstückkomponenten im LS Spiegeloptik

6.4.3.1   Phänomen

Stettler[229] behauptete einmal in einem persönlichen Gespräch: *„Licht ist kein Phänomen!"*. Er meinte damit wohl, dass Licht *an sich* nicht *ist*, sondern eben nur in der Wechselwirkung mit dem Ding. Als das Phänomen in diesem Lehrstück

---

228 Scarani, Valerio (2003): *Physik in Quanten.* Paris: Elsevier – Spektrum Akademischer Verlag., S. 3. Wobei dieses Zitat dort durchaus auch ironisch, bzw. als Frage zu verstehen ist.
229 persönliches Gespräch anlässlich der Wagenscheintagung in Liestal im Frühling 2011.

müsste man daher vorsichtigerweise nicht das Licht nennen, sondern den *Licht-weg*, also die Ausbreitung des Lichts. Dass Licht sich ausbreitet, ist aber im Lehrstück nicht a priori klar. Damit ist das Phänomen nicht von Anfang an in seiner ganzen Ausprägung klar. Zu Beginn steht nicht einmal der Begriff *Licht* im Zentrum sondern *das Sehen*. Das Phänomen, der Lichtweg, tritt dann in der Folge in vier verschiedenen Situationen in Erscheinung:

- als farbige Tulpen auf dem Tisch, deren Bild völlig ungeordnet in alle Raumrichtungen weggeht
- als Spiegelung und der damit erschaffenen Spiegelwelt
- als Lichtbrechung
- als Überlagerung und Interferenz von Zustandsfunktionen

Alle diese Erscheinungsformen des Phänomens könnten als eigene Phänomene betrachtet werden, die aber den gleichen Ursprung haben. Mit diesem Rundgang durch die Kulturgeschichte hat sich die Wahrnehmung des Phänomens verändert. Und doch schließt sich am Ende der Kreis. Wir lesen wieder den Text von Wagenschein *Das Licht und die Dinge*. In dem von Wagenschein beschriebenen Erscheinen von Licht wird Licht wirklich zum Phänomen und ist direkt wahrnehmbar.

6.4.3.2   Sogfrage

Wie verhält sich das Licht? Welchen Weg nimmt es? – oder – *Was ist überhaupt „Licht"?* Licht an sich fasziniert, sei es der gebündelte Lichtstrahl eines Lasers oder der Schattenwurf von Gegenständen im Licht einer starken Lampe. Die Sogfrage ist in diesem Lehrstück nicht so prägnant wie beim Lehrstück *Pascals Barometer*. Es handelt sich eher um ein Sogthema mit vielen Fragen denn um eine Sogfrage. Die Frage nach der Ausbreitung des Lichtes, welche man als die *Hauptfrage* bezeichnen könnte, entfaltet ihren Sog mit zunehmendem Fortschritt des Lehrstücks. Während anfangs die Antwort darauf mit der beobachteten Geradlinigkeit des Laserstrahls oder der Schattengrenzen beantwortet scheint, entwickelt sich die scheinbar banal beantwortbare Frage zu einer echten Herausforderung bzw. führt uns zu grundlegenden Prinzipien der Naturgesetze.

6.4.3.3 Ich-Wir-Balance

Die Ich-Wir-Balance neigt sich oft stärker zum Wir, denn zum Ich. Das Lehrstück ist in vielen Phasen gesteuert durch die Lehrperson. In einer der wichtigsten Schlüsselszenen, in jener, in welcher der Lichtstrahl den kürzesten Weg zur Insel findet, den wir nur mit mühseligem Rechnen gefunden haben, ist es wichtig, dass jede Schülerin und jeder Schüler über das verblüffende Ereignis ganz selber für sich privat staunen kann und darf.

Die zweite Schlüsselszene, in der die Spiegelwelt durch die hinter dem Spiegel aufgebaute Realwelt ersetzt wird, dadurch dass der Spiegel (wie der Vorhang im Theater) gehoben wird, wollen wir gemeinsam erleben (eben wie im Theater).

Was wir als ganze Lerngruppe uns erarbeitet haben, muss schließlich aber jeder und jede selber für sich in seine Wissens-, Erkenntnis- und Lebenswelt integrieren. Dazu bietet das Lehrstück in der Schlusssequenz (Rekapitulation aller wichtigen Stationen durch die entsprechenden Experimente) genügend Raum.

6.4.3.4 Dynamische Handlung und Urszene

Wo ist die Urszene zu suchen? Bei den Anfängen der systematischen Auseinandersetzung mit Licht? Beim Suchen und Finden der Lehridee, wie die Frage nach der Wirkung und dem Weg des Lichts gelehrt werden soll? Oder bei der Entdeckung des Prinzips der kleinsten Wirkung? Zwei Urszenen sind im Lehrstück enthalten.

Die erste leitet sich aus der Bilderlehre des Lukrez ab: Auf dem Tisch stehen Blumen. Was macht uns die Blumen zu erkennen? Wie gelangen wir zu ihrem Bild und das von überall her blickend? Geben die Blumen etwas von sich mit, wenn ihr Bild zu uns gelangt?

Die zweite Urszene beschreibt Wagenschein in seinem Aufsatz „Das Licht und die Dinge". Es ist zwar eher eine didaktische, denn eine fachinhaltliche Urszene. Aber gerade bei diesem Unterrichtsgegenstand lässt sich die Didaktik (Be-Handlung) des Gegenstandes schlecht vom Gegenstand selber trennen. Denn er erscheint uns so, wie wir ihn betrachten (als Welle oder als Teilchen). Die Behandlung des Gegenstandes trägt also wesentlich zu seiner Erscheinung bei. Daher ist es legitim auch die Wagenschein'sche Lehridee als Urszene im Lehrstück zu verwenden.

Aus beiden Urszenen entfaltet sich dynamisch die Handlung des Lehrstücks. Wir müssen der Frage nach dem Verhalten des Lichtes nachgehen!

6.4.3.5   Kategorialer Aufschluss

Das Lehrstück wird getragen durch die wechselseitige Erschließung von Geist und physikalischem Phänomen (also Mensch und Welt). Der verinnerlichte, vergeistigte Begriff von Licht gilt es, an der Realität neu zu ergründen und den Begriff (oder die Kategorie) neu und bewusst zu schaffen. Neben der Kategorie *Licht* eröffnet das Lehrstück auch den Blick auf tiefer liegende Prinzipien der Naturgesetze. Damit wird auch die Kategorie der Naturgesetze geschaffen, im Speziellen hier dem Prinzip der minimalen Wirkung. Es handelt sich dabei um eine fundamentalere Kategorie als jene, die in den anderen hier beschriebenen Lehrstücken gebildet werden (z. B. *Gravitation* oder *Luftdruck*).

6.4.3.6   Originäre Vorlage

Da ist Lukrez, da sind Leibnitz, Newton und Huygens. Da ist auch Einstein und schließlich Wagenschein. Wir wandern auf den Spuren der Kultur prägenden Geister der letzten 2000 Jahre. Sie sind im Unterricht präsent durch Dokumente, Abbildungen und durch ihre Experimente.

Nur die persönlichen Geschichten zu den Entdeckungen harren noch ihrer Enthüllung. Hier sind wir noch auf der Suche nach Dokumenten, welche die Wissenschaftsgeschichte in diesem Gebiet etwas menschlicher und nahbarer machen.

6.4.3.7   Werkschaffende Tätigkeit

Die werkschaffende Tätigkeit ist in diesem Lehrstück wenig ausgeprägt. Es werden keine *Werke* geschaffen, bloß geometrische Konstruktionen und geistige Konzepte neu aufgebaut.

6.4.3.8   Grundorientierendes Denkbild

Das Grundorientierende Denkbild wird im Aufsatz *Das Licht und die Dinge* gezeichnet. Es besteht aus uns selber, die im lichtdurchfluteten Zimmer sitzen und den Staubteilchen zuschauen, die durch die Luft tanzen. In diesem Bild stecken alle wichtigen Prinzipen des modernen Verständnis' von Licht. Licht nimmt erst einen Zustand an durch seine Wechselwirkung mit Dingen und Licht bewegt sich entlang des schnellsten Weges (nicht des kürzesten).

6.4.5 Lehrplanpassung

Das Lehrstück ist thematisch im Lehrplan in der Quarta (9. Schuljahr) anzusiedeln. Da das Lehrstück vom philosophischen Standpunkt betrachtet sehr anspruchsvoll ist, könnte es auch mit einer Ergänzungsfachklasse im 11. Schuljahr behandelt werden. Die Darstellung der Optik entspricht aber weitgehend den Inhalten der geometrischen Optik. Allerdings fehlen dabei die *Reflexion an gekrümmten Spiegeln*, das Phänomen der *Totalreflexion* sowie das ganze Gebiet der *Bildentstehung an Linsen und deren Anwendungen*. Diese Themen müssen außerhalb des Lehrstücks behandelt werden. Dafür rückt das Lehrstück eine Gesetzmäßigkeit (das Prinzip der kleinsten Wirkung) ins Zentrum, der im Lehrplan kein Platz eingeräumt wird. Üblicherweise erfolgt der erste Kontakt mit dem Prinzip der kleinsten Wirkung im Zusammenhang mit dem Lagrange-Formalismus der klassischen Mechanik an der Universität. Ab dort spielt das Prinzip dann aber eine dominante Rolle in der höheren Physik. Das Prinzip der kleinsten Wirkung am Gymnasium zu thematisieren, ist eine konsequente Weiterführung der Wagenschein'schen Haltung, Komplexes nicht zu umschiffen, sondern anzusprechen, zu thematisieren, möglicherweise didaktisch zu vereinfachen. Zwar bezieht sich Wagenschein dabei hauptsächlich auf die Komplexität realer Phänomene. Hier geht es um einen konzeptuellen Begriff, um *die Wirkung*, die gleich wie der Begriff *Energie* abstrakt ist. Die Bedeutung dieses Begriffs ist für die Physik aber nicht weniger wichtig und zentral als der Energie-Begriff, weshalb es legitim ist, diesen am Gymnasium einzuführen.

Die im 9. Schuljahr gelehrte geometrische Optik beschränkt sich, wie der Begriff *geometrisch* das andeutet, auf die Geometrie des *Lichtstrahls*. Dabei ist für die Schülerinnen und Schüler aber in der Regel nicht so klar, was mit *Lichtstrahl* gemeint ist. Häufig wird *Lichtstrahl* mit *der zurückgelegte Weg des Lichts* übersetzt und in der Fortsetzung des Unterrichts macht man sich keine Gedanken mehr über die Natur des Lichts, sondern nur noch über seine Ausbreitung. Damit vermeidet man den Kontakt und die Komplikationen mit den Erklärungsmodellen zur Art des Lichts und verschiebt das auf *später*. Später ist meist in der Wellenoptik zwei Jahre später im 11. Schuljahr oder für die Physikspezialisten (in der Schweiz die Schülerinnen und Schüler mit dem Schwerpunkt Physik/Anwendungen der Mathematik) im 12. Schuljahr im Rahmen der Atomphysik. Ge-

rade im 9. Schuljahr aber ist die Frage nach der Natur des Lichts bei den Schülerinnen und Schülern präsent und ein Verweis der Besprechung dieser Fragen
auf später wird oft mit leiser Enttäuschung quittiert. Das Lehrstück versucht, die
Neugierde über die Natur des Lichts nicht zu ersticken, es kann sie aber natürlich
auch nicht stillen, sondern nur versuchen, sie zu nähren und zu stimulieren.

6.4.6   Die Bildungsstandards im Lehrstück

Das Lehrstück Spiegeloptik verbindet alltägliche Sachverhalte mit tiefgründigen
physikalischen Prinzipien und thematisiert die philosophischen Konsequenzen
aus diesen Prinzipien. Das Lehrstück versucht die Schülerinnen und Schüler genetisch an diese Erkenntnis heranzuführen und bedient sich dazu einfacher all-
tagsnahe Handexperimente. Dadurch kommt der Umgang mit technischen Geräten

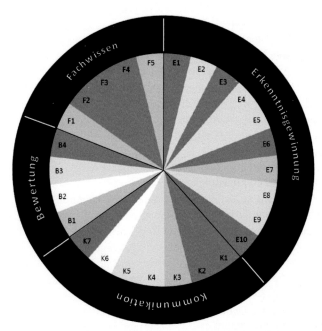

Abbildung 105: Kuchendiagramm als Übersicht über die Erfüllung der Bildungs-
                standards der deutschen Kultusministerkonferenz. Der Schlüssel
                zu den entsprechenden Abkürzungen liefert die Tabelle 19.

Spiegeloptik	Im Lehrstück erfüllt		
	ansatz-weise	einge-hend	gründ-lich
Die Schülerinnen und Schüler...			
F *Fachwissen*			
F1 verfügen über ein strukturiertes Basiswissen auf der Grundlage der Basiskonzepte		x	
F2 geben ihre Kenntnisse über physikalische Grundprinzipien, Größenordnungen, Messvorschriften, Naturkonstanten sowie einfache physikalische Gesetze wieder			x
F3 nutzen diese Kenntnisse zur Lösung von Aufgaben und Problemen		x	
F4 wenden diese Kenntnisse in verschiedenen Kontexten an		x	
F5 ziehen Analogien zum Lösen von Aufgaben und Problemen heran		x	x
E *Erkenntnisgewinnung*			
E1 beschreiben Phänomene und führen sie auf bekannte physikalische Zusammenhänge zurück			x
E2 wählen Daten und Informationen aus verschiedenen Quellen zur Bearbeitung von Aufgaben und Problemen aus, prüfen sie auf Relevanz und ordnen sie	x		
E3 verwenden Analogien und Modellvorstellungen zur Wissensgenerierung			x
E4 wenden einfache Formen der Mathematisierung an		x	
E5 nehmen einfache Idealisierungen vor		x	
E6 stellen an einfachen Beispielen Hypothesen auf			x
E7 führen einfache Experimente nach Anleitung durch und werten sie aus			x
E8 planen einfache Experimente, führen sie durch und dokumentieren die Ergebnisse	x		

E9	werten gewonnene Daten aus, ggf. auch durch einfache Mathematisierungen	x		
E10	beurteilen die Gültigkeit empirischer Ergebnisse und deren Verallgemeinerung			x
K	Kommunikation			
K1	tauschen sich über physikalische Erkenntnisse und deren Anwendungen unter angemessener Verwendung der Fachsprache und fachtypischer Darstellungen aus			x
K2	unterscheiden zwischen alltagssprachlicher und fachsprachlicher Beschreibung von Phänomenen			x
K3	recherchieren in unterschiedlichen Quellen			
K4	beschreiben den Aufbau einfacher technischer Geräte und deren Wirkungsweise			
K5	dokumentieren die Ergebnisse ihrer Arbeit		x	
K6	präsentieren die Ergebnisse ihrer Arbeit adressatengerecht	x		
K7	diskutieren Arbeitsergebnisse und Sachverhalte unter physikalischen Gesichtspunkten			x
B	Bewertung			
B1	zeigen an einfachen Beispielen die Chancen und Grenzen physikalischer Sichtweisen bei inner- und außerfachlichen Kontexten auf		x	
B2	vergleichen und bewerten alternative technische Lösungen auch unter Berücksichtigung physikalischer, ökonomischer, sozialer und ökologischer Aspekte			
B3	nutzen physikalisches Wissen zum Bewerten von Risiken und Sicherheitsmaßnahmen bei Experimenten, im Alltag und bei modernen Technologien			
B4	benennen Auswirkungen physikalischer Erkenntnisse in historischen und gesellschaftlichen Zusammenhängen.			x

Tabelle 19:   Bildungsstandards Physik der KMK, 2005, angewandt auf das Lehrstück Spiegeloptik

oder größeren experimentellen Einrichtungen zu kurz. Der Anspruch an das Lehrstück, darin einen Einblick in das Prinzip der kleinsten Wirkung zu erhalten, erfordert eine starke Lenkung der Denkprozesse der Schülerinnen und Schüler. Die
Bewertung der Alltagsrelevanz des Lerninhaltes selbst steht etwas im Hintergrund, verdeckt durch die Ergründung der historischen Bedeutung des Wirkungs-
prinzips für die Physik. Ob dies Schülerinnen und Schülern zumutbar ist und ob
ihnen die Tragweite der Bedeutung solcher Prinzipien bewusst gemacht werden
kann, darf sicher in Frage gestellt werden. Das Lehrstück ist in dieser Hinsicht
ein Versuch und über den Erfolg kann noch wenig berichtet werden.

Die Konsequenz ist, dass das Lehrstück wiederum stark ist in den Bereichen
Fachwissen (*F*) und Erkenntnisgewinnung (*E*) und eher schwach im Bereich der
Bewertung (*B*). Die Kommunikation im Lehrstück ist ausgeprägt in der Form des
Austausches von Erkenntnissen, Hypothesen und Beschreibungen unter den Schülerinnen und Schülern in Plenar- und Gruppengesprächen (*K1, K2*). Schwach
ausgeprägt oder gar nicht vorhanden sind individuelle Recherchen, Präsentationen und die Beschreibung technischer Sachverhalte (*K3, K4, K6*).

Teil C: Schlussbetrachtungen

7 Zusammenfassung, Übersicht und Ausblick

In Magdeburg steht der Jahrtausendturm. Ursprünglich geschaffen für die Ausstellung *Phänomena* in Zürich ist in ihm 6000 Jahre menschliche Kulturgeschichte ausgestellt. Spiralförmig lässt sich über fünf Etagen durch diese Kulturgeschichte wandeln, von den frühen Hochkulturen durch die Antike ins Mittelalter und weiter in die frühe Neuzeit und schließlich in die Gegenwart, hin zur modernen Forschung. Die ganze naturwissenschaftliche Kulturgeschichte des Abendlandes lässt sich von Grund auf erklimmen. Der Turm wurde Vorbild für Theo Schulzes Skizze (Abbildung 106), die sich in manchen Publikationen der Lehrkunst wiederfindet.[230]

Abbildung 106: Theodor Schulzes Turm steht für die Entwicklung der menschlichen Gattung

Dargestellt ist die Jahrtausende alte Entwicklung, die Genese menschlicher Erkenntnis und kultureller Errungenschaften. Weit oben in schwindelerregender Höhe befinden wir durchschnittlich gebildeten Menschen uns heute, weit über der

---

230 Z. B. bei Berg, Hans Christoph (2010): *Werkdimensionen im Bildungsprozess.* Bern: h.e.p.-Verlag, S. 70.

ersten Dunstschicht, ohne Sichtkontakt zum Grund des Turms, die meisten von uns aber auch weit unterhalb der Spitze des Turms, die weit in den Himmel, ins All ragt. Worauf basiert der Turm? Wo steht er und wie ist sein Fundament gebaut? Man müsste den Turm vom Grund bis zur Spitze besteigen, individualgenetisch die Kulturgenese von Grund auf entdecken: eine Anstrengung, die nur die akademischen Spitzensportler unter uns in vernünftiger Zeit schaffen – eine maßlose Überanstrengung, die kaum in pädagogisch sinnvoller Weise gelingen kann. Hin und wieder nach unten blicken, mehr noch, einige Stufen oder ganze Etagen absteigen und unser Wissen *re-generieren* und eine Beziehung zur Basis schaffen – das allerdings wollen wir tun. Und das gelingt in sicherem Wissen darum, woher wir kommen und wie wir auch wieder zurückkommen, indem wir auf bereits begangenen Wegen den Nach-Gang pflegen (*meta-hodos*). Dabei aber soll es nicht bleiben. Wir wollen nicht nur zurück schauen, nicht bloß die *Genesis*, sondern auch die *Utopia*! Wohin wollen wir? Wie weit in den Himmel reicht der Turm?

Abbildung 107:   Jahrtausendturm der Forschung im Elbenauenpark in Magdeburg; Quelle: [4].

Auch auf diesem zweiten Teil unseres Unternehmens begleitet uns Wagenschein, der in seiner frühen Schrift *Zusammenhang der Naturkräfte* die moderne Physik noch anpackt, diese später dann allerdings als *„für die Schule unlehrbar"* findet, da sie sich der Anschaulichkeit, der Einbildung entzieht. Die *Unanschaulichkeit* der modernen universellen Verallgemeinerungen führt aber in vielerlei Hinsicht zur Aristotelik zurück, rechtfertigt diese, rehabilitiert in gewissem Sinne die Subjektivität, die Anthropozentrik. Die Relativitätstheorie beispielsweise verallgemeinert die Beschreibung von Prozessen so, dass es keine bevorzugten Bezugssysteme mehr gibt und die Quantentheorie findet in den innersten und grundlegendsten Prozessen der Natur keine eindeutigen Antworten mehr auf Fragen, sondern nur noch Wahrscheinlichkeiten. Die Theaterbühne verliert ihre Starrheit und Absonderung vom Zuschauerraum, das Bühnenbild ist nicht mehr wie noch in der Newton'schen Physik starrer Hintergrund, sondern eine vom Betrachter mitgeführte und damit individuelle Realität. Die Zuschauer sind nun selber Teil des Theaters, gleich wie beim nach-aristotelischen Theater, wenn auch nicht mehr starr, sondern involviert, ja relativ zueinander bewegt, ein jeder mit seinem eigenen Bezugssystem.

In *Kinder auf dem Wege zur Physik* lässt Wagenschein zehnjährige Sextaner zu Wort kommen, die sich erstaunt darüber zeigen, dass man die Masse (das Gewicht) der Erde angeben kann:[231]

> „Ist es wahr, dass man den Erdball wiegen kann?" – [Der Lehrer antwortet] „Ja, das kann man ganz genau!" – Staunen, Schweigen, Weitergehen. – Nach einer Weile ruft plötzlich einer: „Das kann nicht stimmen!" – „Was?" – „Das mit der Erde!" – Warum nicht?" – „Weil immer neue Kinder geboren werden!"

Die wird doch immer schwerer, da doch immer neue Kinder auf die Welt kommen, müsste man meinen! [Aristotelik] Der Lehrer könnte darauf antworten: „Nun das ist leider nicht so. Wenn wir sterben werden wir wieder zu Erde und wenn wir geboren werden, so ernähren wir uns wieder von der Erde und werden wir aus der Erde. Alles, was auf der Erde ist, bleibt auf der Erde und alles, was wird, kommt aus der Erde! [Klassik]."

In der Fußzeile zu diesem Text verweist Wagenschein dann aber in die Moderne, in die „Superwissenschaft" und weist mit einer Referenz auf die Physikalischen Blätter von 1961 nach, dass er hier gründlich in der modernen Wissenschaft recherchiert hat.

> „[…Allerdings fallen] etwa zehntausend Tonnen [Meteoriten-Material] täglich [aus dem All auf die Erde!]"

Mit dieser Bemerkung, die wir im normalen Unterricht oft viel zu leise (wenn überhaupt) erwähnen, rehabilitiert Wagenschein die aristotelische Vorgehensweise der Anschauung für die (Fach-)Didaktik. Er fügt der klassischen *gesäuberten* Physik Galileis (*galileian purificated science*) den zwar lästigen, aber die Welt interessant, vielseitig und vor allem *real* machenden Ballast und „Dreck" wieder hinzu. Der Kreis schließt sich: Die Moderne kommt in gewissem Sinne auf anderer Ebene zur Aristotelik zurück – wie der Magdeburger Turm, der sich spiral-

---

231 Wagenschein, Martin (2003): *Kinder auf dem Wege zur Physik*. Beltz Verlag, S. 26.

förmig dem Himmel entgegenstreckt: Denn, den Turm besteigt man nicht auf einer Leiter, sondern auf einer Wendeltreppe. Wir sind am Ende an denselben Ort zurückgekehrt – allerdings auf einer anderen Ebene. Das Turmbild ist eine paradigmatische Verdeutlichung der These dieser Arbeit. Mit unserem allgemeinen informativen alltäglichen Wissen, geprägt durch das *common knowledge* befinden wir uns in der Mitte des Turms der Kulturgeschichte menschlichen Wissens. Von da müssen wir immer mal wieder absteigen um den Weg zurück nachgehen zu können, unser Wissen zuerst aber einwurzeln, mit dem festen Boden verbinden und dann regenerieren. Andererseits dürfen wir den Ausblick nach ganz oben wagen, ohne schwindlig zu werden, die Dimensionen des Turms erfassen, abschätzen, abmessen; dann zuletzt aber zurückkehren in unsere vertraute Umgebung.

Das heißt, dass wir nicht nur *genetisch,* sondern *re-generierend* lehren sollen[232], dass Wissen nicht nur genetisch, konstruktivistisch aufgebaut, sondern bestehendes, angelerntes oder intuitives Wissen zuerst ausbreiten, hinterfragen, analysieren und möglicherweise vorübergehend zur Seite legen müssen, damit wir mit freien Sinnen und klarem Blick die Erkenntniswege nachgehen können.

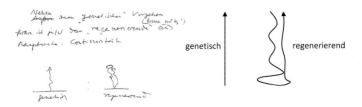

Abbildung 108:   Nicht nur genetisch sondern regenerierend soll gelehrt werden. Links eine originale Notiz von Wagenschein dazu.

7.1   Bündelung der Leitfrage

Worin liegt der Mehrwert der Parallelführung der Kulturgenese und der Individualgenese, das heißt, der Erweiterung des klassischen Naturwissenschaftsunterrichts durch die Aristotelik und die Moderne?

---

232 Erst schon fast nach Vollendung dieser Arbeit wurde ich von Hans Christoph Berg darauf hingewiesen, dass Wagenschein selber die Skizze, die ich in Abbildung 114 rechts gemacht habe, auch skizziert hat (links) und Kruse, Messner und Wollring diese Notiz als Titelseite für ihr Buch *Martin Wagenschein – Faszination und Aktualität des Genetischen* verwendet haben: Kruse Norbert, Rudolph Messner und Bernd Wollring (Hrsg): *Martin Wagenschein – Faszination und Aktualität des Genetischen.* Schneider Verlag GmbH 2012, Titelseite.

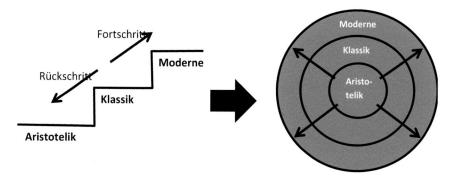

Abbildung 109: Die Veränderung des Blicks für die Stellung der unterschiedlichen wissenschaftlichen Epochen zueinander.

Der klassische Physikunterricht bewegt sich durch die Mechanik mit Galilei und
Newton, durch die Wärmelehre mit Thompson (Kelvin), Joule, Brown, Carnot,
und Boyle durch die Optik mit Fermat, Huygens, Fresnel und Young, durch die
Hydrostatik mit Torricelli und Pascal und schließlich durch die Elektrizitätslehre
mit Faraday, Ohm und Maxwell. Die Entwicklung der klassischen Konzepte von
Galilei bis Maxwell stellt einen grandiosen Erkenntnisschritt dar. Diese Wissenschaftsepoche geht einher mit der Entthronung der Religionen vom Sitz der Weis-
heit und Wahrheit und die naturwissenschaftlichen Errungenschaften verhelfen der
Aufklärung zum Durchbruch. Die gesellschaftliche, politische und die technische
Entwicklung des Abendlandes sind den klassischen Naturwissenschaften zu verdanken. Das klassische naturwissenschaftliche Denken wird dadurch zur neuen
Religion. Der Glaube an die naturwissenschaftliche Abstraktion führt zur Ver-
kümmerung der direkten Wahrnehmung. Die natürliche Wahrnehmung (Aristotelik) wird durch die „ist nichts als"-Argumentation erschlagen.
    Hier kommt der Aristotlik überraschenderweise die Moderne zu Hilfe und
zerbricht die totalitäre Art der Klassik. Die Moderne ist zwar der Allgemeinheit
noch viel weniger zugänglich als die Klassik und überzeugt letztlich nur durch
ihre technischen Erfolge. Aber die Moderne relativiert die Klassik insofern, als
dass sie deren Grenzen aufzeigt und darauf hinweist, dass sie von ihren Voraussetzungen abhängig ist. Die Aristotelik wird dadurch rehabilitiert bzw. erhält in
der Entwicklung der Naturwissenschaften eine andere Stellung. Sie rückt aus der
Ordnung einer hierarchischen Stufung, die durch Rückschritt und Fortschritt gegliedert ist, ins Zentrum einer sich radial nach Außen erweiternden Erkenntnis
über die Realität, die sich von der anthropozentrischen Anschauung immer weiter

in die Verallgemeinerung bewegt. Dabei steht die Subjektivität des Menschen zuerst im Zentrum, wird dann abgeschafft, um in der Moderne (wenn auch in anderem Sinn) wieder an Bedeutung zu erlangen.

Diese Horizontverschiebung der menschlichen Erkenntnis und die Veränderung der Stellung des Menschen als Betrachter in der Welt, ist die zentrale Einsicht, die mit der hier beschrieben Art des Unterrichtens gewonnen wird.

So zeigt sich in exemplarischer Weise beim Lehrstück *Pascals Barometer*, dass die aristotelische Theorie *horror vacui* durch die Moderne zum Teil rehabilitiert wird (vgl. Kapitel 4.2.4.9). Dabei verliert die klassische Physik ihre dominante Stellung gegenüber der Aristotelik hinsichtlich des Verständnisses für die Natur. Es zeigt sich darin deutlich, dass der Fortschritt in den Naturwissenschaften nicht in der Überwindung der vorangehenden Theorien und Ansichten besteht, als vielmehr in deren Verallgemeinerung. Die jeweiligen Verallgemeinerungen können aber kaum nachvollzogen werden, wenn die Vorstufe nicht verinnerlicht wurde. Die Aristotelik erhält damit für die Didaktik eine fundamentale Bedeutung!

Im Lehrstück *Fallgesetz nach Galilei* gilt ebenfalls, dass die Moderne die Aristotelik rehabilitiert. Einstein gibt die Idee auf, dass es im Universum ein absolutes Bezugssystem gibt, an dem Bewegungen vermessen werden können. Wenn es kein solches System gibt, dann kann im Prinzip jedes System als Bezugssystem gewählt werden, z. B. auch das anthropozentrische. Es wird im Lehrstück aber auch klar, dass es komplizierter wird, wenn wir die anthropozentrische Sichtweise zementieren. Die Galilei'sche Verallgemeinerung macht Sinn, um die Welt in ihren tieferen Zusammenhängen zu verstehen. Diese Zusammenhänge kommen erst zum Vorschein, wenn wir einen anderen Standpunkt einnehmen, wenn wir eben diesen Schritt in die Verallgemeinerung *vollziehen*. Das Lehrstück macht deutlich, dass es darum geht, die verschiedene Sichtweisen *zu verändern* und vor allem, die Ursache für diese Veränderungen zu verstehen: Warum geht Galilei einen Schritt weiter? Warum geht Einstein einen Schritt weiter?

Im Lehrstück *Spiegeloptik* verfolgen wir die Transformation der Modelle von Licht vom Teilchen zur Welle und zurück (nach Feynman besteht Licht aus Teilchen, die sich unbeobachtet wie Wellen verhalten). Diese Transformation weist auf die dauernde Entwicklung der wissenschaftlichen Paradigmen hin. Kaum an anderer Stelle in der Wissenschaft ist heute unklarer als in der Quantentheorie, wie die experimentellen Befunde zu deuten sind. Mathematisch lassen sie sich mit nie dagewesener Exaktheit beschreiben. Die philosophische Deutung dazu fehlt hingegen. Dies relativiert in höchstem Masse die Theorien, die wir im Lehrstück betrachten. Was gibt uns denn Halt im Gewirr der Theorien? Worauf können wir uns den stützen? Wagenschein lehrt uns, dass es unsere eigene Erfahrung ist! Wie Erfahre *ich* Licht? Hier wird die anthropozentrische oder gar die private Anschauung in anderer Weise als in den beiden anderen Lehrstücken rehabilitiert. Es geschieht in dem Sinne, dass auch die modernste Wissenschaft keine interpretierbare Antwort zur Frage liefert, was Licht eigentlich ist. Die eigene Betrachtung und die eigene Erfahrung ist der einzige feste Boden in der Gewinnung der Erkenntnis darüber – reinste Aristotelik!

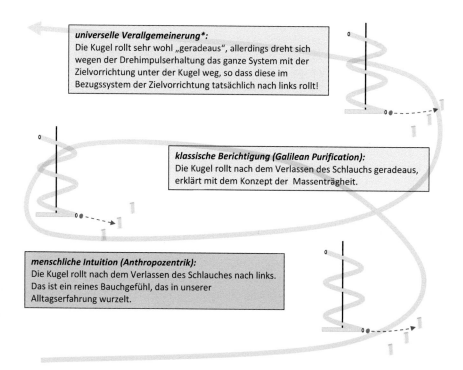

universelle Verallgemeinerung*:
Die Kugel rollt sehr wohl „geradeaus", allerdings dreht sich wegen der Drehimpulserhaltung das ganze System mit der Zielvorrichtung unter der Kugel weg, so dass diese im Bezugssystem der Zielvorrichtung tatsächlich nach links rollt!

klassische Berichtigung (Galilean Purification):
Die Kugel rollt nach dem Verlassen des Schlauchs geradeaus, erklärt mit dem Konzept der Massenträgheit.

menschliche Intuition (Anthropozentrik):
Die Kugel rollt nach dem Verlassen des Schlauches nach links. Das ist ein reines Bauchgefühl, das in unserer Alltagserfahrung wurzelt.

(*Hier sei angemerkt, dass die dritte Stufe der Beschreibung der Situation keine „moderne" Physik anwendet, in dem Sinne auch nicht ein echter Schritt auf die *dritte Ebene* ist. Eigentlich müsste hier die Kinematik im Lichte der allgemeinen Relativitätstheorie angeschaut werden, was hier dann doch zu weit führen würde. Aber die Argumentation auf der dritten Stufe fordert eine universelle Verallgemeinerung der Situation, die der Grundhaltung der modernen Physik entspricht.)

Abbildung 110:   Zyklischer Erkenntnisgewinn durch drei Weltbild-Epochen

Zusammenfassend sei die spiralförmige Bewegung durch die Wissenschaftsgeschichte am Beispiel der Diskussion im Aufsatz in Kapitel 1.3.2. nochmals aufgezeigt. Dort ist dieser Dreischritt *menschliche Intuition* (Anthropozentrik) –
klassische Berichtigung (*Galileian Purification*) – *universelle Verallgemeinerung*
exemplarisch zu sehen.

7.2   Auswirkungen auf das Konzept der Lehrkunst

Welche Konsequenzen ergeben sich aus der Leitfrage dieser Arbeit für das Konzept der Lehrkunst? Wird der Schritt von der Aristotelik, zur Klassik hin zur Moderne und zurück neu als Grundfigur in Lehrstücken verwendet, so kommt das
einer Weiterentwicklung der Komposition zumindest von naturwissenschaftlichen
Lehrstücken gleich. Damit greift diese Arbeit in das Kerngeschäft der Lehrkunst
ein. Die Konzeption der Lehrkunst-Didaktik im Groben wird vorerst kaum bewegt. Im Inneren allerdings prägt der neue Ansatz ihre Methodik. Darauf soll in
den folgenden Kapiteln noch vertieft eingegangen werden.

7.2.1   *Auswahl paradigmatischer Unterrichtsthemen und die Methodentrias*

Die Auswahl der Unterrichtsthemen und die drei Komponenten der Methodentrias müssen nun unter dem Gesichtspunkt der Leitfrage dieser Arbeit neu beurteilt werden. Was bedeutet der Gang durch die drei kulturhistorischen Dimensionen für die Auswahl der Lehrkunstthemen, was für das Exemplarische, das
Genetische und was für die Dramaturgie?
   Die These dieser Arbeit fordert von guten Lehrkunstthemen, dass diese sich
über die drei Wissenschaftsepochen Aristotelik – Klassik – Moderne verfolgen
lassen. Gerade die Übergängen zwischen den Epochen (Kuhn würde sie wissenschaftliche Revolutionen nennen) selber sind entscheidend für das Studium der
naturwissenschaftlichen Denk- und Arbeitsweise in den jeweiligen Epochen. Der
Unterrichtsgegenstand erlebt an diesen Übergängen eine Transformation. So erscheint der Fallprozess unter immer neuen Gesichtspunkten (zuerst als Bewegung hin zum natürlichen Ort in der Welt, dann als gleichförmig beschleunigte
Bewegung und schließlich als Geodäte in der Raumzeit). Dieses Kriterium ist bei
den meisten bestehenden Lehrkunstthemen erfüllt. Es genügt bei den meisten
Themen, in der Kulturgeschichte früher anzusetzen, bzw. den Gang zurück zu
den Wurzeln der Wissenschaftsgeschichte zu machen und zu fragen: Wie hat

man vorher drüber gedacht? Wie haben sich die Griechen die Vererbung erklärt (Thema: Mendel'sche Genetik)? Nach welchen Kriterien hat Aristoteles Pflanzen sortiert (Thema: Linnés Pflanzenklassifikation)? Wie haben die Griechen über Stoffumwandlungen und Stoffflüsse gedacht (Thema: Faradays Kerze)? Diese Erweiterung bedeutet in dem Sinne keine Einschränkung der Themen. Praktisch alle epochaltypischen Erkenntnisschritte in den Naturwissenschaften haben eine Vorgeschichte[233]. Und bei allen lohnt sich – vor allem auch aus didaktischer Sicht – der Rückgriff in die Aristotelik. Gleiches gilt für den Ausblick in die Moderne. Was sagt die moderne Wissenschaft heute und in Zukunft zur Genetik, zum Fallprozess, zur Wolkenklassifikation oder zum Vakuum? Die Einordnung der Themen in die Kontinuität der Wissenschaftsentwicklung gibt dem Lehrstück eine weitere wichtige Bildungsdimension.

Exemplarisch

Wie oben erwähnt kann bei fast allen Themen dieser Rückgriff in die Aristotelik und der Ausblick in die Moderne gemacht werden. Es gibt aber einige die dafür wahre Exempel sind: Die *Himmelskunde*, das *Fallgesetz nach Galilei, die Spiegeloptik* und *Pascals Barometer* zielen explizit auf den Paradigmenwechsel hin. Der Kern dieser Lehrstücke besteht aus dem Umbau eines Weltbildes, besteht darin, die Transformation des Phänomens von einer in die nächste Epoche mitzuerleben.

In solchen Lehrstücken und an solchen Themen, an welchen die Übergänge in die verschiedenen historischen Epochen so gut studiert werden können, kann nun auch exemplarisch die Bedeutung und die Struktur solcher Paradigmenwechsel nachvollzogen werden. Daran kann vertieft studiert werden, was die wissenschaftlichen Eigenheiten der jeweiligen Epochen sind. Wie denkt man als Aristoteliker, wie arbeitet die klassische Naturwissenschaft und wie die Moderne? Exemplarisch lässt sich daran erkennen, dass es sich bei dem Bewegen durch die Epochen zurück und nach vorne nicht um ein Frage von Fortschritt und Rückschritt handelt, sondern um die Erweiterung konzentrischer Kreise, wobei die inneren Kreise in den jeweils äußeren enthalten sind.

---

233 Selbst zu Phänomenen und Themen die erst in jüngerer Zeit entdeckt wurden (Plattentektonik, Chemisches Gleichgewicht, Farbigkeit von Stoffen, Elektronik) und zu denen es keine „Aristotelische Theorie" gibt, kann „im Sinne der Aristoteliker" gedacht und argumentiert werden.

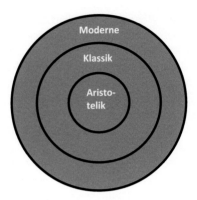

Abbildung 111: Verschachtelung der Wissenschaftsepochen: Die Aristotelik ist
in der Klassik und die Klassik ist in der Moderne enthalten.

Genetisch

Das Überzeugende ist, dass dieses Durchschreiten der Wissenschaftsepochen –
zuerst zurück zur Aristotelik, dann der Aufstieg in die Klassik und schließlich der
Ausblick in die Moderne – einer organischen Begleitung der Individualgenese im
Erkenntnisprozess entspricht. Das naive Alltagsverstehen der Welt ist tief in der
Aristotelik verwurzelt. Unsere Schülerinnen und Schüler kommen als „Aristo-
teliker" in den Unterricht, als wichtigstes Wahrheitskriterium bestenfalls die
eigene Anschauung mit sich tragend (im schlechteren Fall das vom Hören-Sagen
Bekannte). Die im Unterricht gelehrte Klassik ist abstrakt und alltagsfern, den
Konzepten und Paradigmen fehlt die Basis der Erfahrung (Trägheitssatz, Unabhängigkeitsprinzip, Luftdruck). Genetisch bedeutet hier, die Schülerinnen und
Schüler aus der Aristotelik in die Klassik zu begleiten, sie in die Abstraktion
einzuführen und diese zu legitimieren, (Warum und wozu vernachlässigen wir
den Luftwiderstand beim Fallprozess? Unter welchen Umständen ist das Zulässig?) um ihnen dann nach gründlicher Erkundung der klassischen Konzepte
auch deren Einbettung in die Moderne zuzumuten – wenn auch nur orientierend.

Die Transformation der Unterrichtsgegenstände beim Übergang von der einen
Wissenschaftsepoche in die andere vollzieht sich auch individuell in jeder Schülerin und jedem Schüler.

Dramaturgisch

Die Epochenübergänge entsprechen wissenschaftlichen Revolutionen verbunden mit Umstürzen von Weltbildern, tiefen philosophischen Erschütterungen und natürlich mit menschlichen Tragödien. Gleichsam finden bei den Schülerinnen und Schülern persönliche individuelle Umwälzungen statt. Daniel wollte im Lehrstück *Pascals Barometer* bis am Ende sein Vakuumkonzept nicht aufgeben, obwohl er längst erkannt hat, dass die Erklärung mit dem Luftdruck plausibler ist. Sein persönliches Weltbild geriet ins Wanken. So ging es manchen Schülerinnen und Schülern. Nur wenige waren aber so ehrlich und offen wie Daniel und waren bereit im Unterricht dafür zu kämpfen. Diese Dramatik muss in der Dramaturgie des Lehrstücks zur Geltung gebracht werden. Die Lehrstücke müssen in ihrer Struktur so geplant sein, dass die Geschichten einer Revolution erzählt werden und die Schülerinnen und Schüler diese auch selber miterleben können.

Dies gelingt besonders gut, wenn die Vertreter der verschiedenen Wissenschaftsepochen miteinander in einen Diskurs treten können. Aristoteles, Galilei und Einstein müssen sich am Ende gemeinsam über das Fallgesetz unterhalten (*Fallgesetz nach Galilei*). Im Lehrstück *Pascals Barometer* sind es Galilei (der noch eine „halb-aristotelische" Sicht vertritt) mit Torricelli und Pascal (Einstein oder Bohr fehlen hier leider in der aktuellen Komposition noch) und im Lehrstück Spiegeloptik ist es Lukrez der sich mit Fermat oder Lagrange und Einstein unterhalten sollte.

Abbildung 112: Was meinen Aristoteles, Galilei und Einstein zu den Fallexperimenten?

Die Dramaturgie gipfelt in solchen Zusammentreffen, weil dabei nicht nur die verschiedenen naturwissenschaftlichen Weltbilder aufeinander treffen, sondern weil dabei ein rein naturwissenschaftliches Weltbild in Anbetracht seiner Wandelbarkeit an sich in Frage gestellt wird.

7.2.2   *Kategoriale Bildung*

Im Komplex der kategorialen Bildung Klafkis liegt der Beitrag dieser Arbeit im Bereich der formalen (funktionalen) Bildung. In hohem Masse wird den Schülerinnen und Schülern bewusst, dass wissenschaftliche Theorien, Arbeitsweisen und Weltbilder nicht statisch und absolut, sondern einem kontinuierlichen und hin und wieder revolutionären Wandel unterzogen sind. Damit wird selbst der Begriff der Kategorie zu einem dynamischen Gebilde. Zum Beispiel erfährt die Kategorie *freier Fall* im Verlaufe des Lehrstücks *Fallgesetz nach Galilei* eine dramatische Transformation! Der *freie Fall* verändert sich von „der alltäglichen Orientierungshilfe für das Unten und Oben in dieser Welt" und der „täglichen Herausforderung an unsere Geschicklichkeit und unser Gleichgewichtsvermögen" zu einer „Bewegung, verursacht durch eine mysteriöse Fernwirkung zwischen Körpern" und schließlich zu einer „Konsequenz aus der Verkrümmung der Raumzeit"! Es stellt sich bei dieser Transformation konkret die Frage nach der Gegenwartsbedeutung der Kategorie *freier Fall* für jede Schülerin und für jeden Schüler. Die Klärung dieser Frage ist tief verbunden mit der Auseinandersetzung jedes Individuums mit den verschiedenen Weltbildern und der Position des menschlichen Geistes in den jeweiligen Weltbildern. Damit wird in ausgeprägter Weise die von Klafki geforderte *wechselseitige Erschließung von Mensch und Welt in ihrem Wesen* vollzogen.

Gleiches lässt sich beim Lehrstück *Pascals Barometer* und bei der *Spiegeloptik* beschreiben.

Beim Lehrstück Pascals Barometer löst sich die Kategorie „Vakuum" im Verlauf des Lehrstücks sozusagen auf. Das „Vakuum" transformiert vom eigenständigen „Ding" oder „Zustand", das/der Kräfte ausüben kann, hin „fehlenden Luftdruck". Jegliche Wirkung des „Vakuums" verliert seinen Sinn. „Nichts kann nicht ziehen"!

Auch bei der Spiegeloptik wird eine bei den Schülerinnen und Schülern bereits sehr gut ausgebildete Kategorie, das „Licht", aufgegriffen und beim Gang durch die Kulturgeschichte transformiert.

Die Auseinandersetzung mit der Veränderlichkeit von Kategorien durch die Kulturgeschichte und der Beurteilung der verschiedenen Gesichter der Kategorien für die gesellschaftliche und die individuelle Gegenwartsbedeutung ist ein deutlicher Ausbau der formalen Bildungsdimension in den naturwissenschaftlichen Lehrstücken.

7.3   Mit der Lehrkunst kulturgenetisch Unterrichten

Abschließend soll der in dieser Arbeit begründete fachdidaktische Ansatz des kulturgenetischen Lehrens in den Gesamtkontext der Lehrkunst einbezogen werden. Diese Schlussbetrachtung ist zeitlich vor dem *Konzept der Bildungstreppe* (vgl. Kapitel 1.1.3) entstanden, ist dieser aber ähnlich, wenn auch in etwas ausführlicherer Form sowie mit anderer Gewichtung und Gliederung. Sie beginnt nicht beim Normalunterricht, sondern viel früher, bei der Grundhaltung der Lehrperson selber und endet beim kulturgenetischen Unterricht. Dabei stelle ich Wagenschein jeweils einen oder mehrere Partner zur Seite.

7.3.1   *Durch das Staunen über die Dinge zur Lehridee –*
Wagenschein mit Goethe

Was treibt den Menschen zum Forschen? Was lässt ihn fragen, was zündet seine Faszination? Auf einem Spaziergang an einem Regentag im Wald, wenn wir still stehen und auf das Rauschen horchen, tritt uns aus den Augenwinkeln plötzlich das unablässige Winken der Blättchen an den dicht bewachsenen Buchen ins Bewusstsein. Die Blättchen, immerfort von den schweren Tropfen getroffen, in Bewegung gehalten, lassen den ganzen Wald zittern und schwingen. Oder morgens auf dem Lesestuhl sitzend im sonnendurchfluteten Zimmer – die Vorhänge schneiden einen Schatten durch den Raum –, beobachte ich die Millionen von Staubteilchen bei ihrem Tanz im Sonnenlicht. Sie machen den Strahlengang und das Licht erst sichtbar. Glitzernd und blinkend lenken sie das Licht in mein Auge, bewegen sich mal dahin, mal hierhin, wirbelnd durcheinander und folgen dann wieder einer Luftströmung.

Am Anfang steht das *Staunen*, das sich Erfreuen an Kleinem, an authentischer, reinster Sinneserfahrung. Die *Wahrnehmung* steht noch vor der *Beobachtung*. Es ist zuerst die aufnehmende, aber bewusste Kenntnisnahme von Erscheinungen. Diese Empfänglichkeit für das sinnliche Wahrnehmen ist wohl der Quell der

Faszination und der daraus wachsenden Neugierde an Naturphänomenen. Diese Eigenschaft ist eine rein private und individuelle, die zwar angeleitet und begünstigt, aber weder verordnet noch erzwungen werden kann. Es wird in dieser Arbeit immer wieder danach gefragt, woher Wagenschein die Inspiration für den Kern seiner Unterrichtsentwürfe nimmt. Ich denke, dass Wagenschein als Mensch eine tiefe Bewunderung für die Natur und eine ausgeprägte Wahrnehmungsgabe besaß, was zumindest ein Teil dieser Inspiration ausmachte. Offene Sinne und ein offener Geist, der empfänglich ist für Eindrücke aller Art, sind eine Grundvoraussetzung für eine Lehrperson der Naturwissenschaften. Dabei ist von der Lehridee noch gar nicht die Rede. Bevor es zum Bedürfnis kommen kann, Erkenntnis zu lehren oder – noch vorher – Mitmenschen mit der eigenen Freude und Begeisterung anzustecken, muss diese bei sich selbst erschlossen, entfacht sein.

Vom Erfahren und Beobachten, vom Staunen und sich Freuen findet sich der Weg zum Beschreiben und Erzählen rasch. Vielen ist dies gelungen, sei es in Schrift, Wort oder in Zeichnungen, Bildern, Musik oder durch andere Ausdrucksweisen. Bei wenigen allerdings steht das eigene Erfahren von Natur und Kultur in so direktem Zusammenhang zu seinen Produkten und gar zu seinen Welt-Erklärungsansätzen wie bei Goethe. In Goethes Wissenschaft findet man immer wieder Goethe selbst. Dies mag ein Grund dafür sein, warum sich seine wissenschaftlichen Ansichten nicht durchsetzen konnten. Sein Sammeln, Ordnen, Klassifizieren und Suchen nach platonischen Urformen ist gezeichnet von einer sehr menschzentrierten Sicht. Er mochte sich nicht von der anthropozentrischen Physik lösen und damit letztlich die Physik nicht unabhängig von sich als Beobachter beschreiben und gelten lassen. Dies mag seiner *Wissenschaftlichkeit* im Wege gestanden haben. Unerreicht bleibt er aber (oder eben gerade deshalb) als Naturbetrachter, -beschreiber und -lehrer. Ob in Worten oder Skizzen, es gelingt ihm nicht nur, die bloße Naturerscheinung einzufangen, sondern auch deren *Geist* – oder etwas naturwissenschaftlicher – ihr Wirken auf den Menschen. Dies ist zwar vorderhand der *Mensch Goethe*. Allerdings vermag er, mit seinen Gedichten und Zeichnungen den ihm persönlich erscheinenden *Naturgeist* anderen Menschen zugänglich zu machen oder er schafft es gar, die anderen Menschen zu ermutigen, ihren eigenen Naturgeist zu suchen und zu finden. Goethe ist kein Romantiker, aber auch kein moderner Naturwissenschaftler. Er ist Anthropozentriker und Naturpoet.

Wagenschein nun erinnert hundert Jahre später daran, wie entscheidend es für den Lehrer und für den Schüler der Naturwissenschaften ist, Goethes Staunen zu folgen und sich von diesem Staunen erstens zum Fragen und dann zum genauen Beobachten leiten zu lassen. Hierin steckt die Wurzel allen Forschens.

7.3.2 Mit der Kulturgeschichte zur Unterrichtsskizze – Wagenschein mit Galilei

Da ist aber nicht nur die persönliche Affinität, da ist auch Vorwissen, da sind Schulpläne und Lehrbücher, die Lehrideen vorlegen und sogar vorschreiben. Eine der kreativsten Tätigkeiten eines Pädagogen besteht hingegen im Schritt, die Lehridee aus seinem eigenen Wissens-, Erfahrungs- und Erlebensfundus zu schöpfen und zu konkretisieren. Es handelt sich dabei um einen Akt der *didaktischen Dichtung*. Darin zeigt sich Wagenschein als wahrer Meister. Seine Unterrichtsskizzen sind didaktische Perlen, kompositorische Meisterwerke der Didaktik. Woraus nährt Wagenschein seine Intuition, woraus schöpft er die Lehrideen für seine Werke? Wohl reicht dazu nicht seine Empfänglichkeit und Faszination für die Ästhetik der Welt. Wir Menschen sind nicht nur Natur, wir sind ebenso Kultur. Der eingangs beschriebene offene und empfängliche Menschengeist ist eine Ureigenschaft des Menschen, die zwar kulturell und erziehungsbedingt mehr oder weniger ausgeprägt sein kann. Doch können wir davon ausgehen, dass Menschen früher über Gleiches gestaunt haben wie wir hier und heute. Dieses Bewusstsein schafft eine aufregende Verbindung durch die Zeit. Wie haben Menschen früher über Phänomene berichtet, wie haben sie darüber gedacht und wie haben sie diese erklärt? Dies Fragen führen neben der *eigenen Aufgeschlossenheit Phänomenen gegenüber* zur zweiten zentralen Eigenschaft der Lehrperson: *zum Kulturbewusstsein*.

Aus diesen beiden Teichen schöpft Wagenschein seine Lehrideen. Die Gegenwärtigkeit von Phänomenen im alltäglichen Erleben, verstanden, begriffen und erschlossen mit Hilfe der Kulturgeschichte. Wagenschein schöpft nicht nur die Ideen für den Lehrgegenstand so, sondern eben auch die Ideen für die Art diesen zu lehren! Und das empfiehlt er auch jeder angehenden Lehrperson:

> „Es ist gut, wenn der Lehrer Galilei gelesen hat. Da ich erst mit fünfzig Jahren dazu kam, bin ich umso mehr überzeugt, dass jeder Physiklehrer es schon in seiner Ausbildungszeit tun sollte."[234]

Die Kulturgeschichte liegt all unserem Wissen zugrunde, prägt unser Weltbild und unser heutiges Denken, Lehren und Lernen. Um einen Gegenstand adäquat zu lehren, muss er in seiner Genese studiert und dargestellt werden. Nicht dass unser Unterricht in trockenen verstaubten Archiven stattfinden soll, mit Inhalten gefüllt, die fern der Gegenwart unserer Schülerinnen und Schülern liegen. Im Gegenteil: Inhalte, genetisch (auch kulturgenetisch) zugänglich gemacht, werden

---

234 Wagenschein, Martin (2010): *Naturphänomene sehen und verstehen*. Bern: h.e.p.-Verlag, S. 203.

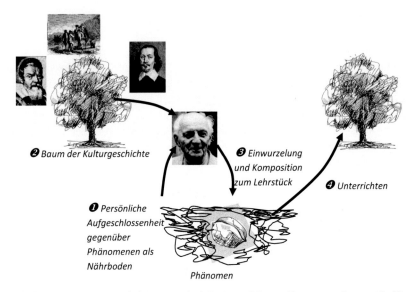

Abbildung 113: Das Lehrkunstsymbol Baum - Nuss - Baum, gedeutet als Verdichtung der Kulturgeschichte in der Nuss, aus welcher im Unterricht der Baum der Kultur neu spriesst.

dadurch erst wieder lebendig und können am Leben erhalten werden. Die Ge-
dankengänge, Erkenntnisse und Entdeckungen unserer Vordenkerinnen und Vor-
denker müssen den Schülerinnen und Schülern zugänglich gemacht werden. Die
Errungenschaften unserer Kultur können ihnen so eingewurzelt werden. Dies
verankert nicht nur unser Kulturgut in der Gesellschaft, sondern wurzelt auch die
Schülerinnen und Schüler in unserem Kulturgut ein. Das gelehrte, bzw. gelernte
Wissen erhält dabei eine ganz andere Dimension, wird mehrdimensional. Die
Kernspaltung ist nicht nur ein physikalischer Prozess, sondern hat eine geschicht-
liche, politische, philosophische und ethische Dimension. Das Gravitationsgesetz
bringt ein Weltbild ins Wanken und die Luftdrucktheorie gibt den Menschen ein
neues Lebensgefühl. Es ist nicht bloß eine Bereicherung des Phänomens, dieses
mehrdimensional und in seiner Kulturgenese darzustellen, wir Lehrpersonen sind
der Kulturgeschichte, unserer Kultur gegenüber verpflichtet, dies zu tun. Das
Wissen um unser Wissensgut muss fortbestehen, nicht starr in Büchern, sondern
lebendig in unserem Tun, Wahrnehmen, Empfinden du Weitergeben. Wir sind
verpflichtet, die Nuss im guten Nährboden zum Sprießen zu bringen und den
wachsenden Baum zu pflegen, bis er dereinst selber wieder Früchte tragen kann.

Dies kann nur gelingen, wenn die Lehrenden selber durchtränkt sind von der Kulturgeschichte und die Genese eines Unterrichtsinhalts kennen. Dazu gehört es, in den originalen Werken nachzulesen, bei Apollonius die Parabel zu studieren, mit Galilei sein Fallgesetz zu entdecken, mit Linné in der Tasche Pflanzen zu klassifizieren, mit Walser zu spazieren oder mit Lessing die Toleranzfrage zu klären. Daraus kann eine Unterrichtsskizze reifen, die festen Boden für den nächsten Schritt gibt.

7.3.3   Das Lehrstück als didaktische Dichtung –
Wagenschein mit Berg und Wildhirt

Dann kommt das Komponieren als didaktische Dichtung, durchtränkt mit der Kulturgeschichte des Lehrgegenstandes und genährt aus der Faszination und dem Staunen diesem gegenüber. Welches sind die Früchte des Baums der Kulturgeschichte? Worin verdichtet sich dieses Staunen? Worin verbirgt sich die Frage, das Rätsel, aus welchem sich dieses ganze Wissen wieder entfalten kann? Das Finden der Nüsse ist die schöpferische Tätigkeit der Lehrstückkomponierenden. Wagenschein sind hier einige Meistergriffe geglückt; das verblüffende Wasserglasexperiment, der wohlgeformte Brunnenstrahl, das pendelnde Spüreisen. Sie repräsentieren nicht nur die Verdichtung von Wissen und stehen für die Sternstunden wissenschaftlicher Erkenntnis, sondern sind gleichsam von wundersamer Ästhetik, wie wenn sie geradezu auf sich aufmerksam machen möchten.

Diese Nüsse sollen nun behutsam gepflückt, eingepflanzt, gepflegt, gezogen, in ein Lehrstück „verkomponiert" werden. Wie dies meisterhaft gelingen kann, soll nicht im stillen Kämmerlein erdacht und ausgebrütet werden. Auch soll dies nicht immer wieder von neuem erfunden werden. Warum nicht auf Vorlagen zurückgreifen, die in kollegialer Zusammenarbeit ausgereift sind: Kompositionen, die in der Peer-Review bestanden haben und über Jahre entwickelt, geändert, verbessert und angepasst worden sind, Lehrstücke, die zu Werken der Didaktik gewachsen sind, in der Art, wie es Werke in der Musik und für das Theater gibt. Das Erstellen von Lehrstücken folgt gewissen Kriterien. Wildhirt konkretisiert die Poiesis, das zweckorientierte Handeln des Komponierens, nach einer Vorlage von Berg in acht Schritten. Ein *reizvolles Phänomen (1)* finden, aus dem eine *organisierende Sogfrage (2)* wächst. Die *Ich-Wir-Balance (3)* klären, aus einer Urszene eine *dynamisch Handlung entfalten (4)*, immer getragen von und sich orientierend an *originären Vorlagen (5)*. Der *kategoriale Aufschluss (6)* als Bildungsziel und die *werkschaffende Tätigkeit (7)* als Bildungsprozess sind die weiteren Komponenten. Schließlich soll das *grundorientierende Denkbild (8)* als Gesamtschau des Unterrichts nachhaltig nachhallen, ein ganzes Bildungsleben lang! Diese acht Lehrstückkomponenten verankern die Lehrkunstdidaktik in der Allgemeindidaktik und stellen im Unterschied zu den allgemeindidaktischen Theorien Aeblis oder Gassers, die ein psychologisches oder ein neurologisches Fundament haben, eine aus der Praxis im Unterricht geschöpfte, also eine durch und durch lebendige Didaktik dar! Nicht die Theorie bestimmt den Unterricht, sondern der Unterricht und *das kollegiale Berichten* darüber verdichtet sich zur Lehrstückgestalt und nährt die Konzeption der Lehrkunst, wovon sich in umgekehrter Richtung die Komposition und die praktische Umsetzung wieder evaluieren lässt und rekursiv geschliffen, gehobelt und zum Glänzen gebracht werden kann. Hier findet sich eine Analogie zur Bildungstheorie von Klafki; nicht nur Bildung ist ein wechselseitiger Prozess von gegenseitigem Erschließen (bzw. Erschließen und Erschließenlassen) von Subjekt und Objekt, von Lernenden und Lerngegenstand. Genau gleich verhält es sich mit dem Unterricht und seiner Didaktik. Unterricht und Didaktik, Praxis und Theorie sollen sich gegenseitig erschließen und erschließen lassen! Die Lehrkunstdidaktik ist kein theoretischer (Ent-)Wurf, sondern eine organisch an der Praxis gewachsene und von der praktischen Umsetzung immer wieder überprägte und sich weiterentwickelnde Didaktik.

7.3.4   Unterrichten – Wagenschein mit Klafki, Aebli/Gasser und Berg

Dabei hat Lehrkunstdidaktik den Anspruch, Bildungsdidaktik zu sein. Aebli und Gasser reichen dazu nicht aus. Die beiden geben die neuropsychologisch fundiert abgestützte Grundlage, aus der sich eine Unterrichtsdidaktik und eine Planung des Unterrichts ableiten lassen, der schülerinnen- und schülergerecht, effizient und wirksam ist. Wissen kann den Lernenden mit Aebli und Gasser hervorragend erschlossen werden; alle fünf Medien ansprechend (Zuhören, enaktives Handeln, Betrachten, Lesen, Schreiben), vier Prozessschritte durchlaufend (problemlösender Aufbau, Durcharbeiten, Üben, Anwenden), dies auf drei Inhaltsebenen mit unterschiedlichem Abstraktionsniveau (Handlungsabläufe, Operationen, Begriffe). Aebli und Gasser beantworten aber nicht die Frage nach den Inhalten, dem *Was*. Mit Klafki müssen daher beim Planen des Unterrichts die fünf Fragen beantwortet werden; Hat der Inhalt exemplarische Bedeutung, bzw. welches ist diese? Welches ist die Beziehung des Lerngegenstandes zum Lernenden und welche Bedeutung soll dieser Gegenstand als Bildungsexempel in der Ausbildung des Lernenden haben? Was kann der Lernende aus dem Unterrichtsgegenstand für seine Zukunft mitnehmen? Welche Kategorien werden mit dem Unterrichtsinhalt erschlossen und schließlich, welche Unterrichtsform (Methode) wird dem zu unterrichtenden Gegenstand gerecht, so dass dieser seine Wirkung als Bildungsexempel entfalten kann und dem Lernenden als nachhaltiges Denkbild in Erinnerung bleibt?

Damit ausgerüstet geht es nun in den Unterricht. Wie soll gelehrt werden? Nicht *autoritär*, aber *autoritativ*, nicht *dozierend* aber *genetisch referierend*, nicht *präsentierend*, sondern *entwickelnd*, *evozierend*, nicht *besser wissend*, sondern *mit-staunend* und *mitlernend* als Botschafterin, als Gärtner, als Fackelträgerin eines Kulturgutes!

7.3.5   Kulturgenetisch unterrichten

Sollen die Naturwissenschaften konsequent nach der oben beschriebenen Art in den Unterricht gelangen, dann kann dies gelingen, wenn Inhalte erkenntnisgerecht den Linien der Kulturgeschichte folgend gelehrt werden. Dabei gilt die allgemeine Formel Aristotelik – Klassik – Moderne oder anthropozentrische Anschauung – globale Verallgemeinerung und Abstraktion – universelle Verallgemeinerung und konsequente Loslösung von menschlichen Normen. Der *normale naturwissenschaftliche Unterricht* tummelt sich in der Klassik und verharrt auch dort. Der Weg dazu und der Weg davon weg bleiben oft im Dunkeln. Dadurch fehlt einerseits die Darstellung der Dynamik naturwissenschaftlicher Paradigmen im historischen Wandel der Gesellschaft und der kulturellen Entwicklung, was sie als absolute und autoritäre Weisheiten erscheinen lässt. Andererseits fehlt die Brücke zwischen der alltäglichen physischen Wahrnehmung, denen die aristotelischen Modelle direkt entsprechen, und den klassischen Paradigmen. Die im Unterricht gelehrte naturwissenschaftliche Klassik bleibt so eine fremde, unnahbare Theorie.

Genetisch Unterrichten bedeutet daher immer auch kulturgenetisches Unterrichten.

Ich erachte es als die Pflicht einer Pädagogin, eines Pädagogen, unsere Jugendlichen den Turm der Kulturgeschichte nicht nur erkunden zu lassen, sondern diese durch den Turm *zu führen*, hinauf und hinunter und ihnen die Sternstunden der Menschheit zu erschließen.

7.4   Ausblick

Die Lehrkunstdidaktik positioniert sich als konkrete Inhaltsdidaktik und stemmt damit gegen den heutigen Mainstream in der Allgemeindidaktik, der eine Formaldidaktik lehrt. Was mit „Inhaltsdidaktik" gemeint ist, habe ich in dieser Arbeit versucht an drei konkreten Beispielen zu zeigen. Eine Didaktik, die sich am Inhalt orientiert, deren Theorie an der Praxis gewachsen ist, sich auch an dieser validiert und eine Poiesis-Praxis-Theorie-Verbindung anstrebt. Die werkschaffende Tätigkeit von Lehrpersonen (Poiesis), das Komponieren von Lehrstücken bildet zusammen mit dem Unterrichten das Herzstück der Lehrkunstarbeit, eingebettet in die theoretische Reflexion, die kollegiale Weiterentwicklung und den Horizont der Schulkulturerneuerung.

Wie aber verträgt sich diese didaktische Inversion (vom Inhalt zur Form statt mit der Form zum Inhalt) mit dem didaktischen common sence. Wird die Lehrkunst dabei der von einer modernen Schule geforderten Methodenvielfalt gerecht? Im folgenden Abschnitt wage ich eine Reflexion des Lehrstücks Pascals Barometer an einem modernen und in der Schweiz sehr geschätzten und anerkannten Lehrbuch der Didaktik von Peter Gasser.

7.4.1   Synopse zu den Lehrmethoden nach Gasser

An den Lehrmethoden nach Peter Gasser sollen im Folgenden das Lehrstück *Pascals Barometer* auf seine allgemeindidaktischen Komponenten hin untersucht werden. Dazu wird es systematisch an den in Gassers Buch beschriebenen Lehrmethoden reflektiert. Das Lehrstück *Pascals Barometer* ist in vieler Hinsicht ein Exempel für ein naturwissenschaftliches Lehrstück, warum das Ergebnis dieser Analyse durchaus auf naturwissenschaftliche Lehrstücke verallgemeinert werden kann. Für die beiden anderen Lehrstücke, die in dieser Arbeit behandelt werden, wurde die Einschätzung nur summarisch und kommentarlos in der Tabelle 20 dargestellt.

Lehrmethoden nach Gasser	Pascals Barometer
Unterrichtsbilder im Wandel	*
Lernaktivitäten – Lernsituationen- Lernparadigmen	*

Lernorte – Lernlandschaten - Lernumgebungen	✻
Lernhilfen geben	✻
Grundformen des Darbietens	✻
Erzählen	✻
Vortragen, Referieren, Präsentieren	✻
Grundformen zwischen darbieten und Erzählen	✻
Erarbeiten	✻
Problemlösen	✻
Arbeit an Texten	✻
Darbieten oder Erarbeiten	✻
Lernsituationen und Unterrichtssequenzen vorbereiten	✻
Anschauungsmittel	✻
Lehr- Lerneinheiten planen	✻
Lehrende sind Lehrplaninterpreten und - Konstrukteure	✻
Lernkulturerneuerung	✻
Von der Lernaufgabe zu den erweiterten Lernformen	✻
Einblicke in die erweiterten Lehrformen	✻
Kooperative Lernformen	✻
Aus Fehlern lernen	✻
Hausaufgaben / Prüfungskultur	-
Korrigieren – Beurteilen – Bewerten - Benoten	✻
Unterricht reflektieren und evaluieren	✻
Lernen im multikulturellen Umfeld	✻
Lernen in der Informationsgesellschaft	✻

Tabelle 20: Übersicht über die Kapitel in Gassers Lehrbuch der Didaktik und über den Versuch, exemplarisch das Lehrstück Pascals Barometer an den von Gasser beschriebenen Lehrmethoden zu messen. Ein großer Stern (✻) bedeutet dabei, dass dieser Aspekt in der Lehrkunst sehr ausgeprägt ist, ein kleiner Stern (✻) bedeutet, dass dieser Aspekt zumindest vorhanden, wenn auch nicht besonders ausgeprägt ist.

7.4.1.1 „Unterrichtsbilder im Wandel"

„Die Schule ist eine Institution der Gesellschaft, die ihren kulturellen Bestand sichert, indem sie die Heranwachsenden kulturfähig macht […]. Damit steht die Schule selber im soziokulturellen Wandel der Gesellschaft."[235]

So beginnt Gasser die Zusammenfassung seines ersten Kapitels. Mindestens an den Grundschulen hat sich die alltägliche Schulsituation den Merkmalen einer modernen sozialen Gesellschaft angepasst; geschlechtliche Gleichbehandlung, Individualisierung, Integration, Diversifizierung und technische Modernisierung sind Stichworte dazu. Auf der Sekundarstufe II ist der Wandel der Unterrichtsbilder etwas weniger ausgeprägt. Die alltägliche Lernsituation ist nach wie vor der Frontalunterricht. Zwar unterliegt diesem nicht mehr die gleiche Grundhaltung wie noch vor 50 Jahren. Gleichschaltung, Disziplinierung und Anpassung sind nicht mehr konforme Begründungen für den Frontalunterricht. Dieser wir heute gerechtfertigt durch Begriffe wie Effizienz, Stoffdruck und kontrollierte Steuerung von Lernprozessen und wird als Propädeutikum für die Vorlesungen der Universität verstanden. Der von Gasser beschriebe Paradigmenwechsel zur neuen Lernkultur in der Schule mag stattgefunden haben, setzt sich aber an den Mittelschulen im konkreten Alltag strukturell kaum durch. Zwar sind Werkstattarbeit, Projektunterricht, Stationenlernen usw. selten einmal anzutreffen, die *Methodenvielfalt* ist aber immer noch stark dominiert vom frontal gelenkten *Lehrgespräch*. Dieses den Unterricht dominierende Frage-Antwort-Spiel, bei dem die Lehrperson die Schülerinnen und Schüler glauben macht, sie in die Entwicklung des Unterrichtstoffs einzubeziehen, in der Tat aber nur ihr rasches Voranschreiten im Unterricht durch das Abholen von vorgelegten Antworten legitimiert, ist jedoch qualitativ weniger wert als ein gut geplanter und gehaltener frontaler Vortrag.

In der Grundhaltung der Institution Schule ist aber der Darstellung Gassers gegenüber nichts einzuwenden. Interessant ist hingegen, dass gewisse *alte Formen* vor dem neuen schulischen Paradigma wieder ihre Berechtigung finden. Z. B. gibt es immer wieder Stimmen, die den geschlechtergetrennten Unterricht für gewisse Fächer fordern oder sich den alten *Drill* (z. B. beim Rechnen oder beim Sprachenlernen) wieder herbeiwünschen.

Das schulische Paradigma der Lehrkunst entspringt einem stark reformpädagogisch geprägten Umfeld. Martin Wagenschein entflieht als junger Lehrer aus der in Gassers Beispielen geschilderten „*alten Schulwelt*" in die Odenwald-

---

235 Gasser, Peter (2001): *Lehrbuch Didaktik*. Bern: h.e.p.-Verlag, S. 26.

Schule, um dort bei Paul Geheeb eine zweite „*pädagogische Jugend*" zu erleben, was sein späteres Wirken und Leben nährte und prägte. 50 Jahre später schreibt Wagenschein rückblickend:

> „So ist diese Epoche für mich und andere so bedeutsam und hell geblieben wie die Antike für unsere westliche Kultur."[236]

Dieses Fundament nährt die Lehrkunst noch heute und dient ihr als schulisches Paradigma. Ergänzend zu den von Gasser beschriebenen Eigenschaften des „*neuen Paradigmas schulischen Lernens*" ist jenes der Lehrkunst geformt und charakterisiert durch *Authentizität*, durch

> „Ernsthaftigkeit und Achtung gegenüber der kindlichen Wahrnehmung, Äußerung und Vorstellung"

und

> „Sorgfältigkeit im Umgang mit Lernprozessen".

Ferner versucht die Lehrkunst, sich gewissen für pädagogische Prozesse nachteilig auswirkenden gesellschaftlichen und schulischen Tendenzen entgegenzustellen. So versucht die Lehrkunst, im von Hektik und Leistungsdruck geprägten Schulalltag durch Schaffen von Zeit und Raum für Subjektivität *Inseln echten Lernens* zu schaffen.

7.4.1.2   „Lernaktivitäten – Lernsituationen – Lernparadigmen"

In diesem Kapitel beschreibt Gasser drei „*Paradigmen des Lernens*": das *autonome* (selbstgesteuerte) Lernen, das *moderierte* Lernen und das *angeleitete* Lernen. An den Mittelschulen wird jüngst immer mehr *selbstgesteuertes Lernen* gefordert und unter dem Akronym SOL (für *selbst organisiertes Lernen*) zusammengefasst. Inwiefern SOL wirklich dem von Gasser beschriebenen *autonomen Lernen* entspricht, hängt wohl im Einzelfall von der konkreten Gestaltung einer solchen SOL-Sequenz ab. Jedenfalls geht ein Trend an den Mittelschulen dahin, der Forderung der weiterführenden Schulen (Universitäten) nach der besseren Ausbildung der Schülerinnen und Schülern in dieser Kompetenz zu entsprechen

---

236 Wagenschein, Martin (1983): *Erinnerungen für Morgen – Eine pädagogische Autobiographie.* Basel und Weinheim: Beltz-Verlag, S. 33.

und bei diesen das *selbst organisierte Lernen* aktiv zu schulen und zu fördern. Böse Zungen sprechen allerdings bereits von einem Missbrauch dieses Trends zur „*Schule ohne Lehrer* (SOL)".

Lehrstücke sind in der Klassifikation Gassers klar moderierte Lerneinheiten. Manchmal ist der Lernprozess gar angeleitet, besonders dann, wenn die Schülerinnen und Schüler sich durch Exponenten der Kulturgeschichte in einem Erkenntnisprozess führen lassen; z. B., wenn Galileo Galilei den Schülerinnen und Schülern erklärt, wie sie das Experiment zur Bestimmung der *beschränkten Kraft des Vakuums* aufbauen und durchführen sollen (vgl. Kapitel 4.3.4). Das Augenmerk ist dabei nicht explizit auf der Variation verschiedener Lernsituationen und Lernaktivitäten. Diese ergeben sich aus der Unterrichtssituation, die stark vom Unterrichtsinhalt geprägt ist.

7.4.1.3   „Lernorte – Lernlandschaften – Lernumgebungen"

Die Schule soll ein Ort des Lernens sein. Die Schülerinnen und Schüler sollen durch diesen Lernort zum Denken, Fragen, Arbeiten und eben Lernen angeregt werden. Moderne Lernlandschaften müssen daher nach Gasser so gestaltet sein, dass sie eine Vielfalt an Möglichkeiten und Nischen bieten, so dass die Lernaktivität und der Lernprozess der Schülerinnen und Schüler je nach Lerngegenstand, Lernziel, Lehr- und Lernmethode sowie der individuell bevorzugten Arbeitsweise der Schülerinnen und Schüler optimal unterstützt werden kann. Gasser betont[237], dass die „*Psychologie der Lernumwelt*" schon lange aufzeige, dass

> „zwischen Lernenden und ihrer Umwelt dynamische Wechselbeziehungen bestehen, die Wohlbefinden, Lernerleben, Verhaltensweisen, Lernklima, Motivation usw. beeinflussen"

und bezieht sich dabei auf Dreesmann.[238]

In der Lehrkunst ergeben sich die Lernorte, -landschaften und -umgebungen aus der phänomenologischen Herangehensweise an einen Unterrichtsgegenstand. Die Lernumgebung steht im Dienste der optimalen Inszenierung des Unterrichtsinhaltes. So beginnt Wagenschein seinen Unterricht zum Fallgesetz vor dem Dorfbrunnen, um die Ästhetik des Wasserstrahls, der aus ihm hervorgeht, zu bewundern. Um den Unterricht im Alltag der Schülerinnen und Schüler zu

---

237 Gasser, Peter (2001): *Lehrbuch Didaktik*. Bern: h.e.p.-Verlag, S.37.
238 *Dreesmann*, Helmut (1986): *Zur Psychologie der Lernumwelt*. In: Weidenmann, B. Krapp, A. *Hofer*, M. *Huber*, G.L. *Mandl*, H. (Hrsg.): Pädagogische Psychologie, S. 449–491.

verankern, besuchen wir in der Lehrkunst die Phänomene in ihrer natürlichen Umgebung. Beim Lehrstück *Pascals Barometer* ist die *natürliche Umgebung* des Phänomens das Spülbecken oder das Treppenhaus oder der Puy de Dôme. Im Verlaufe des Lehrstücks verändert sich die Lernumgebung immer wieder. Zwar ist sie nicht sehr individualisiert, da das Lehrstück insgesamt wenig individuelle Arbeitsschritte beinhaltet. Für das gute Gelingen des sokratischen Gesprächs in der ersten Sequenz des Lehrstücks ist die Gestaltung der Lernumgebung geradezu entscheidend. Die Schülerinnen und Schüler müssen alle das Phänomen genau sehen können, sie müssen sich in der Diskussionsrunde wohl, bequem und frei fühlen, um der Subjektivität ihrer Beobachtungen und Hypothesen freien Lauf lassen zu können. Auch müssen sie sich gegenseitig sehen und gut hören können. Die Lehrperson muss auf Anregungen und Vorschläge für experimentelle Handlungen rasch reagieren können. In einer anderen Phase des Lehrstücks ist der Lernort das Treppenhaus der Schule. Es muss ein 12 Meter langer Schlauch die Treppe hochgezogen werden. Das Entscheidende geschieht am oberen Schlauchende, auf das nun die Schülerblicke gerichtet sein müssen. Wieder später im Lernprozess gehen die Schülerinnen und Schüler in Zweiergruppen der Frage nach, wie die *Kraft des Vakuums* gemessen werden kann, und arbeiten an kleinen Labortischen experimentell. Schließlich recherchieren die Schülerinnen und Schüler im Computerraum und führen anschließend in einem hergerichteten Klassenzimmer eine Podiumsdiskussion.

Die Lernorte und Umgebungen passen sich im Lehrstück in jeder Phase dem Lerninhalt und der zur adäquaten Bearbeitung nötigen Methodik an: Diskussionsrunde mit Experiment im Zentrum, Treppenhaus, individuelle Praktikumsplätze, Computerraum, Schulzimmer, eingerichtet für Podium.

Ausschlaggebend für den Lernort und die Lernumgebung ist dabei in jeder Phase die optimale Unterstützung des Erkenntnisprozesses.

7.4.1.4   „Lernhilfen geben"

Gasser unterscheidet *inzidentelles, implizites* und *explizits* Lernen. Das *inzidentelle Lernen* bezeichnet das Lernen, *„das ohne Absicht geschieht"*, das *implizit Gelernte* jenes, das wir gelernt haben, aber nicht wissen, wann, wie und wo, also *unbewusst Gelerntes*. Das *explizit Lernen* schließlich ist jenes bewusste Lernen, das z. B. in der Schule stattfindet.[239] Das allermeiste Lernen geschieht ohne Absicht und sehr oft unbewusst, auch in der Schule. Es kann hilfreich sein, Schülerinnen und Schüler auf ihr Lernen aufmerksam zu machen, sie ihren Lernprozess reflektieren und über die Metakognition sich Gedanken machen zu lassen. Sind sich Lehrperson, Schülerinnen und Schüler dem Lernprozess bewusst, kann auch gezielt Lernhilfe geleistet werden, ohne einen Lernprozess z. B. durch übereiltes Preisgeben von Resultaten oder Lösungen abzubrechen.

Ganz besonders setzen sich in der Lehrkunstdidaktik die Lehrpersonen mit der Metakognition auseinander und gestalten die Unterrichtsdramaturgie nach Kriterien, so dass der Erkenntnisprozess auf einer Metaebene erkennbar wird und thematisiert werden kann. Während der Entwicklung von Lehrstücken werden ihre verschiedenen Unterrichtssequenzen werkstattartig von Lehrpersonen intensiv und detailliert diskutiert. Ein wesentlicher Punkt dabei ist die möglichst transparente Genese der Erkenntnis, die im Unterricht gewonnen werden soll. Laien (fachfremde Lehrpersonen) nehmen dabei in Workshops die Rollen der Schülerinnen und Schüler ein, damit der Lernprozess nachvollzogen und die einzelnen Handlungen der Lehrperson hinsichtlich einer Optimierung des Lernprozesses genau studiert und reflektiert werden können. Im Lehrstück *Howards Wolken*[240] z. B. tritt Luke Howard in seiner historischen Rolle als Referent vor die Klasse und schlägt den Schülerinnen und Schülern eine Klassifikation der Wolken vor. In der Lehrkunstwerkstatt haben rund 10 Lehrpersonen aller Fachrichtungen intensiv daran gearbeitet, wie Howard zu den Schülerinnen und Schülern sprechen soll, damit diese das Wesentliche an der Klassifikationslehre ohne gewaltsame Aufprägung für sich erschließen können. Der Vortrag von Howard sollte auch die Wirkung erzielen, die er in seinem Original 1802 vor der *Askesian Society* gehabt hatte; er soll den Zuhörern die Schuppen von den Augen fallen lassen. Die Lehrkunstwerkstatt hat nach langen Diskussionen entschieden, dass Howard stumm auftreten soll, da die Kernbotschaft der neuen Klassifikation am besten mit Gesten gelingt. Zu früh ins Spiel gebrachte Fachausdrücke (*Cumulus, Cirrus* etc.) würden den Lernprozess behindern oder unterbrechen.

Im Lehrstück *Pascals Barometer* wird der Lernprozess mit den Schülerinnen und Schülern immer wieder thematisiert, dies vor allem auch, da ständig ein Bezug zu der historischen Entwicklung der Erkenntnis um den Luftdruck (bzw. das

239 Pering in: Hoffmann, Joachim, Kintsch, Walter (Hrsg.) (1996): *Enzyklopädie der Psychologie (Thb. C, S. II, Bd. 7)*, Göttingen, Bern, Toronto, Seattle: Hogrefe, zit. In: Gasser, Peter (2001): *Lehrbuch Didaktik*. Bern: h.e.p.-Verlag, S. 37.
240 Jänichen, Michael (2010): *Dramaturgie im Lehrstückunterricht*. Philipps-Universität Marburg/ Lahn, Fachbereich Erziehungswissenschaften: Dissertation, S. 185 ff.

Vakuum) geschaffen wird. *Was können wir nun diesem Experiment entnehmen? Was haben wir nun daraus gelernt? Was müssen wir als Nächstes tun, um zwischen den beiden Paradigmen zu entscheiden?* Usw. Ein interessanter Aspekt, der im Lehrstück *Pascals Barometer* sehr stark zum Ausdruck kommt und für den Wagenschein immer wieder geworben hat, ist, dass die Lernhilfen und Hinweise, wie man im Lernprozess weitergelangt, nicht von der Lehrperson kommen, sondern aus der Kulturgeschichte. Gelingt im Sokratischen Gespräch in der Eröffnung des Lehrstücks kein Fortschritt oder dreht sich die Diskussion im Kreis, dann hilft die Lehrperson folgendermaßen: „Es gab vor etwa 400 Jahren einen Mann, den hat dieses Problem auch sehr beschäftigt. Er hat sich überlegt, ob denn die Wassersäule auch im Glas bleibt, wenn sie doppelt so hoch ist, oder dreimal so hoch ist...".

7.4.1.5   „Grundformen des Darbietens"

Gasser fasst mit dem Begriff *Darbieten* das *Erzählen*, das *Vortragen*, das *Erklären* und das *Präsentieren* zusammen. Auf die verschiedenen Formen des Darbietens geht Gasser in den folgenden Kapiteln speziell ein. Vorerst geht es um das Darbieten im Allgemeinen. Für die Didaktik des Darbietens streicht Gasser die Wichtigkeit der psychologischen (neurologischen) Grundlagen hervor und greift auf Aebli zurück. Dabei spielt das Sender-Empfänger-Modell eine wichtige Rolle, welches besagt, dass beim Darbieten der Sender eine Botschaft, die bei ihm in Form von Gefühlen, Bildern, Gedanken und Wertungen angelegt ist, in codierter Form (Sprache, analoge Bilder, Gesten) an den Empfänger übergibt, der seinerseits den Code decodiert, indem er die empfangenen Reize decodiert und interpretiert. Die empfangenen Reize lösen durch *Resonanz* beim Empfänger ebenfalls Gefühle, Bilder, Gedanken und Wertungen aus und führen im Idealfall zum Verstehen der Botschaft, der Geschichte etc. Der Darbietende kann aber nicht ohne weiteres davon ausgehen, dass dies bei allen Empfängern in gleichem Masse der Fall ist, und muss daher immer darauf bedacht sein, aufgrund der Reaktionen der Empfänger zu erfahren, ob das Dargebotene *verstanden* wird.

Das Darbieten ist im Lehrstück nicht die zentrale Form des Lehrens. Das Darbieten führt in vielen Fällen zu einer rezeptiven Haltung der Schülerinnen und Schüler, zu einer passiven, eher konsumartigen Lernhaltung. Die Lehrkunst stellt aber den erkenntnisorientierten konstruktivistischen Unterricht ins Zentrum, der ein handelndes und aktiv produzierendes Lernen erfordert. Das Darbieten hat in der Lehrkunst daher häufig die Funktion, eine Lernsituation zu schaffen, z. B. indem durch Erzählen oder durch das Exponieren eines Phänomens ein Klima, eine Stimmung, eine Umgebung geschaffen wird, die einen Erkenntnisprozess einleiten kann oder eine *Sogfrage* provoziert oder Vorwissen der Schülerinnen und Schüler aktiviert und Raum für Subjektivität schafft. Seltener dient das Darbieten dazu, Wissen zu vermitteln.

7.4.1.6   „Erzählen"

Die Schülerinnen und Schüler werden im Lehrstück *Pascals Barometer* mit der Kulturgeschichte der Entwicklung des Luftdrucks konfrontiert. Dabei werden sie durch lebhafte Schilderungen in die Gegebenheiten und Gepflogenheiten der entsprechenden Epoche entführt. Die Wissenschaftler Galilei, Torricelli, Pascal usw. erscheinen als Personen mit ihren Stärken und Schwächen, aber als solche, die um Wahrheit ringen. Damit dies gelingt, werden die Wissenschaftler in ihrer Umgebung möglichst lebhaft dargestellt. Die Lehrperson schildert dazu Anekdoten, Situationen und Ereignisse aus den Leben der Wissenschaftler. So werden z. B. möglichst lebhaft und kulturauthentisch Otto von Guerickes populäre Vorführungen der Experimente zum Luftdruck dargestellt. Dazu gehört auch die Darstellung des Umfelds und des Werdegangs Otto von Guerickes, damit die Bedeutung seines Handelns klar und verständlich wird.

Es wird deutlich, dass im Lehrstück vor allem die dramatische Qualität einer Erzählung genutzt wird, um eine zeit- und möglicherweise auch kulturferne Realität in die Gegenwart, ins Schulzimmer zu holen. Dazu wird manchmal in Lehrstücken nicht nur erzählt, sondern auch narrativ gespielt und die Umgebung entsprechend gestaltet. Im Lehrstück *Galileis Fallgesetz* gelangen die Schülerinnen und Schüler zu Beginn des Unterrichts in ein Schulzimmer, in welchem mittelalterliche Lauten- oder Harfenklänge zu vernehmen sind, die aus der Feder von Vincenzo Galilei (Galileis Vater) stammen. Im Lehrstück *Achilles und die Schildkröte*[241] werden die Schülerinnen und Schüler durch den in eine griechische Toga gehüllten Zenon begrüßt.

7.4.1.7   „Vortragen, Referieren, Präsentieren"

Das Vortragen und Referieren kann als effiziente (im Sinne von rascher) Vermittlung von Wissen, von Begriffen und Inhalten verwendet werden. Dabei werden

---

241 Brüngger, Hans (2004): *Von Pythagoras zu Pascal. Fünf Lehrstücke der Mathematik als Bildungspfeiler im Gymnasium.* Universität Marburg, Fachbereich Erziehungswissenschaften.

die Schülerinnen und Schüler durch instruktives Lehren im Idealfall genetisch auf den Gipfel einer Erkenntnis geführt. Dies geschieht zielstrebig, ohne große Umwege und vollständig lehrerzentriert.

An wenigen Stellen werden im Lehrstück *Pascals Barometer* der Klasse frontal Inhalte vermittelt, wobei die Schülerinnen und Schüler eine rezeptive Haltung einnehmen. Nach ausführlicher umgangssprachlicher Auseinandersetzung mit dem Phänomen des nicht auslaufenden Wasserglases, wird es ab einer bestimmten Stelle im Lehrstück nötig, dass deutlich zwischen den Begriffen *Gewichtskraft* und *Druck* unterschieden wird. Diese Notwendigkeit erfahren die Schülerinnen und Schüler selber, indem im immer differenzierteren Argumentieren immer mehr Unklarheiten darüber auftauchen, was genau gemeint ist, wenn jemand sagt, „die Wassersäule drückt nach unten". An dieser Stelle referiert die Lehrperson Z. B. die Begriffsdefinition von *Druck* und *Kraft*. In einem Experiment wird der Klasse der Unterschied demonstriert. Ab diesem Moment wird von den Schülerinnen und Schülern erwartet, dass sie sich fortan bemühen, die Begriffe korrekt anzuwenden.

7.4.1.8 „Grundformen zwischen Darbieten und Erzählen"

Gasser nennt zwei Lehr-/Lernformen, die ein Zwischending zwischen Darbieten und Erarbeiten sind: das *Vorzeigen – Nachmachen* und das *Lehrgespräch*.

Während das *Vorzeigen – Nachmachen* (Aebli nennt es *enaktives Handeln*) eine der ältesten Lehrformen ist und in unserm Lernleben eine zentrale Rolle spielt, ist das Lehrgespräch eine für die Schule typische, diese zuweilen karikierende Lehrform.

Das *Vorzeigen – Nachmachen* gelingt nur effizient (in für die Schule vernünftiger Zeit), wenn der *Nachmacher* höchst aufmerksam ist und sich lern-aktiv verhält. Der *Vorzeigende* muss als Vorbild anerkannt werden und der Lernende muss zielgerichtet das Handeln aufnehmen (*Akquisition*) und dann auch wiedergeben können (*Performanz*).

Das Lehrgespräch ist nach Meyer[242] eine der schwierigsten Lehrformen überhaupt. Die Lehrperson muss sich sehr genau überlegen, was sie mit einem Lehrgespräch erreichen will, was die Schülerinnen und Schüler beitragen können und sollen und wie die Beiträge der Schülerinnen und Schüler verarbeitet werden sollen.

Das *Vorzeigen – Nachmachen* kommt im Lehrstück *Pascal Barometer* fast nicht vor. Dies hat wohl damit zu tun, dass es im Lehrstück weniger darum geht,

---

242 Meyer, Hilbert (1988): *Unterrichtsmethoden I: Theorieband*. Berlin: Cornelsen.

Handlungen zu erlernen, als vielmehr Erkenntnis zu gewinnen. Im erweiterten Sinn könnte man sagen, dass wiederum nicht die Lehrperson, sondern die Kulturgeschichte und ihre Protagonisten *vorzeigen* und die Schülerinnen und Schüler *nachlesen* und dann *nachmachen*. Oder aber, dass die Lehrperson in die Rolle eines Repräsentanten des Unterrichtsinhalts schlüpft und diesen lebendig in den Unterricht bringt. Im Lehrstück *Howards Wolken* tritt Luke Howard im Unterricht auf und hält seinen Vortrag, den er 1802 vor der *Askesian Society* gehalten hatte; allerdings macht er dies nicht sprechend, sondern handelnd, stumm als Pantomime. Die Idee dabei ist, die Schülerinnen und Schüler durch explizites *Vorzeigen* zum geistigen Nachahmen, Nachmachen und damit zu einem Erkennen hinzuführen. Im Lehrstück *Linnés Wiesenblumen*[243] macht Linné vor, wie er Pflanzen klassifiziert, und fordert zum Nachahmen auf. Im Lehrstück *Pascals Barometer* beschränkt sich das Nachahmen darauf, Erkenntnisprozesse nachzuschreiten und aufgrund von historisch authentischen Vorlagen ein *geistiges Handeln* nachzuahmen. Dies ist allerdings nicht genau das, was Aebli und Gasser mit dem enaktiven Handeln dem *Vorzeigen – Nachmachen* meinen. Trotzdem ist dies eine Zwischenform zwischen Erarbeiten und Darbieten oder besser eine Kombination davon, da die *Darbietung* erarbeitet (Z. B. nachgelesen oder an Experimenten nachvollzogen) werden muss. In der finalen Diskussionsrunde haben die Schülerinnen und Schüler dann einen sehr anspruchsvollen *Nachahmungsauftrag*, welcher von ihnen in einem Rollenspiel das Verkörpern einer historischen Person verlangt (Galilei, Torricelli, Berti, Pascal oder von Guericke).

7.4.1.9   „Grundformen des Erarbeitens"

Beim erarbeitenden Lernen geht es im Unterschied zum Lernen aufgrund von Dargebotenem darum, einen Lernprozess nicht nur zu durchlaufen, sondern diesen auch selber zu planen, umzusetzen und zu reflektieren. Es geht um genetisches Lernen. Wissen soll dabei nicht nur adaptiert, sondern sich selber erschlossen werden. Dabei vollzieht sich ein konstruktivistischer Bildungsprozess im psychologischen Sinne durch einen Aufbau kognitiver Strukturen. Irr- und Umwege sind dabei lehrreiche und den Weg zur Erkenntnis bereichernde Elemente, die nicht ausgemerzt oder vermieden, sondern reflektiert, analysiert und zur Erkenntnisgewinnung genutzt werden sollen.

---

243 Wildhirt, Susanne (2008): *Lehrstückunterricht gestalten*. Bern: h.e.p.-Verlag, S. 229 ff.

Das Erarbeiten ist im Lehrstück *Pascals Barometer* (wie in vielen anderen auch) eine der zentralen Lernmethoden. Die Lehrkunstdidaktik fußt mit einem ihrer drei Beine im Genetischen. Dazu gehört im Sinne der Individualgenese das erkenntnisorientierte Erarbeiten von Zusammenhängen. Das Erarbeiten ist dabei oft stark durch die Lehrperson (oder direkt oder indirekt über die Lehrperson durch historische Figuren) begleitet und angeleitet, inhaltlich und/oder organisatorisch. Als Beispiel sei das eröffnende Sokratische Gespräch genannt. Hierbei versucht die Lehrperson, die Schülerinnen und Schüler in eine gegenseitige diskursive Auseinandersetzung über das Unterrichtsphänomen zu bringen. Die Lehrperson sorgt dabei dafür, dass der *Erarbeitungsprozess* durch die Exposition des Phänomens in Gang gesetzt wird. Anschließend stimuliert, ordnet und lenkt die Lehrperson den Prozess. Das Lehrstück als Ganzes kann auch als ein umfassender *Erarbeitungsprozess* betrachtet werden. Die Lehrperson bietet den Inhalt der Unterrichtseinheit nicht einfach dar, sondern ebnet das Terrain für das umfassende Erarbeiten von Erkenntnis durch die Schülerinnen und Schüler. Diese sind dadurch idealerweise während des ganzen Lehrstücks in einer intensiv aktiven Rolle – jeder für sich individuell wie auch als Teil in der Gruppe.

Der Lehrstückunterricht lässt sich grob aufgliedern in vier Teile: Der erste Teil dient der Freisetzung von Subjektivität, der Bewusstmachung von Präkonzepten und der Ausformulierung von Vorwissen und persönlichen Vorstellungen, z. B. die Vorstellung des *horror vacui*. Im zweiten Teil erfolgt die intensive, zielgerichtete Auseinandersetzung mit den verschiedenen historischen Konzepten und deren Erprobung und Evaluation an Experimenten. Diese Auseinandersetzung führt zu einer Konvergenz der Ideen und Konzepte. Im dritten Teil geht es darum, die Subjektivität einzugrenzen und auf einen Zielraum hinzuarbeiten, in welchem das zu lehrende Paradigma enthalten ist, hier der *Luftdruck*. Und schließlich wird dieses Konzept wieder in Bezug zu den Präkonzepten und Alltagsvorstellungen gebracht. Das ständige Benennen und Festhalten metakognitiver Einsichten während aller Teile des Unterrichts (*Wo stehen wir, was haben wir nun erreicht, was wollen wir eigentlich, warum machen wir den nächsten Schritt in diese Richtung?*) begleiten das Erarbeiten und festigen den Erkenntnisprozess und sein Resultat.

7.4.1.10 „Problemlösen"

Gasser stellt das Problemlösen als Kernstück des Erarbeitens dar. Bei Aebli ist das *„problemlösende Aufbauen"* der erste Prozessschritt des Unterrichts.

Alles Handeln während des ganzen Lehrstücks ist äußerst problemlösungs-
orientiert. Die Dramaturgie des Lehrstücks ist so aufgebaut, dass das Ausgangsphänomen, das Wasserglas, das die zentrale Fragestellung vergegenständlicht,
während der ganzen Dauer der Unterrichtseinheit präsent ist. In jeder Sequenz
des Lehrstücks ist es klar, dass es darum geht, das Rätsel um das Wasserglas zu
lösen. Die Schülerinnen und Schüler werden dazu angeleitet, Lösungsansätze zu
entwickeln, um die Frage nach der *richtigen Erklärung* zu beantworten. Hinweise
und Hilfen werden in der kulturgeschichtlich authentischen Auseinandersetzung
zwischen den beigezogenen Wissenschaftlern geholt. Zwar gibt das Lehrstück in
der beschriebenen Form mit den einzelnen Sequenzen den Lösungsweg vor; er
ist gegeben durch die Kulturgeschichte der Entdeckung des Luftdrucks. Das Lehrstück soll aber auch genügend Freiraum bieten, um Lösungsvorschlägen, die sich
spontan ergeben, nachzugehen. Und trotzdem ist das Ziel des Lehrstücks, nicht auf
beliebigem Weg zum Ziel zu kommen, sondern die Stationen der Kulturgenese
auch wirklich zu durchlaufen. Der Unterricht ist daher zusammengefasst in jeder
Sequenz stark lösungsorientiert, allerdings ist der Lösungsprozess nicht beliebig
offen, sondern folgt einer vorgegebenen Spur, die es neu zu entdecken gilt.

7.4.1.11   „Arbeit an Texten"

An wenigen Stellen wird im Lehrstück *Pascals Barometer* auf Originaltexte zu-
rückgegriffen, um Hinweise über den weiteren Erkenntnisprozess zu erhalten, so
zum Beispiel auf den Text aus den *Discorsi* von Galilei, der dort seine Ideen
über die *Messung der beschränkten Kraft des Vakuums* preisgibt oder auf den
Briefwechsel zwischen Pascal und seinem Schwager Périer, in welchem Pascal
diesem den Auftrag zum entscheidenden Schlüsselexperiment erteilt. Letzterer
ist im Original in schwer verständlichem Französisch geschrieben und bedarf
einiger Hilfestellungen.
    Letztlich geht es aber nicht um das Lesen, bzw. um das Bearbeiten von
Texten an sich, sondern das Bearbeiten von Texten steht zielgerichtet im Dienst
der Informationsbeschaffung. Aus den Texten sollen Hinweise auf die experimentelle Vorgehensweise von Forschern, auf die Denk- und Argumentationsweise
und auf die Weltbilder, die ihrem Handeln zugrunde lagen, gewonnen werden.

7.4.1.12 „Darbieten oder Erarbeiten?"

Gasser thematisiert hier die seit Herbart wie ein Pendel durch die didaktische Diskussion hin und her schwingende Gewichtsverteilung zwischen instruierendem und konstruierendem Lehren im Unterricht. Glücklicherweise schlägt sich Gasser nicht auf die eine oder andere Seite, sondern geht den goldenen Mittelweg. Es soll nicht um ein Entweder-Oder, sondern um ein Sowohl-als-Auch gehen. *„Man soll dort erarbeiten lassen, wo man kann"* – und wo es Sinn macht.

In der Lehrkunst gilt genau dies. Im vorliegenden Lehrstück übernimmt die Instruktion nicht die Lehrperson, sondern die Kulturgeschichte mit ihren Fragestellungen und Gegenständen. Die Lehrperson erschließt hier bloß diese Quellen: „Galilei schlägt vor, dies so und so zu tun...", „Pascal hat sich Folgendes dazu überlegt...". Und aus diesen müssen – dürfen – die Schülerinnen und Schüler sich die Inhalte selber erschließen und erarbeiten; natürlich unter kompetenter Begleitung der Lehrperson. Zwar wird das Phänomen von der Lehrperson exponiert, die Instruktion, was nun zu tun oder wie ein bestimmter Sachverhalt zu erklären sei, bleibt aber offen. Somit dominiert im Grundsatz das Erarbeiten in diesem und in den meisten Lehrstücken. Lernprozesse sollen durch die Exposition eines Phänomens in Gang gesetzt werden. Diese kann als Instruktion aufgefasst werden. Im Großen ist die Unterrichtseinheit gestaltet, geplant und nach genauen Kriterien komponiert. Die Lerninhalte werden aber erarbeitet und nicht dargeboten. Die Schülerinnen und Schüler sind im Lehrstück nicht Zuschauer, auch nicht nur Statisten, sondern die Protagonisten. Punktuell wird im Prozess im Sinne der Gestaltung der Lernsituation von der Lehrperson etwas dargeboten, z. B. wird ein Sachverhalt vorgetragen oder eine Persönlichkeit vorgestellt. Oder in einer Sequenz wird, weil aus dem Zusammenhang ein Input der Lehrperson explizit gefordert wird oder sich aufdrängt, ein Vortrag gehalten, so z. B. an der Stelle im Unterricht, wo es nötig wird, genauer zwischen den Begriffen *Druck* und *Kraft* zu unterscheiden. Der Erfolg einer Instruktion ist denn auch deutlich grösser, wenn sich das Bedürfnis nach ihr authentisch einstellt. Die Schülerinnen und Schüler verstehen sich z. B. gegenseitig nicht mehr, weil die einen von etwas sprechen, worunter die anderen etwas anderes verstehen. Es macht an einer solchen Stelle wenig Sinn, dass die Schülerinnen und Schüler sich gegenseitig auf etwas einigen und möglicherweise einen neuen Begriff definieren. Die Lehrperson kann dann klärend helfen, nicht aber in dem Sinne, dass er Erkenntnisse vorwegnimmt, sondern dass er den Erkenntnisprozess damit voranbringt oder zu strukturieren hilft.

7.4.1.13 „Lernsituationen, Lern- und Unterrichtssequenzen vorbereiten"

In diesem Kapitel geht es darum, sich kritisch mit der Lernsituation auseinanderzusetzen, in welcher sich die Schülerinnen und Schüler befinden. Dazu gehören
einerseits die Auswahl des Lerngegenstands und andererseits die Planung des
Lerngefäßes. Letzteres scheint etwas unerwartet, da doch üblicherweise das Lern-
gefäß, die 45-minütige Unterrichtslektion, gegeben ist. Auf der Sekundarstufe II,
auf welcher in der Regel das Fachlehrerprinzip gilt und die Schülerinnen und
Schüler alle ein bis zwei Lektionen Lehrperson und Unterrichtsraum wechseln,
ist es sehr viel schwieriger, den *ordentlichen 45-Minuten Rhythmus* zu brechen.
Trotzdem darf die Rhythmisierung des Unterrichts nicht primär durch die äußere
zeitliche Organisation der Stundentafel gegeben sein, sondern soll sich am zu
lehrenden Inhalt und am Lernprozess, der auch durch das Verhalten der Schülerinnen und Schüler geprägt ist, gesteuert werden.

Lehrstücke bauen sich rund um Lerninhalte. Am Anfang steht das Phänomen.
Dieses steuert die Vertiefung und gibt grob die inhaltliche Richtung des Unterrichts vor. Die Komposition eines Lehrstücks erfordert vorgängig ein gründliches
Durchdringen des Unterrichtsgegenstandes durch die Lehrperson. Das Lehrstück
wird dann in acht Kompositionsschritten *gedichtet*. Die Dramaturgie und folglich
die genetische Entwicklung des Lernprozesses prägt die Rhythmisierung und die
zeitliche Struktur der Unterrichtseinheit. Sie ist oft in Anlehnung ans Theater in
Akte gegliedert. Der Stundenplanraster stellt keine inhaltliche Portionierung der
Unterrichtseinheit dar, sondern ist eine eher zufällige Zerstückelung der Unterrichtseinheit. Wenn immer möglich soll in Lehrstücken der Stundenplanraster
aufgehoben werden und dem organisch gewachsenen Verlauf des Lehrstücks angepasst werden. Der vorgegeben Stundenplanraster verunmöglicht die Durchführung eines Lehrstücks zwar nicht. Er ist oft schlicht lästig und unterbricht
Arbeitsprozesse.

Die Vorbereitung, die Komposition des Lehrstücks, soll nicht im *stillen Kämmerlein* geschehen. Sinnvoll ist dessen Entwicklung in einer Lehrkunstwerkstatt:
Eine Gruppe von Lehrpersonen, arbeiten zusammen an verschiedenen Lehrstücken. Ein quartalsweiser Austausch über die Forstschritte, die aktuellen Probleme,
die Umsetzungsschwierigkeiten usw. werden dann in der Gruppe diskutiert, analysiert und Einzelteile konkret geprobt. Solch ein Austausch bringt eine ganz andere Dimension in die Unterrichtsvorbereitung: Ein interessiertes Laienpublikum
(fachfremde Lehrpersonen) testen einzelne Sequenzen des Lehrstücks. Die Lehrperson hat dabei die Möglichkeit, Unterrichtssequenzen zu üben und auch Ein-
zelheiten zu überdenken, bevor sie mit der Klasse arbeitet.

7.4.1.14 „Anschauungsmittel"

Hier geht es darum, mit Hilfe von verschiedenen Materialien, Dinge zu *veranschaulichen*. Nicht alles lässt sich aber veranschaulichen. Unbestritten ist das Ding selbst am anschaulichsten. Modelle und Abbildungen des realen Dings sind immer eine Abstraktion, eine Verzerrung, eine Vereinfachung, eine Generalisierung. Der Erfahrungskegel von Edgar Dale[244] (vgl. Abbildung 114) klassifiziert verschiedene Anschauungsmedien in einer Pyramide nach Abstraktionsgrad (*enaktiv, ikonisch, symbolisch*).

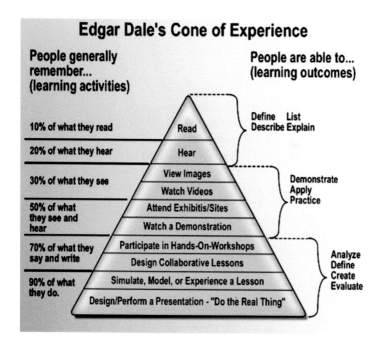

Abbildung 114: Erfahrungspyramide nach Edgar Dale.

Wagenschein hat sich durch seinen Aufsatz „*Rettet die Phänomene*"[245] Gehör verschaffen. Damit plädiert er für anschaulichen Unterricht im wahrsten Sinne

---

244 Dale, Edgar (1954): *Audio-visual methods in teaching.* New York: Dryden Press.
245 Wagenschein, Martin (2010): *Naturphänomene sehen und verstehen.* Bern: h.e.p.-Verlag, S. 96 ff.

des Wortes. Wann immer möglich muss der Unterrichtsgegenstand *vor Augen* sein. Aber nicht nur *anschauen,* sondern auch *tun* sollen die Schülerinnen und Schüler. Rousseau formulierte es so:

> „Man muss so lang wie man kann durch Taten reden und nur das sagen, was man nicht tun kann."[246]

Lehrstücke versuchen, beides zu vereinen. Und gerade in dieser Arbeit soll gezeigt werden, dass der Ausgangspunkt immer die Anschaulichkeit sein soll, so wie das Aristoteles dogmatisch gelehrt hat. Aber auch in der Abstraktion mit Galilei darf der Gegenstand nicht aus den Augen verloren gehen, damit sich die Lernenden nicht im Nebel verlieren.

7.4.1.15 „Lehr-/Lern-Einheiten planen"

Das Planen von Lerneinheiten erfolgt in der Lehrkunst viel strenger als im normalen Unterrichtgeschäft. Der Lehrstückunterricht wird als Inszenierung, das heißt als die Interpretation einer bestehenden Unterrichtsvorlage gesehen. Lehrstücke sind *interpretationsoffene Mitspielstücke.* Ganz in Analogie zu einer Theaterinszenierung muss die Interpretation des Stücks zuerst eingeübt werden. Die Interpretationsarbeit geht von der Entscheidung des getreuen Nachspielens *der Partitur* bis zum Planen von alternativen Sequenzen oder auch nur von Aspekten davon. In der Regel geschieht diese Planung im Austausch mit anderen Lehrpersonen oder mit dem Autor der originalen Vorlage. Das Planen der Unterrichtseinheit findet entsprechend nicht im privaten Rahmen, im stillen Kämmerlein statt. Idealerweise ist eine Unterrichtsinszenierung nicht einmalig, sondern wird sich später wiederholen, so dass ein Entwicklungsprozess aufgrund der Rückmeldungen aus den Klassen in Gang kommen kann.

Die höhere Stufe der Arbeit an Lehrstücken ist die Eigenkomposition eines Stücks. Diese erfordert besonders viel Zeit und geschieht meist in mehreren Schritten. Aus einer normalen Unterrichtseinheit entwickelt sich mit der Zeit ein Unterrichtsexempel, daraus ein Bildungsexempel und schließlich ein Lehrstück. Die Lehrstückkomponenten geben dazu einen Leitfaden (vgl. dazu Kapitel 1.1.6).

---

246 Aus: Rousseau, Jean-Jaques (1762): *Emil.* 1. Buch, zit. in: Berg, Hans Christoph (2012): *Studienblätter zu den Klassikern der Pädagogik,* unveröffentlicht.

7.4.1.16 „Lehrende sind Lehrplaninterpreten und Konstrukteure"

Die Lehrkunst fasst das Lehren nicht bloß als Interpretationsvorgang von Lehrplänen oder als Konstruktion von Lerngelegenheiten und Lernklimas auf, sondern
sieht im Planen und Inszenieren von Unterricht eine schöpferische künstlerische
Tätigkeit, die mit dem Begriff der *Poiesis* zusammengefasst werden kann; Unterrichten als Lehr*kunst* im Wortsinne des Begriffs *Didaktik*. Die Inhalte dazu ergeben sich aus der Kulturgeschichte der Menschheit. Weder reines Abarbeiten
enzyklopädischen Wissens im Sinne der großen französischen Enzyklopädisten
(z. B. Voltaire), noch ein reines Trainieren von Methoden (Humbolt, Herbart) soll
Ziel des Unterrichts sein, sondern im Sinne der Bildungstheorie Klafkis die *kategoriale Bildung*. Wie die Methode am Inhalt und der Inhalt durch die jeweilige
Methode sollen sich Mensch und Welt wechselseitig erschließen und erschließen
lassen. Die Auswahl der Themen, die zu Lehrstückinhalten verdichtet werden,
orientiert sich an den von Klafki hervorgehobenen *epochaltypischen Schlüsselthemen* oder in Anlehnung an Stefan Zweig *Sternstunden der Menschheit*[247].
    Wie verträgt sich diese eigenwillige und eigenmächtige Festlegung der ge-
wählten Themen mit den staatlichen Lehrplänen? Setzt sich die Lehrkunst über
die 2000jährige Geschichte und Tradition der gesellschaftlich verankerten und
diese repräsentierenden Bildungspläne hinweg? Muss in den Staatsschulen das
gelernt werden, was durch politische Instanzen festgeschrieben wird? Selbstverständlich muss das so sein und das wird auch durch die Lehrkunst respektiert,
sonst müsste sie sich als Alternative zum Staatsschul-Curriculum in privatem
Rahmen organisieren. Glücklicherweise lassen die Staatsschul-Lehrpläne den
Lehrpersonen genügend Freiheiten, inhaltlich wie methodisch Schwerpunkte zu
setzen. Diese Freiräume nutzt die Lehrkunst aus und schafft an ausgewählten
Stellen im Curriculum Bildungsinseln, in welchen ein umfassend erkenntnis-
orientierter, individual- und kulturgenetisch gestalteter Unterricht stattfindet.
    Insofern kann tatsächlich von *Lehrplaninterpretation* gesprochen werden,
wobei sich das Interpretieren vor allem auf die Auslegung (bzw. ernsthafte Umsetzung) der in vielen Lehrplänen formulierten Bildungsziele bezieht.

---

247 Zweig, Stefan (1986): *Sternstunden der Menschheit – Zwölf historische Miniaturen. Frankfurt
    a. M.: Verlag S. Fischer.*

7.4.1.17   Grundfragen der Lernkulturerneuerung

Aufgrund lernpsychologischer Erkenntnisse, auf welchen schon Aebli seine Lern-
theorien abstützte[248] und die sich durch moderne neuropsychologische Forschun-
gen bestätigten[249], scheinen gewisse Prämissen, auf welchen das traditionelle
Lehrverständnis aufbaute, falsch oder zumindest stark in Frage gestellt. Bewirkt
Lehren zwangsläufig Lernen und Verstehen? Kann Information übertragen werden? Ist Erkenntnis ein Abbild der Realität? Die Gehirnforschung scheint zumindest letztere Frage klar zu verneinen[250]. Schon das Wahrnehmen beruht auf
einer Verarbeitung von physikalischen Reizen im Gehirn und ist ein konstruk-
tiver Prozess. Das (Wieder-)Erkennen, das sich aus dem immer wiederholenden
Manifestieren der gleichen Zusammensetzung von Reizerscheinungen ergibt und
durch ein Anknüpfen an bereits gefestigten Erfahrungen geordnet und gebunden
werden kann, ist demzufolge genauso ein individueller Prozess wie das Wahrnehmen selbst. Die bloße Tatsache, dass wir alle Menschen sind, reicht nicht aus,
um davon auszugehen, dass diese Prozesse bei jedem Individuum gleich ablaufen. Zu viele externe Einflüsse, wie frühere Erfahrungen, mentale Zustände,
situative Rahmenbedingungen usw. beeinflussen den persönlichen Lern- und Erkenntnisprozess.

Modernere Lernkulturen berücksichtigen diese Tatsache, indem sie den Lern-
und Erkenntnisprozess individualisieren und indem das rezeptive Lernen durch
aktives, handelndes, konstruierendes Lernen ersetzen oder mindestens ergänzen
wird. Beim individualisierten Lernen ist allerdings darauf zu achten, dass die
Einbindung in die Lerngemeinschaft und damit das *Objektivieren* des Erkannten
auch erfolgt. In der Lehrkunst wird das die *Ich-Wir-Balance* genannt.

Wie schon mehrfach hervorgehoben, ist das Lehrstück *Pascals Barometer*
mit einer konstruktivistischen Grundhaltung komponiert. Den Schülerinnen und
Schülern wird genügend Raum geschaffen, um sich mit ihrem eigenen Lernprozess auseinanderzusetzen. Allerdings liegt das Schwergewicht eindeutig auf dem
gemeinsamen Konstruieren von Konzepten. Gerade beim Sokratischen Gespräch
in der Gruppe kann dies zur Folge haben, dass einzelne Schülerinnen und Schüler durch das Tempo anderer überfordert werden und unter *Erkenntnis-Zwang*
geraten. Hier besteht die wichtige Aufgabe des Moderators (der Lehrperson),

---

248 Aebli, Hans (1983): *Zwölf Grundformen des Lehrens. Eine Allgemeine Didaktik auf psycho-
      logischer Grundlage*. Stuttgart: Klett Verlag.
249 Z. B.: Roth, Gerhard (1994): *Das Gehirn und sine Wirklichkeit. Kognitive Neurobiologie und
      ihre philosophischen Konsequenzen*. Frankfurt a. M.: Suhrkamp.
250 Gasser Peter (2003): *Lehrbuch Didaktik*. Bern: h.e.p.-Verlag, S. 168 f.

sehr aufmerksam die Schülerinnen und Schüler im Auge zu haben und zu rasche
Schlüsse immer wieder als Fragen zurück in die Runde zu geben. Die Lehrperson muss gegebenenfalls (sollten die langsameren Schüler sich nicht selber zu
Wort melden) die Rolle des schwer begreifenden Schülers übernehmen und den
Erkenntnisprozess derart verlangsamen, bis alle die wesentlichen Schritte ge-
macht haben. Im weiteren Verlauf des Lehrstücks, in welchem weiterhin Plenar-
Aktivitäten dominieren, wird dem individuellen Lernprozess immer wieder Raum
gegeben, indem die Schülerinnen und Schüler aufgefordert werden, sich Zeit zu
nehmen, um das Erkannte, Gelernte oder Besprochene schriftlich in eigenen
Worten zusammenzufassen, zu reflektieren und zu dokumentieren.

7.4.1.18 Von der Lernaufgabe zu den erweiterten Lehrformen

Erstens beschreibt Gasser das Darbieten und gemeinsame Erarbeiten als Vorgabe
für individualisierte Lernaktivitäten. Dieser Gestus ist in der Lehrkunst stark ausgeprägt. Häufig werden Lehrstücke durch einen gemeinsamen Einstieg, ein von
der Lehrperson für die ganze Lerngruppe inszeniertes Phänomen oder eine Fragestellung eröffnet, die im Plenum exponiert wird. Allerdings hat die gemeinsame
Eröffnung in Lehrstücken meist noch eine weitere Dimension als nur jene, für
die ganze Klasse eine gemeinsam Grundlage oder die gleichen Voraussetzungen
zu schaffen, damit die Schülerinnen und Schüler sich davon ausgehend in verschiedenen Richtungen individualisiert in den Stoff vertiefen können. Die gemeinsame Eröffnung in Lehrstücken – im Besonderen in den in dieser Arbeit
beschriebenen naturwissenschaftlichen Lehrstücken – dient oft dazu, den Raum
für Subjektivität zu öffnen, so dass die Schülerinnen und Schüler Zeit und Gelegenheit haben, ihre Präkonzepte auszubreiten, zu diskutieren und zu reflektieren.
Es geht also in dieser Phase weniger darum, eine gemeinsame begriffliche Grundlage zu schaffen. Es geht im Gegenteil eher darum, eine Auslegeordnung verschiedener Ansichten und Zugänge zum Thema zu machen. Die Aufgabe der
Choreographie des Unterrichts besteht dann darin, die Divergenz, die sich durch
die subjektive Auslegeordnung ergeben hat, wieder in eine Konvergenz zu
überführen. Reusser illustriert das sehr schön[251]:

---

251 Reusser, Kurt (2006): *Konstruktivismus – vom epistemologischen Leitbegriff zur Erneuerung
der didaktischen Kultur.* in: *Didaktik auf psychologischer Grundlage.* Bern: h.e.p.-Verlag,
S. 151 ff.

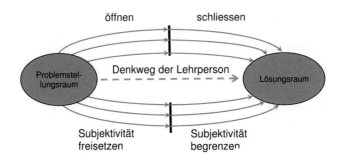

Abbildung 115:   „Lernwege vom <Ich> zum <Wir/Man>", nach Reusser, 2006.

Gasser beschreibt die Arbeits- und Lernaufgaben als Voraussetzung für erweiterte Lernformen wie Leitprogramme, Werkstattunterricht, verschiedene Formen von Gruppenarbeiten usw. Dabei empfiehlt Gasser, sich ein solides Wissen und Können in den Grundformen des Lehrens anzueignen, um den Unterricht dann sukzessive in erweiterten Lehrformen weiterzuentwickeln. Dieser Ansatz geht davon aus, dass eine Methodenvielfalt an sich anzustreben ist, dies im Sinne einer vielfältigen Lernumgebung, die aus psychologischer Sicht eine Vielzahl von Lernzugängen ermöglicht, unabhängig vom konkreten Lehrgegenstand – *l'art pour l'art*. Die Lehrkunst orientiert sich hier stärker am zu unterrichtenden Gegenstand und an seiner Kulturgeschichte. Es wird nicht a priori und zum Selbstzweck ein Methodenwühltisch eröffnet. Die Lehrformen ergeben sich idealerweise aus dem Unterrichtsgegenstand selber. Das Drama will gespielt sein, das Epos gesungen und die Geschichten wollen erzählt werden! So beginnt das Lehrstück *Nathan der Weise* nicht mit einer plenaren Auslegeordnung zur zentralen Frage, sondern paarweise stellen sich Schülerinnen und Schüler diese sehr privat und individuell: „Und, wie hast du es mit der Religion?"

7.4.1.19   Einblicke in die Erweiterten Lehrformen

In diesem Sinne ist der Lehrstückunterricht an sich eine erweiterte Lehrform und reiht sich neben den Wochenplan- und den Werkstattunterricht mit dem wesentlichen Unterschied, dass (wie oben schon ausgeführt) der Lehrstückunterricht in seiner konkreten Form und Ausgestaltung nicht gegenstandsunabhängig ist. Das mag ein Grund sein, warum die Lehrkunst nicht ohne konkrete Beispiele aus Praxiserprobungen beschrieben werden kann.

7.4.1.20 Kooperative Lernformen

Unter dem Begriff *kooperative Lernformen* bespricht Gasser die verschiedenen Ausprägungen, Legitimationen und Zielsetzungen von Gruppenarbeiten. Er betont dabei, dass Gruppenarbeiten nicht bloß als *„nette Abwechslung im eintönigen Frontalunterricht"*, sondern als für den Lernprozess deutlichen *„Mehrwert"* erbringende Sozialform und Methode verstanden werden soll. Ziele seien das *Lernen von anderen Gruppenteilnehmerinnen und Gruppenteilnehmern, das Einbringen und Beitragen von „Eigenem"* zur Gruppe und Erkennen der eigenen *„Wirksamkeit", das Erbringen einer Gemeinschaftsleistung (-produkt)* oder *das Erweitern des eigenen Ideenreichtums in der Gruppe (Think-Tank).* Dazu eigneten sich je nach Zielsetzung verschiedene Formen der Gruppenarbeit (EGE-Arbeit, Gruppenpuzzle, Gruppen-Ralley).[252]

In der Lehrkunst wird das kooperative Lernen viel offener aufgefasst. So wird die Klassengemeinschaft an sich als Gruppe verstanden und nicht als Ansammlung von Einzel-Lernenden. Im Sokratischen Gespräch wird versucht, mit der ganzen Klasse Ziele zu verfolgen, die Gasser der einzelnen *Gruppe* setzt. So steht z. B. *das Beitragen von Eigenem zum kollektiven Erkennen eines Sachverhaltes* oder *das Lernen von anderen in der Gruppe* (oder hier eben der ganzen Klasse) im Zentrum.

Der wesentliche Unterschied zur Gruppenarbeit, wie sie Gasser versteht, ist, dass bei solchen Unterrichtsprozessen die Lehrperson mit dabei ist. Das kann die Dynamik des Verhaltens der Schülerinnen und Schüler dahingehend beeinflussen oder stören, dass sie sich nicht in dieser Art frei in den Prozess einbringen, wie sie dies tun würden ohne Beteiligung der Lehrperson. Gründe dafür mögen verschiedene sein, wie beispielsweise die Angst vor *Falsch-Aussagen* mit *notenrelevanten Konsequenzen* usw. Allerdings kann die Präsenz der Lehrperson auch gerade Gegenteiliges bewirken. Es ist eine Idealvorstellung der klassischen Gruppenarbeit, dass die Schülerinnen und Schüler (unbeobachtet und unkontrolliert von der Lehrperson) sich freier, offener und ungehemmter verhalten und einbringen würden. Nur: Ängste und Hemmungen gegenüber Mitschülerinnen und Mitschülern, Zwänge, Hierarchien und Verhaltensmuster innerhalb der Gruppe können den Lern- und Arbeitsprozess weit mehr beeinflussen und „stören" als die Gegenwart einer Lehrperson.

Im Sokratischen Gespräch, welches das Lehrstück *Pascals Barometer* eröffnet, versucht die Lehrperson, nach anfänglichem Initiieren und Verstärken des Phänomens sich zusehends aus dem Gespräch zurückzunehmen und nur noch als

---

252 Gasser, Peter (2001): *Lehrbuch Didaktik.* Bern: h.e.p.-Verlag, S. 192.

Hüterin der Gesprächsregeln in den Prozess einzugreifen. Die Schülerinnen und Schüler sollen dadurch immer stärker die Verantwortung für den Erkenntnisprozess der Gruppe übernehmen.

Eine zweite Phase der Gruppenarbeit in diesem Lehrstück ist die Vorbereitung auf die abschließende Diskussionsrunde zwischen den Wissenschaftlern. In Vierergruppen wird ein Argumentarium zur Verteidigung der Position des jeweiligen Wissenschaftlers zusammengestellt. Es handelt sich bei dieser Organisationsform um das Bilden von Expertengruppen, wovon anschließend jeweils ein Mitglied der Gruppe gegen die Exponenten der anderen Gruppen in den Ring steigt. Dabei sind die restlichen Gruppenmitglieder aber in der abschließenden Diskussion aber nicht zur Passivität verknurrt, sondern sie beteiligen sich als Zuschauerinnen und Zuschauer durch Zwischenrufe und Fragen aktiv an der Schlussdiskussion.

7.4.1.21 Aus Fehlern lernen

Der von Gasser beschriebenen gesellschaftlichen Ächtung des Fehlermachens kann sich auch der Lehrstückunterricht nicht entziehen. Fehler gilt es im Allgemeinen möglichst rasch zu erkennen, zu verbessern, sich dafür zu entschuldigen oder gar sich dafür zu schämen. Die Gesellschaft ignoriert dabei, dass die Erkenntnis und die Entwicklung des Wissens fast ausschließlich über Fehler, über das Ausformulieren von Fehlvorstellungen, das Begehen von Irrwegen usw. erfolgte. In manchen Lehrstücken geht es daher häufig vorerst darum, *Fehler* zu begehen, *Fehlvorstellungen* zu formulieren, um in weiteren Schritten sich dann daran weiterzuentwickeln. Wie bereits weiter oben beschrieben, geht es z. B. im Sokratischen Gespräch beim Lehrstück *Pascals Barometer* oder beim *Fallgesetz nach Galilei* darum, Präkonzepte (vorsichtigerweise hier nicht *Fehlvorstellungen* oder *missconceptions* genannt) auf den Tisch zu legen. Ganz wichtig ist hierbei, sich die Entwicklung der Meinung darüber, was *richtig* ist und was *Fehler* sind, vor Augen zu halten. Die wissenschaftliche *Wahrheit* ist stark an Weltbilder gebunden. Um zu neuer Erkenntnis zu kommen und um wissenschaftliche Paradigmen weiterzuentwickeln, war es in der Geschichte der Naturwissenschaft immer wieder nötig, unkonventionelle Wege zu beschreiten, d. h. Dinge zu postulieren oder anzunehmen, die vor dem Hintergrund des aktuellen *common sense* offensichtlich falsch waren. Jüngere Beispiele sind das Atommodell von Niels Bohr oder Alfred Wegeners Kontinentaldrift, revolutionäre Ideen, die nach neuen Grundlagen verlangten und die mit den vorherrschenden Theorien nicht erklärt werden konnten.

Es kann im Unterricht an der Mittelschule nicht darum gehen, dieses Verhalten zu lehren. In Lehrstücken wird aber das Begehen von Fehlern nicht als *Vergehen*, sondern als *Anlass zur Reflexion und zur Weiterentwicklung* gesehen und verwendet und manchmal gar explizit inszeniert.

7.4.1.22 Hausaufgaben variieren und individualisieren / Die Prüfungskultur erweitern

Hier fasse ich zwei Kapitel Gassers zusammen aus dem einfachen Grund, dass die Lehrkunst zu beiden Kapiteln wenig beizutragen hat. In keinen mir bekannten Lehrstücken spielen Hausaufgaben eine zentrale Rolle bzw. werden diese in der Dramaturgie des Lehrstücks explizit erwähnt. Gleiches gilt auch für den Einsatz und die Gestaltung von Prüfungen. Das bedeutet nicht, dass die beiden Elemente nicht vorkommen. Eine explizit didaktische Auseinandersetzung mit diesen Elementen fehlt aber deutlich. Dies mag eine Schwachstelle in der Lehrstückdidaktik sein.

Meine Inszenierungen von *Pascals Barometer* werden tatsächlich mit einer Prüfung abgeschlossen. Ihr gilt aber keine besondere Aufmerksamkeit, was die Form anbelangt. Sie wird als klassische schriftliche Prüfung durchgeführt. Inhaltlich unterscheiden sich die Prüfungsfragen aber deutlich von „normalen" Physikprüfungen. Passend zu den Lernzielen des Lehrstücks geht es in den Aufgaben wesentlich um das qualitative Verständnis der Konzepte und der erschlossenen Kategorien (hier: *Luftdruck* und *horror vacui*). Das ist auch das, worin wir uns während des ganzen Lehrstücks geübt haben. Dabei spielen Transferaufgaben eine wichtige Rolle. Z. B.: „*Ein Mädchen will sich einen 15 Meter langen Strohhalm basteln, um von einem sehr hohen Baum herab aus ihrer Baumhütte Wasser zu sich hoch zu saugen. Gelingt ihr das? Beantworten Sie die Frage zweimal: Argumentieren Sie einmal mit dem Konzept Luftdruck und einmal mit dem Konzept «horror vacui»"*.

Auch die Prozessreflexion ist ein Thema. Die Schülerinnen und Schüler sollen über ihren und über den wissenschaftlichen Erkenntnisprozess Auskunft geben können.

„*Welche Erkenntnis auf dem Weg zum Konzept des Luftdrucks hat das Experiment von Galilei zur «beschränkten Kraft des Vakuums» gebracht?*"

7.4.1.23   Korrigieren – Beurteilen – Bewerten – Benoten

Die erste Unterüberschrift bei Gasser heißt „*Die Not mit den Noten*". Darin geht es um die an den Gymnasien noch viel verbreitetere Tatsache als an den Volksschulen, dass der Notendurchschnitt für die Schülerinnen und Schüler diskussionslos wichtiger ist als der Unterrichtsinhalt. Es geht nicht um Inhalte, sondern um Beurteilungen, vor allem um Noten, um zu Mittelwerten verrechenbare Zahlen! Wagenschein gibt in einem Interview folgenden Kommentar zur „*Not der Noten*" ab:

> „(…) Aber das Schlimmste ist ja doch eigentlich nicht das allein *(Wagenschein spricht über die Hochstapelei der Physiker)*, sondern die Kombination mit dem üblen Notenglauben, dem Glauben an die Noten, wieweit das die Qualität der Unterrichts verdirbt, insofern die Motivation verdorben wird. Die sachliche Motivation für die Sache, die ist fast vergessen, die Kinder arbeiten für die Note. Und dass das die Pädagogen noch nicht zu einem Angriff veranlasst hat, wundert mich!"[253]

Zumindest in gewissen Sequenzen sollte es möglich sein, den Noten- und Promotionsdruck völlig zu vergessen. Es kann nicht gelingen, authentisch und aufrichtig, völlig angst- und hemmungslos eigene Gedanken und Überlegungen zu formulieren, wenn dauernd eine noten- und promotionsrelevante Beurteilung droht. Aber genau um diese Authentizität geht es in Lehrstücken. Die Unterrichtseinheiten bauen geradezu darauf auf, dass die Schülerinnen und Schüler sich voll in den Entwicklungsprozess einbringen, und zwar mit all ihrem gesunden, qualifizierten Menschenverstand und nicht mit qualifizierbarem Wissen. Es gilt also in Lehrstücken klar zu unterscheiden, wann es darum geht, dass Schülerinnen und Schüler Beurteilbares leisten oder aber sich in völlig *notenfreiem Raum* befinden. Korrigiert, beurteilt und bewertet wird nicht immer von der Lehrperson, sondern ebenso oft durch die Kulturgeschichte oder durch Mitschülerinnen und Mitschüler und manchmal auch durch Selbstkorrektur oder -beurteilung.

Wie beim Kapitel der *Hausaufgaben und Prüfungen* hat auch hier die Lehrkunst eine Schwachstelle, dass sie sich nur am Rande mit den Themen *Beurteilen und Bewerten* auseinandersetzt.

7.4.1.24   Unterricht reflektieren und evaluieren

Unterricht reflektieren und evaluieren ist eine Selbstverständlichkeit für eine Lehrperson, die an einer Entwicklung der eigenen Arbeit interessiert ist. Gasser gibt

---

253 [6].

hier sehr brauchbare Tipps und konkrete Beispiele, wie dies geschehen kann. Die Lehrkunst kennt kein standardmäßiges Instrument zum Einholen von Feedback, jedenfalls nicht bei den Schülerinnen und Schülern. Die Qualitätssicherung in der Lehrkunst erfolgt über den Austausch in der Lehrkunstwerkstatt. Dort wird ein Feedback von anderen Lehrpersonen eingeholt, die durch Illustrationen und Einblicke in einzelne Unterrichtssituationen über den Unterricht in Kenntnis gesetzt werden.

Ein lehrkunst-typisches Element der Unterrichtsreflexion ist der *Unterrichtsbericht*. Die Reflexion des Unterrichts soll also nicht so geschehen, dass diese nur privat zugänglich ist, sondern in einer Form, an welcher andere teilhaben können. Dies ist im Konzept der Lehrkunst angelegt, da über die (Nach-)Inszenierung von Lehrstücken ja berichtet und ein Diskurs geführt werden soll. Der Unterrichtsbericht soll möglichst getreu den Unterricht wiedergeben, also nicht nur die Gestalt (die Gussform) des Unterrichts, sondern die individuelle Ausführung aufzeigen. Dazu eignen sich verschiedene Methoden. Manche versuchen das Unterrichtsgeschehen protokollartig festzuhalten, entweder durch eigene Notizen unmittelbar nach dem Unterricht und/oder mit der Unterstützung einer/eines Sekretärs/in, der/die von der aktiven Teilnahme am Unterricht freigestellt ist und protokollieren soll. (Das braucht dann natürlich nicht immer derselbe Schüler zu sein). Wichtig in der Dokumentation sind Bilder konkreter Unterrichtssituationen. Dazu muss immer eine Fotokamera herumliegen, mit der (natürlich mit Einverständnis der Schülerinnen und Schülern bzw. ihrer Eltern) wichtige Szenen festgehalten werden können. Auch werden zuweilen Ton- oder Videoaufnahmen gemacht, wenn wichtige Gespräche stattfinden, die schwierig zu protokollieren sind.

Aufnahmen, Protokolle und Bilder werden dann zur Dokumentation des Unterrichts und zur Erstellung des Berichts verwendet, dienen aber auch direkt zur Weiterentwicklung der Lehrstücke.

7.4.1.25 Lernen im multikulturellen Umfeld

Die Situation an Gymnasien präsentiert sich etwas anders als an Volksschulen. Der Anteil an Jugendlichen mit Migrationshintergrund ist doch deutlich geringer. Dass in einer Klasse kaum mehr deutsch gesprochen wird, gibt es am Gymnasium nicht, was allerdings dazu führt, dass häufig vergessen wird, dass es in einer Klasse Schülerinnen und Schüler mit Migrationshintergrund gibt, die potentiell Sprachprobleme haben oder aus kulturellen Gründen zu gewissen Inhalten weniger einfach Zugang finden oder die eine ablehnende Haltung dagegen einnehmen.

Dies ist allerdings bisher kein Problem, das lehrkunst-spezifisch aufgetaucht ist, sondern es ist ein allgemeines Problem des Unterrichts an Mittelschulen. Man könnte sich höchstens vorstellen, dass es im Zusammenhang mit der starken Betonung der kulturellen Entwicklung des Unterrichtsgegenstands in der Lehrkunst zu Differenzen in der Wahrnehmung der Bedeutung kommen kann, zumal die Lehrkunst stark vom abendländischen Kulturgut ausgeht. Andererseits ist dies natürlich auch eine Chance, genau diesen Aspekt zu thematisieren, nämlich aufzuzeigen, welches die Grundlagen unserer abendländischen Kultur und damit der Lehrkunst und unserer Gesellschaft sind.

7.4.1.26   Lernen in der Informationsgesellschaft

Die Lehrkunst ist tatsächlich noch nicht recht in der Neuzeit angekommen. Dies ist freilich nicht in Bezug auf ihre Methodik und Didaktik sondern thematisch gemeint. Es gibt bisher ein naturwissenschaftliches Lehrstück, dass sich thematisch ins 20. Jh. gewagt hat. Es ist das Lehrstück *Quantenchemie mit Heisenberg und Einstein* von Günter Baars.[254] Dringend braucht es Lehrstücke zur *Entwicklung des Computers*, zum *Begriff der Nachhaltigkeit*, zur *Plattentektonik*, zur *Entdeckung des Transistors*, zur *Turing-Maschine*, zum *world wide web* und zum *Klimawandel*.

Im Umgang mit modernen Unterrichtsmedien ist die Lehrkunst aber offen. Sofern es den Erkenntnisprozess nicht stört, indem Wege abgeschnitten, Prozesse verschleiert oder Resultate vorweggenommen werden, finden moderne Unterrichtsmedien auch in der Lehrkunst ihre Anwendung. So werden im Unterricht zur *UAZ* (*Unsere Abend-Zeitung*)[255] mit modernen Hilfsmittel Zeitungen redigiert und im Unterricht zu den *Erd-Erkundungen mit Sven Hedin* werden am Computer Poster gestaltet[256].

In sehr vielen Beispielen zeigt sich die hohe Kompetenz der Schülerinnen und Schüler im Umgang mit modernen Hilfsmitteln wie Handy, Computer und Web weder besonders hinderlich noch als grosser Vorteil. Einzig die Tendenz, sich mit *schnellem Wissen* zu begnügen, und auch die Gewohnheit, Wissen nicht mehr selber besitzen zu müssen, sondern an *Wikipedia* auslagern zu können und

---

254 Baars, Günter (2011): *Quantenchemie farbiger Stoffe mit Heisenberg und Einstein*. Bern: h.e.p.-Verlag.
255 Schmidlin, Stephan (2012): *UAZ – Unsere Abend-Zeitung*. Bern: h.e.p.-Verlag.
256 Jänichen, Michael (2010): *Dramaturgie im Lehrstückunterricht*. Philipps-Universität Marburg/Lahn, Fachbereich Erziehungswissenschaften: Dissertation, S. 263 ff.

das Smartphone als erweiterten Denkspeicher zu verstehen, führen dazu, dass die Schülerinnen und Schüler den Wert des *selber Nachdenkens* zusehends verkennen. *Dies haben ja doch andere alles schon bedacht und in Internetforen niedergeschrieben. Warum soll ich mir da selber noch den Kopf zerbrechen?* Um genau dieser Tendenz aber entgegenzuwirken und dem Selber-Erkennen und -Nachdenken wieder Sinn und Freude zu geben, eignet sich die Lehrkunst hervorragend – sie ist geradezu darauf ausgelegt!

7.4.1.27 Fazit

Was für ein Fazit kann nun aus diesem Vergleich gezogen werden?

Ein Blick auf die Übersicht in der Tabelle 20 lässt erkennen, dass in Lehrstücken viele der von Gasser beschriebenen Methoden sehr ausgeprägt sind. Die Lehrkunst oder besser der Lehrstückunterricht selber ist also nicht als eigene Unterrichtsmethode zu bezeichnen. Dies mag in der Darstellung Gassers so erscheinen, zumal er die Wagenscheindidaktik und die Lehrkunst im Zusammenhang mit einer bestimmten Methode, dem *Problemlösen*, erwähnt. Der Lehrstückunterricht besteht aber selber aus einer Vielzahl von klassischen Unterrichtsmethoden, die im Dienste der erkenntnisorientierten Ergründung des Unterrichtsgegenstands zu einer Dramaturgie zusammengebaut werden. Dabei sind gewisse Methoden in praktisch allen Lehrstücken besonders ausgeprägt, weil sie charakteristische Merkmale von Lehrstücken oder der Lehrkunst sind; so zum Beispiel *das Erarbeiten, das Problemlösen, das Verwenden von Anschauungsmaterial, das Interpretieren von Lernplänen* und *das Konstruieren von Lerneinheiten.*

Die Methodenwahl im Lehrstückunterricht geschieht selten zum Selbstzweck. Z. B. geschieht die Arbeit an Texten nicht mit dem Ziel, *das Arbeiten an Texten* zu lernen, sondern, weil das Bearbeiten eines Textes einen Erkenntnisgewinn bringt oder weil damit ein kulturgenetischer Prozess zum Ausdruck gebracht werden kann. In der Analyse zeigt sich deutlich die Gemeinsamkeit der Aebli-Gasser'schen- und der Lehrkunstdidaktik in der Zielsetzung von Unterricht. Unterricht muss Schülerinnen und Schüler bewegen, mitreißen, begeistern und einen Erkenntnisgewinn anleiten. Das geschieht durch *Erarbeiten, Problemlösen,* auch durch *Darbieten, Erzählen, gegenseitiges Austauschen* und *Reflektieren* und durch eine *Begleitung der Schülerinnen und Schüler in ihrem Lernprozess.*

Die Merkmale, welche den Lehrstückunterricht vom „guten Unterricht" Gassers unterscheiden, sind aus der Synopse nicht erkennbar. Diese finden sich, wie schon angetönt, in der Begründung der jeweiligen Methodenwahl. Bei Gasser ist die Gestaltung des Unterrichts stark durch das Ziel eines effizienten, gründlichen Lernerfolgs hinsichtlich *definitiv gültiger Einsichten* geprägt. Dabei wird die Methode von der Lehrperson vorgegeben, um eben dieses Ziel zu erreichen. In der Lehrkunst geht es vielmehr darum, durch das Ringen um die Wahrheit und den Vollzug von Paradigmenwechsel, angeleitet durch die Kulturgeschichte, die Unterrichtsinhalte als *sich wandelnde Bildungsinhalte* darzustellen. Die Methode steht dabei im Dienste dieser Aufgabe. Ist es nötig ein szenisches Spiel zwischen zwei Protagonisten von Galilei zu inszenieren? Muss in Gruppen ein Experiment ausgedacht werden? Muss im Plenum gemeinsam diskutiert werden? Die Wahl liegt nicht bei der Lehrperson, sondern soll von der Lehrperson (oder von den Schülerinnen und Schülern) aus der Kulturgeschichte abgelesen werden.

Schließlich muss angemerkt werden, dass der Lehrstückunterricht nicht den ganzen Unterricht abdeckt und daher nicht den Anspruch haben muss, möglichst alle Methoden zu berücksichtigen. Demgegenüber hat Gasser mit seinem Buch das Ziel, *alle* Aspekte von modernem, gutem Unterricht darzustellen. Das *Einbeziehen von Hausaufgaben, die Prüfungskultur, das Korrigieren und Bewerten, das Üben und Automatisieren* und auch *projektartiges Arbeiten* sind bisher kaum im Fokus des Lehrstückunterrichts. Diese Methoden und Unterrichtselemente müssen ergänzend zum Lehrstückunterricht vom „Normalunterricht" geleistet werden.

7.4.2   Individualgenese – Kinder auf dem Wege zur Physik

In dieser Arbeit lag der Fokus auf der Bedeutung der Kulturgenese für die Komposition von Lehrstücken. Dabei wurde aufgezeigt, wie die Kulturgenese eines Unterrichtsinhalts als Vorlage für eine Unterrichtseinheit eine didaktische Leitlinie geben kann. Nur orientierend dargestellt und ohne eigene Beiträge wurde die Frage nach der Parallelität von der Ontogenese (Individualgenese) und der Kulturgenese behandelt (vgl. Kapitel 2.2). Martin Wagenschein ist es ein Grundanliegen, den (Physik-)Unterricht so zu gestalten, dass dieser dem Werden der menschlichen Begriffsbildung folgt, dieses Begleitet, und dass dieser dem inneren Wesen des menschlichen Erkennens folgt. Im Buch „Kinder auf dem Wege zur Physik"[257] zeigt Wagenschein in einer Fülle von Exempeln praktisch auf, wie er dabei methodisch und inhaltlich vorgeht. Die Lehrkunst folgt diesem Beispiel, ohne sich dabei aber auf eine psychologische Analyse dessen abzustützen, was dabei geschieht. Die Kognitionspsychologie Piagets und die darauf abstützende

---

257 Wagenschein, Martin (2003): *Kinder auf dem Wege zur Physik*. Basel und Weinheim: Belz Verlag.

Pädagogik Aeblis und später Gassers, der diese mit moderner Neurologie ergänzt, bilden ein entsprechendes Fundament, um das zu tun. Inwiefern das für die Lehrkunst und für eine weitere Rechtfertigung der hier besprochenen These für einen kulturgenetischen Unterricht nötig, sinnvoll und gewinnbringend ist, überlasse ich der weiteren Lehrkunstforschung.

Ich habe mich in dieser Arbeit darauf beschränkt kulturgenetisch zu argumentieren und nicht psychologisch. Die Rechtfertigung des kulturgenetischen Unterrichtens gründet hier einerseits im Bildungsanspruch, Schülerinnen und Schüler als gesellschaftlich geprägte und gebildete Kulturträgerinnen und -träger zu mündigen Kulturtäterinnen und -täter zu machen. Andererseits gründet sie auf dem empirischen Befund, dass die Entwicklung der abendländischen Kultur (Philosophie und Wissenschaft) sich als didaktische Vorlage insofern eignet, als dass Kinder, Schülerinnen und Schüler beim Lernen die gleichen Abstraktionsschritte durchlaufen müssen, wie die Menschheit (abendländische Kultur) das in den letzten zweitausend Jahren tun musste. Ob er Grund dazu darin liegt, dass die Kulturgeschichte ein Abbild des menschlichen Erkennens und seiner kognitiven Entwicklung ist, bleibt hier offen.

7.4.3   Lehrkunst und Empirie

Noch fehlt der echte Anschluss der Lehrkunst an die gängige empirische Forschung in der Didaktik. Dies mag daran liegen, dass die Lehrkunst sich als eine aus der Praxis abgeleitete Didaktik entwickelt hat und ständig weiterentwickelt. Berg schreibt:

> „Wagenscheins [Lehrstücke] stellen paradigmatisch das Theorie-Praxis-Verhältnis vom Kopf auf die Füße zum Praxis-Theorie-Verhältnis. Denn aus untergeordneten Theoriebeispielen werden übergeordnete didaktische Werke, denen die Methode (meta hodos = Nach-Gang) nicht vorschreiben darf, sondern denen sie reflektierend nachgehen muss."[258]

Die Lehrkunst geht gar einen Schritt weiter und betont den Einbezug der Poiesis als dritte Dimension im Raum des Praxis-Theorie-Bezugs.

Durch Wildhirts Kompositionslehre[259] wird dieses Poiesis-Praxis-Theorie Verhältnis erst konkretisiert, womit sich die Lehrkunst der empirischen Forschung zugänglich macht. Das Forschungsfeld bildet der Lehrkunstschatz, das

---

258 Berg, Hans Christoph et al. (2013): *Lehrkunstdidaktik 2013 – Weiter auf dem Weg zu einer konkreten und allgemeinen Bildungsdidaktik*. Unveröffentlicht, S. 2.
259 Wildhirt, Susanne (2008): Lehrstückunterricht gestalten. Bern: h.e.p.-Verlag.

aktuelle Lehrstückrepertoire, bestehend aus jenen Lehrstücken, die aktuell unterrichtet werden. In der Tabelle 21 sind die aktiven Lehrstücke, die an sechs ausgewählten Schulen unterrichtet werden, dargestellt.[260]

Erste Ansätze zur empirischen Beforschung der Lehrkunst wurden von Baars
im Jahre 2011 in einer Feldstudie mit 80 Schülerinnen und Schülern gemacht.
Dabei wurde die Lehrkunst als Methode oder Unterrichtsform anderen Unter-
richtsformen gegenübergestellt, mit dem Ziel, Unterschiede im Lernerfolg der
Schülerinnen und Schüler festzustellen. Allerdings ist es bisher nicht gelungen
signifikante quantitative Aussagen zum Lernerfolg der Lehrkunst zu erhalten.

Neben dem Lernerfolg der Methode ist auch empirischer Forschungsbedarf
hinsichtlich der Erreichbarkeit von Lehrpersonen mit den Mitteln, mit welchen
sich die Lehrkunst zu verbreiten versucht. Sind Lehrstücke wirklich nachzu-
spielen? Welche Voraussetzungen sind dazu nötig?

Die aktuell bildungspolitisch wichtigen Fragen liegen aber bei den Kompetenzen und den Bildungsstandards, die der Lehrstückunterricht vermittelt. In
qualitativen Einschätzungen wurden Lehrstücke von den jeweiligen Autoren diesbezüglich auch schon bewertet (vgl. auch diese Arbeit, z. B. Kapitel 4.4.5). Wenn
denn solche Einschätzungen tatsächlich Sinn machen, dann sollten diese aber auf
eine solide empirische Basis gestellt werden.

Schließlich stellt sich auch die Frage nach dem Verhältnis der Lehrkunst zur
klassischen (bzw. Mainstream-) Pädagogik. Im Kapitel 7.4.1 wurde versucht die
Lehrkunst an den Merkmalen guten Unterrichts zu reflektieren. Auch dieser
Reflexion müssten empirische Untersuchungen zugrunde liegen.

---

260 Aus Berg, Hans Christoph et al. (2013): *Lehrkunstdidaktik 2013 – Weiter auf dem Weg zu einer
konkreten und allgemeinen Bildungsdidaktik*. Unveröffentlicht, S. 3.

Fächer / Lehrstücke		Kantonsschule Trogen	Bodelschwingh-Schule Bielefeld	Kantonsschule Alpenquai Luzern	Leonhard Gymnasium Basel	Regionale Lehrkunstwerkstatt Marburg	Kantonale Lehrkunstwerkstatt Bern	Lehrstückinszenierungen in 6 Schulen	Leitbild
D	Aesop-Fabeln	▲	▲▲			▲		4	In
	Lessings Nathan				●		▲	2	der
	Goethes Italienische Reise					▲●●		3	Nuss
	Grimms Märchen		●					1	hat sich
	Brechts Galilei						▲	1	die
	Walsers Spaziergang	●					▲▲	3	Kraft
	Frischs Stiller				●		▲	2	und
	Wolfs Kassandra				●		●	2	das
	Zeitung UAZ	▲					▲●	3	Wesen
F	Molières Bourgeois g'homme						●	1	des
	Camus' Nobelpreisrede	●						1	Baums
R/F	Aitmatovs Djamilia	●						1	verdichtet,
Lat	Ciceros De re publica	●						1	und
	Ovids Metamorphosen		●			▲		2	aus
Ge	Perikles' Athen					▲		1	der
	Gotischer Dom		●					1	Nuss
	Toussaint Louverture	✶						1	wächst
	Gombrichs Weltgeschichte		▲✶		●●	●	▲●●	8	dann
Phil	Platos Symposion u Phaidros	▲						1	wieder
	Descartes' Diskurs	▲						1	ein
Rel	Raffaels Schule von Athen	▲						1	neuer
	Rembrandtbibel	▲						1	Baum.
	Dostojewkijs Großinquisitor				●		●	2	Ähnlich
M	Euklids Pythagoras			▲▲▲▲	▲●●	●	✶	9	bringt
	Euklids Primzahlen		●		▲	●		3	die
	Euklids Sechseck				▲			1	Lehrkunst-
	Wurzel 2	▲		●●●			▲	5	didaktik
	Zenons Achilles u Schildkröte	▲		●		●	✶	4	exem-
	Kegelschnitte			●●			●●	4	plarische
	Strahlensätze			●●●				4	Lehrstücke,
	Würfel und Kugel			●			▲	2	in
	Logarithmen	▲						1	denen
	Kubische Gleichungen			●				1	sich
	Differenzialgleichungen			●●				2	die
	Pascals Wahrscheinlichkeit			●●	●	●●	✶	6	Kräfte großer kultureller

Fächer / Lehrstücke	Kantonsschule Trogen	Bodelschwingh-Schule Bielefeld	Kantonsschule Alpenquai Luzern	Leonhard Gymnasium Basel	Regionale Lehrkunstwerkstatt Marburg	Kantonale Lehrkunstwerkstatt Bern	Lehrstückinszenierungen in 6 Schulen	Leitbild
Phy Eratosthene's Himmelsuhr	●		●			★●	4	Traditionen
Galileis Fallgesetz		★				▲	2	lebendig
Fermats Spiegeloptik						▲	1	verdichtet
Pascals Barometer					●	▲▲	3	haben
Ch Faradays Kerze	▲	★★	●●●●●●●●	▲▲▲▲	▲▲	▲	22	– «all in a
Chemisches Gleichgewicht			▲				1	nutshell» –
Heisenbergs Quantenchemie						★●●	3	und die
Bio Merians Schmetterlinge					●		1	nun
Linnés Wiesenblumen	●	★		●	★	▲	5	im
Goethes Pflanzenmetamorph					★		1	Leben
Darwins Evolution				●			1	der
Teich als Lebensgemeinsch		●●				●	3	neuen
Geo Geomorphologie	★				★		2	Generation
Howards Wolken						★	1	wieder
Hedins Erd-Erkundung						★▲	2	zu
Ku Mein Kunsthaus	▲						1	neuen
Mus Kanonkünste mit Bach		★				★	2	lebens-
Figaros Geburt						●	1	kräftigen
Szenisches Hörstück	●						1	Gestalten
Sp Griechentänze mit Homer						●	1	heran-
Mooove	▲						1	wachsen
Total Lehrstücke 56	**17**	**20**	**33**	**18**	**20**	**37**	**145**	können.

Tabelle 21:   Der Lehrkunstschatz an sechs ausgewählten Schulen, Stand 2013

Quellenverzeichnis

Literaturverzeichnis

Aebli, Hans (2003): Zwölf Grundformen des Lehrens: Eine allgemeine Didaktik auf psychologischer Grundlage. Stuttgart: Klett-Cotta.

Aeschlimann, Ueli (1999): Mit Wagenschein zur Lehrkunst. Gestaltung, Erprobung und Interpretation dreier Unterrichtsexempel zu Physik, Chemie und Astronomie nach genetisch-dramaturgischer Methode. Marbug/Lahn: Dissertation.

Alhazen (1572): De crepuscilis prop. ult. in: Risnseri Thesaur, Opt. Bafil.

Aristoteles (1988): Physik. Vorlesung über Natur. Aus dem griechischen von Hans Günter Zekl.

Aristoteles(2001): Metaphysik. Ditzingen: Reclam.

Baars, Günter (2011): Quantenchemie farbiger Stoffe mit Heisenberg und Einstein. Bern: h.e.p.-Verlag.

Baer, Martin, Markus Fuchs, Peter Füglister, Kurt Reusser und Heinz Wyss (2006): Didaktik auf psychologischer Grundlage. Bern: h.e.p.-Verlag.

Behrends, Ehrhard (2010): Ist Mathematik die Sprache der Natur? Hamburg: Mitteilungen der mathematischen Gesellschaft.

Berg, Hans Christoph und Theodor Schulze (1995): Lehrkunst. Lehrbuch der Didaktik. Neuwied: Luchterhand.

Berg, Hans Christoph (1996) in: Amöneburger Beiträge zur Schulentwicklung und Unterrichtskultur. Amöneburg: Stiftsschule St. Johann.

Berg, Hans-Christoph (1998): Aeschlimanns Barometer – ein Lehrstück? In: Marburger Lehrkunst-Werkstattbriefe.

Berg, Hans-Christoph (2010): Werkdimensionen im Bildungsprozess. Bern: h.e.p.-Verlag.

Berg, Hans-Christoph und Willi Eugster (2010): Kollegiale Lehrkunstwerkstatt – Sternstunden der Menschheit im Unterricht der Kantonsschule Trogen. Bern: h.e.p.-Verlag.

Berg, Hans-Christoph (2012): Von Unterrichtseinheiten zu Lehrstücken in drei Zügen. Unveröffentlichtes Dokument.

Berg, Hans Christoph (2012): Studienblätter zu den Klassikern der Pädagogik. Unveröffentlichtes Dokument.

Berg, Hans Christoph et al. (2013): Lehrkunstdidaktik 2013 – Weiter auf dem Weg zu einer konkreten und allgemeinen Bildungsdidaktik. Unveröffentlichtes Dokument.

Berg, Hans Christoph et al. (2013): Sternstunden der Menschheit im Unterricht - Studienbuch zur Lehrkunstdidaktik. Unveröffentlichtes Dokument.

Binggeli, Bruno (2006): Primum mobile – Dantes Jenseits und die moderne Kosmologie. Zürich: Ammann Verlag.

Boisvert, Raymond D. (1998): John Dewey, rethinking our time. Albany: SUNY Press.

Bohnsack, Fritz in Tenorth, Heinz-Elmar (Hrsg.) (2003): Klassiker der Pädagogik. Band 2. München: C.H. Beck.

Brecht, Bertolt (1967): Leben des Galilei. In: Gesammelte Werke 3. Frankfurt a.M.: Suhrkamp Verlag.

Brecht, Berthold (1974): Arbeitsjournal 1938–1942. Frankfurt a.M.: Werkausgabe Edition Suhrkamp.

Brecht, Berthold (1988): Werke, Bd. 5: Stücke. Frankfurt a. M.: Suhrkamp Verlag.

Birnbacher, Dieter und Dieter Krohn (2008): Das sokratische Gespräch. Ditzingen: Reclam Verlag.

Brüngger, Hans (2004): Von Pythagoras zu Pascal. Fünf Lehrstücke der Mathematik als Bildungspfeiler im Gymnasium. Universität Marburg, Fachbereich Erziehungswissenschaften: Dissertation.

Bührke, Thomas (1997): Newtons Apfel – Sternstunden der Physik. München: Beck'sche Reihe.

Caviola, Hugo, Regula Kyburz-Graber und Sibylle Locher (2011): Wege zum guten fächerübergreifenden Unterricht. Bern: h.e.p.-Verlag.

Capelle, Wilhelm (1965): Die Vorsokratiker. Stuttgart: Kröner.

CVK (1999): Physik Oberstufe Band 1. Berlin: Cornelsen.

Comenius, Johann Amos (2007): Grosse Didaktik. Flittner, Andreas (Hrsg.). Stuttgart: Klett-Cotta.

Dahlin, Bo (1998): The primacy of cognition – or of preception? A Phenomenological Critique of the Theoretical Bases of Science Education. Education-Line, [5].

Dale, Edgar (1954): Audio-visual methods in teaching. New York: Dryden Press.

Diels, Hermann (1924): Lukrez – Über die Natur der Dinge. Deutsche Übersetzung von de rerum natura (55. v. Chr.). Im Internet: [7].

Diesterweg, Adolph (Hrsg.) (1850): Wegweiser zur Bildung für deutsche Lehrer. Essen: G. D. Bädeker.

Dolch, Joseph (1959): Lehrplan des Abendlandes – Zweieinhalb Jahrtausende seiner Geschichte. Ratingen: Aloys Henn Verlag.

Drake, Stillman (1975): The role of music in Galieo's experiments. Scientific American, Vol. 232, No. 6 (Jun).

Dreesmann, Helmut (1986): Zur Psychologie der Lernumwelt. In: Weidenmann, B. Krapp, A. Hofer, M. Huber, G.L. Mandl, H. (Hrsg.): Pädagogische Psychologie.

EDK, Schweizerische Konferenz der kantonalen Erziehungsdirektoren (1994): Rahmenlehrplan für die Maturitätsschulen. Bern: Sekretariat EDK.

EDK, Schweizerische Konferenz der kantonalen Erziehungsdirektoren (1995): Reglement über die Anerkennung von gymnasialen Maturitätsausweisen (Maturitäts-Anerkennungsreglement, MAR).

EDK und SBF, Schweizerischen Konferenz der kantonalen Erziehungsdirektoren (EDK) und des Staatssekretariats für Bildung und Forschung (SBF) (2008): EVAMAR, Evaluation der Maturitätsreform.

Epstein, Lewis-Carroll (1985): Relativity Visualized. Insight Press, San Francisco.

Erb, Roger, Lutz Schön (1996): Ein Blick in den Spiegel – Einblick in die Optik, aus: Hans E. Fischer (Hrsg.): Handlungs- und kommunikationsorientierter Unterricht in der Sek. II. F. Bonn: Dümmlers Verlag.

Eyer, Marc (2010): Ansätze zum fächerübergreifenden Unterrichten. Gymnasium Helveticum Nr.2/10, 2010, S. 14–17.

Eyer, Marc (2012): Interdisziplinarität in der Lehrerbildung der Sekundarstufe II in der Schweiz. Berlin: TRIOS 7. Jg. 2/2012, S. 95-101.

Eyer, Marc (2012): Interdisziplinarität auf der Sekundarstufe II – Skript zur Vorlesung. PH Bern, Institut Sek. II.

Eyer, Marc und Ueli Aeschlimann (2013): Pascals Barometer – frei nach Martin Wagenschein. Bern: h.e.p.-Verlag.

Feynman, Richard, Robert Leighton, Matthew Sands (2001): Feynman Vorlesungen über Physik, Band I-III. München und Wien: Oldenbourg Verlag.

Fischer, Ernst Peter (2009): Die andere Bildung. Berlin: Ullstein.

Fischer, Hans E. (Hrsg.) (1996): Handlungs- und kommunikationsorientierter Unterricht in der Sek. II. Bonn: F. Dümmlers Verlag.

Fischer, Klaus (1983): Galileo Galilei. München: C. H. Beck.

Flashar, Hellmut (2013): Aristoteles – Lehrer des Abendlandes. München: C. H. Beck Verlag.

Galilei, Galilei (1982): Dialog über die beiden hauptsächlichsten Weltsysteme: das Ptolemäische und das Kopernikanische. Stuttgart: Teubner.

Galilei, Galileo (2004): Discorsi, Unterredungen und mathematische Diskussionen. Dt. Übersetzung in der Reihe Ostwalds Klassiker der exakten Wissenschaften, Frankfurt a. M.: Verlag Harri Deutsch, (orig. 1638).

Gasser, Peter (2001): Lehrbuch Didaktik. Bern: h.e.p.-Verlag.

Genz, Heinrich (1999): Die Entdeckung des Nichts. Lübeck: Rowohlt.

Genz, Heinrich (2004): Nichts als das Nichts – Die Physik des Vakuums. Weinheim: Wiley-VCH Verlag.

Geury, Michael (2009): Interdisziplinärer Unterricht in Literatur, Musik und Bildnerischem Gestalten. Artikel im Gymnasium Helveticum Nr. 5/2009, S. 36–37.

Glockner, Hermann (1993): Die europäische Philosophie von den Anfängen bis zur Gegenwart. Reclam Verlag

Gomprez, Theodor (1909-1912): Griechische Denker. Band I-III, Leipzig: Von Veit & Comp.

Goethe, Johann Wolfgang (1858): Sämtliche Werke in vierzig Bänden. Siebenunddreissigster Band. Stuttgart und Augsburg: J.G. Cotta.

Goethe, Johann Wolfgang (1959): Die Schriften zur Naturwissenschaft. Bearbeitet von D. Kuhn und K.L. Wolf, Bd. 6, Weimar.

Grasshoff, Gerd und Rainer C. Schwingers, (Hrsg.) (2008): Innovationskultur, von der Wissenschaft zum Produkt. Zürich: vdf Hochschulverlag AG.

Grin, François u. a. (2004): Evaluation de la réforme de la maturité 1995 (EVAMAR). Objectifs pédagogiques transversaux. Genève: Document supplémentaire de la partie 3. Module 2, Service de la recherche.

Hammann, Marcus (2006): Fehlerfrei Experimentieren. In: Mathematisch Naturwissenschaftlicher Unterricht, 59/5, 2006, S.292–299.

Hawkings, Steven (2001): Das Universum in der Nussschale. Hamburg: Hoffmann und Campe Verlag.

Heisenberg, Werner (1973): Der Teil und das Ganze. München: dtv.

Höttecke, Dietmar (Hrsg.), E. Østergaard und Bo Dahlin (2009): Entwicklung naturwissenschaftlichen Denkens zwischen Phänomen und Systematik. Berlin: GDCP, LIT-Verlag.

Hoffmann, Joachim, Kintsch, Walter (Hrsg.) (1996): Enzyklopädie der Psychologie. (Thb. C, S. II, Bd. 7). Göttingen: Hogrefe.

Huygens, Christiaan (1690): Traité de la Lumière.

Jänichen, Michael (2010): Dramaturgie im Lehrstückunterricht. Philipps-Universität Marburg/Lahn, Fachbereich Erziehungswissenschaften: Dissertation.

Klafki, Wolfgang (1959): Kategoriale Bildung. Zur bildungstheoretischen Deutung der modernen Didaktik. Weinheim: Beltz.

Klafki, Wolfgang (1964): Das pädagogische Problem des Elementaren und die Theorie der kategorialen Bildung. Weinheim.

Klafki, Wolfgang (1963): Studien zur Bildungstheorie und Didaktik. Basel und Weinheim: Beltz.

Klafki, Wolfgang (1975): *Studien zur Bildungstheorie und Didaktik*. Weinheim/ Basel.

Klafki, Wolfgang (1994): Neue Studien zur Bildungstheorie und Didaktik. Zeitgemässe Allgemeinbildung und kritisch-konstruktive Didaktik. Basel und Weinheim: Beltz, 4. Auflage.

Klein, Hartmut in: Berg, H.Ch. und Theo Schulze (1995): Lehrkunst 2 – Lehrbuch der Didaktik. Berlin: Luchterhand.

Kruse Norbert, Rudolph Messner und Bernd Wollring (Hrsg) (2012): Martin Wagenschein – Faszination und Aktualität des Genetischen. Stuttgart: Schneider Verlag Hohengehren GmbH.

Kühne, Ulrich (Hrsg.) (2007): Praxis der Naturwissenschaften – Physik in der Schule. München: Aulis Verlag, 5/56 Jg. 2007.

Kuhn, Thomas S. (1976): Die Struktur wissenschaftlicher Revolution. Frankfurt a. M.: Suhrkamp.

Kumar, Manjit (2009): Quanten – Einstein, Bohr und die grosse Debatte über das Wesen der Wirklichkeit. Berlin: Berlin Verlag.

Kyburz-Graber, Regula, et al. (2009): Was ist guter fächerübergreifender Unterricht? Gymmnasium Helveticum 04/, 2009, S. 10–15.

Labudde, Peter (2003): Fächer übergreifender Unterricht in und mit Physik – Eine zu wenig genutzte Chance. Physik und Didaktik in Schule und Hochschule 1(2), 2003, S. 48–66.

Labudde, Peter (2007): Bildungsstandards am Gymnasium – Korsett oder Katalysator? Bern: h.e.p Verlag.

Loska, Rainer (1995): Lehren ohne Belehrung. Leonard Nelsons neosokratische Methode der Gesprächsführung. Bad Heilbrunn: Verlag Julius Klinkhardt.
Mach, Ernst (1886): Der relative Bildungswert der philologischen und der mathematisch-naturwissenschaftlichen Unterrichtsfächer der höheren Schulen. Vortrag gehalten vor der Delegiertenversammlung des deutschen Realschulmännervereins in Dortmund am 16. April 1886, Prag: Tempsky/ Leipzig: Freytag, S. 21.
Mach, Ernst (2006): Die Mechanik in ihrer Entwicklung. Saarbrücken: Edition Classic Verlag Dr. Müller, (orig. 1883).
Maxwell, James Clark (1865): A Dynamical Theory of the Electromagnetic Field. 1864 eingereicht und dann veröffentlicht in: Philosophical Transactions of the Royal Society of London, 1865, S. 459–512, zitiert in [14].
Meyer, Hilbert (1988): Unterrichtsmethoden I: Theorieband. Berlin: Cornelsen.
Middleton, W.E. Knowles (1964): The History of the Barometer. Baltimore: Johns Hopkins Press.
Möller, Kornelia (2007): Genetisches Lernen und conceptual change. In: Kahlert, J. u. a. (Hrsg.), Handbuch Didaktik des Sachunterrichts. Bad Heilbrunn: Klinkhardt-Verlag, S. 258–266.
Newton, Isaac (1704): Opticks or a treatise of the reflections, refractions, inflections and colours of light.
Newton, Isaac (1872): Mathematische Principien der Naturlehre. Ins Deutsche übersetzt von: Wolfers, J. PH., Berlin: Verlag Robert Oppenheim.
Notter, Philipp u. a. (2003): Der Übergang ins Studium. Bericht zu einem Projekt der Konferenz der Schweizerischen Gymnasialrektoren (KSGR) und der Rektorenkonferenz der Schweizer Universitäten (CRUS). Bern: Bundesamt für Bildung und Wissenschaft.
Oelkers, Jürgen in: Tenorth, Heinz-Elmar (Hrsg.) (2003): Klassiker der Pädagogik. Band 2. München: C.H. Beck, S. 9.
Penrose, Rodger (2005): The Road to Reality. New York: Vintage Books.
Popper, Karl (2007): Logik der Forschung. von: Herbert Keuth (Hrsg.). Berlin: Akademie Verlag GmbH, 3. Auflage.
Posner, George J. and Kenneth A. Strike (1992): A Revisionist Theory of Conceptual Change. In: Duschl, R.A., Hamilton, R.J. (Hrsg.) Philosophy of Science, Cognitive Psychology and Educational Theory and Practice. New York 1992, S. 147–176.
Reich, Kersten (Hrsg.) (2008): im Internet: [22].
Reichwein, Adolf (1993): Schaffendes Schulvolk – Film in der Schule. Weinheim und Basel: Beltz.
Reiss, F. et al. (2005): Physics Education/History and Philosophy of Science. University of Oldenburg.
Reusser, Kurt (2006): Konstruktivismus – vom epistemologischen Leitbegriff zur Erneuerung der didaktischen Kultur. In: Didaktik auf psychologischer Grundlage. Bern: h.e.p.-Verlag, S. 151 ff.
Riemeck, Renate (2013): Klassiker der Pädagogik von Erasmus bis Reichwein. Für Freunde neu herausgegeben von Berg, Hans Christoph und Hildebrand Bodo, unveröffentlicht.
Roth, Gerhard (1994): Das Gehirn und sine Wirklichkeit. Kognitive Neurobiologie und ihre philosophischen Konsequenzen. Frankfurt a. M.: Suhrkamp.
Rousseau, Jean-Jaques (1762): Emil. 1. Buch.
Samburszky, Shmuel (1978): Der Weg der Physik. München: dtv 6093.
Scarani, Valerio (2003): Physik in Quanten. Paris: Elsevier – Spektrum Akademischer Verlag.
Schmidlin, Stephan (2012): UAZ – Unsere Abend-Zeitung. Bern: h.e.p.-Verlag.
Schott, Caspar (1664): Technica curiosa, sive, Mirabilia artis. Würzburg.
Sekretariat der Ständigen Konferenz der Kultusminister der Länder in der Bundesrepublik Deutschland (2005): Bildungsstandards im Fach Physik für den Mittleren Abschluss (Jahrgangsstufe 10). München/Neuwied: Luchterhand.
Sexl, Roman, Ivo Raab und Ernst Streeruwitz (2009): Mechanik und Wärmelehre. Band 1. Aarau: Sauerländer.
Simonyi, Karoly (2002): Kulturgeschichte der Physik. Frankfurt a. M.: Verlag Harri Deutsch.
Störig, Hans-Joachim (1999): Kleine Weltgeschichte der Philosophie. Fischer Taschenbuch.
Tenorth, Heinz-Elmar (Hrsg.) (2003): Klassiker der Pädagogik. Bände 1 und 2. München: C.H. Beck.

Vaterlaus, Rahel (2010): Fächerübergreifender Unterricht – Die Umsetzung der Interdisziplinarität an den stadtbernischen Gymnasien. Bern: PH Bern, Institut Sek. II.

Von Hentig, Hartmut (2004): Einführung in den Bildungsplan 2004. Im Auftrag des Bildungsrates Baden-Württemberg.

Von Weizsäcker, Carl Friedrich (1990): Zum Weltbild der Physik. Stuttgart: S. Hirzel, Wissenschaftliche Verlagsgesellschaft.

Wagenschein, Martin (1953): Natur physikalisch gesehen. Frankfurt a. M.: Diesterweg.

Wagenschein, Martin (1965): Ursprüngliches Verstehen und exaktes Denken. Stuttgart: Klett.

Wagenschein, Martin (1981): Ein Interview zu seinem Lebenswerk mit P. Buck und W. Köhnlein. Zeitschrift Chimica Didactica, 7, 1981, S. 164.

Wagenschein, Martin (1983): Erinnerungen für Morgen – Eine pädagogische Autobiographie. Basel und Weinheim: Beltz-Verlag.

Wagenschein, Martin (1997): Verstehen lehren. Weinheim und Basel: Pädagogische Bibliothek Beltz.

Wagenschein, Martin (2003): Kinder auf dem Wege zur Physik. Basel und Weinheim: Belz Verlag.

Wagenschein, Martin (2010): Naturphänomene sehen und verstehen. Bern: h.e.p.-Verlag.

Wagenschein, Martin (1988): Naturphänomene sehen und verstehen. Stuttgart: Klett-Verlag.

Walker, Gabrielle (2007): Ein Meer von Luft. Berlin: Berlin Verlag.

Walter, Hans Peter (2005): Die Rede des Gerichts – Die Rede vor Gericht. Uni Frankfurt.

Weber, Sigrid M. (2009): Angewandte Fachdidaktik I, Skript zur Vorlesung. Universität Bayreuth.

Weischedel, Wilhelm (2012): Die philosophische Hintertreppe. München: DTV.

Welsch, Wolfgang (2012): Der Philosoph – Die Gedankenwelt des Aristoteles. München: Wilhelm Fink Verlag

Westfall, Richard (1996): Isaac Newton. Heidelberg, Berlin, Oxford: Spektrum Akademischer Verlag.

Widmer Märki, Isabelle (Hrsg.) (2011): Fächerübergreifender naturwissenschaftlicher Unterricht: Umsetzung und Beurteilung von Schülerleistungen im Gymnasium. Basel, Inauguraldissertation: Philosophisch-naturwissenschaftliche Fakultät der Universität Basel.

Wilde, Emil und Adolph Lomb (1883): Geschichte der Optik, vom Ursprung der Wissenschaft bis auf die gegenwärtige Zeit, Teil 1: Von Aristoteles bis Newton. Berlin: Rücker und Püchler.

Wildhirt, Susanne (2008): Lehrstückunterricht gestalten. Bern: h.e.p.-Verlag.

Wilhelm, Theodor (2009): Einführung in die Fachdidaktik I. Uni Würzburg, WS 2009/10, [8].

Zweig, Stefan (1986): Sternstunden der Menschheit – Zwölf historische Miniaturen. Frankfurt a. M.: Verlag S. Fischer.

Verwendete Internetseiten

[1] http://archimedes2.mpiwg-berlin.mpg.de/archimedes_templates/
(Zugriff: 23.12.2012)

[2] http://www.eslam.de/begriffe/a/alhazen.htm
(Zugriff: 12.11.12)

[3] http://de.wikipedia.org/wiki/Benutzer:Bibhistor/Überlieferungsgeschichte_der_Wissenschaften
(Zugriff: 02.01.13)

[4] http://mw2.google.com/mw-panoramio/photos/medium/11582935.jpg
(Zugriff: 23.12.12)

[5] http://www.leeds.ac.uk/educol/documents/000000840.htm
(Zugriff: 02.01.13)

[6] http://www.martin-wagenschein.de/Archiv/Wg-video.htm
(Zugriff: 26.12.12)

[7] http://www.textlog.de/lukrez-natur-dinge.html
(Zugriff: 23.12.12)

[8]   http://www.physik.uni-wuerzburg.de/~wilhelm/vorlesung/PPP_Kapitel4.pdf
      (Zugriff: 03.04.12)
[9]   http://de.wikipedia.org/wiki/Grad_Fahrenheit
      (Zugriff: 12.11.12)
[10] http://www.eslam.de/begriffe/a/alhazen.htm
      (Zugriff 12.11.11)
[11] http://www.soton.ac.uk/~doctom/teaching/relativity/art/index.html
      (Zugriff: 12.11.12)
[12] http://de.wikipedia.org/wiki/Geschichte_der_Theorie_des_Sehens
      (Zugriff: 23.12.12)
[13] http://de.wikipedia.org/wiki/Lichtgeschwindigkeit
      (Zugriff: 23.12.2012)
[14] http://de.wikipedia.org/wiki/James_Clerk_Maxwell
      (Zugriff: 23.12.2012)
[15] http://de.wikipedia.org/wiki/Photon
      (Zugriff: 11.04.12)
[16] http://www.deutsches-museum.de
      (Zugriff: 02.01.13)
[17] http://www.awg.musin.de/facharbeiten/galilei/Wasseruhr.html
      (Zugriff: 01.01.13)
[18] http://www.leifiphysik.de/web_ph07_g8/umwelt_technik/07freier_fall/frei_fall.htm
      (Zugriff: 01.01.13)
[19] http://www.biographie.net/Gasparo-Berti
      (Zugriff: 12.11.12)
[20] http://www.Lehrkunst.ch
      (Zugriff: 12.11.12)
[21] http://de.wikipedia.org/wiki/Sokratisches_Gespräch
      (Zugriff: 05.01.13)
[22] http://methodenpool.uni-koeln.de
      (Zugriff: 05.01.13)
[23] http://www.hafl.bfh.ch/fileadmin/docs/Studium/BScAgronomie/Was_ist_PBL_de.pdf
      (Zugriff: 05.01.13)
[24] http://de.wikipedia.org/wiki/Hortus_Deliciarum
      (Zugriff: 05.01.13)
[25] http://www.hellenica.de/Griechenland/Vasen/BerlinF2285.html
      (Zugriff: 05.01.13)
[26] http://www.bildung-staerkt-menschen.de/service/downloads/Sonstiges/Einfuehrung_BP.pdf
      (Zugriff: 27.01.13)

Printed in the United States
By Bookmasters